U0022280

新世紀科技叢書

Electric Circuit Analysis

電路學分析

王 醴 編著

三民書局

國家圖書館出版品預行編目資料

電路學分析／王醴編著.－－初版一刷.－－臺北市：三民，2009
面；　公分.－－(新世紀科技叢書)
參考書目：面
ISBN 978-957-14-5229-6　(平裝)
1.電路

448.62　　　98014067

© 電路學分析

編著者	王　醴
責任編輯	黃敏婷
美術設計	陳宛琳
發行人	劉振強
著作財產權人	三民書局股份有限公司
發行所	三民書局股份有限公司 地址　臺北市復興北路386號 電話　(02)25006600 郵撥帳號　0009998-5
門市部	(復北店) 臺北市復興北路386號 (重南店) 臺北市重慶南路一段61號
出版日期	初版一刷　2009年9月
編號	S 331970

行政院新聞局登記證局版臺業字第○二○○號

ISBN　978-957-14-5229-6　(平裝)

http://www.sanmin.com.tw　三民網路書店

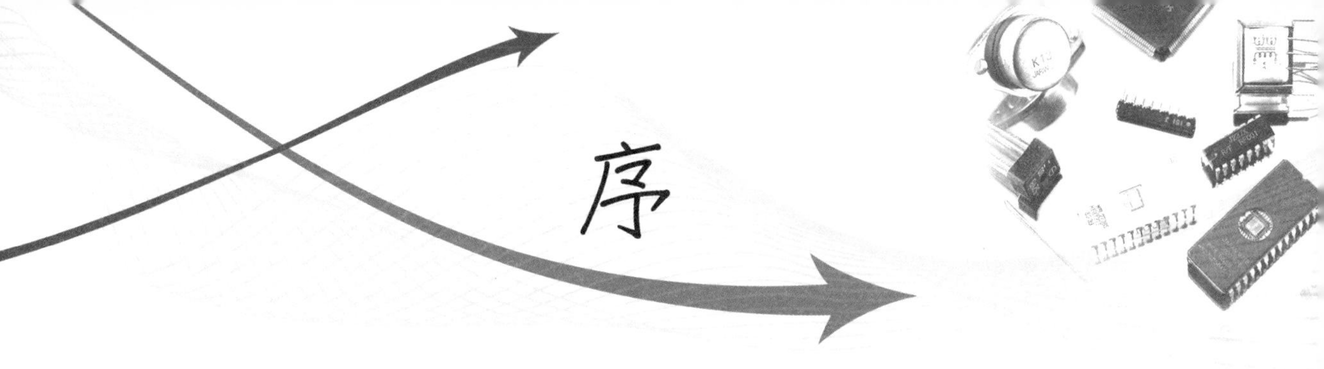

序

電路學分析 (Electric Circuit Analysis) 為介紹電路之基本元件、電路定理、分析方法及電路應用等重要的基礎內容。本書適用於一般大學及技術學院等技職體系的電路學必修課程，本書可以做為一～二學期的時間來授課，其餘未能授完部分可以做為其他的電路應用。

國內關於電路學的教科書多以國外原文書或其翻譯本為主，為使同學能短時間吸收，本書各章整理各電路特性的重點，使讀者能在短時間內得知電路的內容及解題技巧，適合於做重點複習之用。

本書亦列出電路學分析之參考書籍，這些參考資料列於本書之末，並在書中以中括號做標示，以尊重參考書原著的內容，期望對讀者於電路應用方面能有所助益。由於要在短時間內完成所有內容的收集與撰寫，書中不免有資料遺漏、更新不足、撰寫錯誤的情況，祈請各位電路專家與先進不吝指正。

王醴　謹識於臺南市國立成功大學電機系

中華民國九十八年八月

謝誌

本書的完成首先要頂禮敝人的上師　蓮生活佛盧勝彥金剛上師，密教上師為「無上之師」之意，乃佛、法、僧三寶的總稱，在此佛教末法時期能皈依一位有證量、實修得證的金剛上師確是非常不容易的事。身為弟子的筆者無法寫出對上師所有的讚美與敬仰，謹呈上弟子之所有身、口、意供養這位發下「粉身碎骨度眾生」、「地獄不空，誓不成佛」大願，累劫修行以來最偉大的　聖尊，謹以「敬師、重法、實修」與同門共勉之。在此引用王陽明先生的四句偈語：「知世如夢無所求，無所求心普空寂，還似夢中隨夢境，成就河沙夢功德」與讀者分享。

其次要感謝家父王德清先生及母親黃玉霞女士，特別感恩父母親栽培筆者等三姐弟的成長，此恩情無法用一支禿筆來形容，祈願母親能身體健康、一切如意、福慧增長。

感謝我的妻子英瑛，讓我在撰寫本書時能盡全心全力投入其中，並幫忙照顧聖閒與小琪，祈願全家和樂融融。

姐姐王鈴鶴及目前在雲林科技大學電機系任教的哥哥王耀諄教授等，都是與筆者一起走過歡樂的時光，但願大家也一起為未來的歲月努力。

對於本書許多電路資料的收集，特別感謝成大輸電系統研究室的祐任及哲豪在電路資料及習題的收集與整理，其他研究室成員如：文濱、泰和、劉國華、翔雄、東璟、俊宏、曜禕、瑞銘、春賢、貞元、偉民、宗翰、王國華、啟峰、黃偉等，及其他無法一一列出的歷屆研究室同學，在此一併感謝。

王醴　謹識於臺南市國立成功大學電機系

中華民國九十八年八月

電路學分析 …… 目 次

第3章 暫態響應分析

第4章 線性非時變系統

第5章 弦波穩態響應

第6章 雙埠網路

第7章 頻率響應

第8章　非弦波穩態響應

第9章　濾波器

第1章 電路概論

1.0 本章摘要

1.1 電荷與能量

1.2 電磁場與電路

1.3 電容參數

1.4 電感參數

1.5 電阻參數

1.6 相關單位之介紹

1.7 主動元件之描述

習 題

第一章　電路概論

1.0 本章摘要

本章為介紹電路學最基本電氣量的概念，以使讀者建立學習電路學課程的基礎。本章各節內容摘要如下：

1.1 **電荷與能量**：介紹電學中最根本的量——電荷 (electric charge)，及由電荷與鄰近帶電粒子間所構成的能量和力的特性。

1.2 **電磁場與電路**：由靜止的電荷在周圍建立電場，當電荷移動時則會形成電流，電流在導體周圍則會形成磁場。當電流完成由出發點開始再回到原出發點的一個路徑移動時，即形成一個電路。

1.3 **電容參數**：電容 (capacitance) 是由二個或二個以上的電極板所組成，電極板間可能有介電體的存在，構成電容特性的電路元件稱為電容器 (capacitor)，常用英文字 C 表示。電容量的定義為單位電荷所建立的電壓量。

1.4 **電感參數**：電感 (inductance) 是由導線通過電流後，在其周圍建立磁通鏈所形成，構成電感特性的電路元件稱為電感器 (inductor)，常用英文字 L 表示。電感量的定義為單位電流所建立的磁通鏈量。

1.5 **電阻參數**：除了超導體外，任何電路元件、材料或導線均有電阻 (resistance)，構成電阻特性的電路元件稱為電阻器 (resistor)，常用英文字 R 表示。電阻量的定義為單位電流所建立的電壓量。

1.6 **相關單位之介紹**：本節將對電容、電感、電阻之基本單位作說明，電容單位為法拉 (farad)、英文單位為 F；電感單位為亨利 (henry)、英文單位為 H；電阻單位為歐姆 (ohm)、英文單位為 Ω。

1.7 **主動元件之描述**：電路基本元件中除了電容器、電感器、電阻器外，可使電路發生作用的電源元件，一般稱為主動元件。

1.1 電荷與能量

電荷為電學中最基本的量，常用英文字 q 或 Q 表示，電荷的公制單位為庫侖 (coulomb)，一般以英文字 C 表示。電荷的觀念可由原子 (atom) 的基本構造來說明。一個原子是由帶負電荷的電子 (electron) 及原子核 (nucleus) 所組成，其中電子在原子核外部以不同層次的電子軌道環繞著原子核運轉，各電子軌道上的電子數目皆不相同。原子核內是由帶正電荷的質子 (proton) 以及不帶電荷的中子 (neutron) 所組成。一個電子所帶的電荷量為 -1.602×10^{-19} C，一個質子的電荷量恰與電子相同，但極性相反，其值為 $+1.602\times10^{-19}$ C。

若一個原子保持在電中性的條件下，則其電子數與質子數必相同。由於電子在原子核外的電子軌道上繞原子核運轉，若一個原子核外的電子吸收了來自外部傳來的能量時（例如熱能或電能），則該電子很容易脫離電子軌道而形成自由電子 (free electron)，此時會使原為電中性的原子轉變成帶正電荷的離子 (ion)。該自由電子若在導體中受外部能量影響而移動時，移動的電荷則會形成電流 (electric current or current)。為瞭解電子為何可以輕易移動的原因，以下將對一個電子的質量與原子核的質量作比較。

原子核外部電子數的多寡，必須搭配原子的架構，以決定不同物質的物理及化學特性。舉例來說：氫 (H) 只有 1 個電子、氧 (O) 有 8 個電子、銅 (Cu) 則有 29 個電子，其電子數必與其質子數相同以保持電中性，此重要數目稱為「原子序」(atomic number)。當以克來表示原子量時稱為克原子量 (gram atomic weight)，任何原子其 1 克原子量所含的原子個數均為 6.024×10^{23} 個，此值稱為「亞佛加厥常數」(Avogadro's number)，估算 1 個氫原子的重量約為 $\dfrac{1.008}{(6.024\times10^{23})}=1.673\times10^{-24}\text{ g}=1.673\times10^{-27}\text{ kg}$，以此值定義為「原子質量單位」(atomic mass unit)，簡寫為 a.m.u.。由於 1 個氫原子的原子核中僅含 1 個質子、沒有中子，因此 1 個質子的質量約為 1.673×10^{-27} kg，與 1 個原子的質量單位相同，而 1 個電子的質量約為 9.109×10^{-31} kg，故 1 個氫原子的質量約為 1 個電子質量的 1836 倍。由於原子核的重量高於電子甚多，因此當原子受外部能量影響時，能夠發生移動的僅有電子，因而產生自由電子的移動。

瞭解電子會移動的原因後，我們也要知道電荷移動時能量產生的原因。當 2 個距

離 R_{12}（公制單位為米或 m）的電荷 Q_1、Q_2 相互作用時，其間所產生的力量（公制單位為牛頓 newton 或 N）與二電荷的電量乘積成正比，與二電荷的距離平方成反比，稱為庫侖力。該定理是在 1785 年由庫侖所創，故稱為庫侖定律 (Coulomb's law)。

$$\vec{F} = K\frac{Q_1Q_2}{R_{12}^2} \quad (\text{N}) \tag{1–1}$$

式中 $K = 9\times10^9$。當電荷被移動距離 X 後（公制單位為 m），因其具有質量，將質量乘以移動的距離則為所作的功或能量，即為電荷本身受外力影響下，移動後所產生的能量 W 變動，單位為焦耳 (joule)，簡寫為 J。

$$W = \vec{F}\cdot X \quad (\text{J}) \tag{1–2}$$

本節瞭解電荷及能量等基本量後，下一節將介紹電路學的另二個基本量：電壓與電流，及其相關的電場與磁場特性。

範例 1 真空中若有二帶電體，其電荷量分別為 8×10^{-5} 庫侖 (C) 之正電荷與 -7×10^{-4} 庫侖 (C) 之負電荷。當二帶電體相距 1 公尺時，試求其間的庫侖力。若該庫侖力使電荷移動 0.01 公尺後，求所作的功若干？

解 已知 $Q_1 = 8\times10^{-5}$ (C), $Q_2 = -7\times10^{-4}$ (C), $R_{12} = 1$ (m)

$\because \vec{F} = K\frac{Q_1\cdot Q_2}{R_{12}^2}$，$\therefore \vec{F} = 9\times10^9\times\frac{(8\times10^{-5})\times(-7\times10^{-4})}{(1)^2} = -504$ (N)

$\because W = \vec{F}\cdot X$，$\therefore W = -504\ \text{N}\times0.01\ \text{m} = 5.04$ (J)

範例 2 在真空中有二個帶電體，其電荷量分別為 -5×10^{-5} 庫侖 (C) 之負電荷與 1.8×10^{-4} 庫侖 (C) 之正電荷。若二者間靜電力 $\vec{F}$ 之值為 -50 N，試求二帶電體之距離為若干米？

解 已知 $Q_1 = -5\times10^{-5}$ (C), $Q_2 = 1.8\times10^{-4}$ (C), $\vec{F} = -50$ (N)

$\because \vec{F} = K\frac{Q_1\cdot Q_2}{R_{12}^2}$，$\therefore R_{12} = \sqrt{\frac{KQ_1Q_2}{\vec{F}}} = \sqrt{9\times10^9\times\frac{(-5\times10^{-5})(1.8\times10^{-4})}{-50}} = 1.27$ (m)

有二個帶電體，已知其中一個帶電體之電荷量為 3×10^{-6} 庫侖 (C) 之正電荷。若二者間靜電力 $\vec{F}$ 之值為 -10 N，二帶電體之距離為 5 米，試求另一帶電體的電荷量為若干？

解　已知 $Q_1=3\times10^{-6}$ (C), $\vec{F}=-10$ (N), $R_{12}=5$ (m)

$$\because \vec{F}=K\frac{Q_1\cdot Q_2}{R_{12}^2}，\therefore Q_2=\frac{\vec{F}R_{12}^2}{KQ_1}=\frac{-10\cdot5^2}{9\times10^9\cdot3\times10^{-6}}=-9.2593\times10^{-3}\ (\text{C})$$

1.2 電磁場與電路

1.2.1 電壓與電場

若一個點狀電荷具有正電荷 (如：質子)，當置於自由空間時，該點狀電荷會產生由內向外放射的電力線 (lines of electric force)，如圖 1–1 (a)所示；反之，若一個點狀電荷為負電荷時 (如：電子)，則該點狀電荷會產生由外向內射入的電力線，如圖 1–1 (b)所示。這種由點狀電荷產生之電力線所涵蓋的範圍通稱為電場 (electric field)。

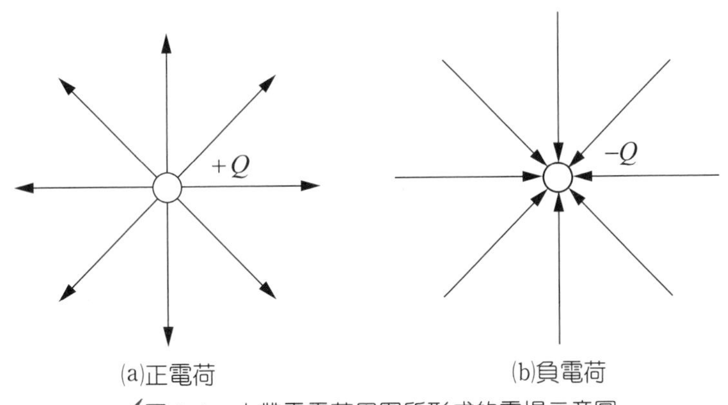

圖 1–1　由帶電電荷周圍所形成的電場示意圖

若圖 1–1 中的點狀電荷之帶電量為 Q 庫侖，距離該電荷的直線長度為 R 米處有一待測電荷 Q_{test}，則待測電荷所承受的庫侖力為

$$\vec{F}=K\frac{QQ_{test}}{R^2}\qquad(\text{N})\tag{1–3}$$

式中 $\vec{F}$ 的庫侖力方向會因二電荷的極性而有不同，但必須遵守「同性相斥、異性相吸」的物理基本特性，如圖 1–2 (a)所示為異極性電荷相互吸引，圖 1–2 (b)所示則為同極性電荷相互排斥之示意圖。

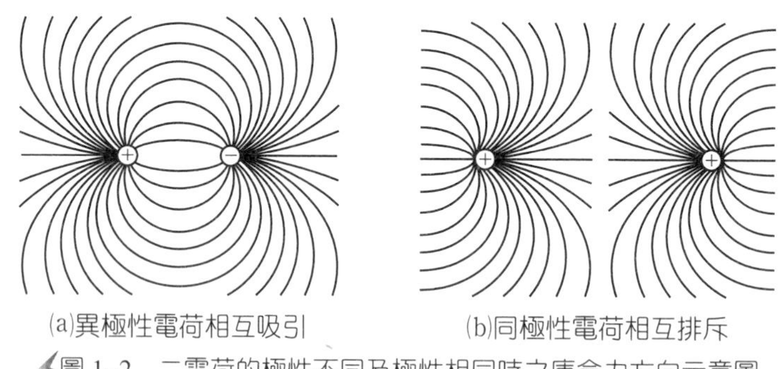

(a)異極性電荷相互吸引　　(b)同極性電荷相互排斥

圖 1–2　二電荷的極性不同及極性相同時之庫侖力方向示意圖

由 (1–3) 式可求得待測電荷所承受的電場大小為

$$\vec{E}=\frac{\vec{F}}{Q_{test}}=K\frac{Q}{R^2} \quad (\text{N/C}) \tag{1–4}$$

當該待測電荷 Q_{test} 為正電荷且在該電場 $\vec{E}$ 中由 a 點移動距離 X 到達 b 點時，根據前一節的 (1–2) 式可以計算能量 W 的值。若 W 為吸收能量則表示 b 點比 a 點能量高；反之，若 W 為放出能量，則表示 b 點比 a 點能量低。此 a、b 二點的電位差 (potential difference) 或稱電壓 (voltage)、電壓差 (voltage difference) 可表示為

$$V_{ba}=\frac{W}{Q_{test}} \quad (\text{J/C}) \text{ 或 } (\text{V}) \tag{1–5}$$

式中的電壓 V_{ba} 的單位為 V 或伏特（或簡稱伏），1 V = 1 J/C，代表單位電荷下所承受的能量大小，此式表示穩態或直流 (direct current) 條件下的關係式。若以偏差量的電荷變動 $\Delta q=q_2-q_1$ 與偏差量的能量變動 $\Delta w=w_2-w_1$ 來表示電壓 v，可寫為

$$v=\frac{\Delta w}{\Delta q}=\frac{w_2-w_1}{q_2-q_1} \quad (\text{V}) \tag{1–6}$$

當以微量的電荷變動 dq 與微量的能量變動 dw 來表示電壓時，可改寫為如下的微分方程式：

$$v = \lim_{\Delta q \to 0} \frac{\Delta w}{\Delta q} = \frac{dw}{dq} \quad \text{(V)} \tag{1–7}$$

電壓是一個具有大小以及極性的電氣量，其相對極性可參考圖 1–3 所示。

如圖 1–3 所示為 b 端相對於 a 端電壓之 V_{ba} 電壓二種表示方式，圖(a)是以「+」、「−」表示 a、b 二點間的電壓相對極性，此種表示法有時可將「−」號忽略掉，僅用「+」號表示。圖(b)則是將圖(a)中的「+」、「−」符號改用箭頭表示，由低能量的 a 端指向高能量的 b 端。目前採用圖 1–3 圖(a)的「+」、「−」符號來表示電壓極性已經通用在電路學教科書中。

圖 1–3 中的 V_{ba} 稱為雙下標表示 (double-subscript notation)，也可用 b 點電壓 (V_b) 減去 a 點電壓 (V_a) 來表示，其與 V_{ab} 之電壓關係僅差一個負號。

$$V_{ba} = V_b - V_a = -V_{ab} = -(V_a - V_b) \tag{1–8}$$

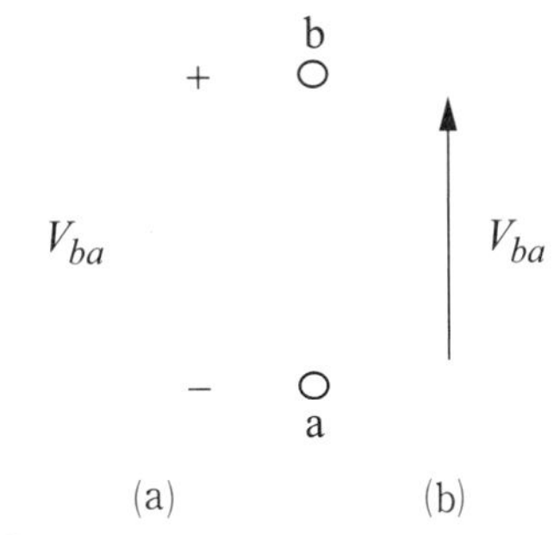

圖 1–3　電壓 V_{ba} 的二種表示方式

值得特別注意的是：圖 1–3 中電壓 V_{ba} 的相對極性是假設的，當計算後的電壓 V_{ba} 確實為正值時，則真正的極性即為如圖 1–3 所示；當計算後的電壓 V_{ba} 為負值時，則真正的電壓極性與圖 1–3 所示相反，即 a 為正端、b 為負端。

1.2.2 電流與磁場

當電荷在一個電場內受力後即會產生移動，移動的電荷就會形成電流。電流 I 可定義為：單位時間 t 內，流經某一導體截面的電荷量 Q，可用方程式表示如下：

$$I = \frac{Q}{t} \quad \text{(C/s) 或 (A)} \tag{1–9}$$

式中電流單位為安培 (ampere)，以英文 A 表示，1 A 代表 1 秒內通過了 1 庫侖的電荷量，此方程式表示了穩態或直流條件下的關係式。當以偏差量的時間變動 $\Delta t = t_2 - t_1$ 與偏差量的電荷變動 $\Delta Q = Q_2 - Q_1$ 來表示電流 I 時，可寫為

$$I = \frac{\Delta Q}{\Delta t} = \frac{Q_2 - Q_1}{t_2 - t_1} \quad (\mathrm{A}) \tag{1–10}$$

當以微量的時間變動 dt 與微量的電荷變動 dq 來表示電流 i 時，可改寫為如下的微分方程式：

$$i = \lim_{\Delta t \to 0} \frac{\Delta q}{\Delta t} = \frac{dq}{dt} \quad (\mathrm{A}) \tag{1–11}$$

電流是一個具有大小及方向的電氣量，電流方向的表示可參考圖 1–4 所示。圖 1–4 (a) 是表示電流 5 A 由 a 端流向 b 端的示意圖，由雙下標符號寫法可寫成 $I_{ab} = 5$ A，第一個下標為起點、第二個下標為終點。圖(b)則是將圖(a)中的電流方向反向且將大小變更極性符號的表示，此時電流為 $I_{ba} = -5$ A，I_{ba} 與 I_{ab} 之電流關係僅差一個負號。

$$I_{ba} = -I_{ab} \tag{1–12}$$

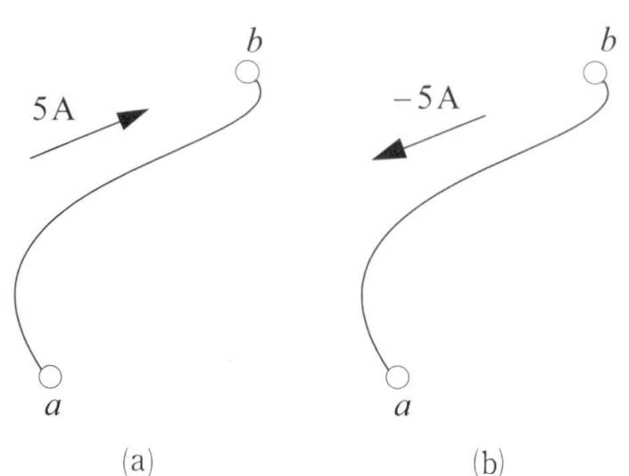

圖 1–4　一個 5 A 電流之 I_{ab} 或 I_{ba} 的示意圖

值得特別注意的是：當圖 1–4 中的電流大小量為未知，改用符號 I、I_{ab} 或 I_{ba} 表示時，其電流方向是可任意假設的，當計算後的電流確實為正值時，則真正的電流方向即為如圖 1–4 所假設的方向；但當電流計算後為負值時，則真正的電流方向即與圖 1–4 所假設的相反。

當電流通過導體或螺管線圈 (solenoid) 後，會在該導體或螺管線圈周圍建立磁場 (magnetic field)，其磁場方向可依安培右手定則來求得：將右手握住導體，拇指方向定

為電流方向，則四指方向即為磁場方向；將右手握住螺管，四指方向定為電流方向，則拇指方向即為磁場方向。圖 1–5 所示即為電流 I 與其建立磁場之磁通 Φ 示意圖。

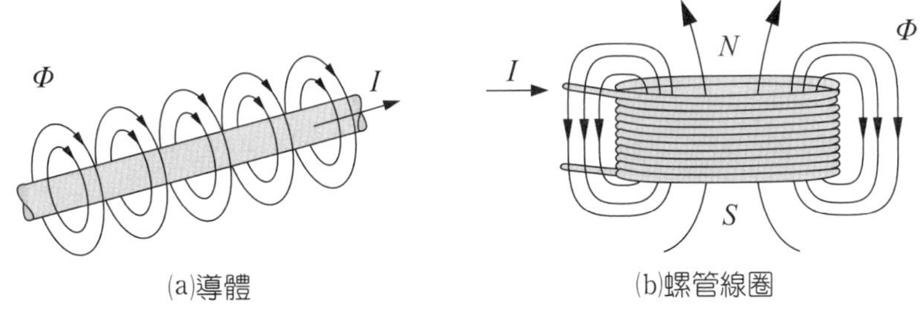

圖 1–5　導體及螺管通過電流後所建立的磁場及磁通產生示意圖

由多個電氣元件組成可完成某種特定功能且具有電壓、電流或電場、磁場的網路時，該網路即可稱為電路 (electric circuit or circuit)。以下三個小節將介紹三種最基本的電路元件特性：電容、電感、電阻，其所形成的電路元件分別稱為電容器、電感器、電阻器。

範例 4 若有二個點狀電荷，其電荷量分別為 $Q_1=4\times10^{-6}$ 庫侖 (C) 之正電荷與 $Q_2=-6\times10^{-7}$ 庫侖 (C) 之負電荷。當二帶電體相距 2 公尺時，試求 Q_2 所承受的電場大小。若 Q_2 受該電場作用移動 0.1 m 後，求移動前後的電位差為何？

解 已知 $Q_1=4\times10^{-6}\ (\text{C}),\ Q_2=-6\times10^{-7}\ (\text{C}),\ R_{12}=2\ (\text{m})$

$$\because \vec{F}=K\frac{Q_1\cdot Q_2}{R_{12}^2}\text{，}\therefore \vec{F}=9\times10^9\times\frac{(4\times10^{-6})\times(-6\times10^{-7})}{(2)^2}=-5.4\times10^{-3}\ (\text{N})$$

$$\because \vec{E}=\frac{\vec{F}}{Q_{test}}\text{，}\therefore \vec{E}=\frac{-5.4\times10^{-3}}{-6\times10^{-7}}=9000\ (\text{N/C})$$

$$\because W=\vec{F}\cdot X\text{，}\therefore W=-5.4\times10^{-3}\ \text{N}\times0.1\ \text{m}=-5.4\times10^{-4}\ (\text{J})$$

$$\because V_{ba}=\frac{W}{Q_{test}}\text{，}\therefore V_{ba}=\frac{-5.4\times10^{-4}}{-6\times10^{-7}}=900\ (\text{V})$$

範例 5 在某一電場中的點電荷，其能量受電場的影響呈現一多項式函數：$w=K_1q^n+K_2q^{n-1}+\cdots+K_{n-1}q+K_n$ (J)，式中 K_1～K_n 均為常數，試求該電荷之電壓變動特性。

解
$$\because v=\lim_{\Delta q\to0}\frac{\Delta w}{\Delta q}=\frac{dw}{dq}$$

$$\therefore v=\frac{d}{dq}(K_1q^n+K_2q^{n-1}+\cdots+K_{n-1}q+K_n)=nK_1q^{n-1}+(n-1)K_2q^{n-2}+\cdots+K_{n-1}\quad(\text{V})$$

範例 6 某一導體受外加交變電場的影響，其流動的電荷呈現一隨時間變動的弦式函數：$q(t)=30\cos(120\pi t)$ (C)，試求該導體之電流變動關係式為何？

解 $\because i=\lim_{\Delta t\to 0}\frac{\Delta q}{\Delta t}=\frac{dq}{dt}$

$\therefore i=\frac{d}{dt}30\cos(120\pi t)=-30\cdot 120\pi\sin(120\pi t)=-3600\pi\sin(120\pi t)$ (A)

1.3 電容參數

1.3.1 電容的形成

任何二個金屬導線或平面導體，以一段距離放置，當外加電壓 V 於二金屬體時，使二者間產生電場，即具有電容效應。如圖 1–6 所示之二平面金屬體 X、Y 之面積為 A（單位：m^2），以距離 d（單位：m）的方式平行放置，由於電中性的關係，X、Y 平面金屬體上並無任何殘留的電荷。當外加一個電壓 V 跨接於二金屬板上時，使 X 電極連接了正電壓端、Y 電極連接了負電壓端，此時 X 金屬板上的電子會受該外加正電壓能量的影響脫離電子軌道進而使該電極板變成帶正電的離子，所累積之電荷為 $+q$；Y 金屬板上的原子核內，所帶正電質子會被該外加負電壓能量影響而吸離金屬板，使該電極板變成具有帶負電的電子，所累積之總電荷為 $-q$。將二電極板做一個如圖 1–6 虛線所示的封閉面 (closed surface)，則該封閉面內因正、負電荷相互抵銷而仍保持電中性的重要特性。

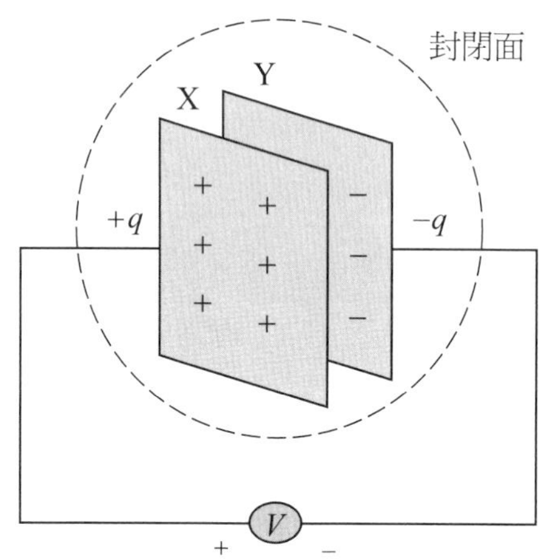

圖 1–6　由二片金屬電極板所形成的電容效應

根據 1.2 節有關電荷所產生電場之電力線的說明可以得知，此時 X 極板上的帶正電離子會發射電力線至 Y 極板上帶負電的電子，形成電通量 (electric flux) Ψ，其值等於任一電極板上累積的電荷量 q。當外加於金屬板 X、Y 間的電壓 V 愈大時，則累積在金屬板上的電荷 q 亦愈多，此種電荷量 q 隨外加電壓 V 增加的關係，即為電容特性。電容 C 定義為單位電壓 V 下，所累積電荷量 Q 的多寡，表示如下：

$$C = \frac{Q}{V} \text{ 或 } Q = CV \tag{1–13}$$

電容或電容量 C 之公制單位為法拉 (farad)，以英文字 F 表示，1 F = 1 C/V。常用的電容量值均很小，例如常用的電容量範圍有：1 匹法拉 = 一兆分之一法拉 = 10^{-12} F = 1 pF、1 奈法拉 = 十億分之一法拉 = 10^{-9} F = 1 nF 、 1 微法拉 = 百萬分之一法拉 = 10^{-6} F = 1 μF。雖然這三個範圍 (pF、nF、μF) 之電容值均很小，但目前的商用超級電容器 (super capacitor) 其電容量可高達數十個甚至數百個法拉 (F) 等級。

1.3.2 電容器與其電路符號

利用電容特性所製造出來的電路元件稱為電容器，其電路符號如圖 1–7 所示。圖 1–7 (a)、(b)均代表固定電容器 (fixed capacitor)，圖(c)、(d)則為可變電容器 (variable capacitor) 的電路符號，其中(b)、(d)二圖採用平行極板的電容器表示易與電磁開關接點中的常開接點 (normally-open contact) 混淆，因此較少用。

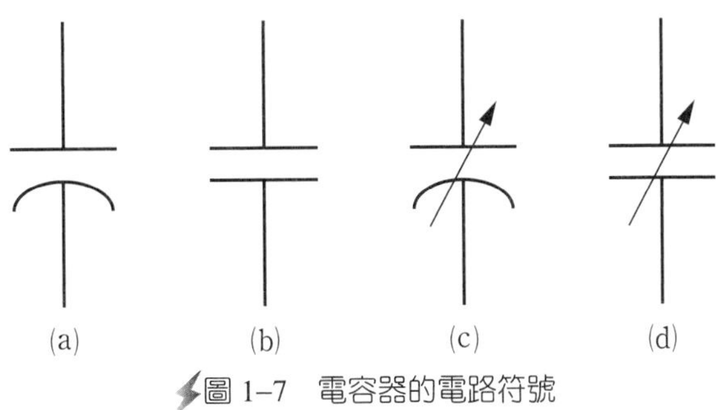

圖 1–7　電容器的電路符號

1.3.3 電容值與尺寸的關係

除了 (1–13) 式可表示電容的關係外，電容量也可根據圖 1–6 的尺寸大小來決定，其關係式為

$$C = \varepsilon\frac{A}{d} = \varepsilon_0\varepsilon_r\frac{A}{d} \tag{1–14}$$

式中 A 為二極板之有效截面積，其公制面積單位為 m^2；d 為二極板間的有效距離長度，其公制長度單位為 m；ε_0 為自由空間下的介電常數 (permittivity or dielectric constant)，其值為 $\frac{1}{(36\pi \times 10^9)} = 8.8419 \times 10^{-12}$ F/m = 8.8419 pF/m；ε_r 為相對介電常數，沒有單位。當二極板的有效截面積 A 愈大、有效距離 d 愈短、相對介電常數 ε_r 愈高，則電容量愈大。

1.3.4 電容器的電壓—電流關係

如圖 1–8 所示的固定線性電容器 C 之電壓 v 與電流 i 關係，是以傳統被動的符號 (passive sign convention) 來表示，其電流 i 的方向必流向電容器二端電壓的正端。根據 (1–11) 式之電流與電荷關係式，搭配 (1–13) 式的關係，可以得知一個固定電容器 C 的電壓—電流關係式為

$$i = \frac{dq}{dt} = \frac{d}{dt}(Cv) = C\frac{dv}{dt} \tag{1–15}$$

由 (1–15) 式可以得知：

(1)當電容器二端電壓 v 為不隨時間變動之固定直流電壓時，其電流值恆為零值，此代表當電容器充滿電能時的一種等效斷路重要特性。

(2)當電壓在極短時間內 ($dt \cong 0$) 發生有限的電壓變動時 ($dv \neq 0$)，電容器的電流 i 將會發生極大的變動量，此表示電容器之二端電壓必須保持連續變動，故電容器可用來當做交流電壓整流為直流電壓後之輸出端的並聯穩定電壓之濾波元件。

若電容器具有時變電容量 $C(t)$ 時，則 (1–15) 式應改為

$$i = \frac{dq}{dt} = \frac{d}{dt}(Cv) = C(t)\frac{dv}{dt} + v\frac{dC(t)}{dt} \tag{1–16}$$

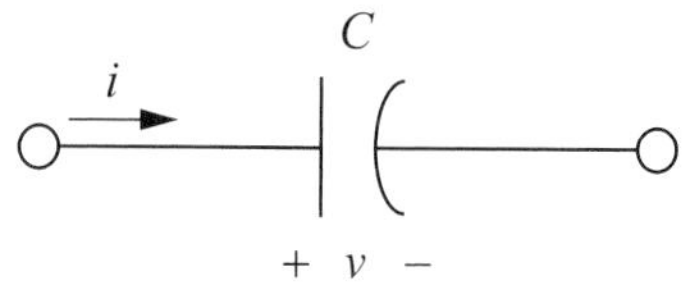

C

i

\+ v −

圖 1–8 電容器的電壓—電流關係

電容器外部因電荷流動所產生的傳導電流，必須與電容器內部由電力線所產生的電流一致，因此定義電容器內部的電流為由電通量 Ψ 對時間 t 發生變動所產生的位移電流 (displacement current) 為

$$i = \frac{d\Psi}{dt} \tag{1-17}$$

(1–15) 式之對時間微分關係式也可以改用對時間積分的方式來表示：

$$v(t) = v(t_0) + \frac{1}{C}\int_{t_0}^{t} i(\tau)d\tau \tag{1-18}$$

式中 $v(t_0)$ 代表 $t = t_0$ 時的電容器初始電壓 (initial capacitor voltage)，必須與積分的下限 t_0 相對應；$v(t)$ 代表時間 t 的電壓值，必須與積分的上限 t 相對應；τ 則代表積分式中的時間變數，以與時間變數 t 區別。

1.3.5 電容器的功率及能量

參考圖 1–8 之電容器二端電壓 v 以及由電壓正端流入之電流 i，利用 (1–15) 式之電容器電流 i 與電容器二端電壓 v 相乘，可得電容器之功率為

$$p = i \cdot v = C\frac{dv}{dt} \cdot v \qquad \text{(W)} \tag{1-19}$$

將上式對時間 t 積分，可得電容器之能量關係式為

$$w(t) = \int_{-\infty}^{t} pdt = C\int_{-\infty}^{t} v\frac{dv}{dt}dt = C\int_{-\infty}^{t} vdv = \frac{1}{2}Cv^2\Big|_{-\infty}^{t} = \frac{1}{2}Cv^2 = \frac{q^2}{2C} \qquad \text{(J)} \tag{1-20}$$

式中假設當 $t = -\infty$ 時之電容器二端電壓為 $v(-\infty) = 0$ V。由 (1–20) 式得知：電容器的儲能大小與電容值 C 及其二端電壓 v 的平方有關，但不受電壓極性影響，該電容器之儲能均為大於或等於零的正值。

1.3.6 多個電容器的串聯

如圖 1–9 (a)所示的連接，為由 $C_1, C_2, \cdots, C_N$ 之 N 個電容器以頭接尾的方式完成電路的串聯 (series)，由於串聯會使每一個電容器二端的電荷分別為 $+Q$、$-Q$，保持電

中性，串聯 N 個電容器的結果亦為電中性，使每個電容器二端的電荷量均相同為

$$Q_1 = Q_2 = \cdots = Q_N = Q \qquad \text{(C)} \tag{1–21}$$

由 (1–13) 式可得每個電容器二端的電壓為

$$v_i = \frac{Q}{C_i},\ i = 1, 2, \cdots, N \tag{1–22}$$

上式可知在電荷量相同下，電容值愈大的電容器其二端電壓愈低；電容值愈小的電容器其二端電壓反而愈高。

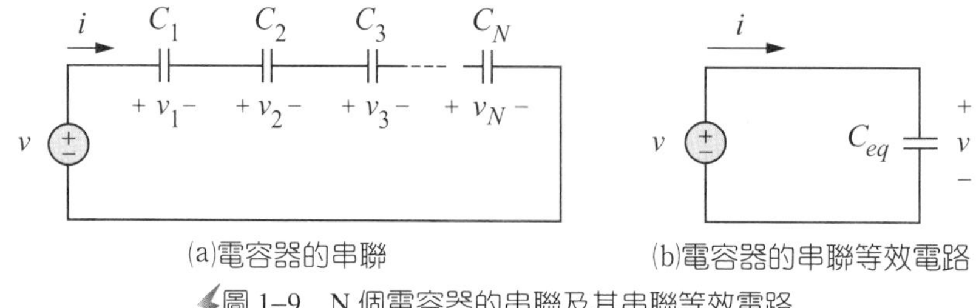

(a)電容器的串聯　(b)電容器的串聯等效電路

圖 1–9　N 個電容器的串聯及其串聯等效電路

圖 1–9 (b)所示為圖(a)的串聯等效電路，可將圖(a)的 N 個電容器串聯後的電容值以一個串聯等效電容值 C_{eqs} 表示，二者在連接端點的電壓及電荷條件必須相同，故

$$v_s = v_1 + v_2 + \cdots + v_N = \sum_{k=1}^{N} v_k \tag{1–23}$$

將上式電壓改用 (1–22) 式取代，可得

$$\frac{Q}{C_{eqs}} = \frac{Q}{C_1} + \frac{Q}{C_2} + \cdots + \frac{Q}{C_N} = \sum_{k=1}^{N} \frac{Q}{C_k} \tag{1–24}$$

將上式消去 Q 可得 N 的電容器串聯後的等效電容值為

$$C_{eqs} = \frac{1}{\frac{1}{C_1} + \frac{1}{C_2} + \cdots + \frac{1}{C_N}} = \frac{1}{\sum_{k=1}^{N}(\frac{1}{C_k})} \qquad \text{(F)} \tag{1–25}$$

當 $C_1 = C_2 = \cdots = C_N = C$ 時，則其等效串聯電容值恰為單一電容值 C 的 $\frac{1}{\mathrm{N}}$ 倍

$$C_{eqs} = \frac{1}{\frac{1}{C} + \frac{1}{C} + \cdots + \frac{1}{C}} = \frac{1}{\frac{N}{C}} = \frac{C}{N} \quad \text{(F)} \qquad (1\text{–}26)$$

當僅有二個電容器 C_1、C_2 串聯時，(1–25) 式可改為

$$C_{eqs2} = \frac{1}{\frac{1}{C_1} + \frac{1}{C_2}} = \frac{C_1 C_2}{C_1 + C_2} \quad \text{(F)} \qquad (1\text{–}27)$$

由於多個電容器愈串聯之等效電容值愈小，因此串聯後的等效電容值必小於或等於 N 個電容器中數值最小的電容值，如下式所示：

$$C_{eqs} = \frac{1}{\frac{1}{C_1} + \frac{1}{C_2} + \cdots + \frac{1}{C_N}} \le \text{Min}(C_1, C_2, \cdots, C_N) \qquad (1\text{–}28)$$

1.3.7 多個電容器的並聯

如圖 1–10 (a)所示的連接，為 $C_1, C_2, \cdots, C_N$ 之 N 個電容器共同以連接頭端、連接尾端的方式完成電路的並聯 (parallel)，假設每一個電容器二端的電荷分別為 $+Q_i$、$-Q_i$，以保持個別電容器的電中性，並聯 N 個電容器的結果亦必須為電中性。

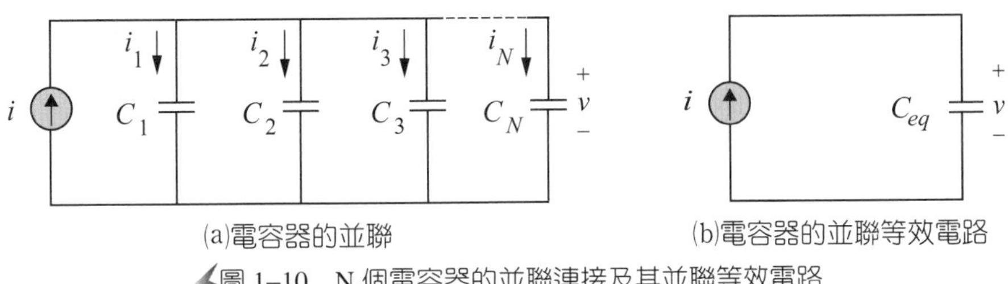

(a)電容器的並聯　　(b)電容器的並聯等效電路

圖 1–10　N 個電容器的並聯連接及其並聯等效電路

圖 1–10 (b)所示為圖(a)的並聯等效電路，可將圖(a)的 N 個電容器並聯後的電容值以一個串聯等效電容值 C_{eqp} 表示，二者在連接端點的電壓及電荷條件必須相同，故

$$Q_{eqp} = Q_1 + Q_2 + \cdots + Q_N = \sum_{k=1}^{N} Q_k \quad \text{(C)} \qquad (1\text{–}29)$$

將上式電荷改用 (1–22) 式之電壓值與電容值乘積之值取代，可得

$$C_{eqp}v_s = C_1v_s + C_2v_s + \cdots + C_Nv_s = \sum_{k=1}^{N} C_k v_s \qquad (1\text{–}30)$$

將上式消去 v_s 可得 N 的電容器並聯後的等效電容值為

$$C_{eqp} = C_1 + C_2 + \cdots + C_N = \sum_{k=1}^{N} C_k \quad \text{(F)} \qquad (1\text{–}31)$$

當 $C_1 = C_2 = \cdots = C_N = C$ 時，則其等效並聯電容值恰為單一電容值 C 的 N 倍

$$C_{eqp} = C + C + \cdots + C = \sum_{k=1}^{N} C = NC \quad \text{(F)} \qquad (1\text{–}32)$$

由於多個電容器愈並聯之等效電容值愈大，因此並聯後的等效電容值必大於或等於 N 個電容器中數值最大的電容值，如下式所示：

$$C_{eqp} = C_1 + C_2 + \cdots + C_N \geq \text{Max}(C_1, C_2, \cdots, C_N) \qquad (1\text{–}33)$$

範例 7 當一個 3 pF 電容器之二端電壓為 10 V 時，試求出其儲存之電荷及能量。

解 $q = C \cdot v = 3\text{ pF} \cdot 10\text{ V} = 30\text{ (pC)}$

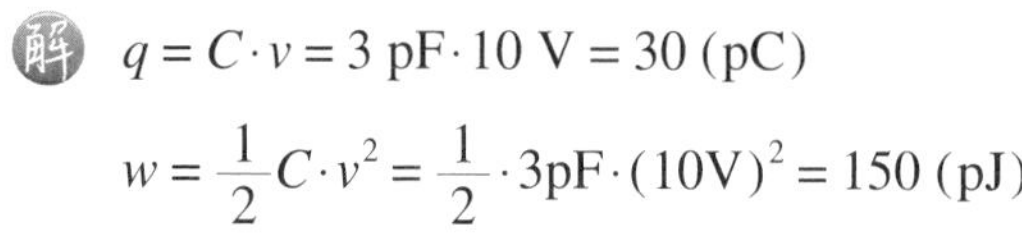

$$w = \frac{1}{2} C \cdot v^2 = \frac{1}{2} \cdot 3\text{pF} \cdot (10\text{V})^2 = 150\text{ (pJ)}$$

範例 8 若一個 50 μF 的電容器之二端電壓為一弦式波形 $v(t) = 40\sin(120t)$ (V) 時，試求其通過之電流表示式。

解 $i(t) = C\dfrac{dv}{dt} = 50 \times 10^{-6} \cdot \dfrac{d}{dt}[40\sin(120t)] = 50 \times 10^{-6} \cdot 40 \cdot (120)\cos(120t)$

$= 0.24\cos(120t) \quad \text{(A)}$

範例 9 假設一個 10 μF 的電容器之初值電壓為 $v(0) = 5$ (V)，其通過之電流為 $i(t) = 4e^{-100t}$ (mA) 時，試求其二端電壓之表示式。

解 $v(t) = \dfrac{1}{C}\displaystyle\int_0^t i dt + v(0) = \dfrac{1}{10 \times 10^{-6}}\int_0^t 4e^{-100t} \cdot 10^{-3} dt + 5$

$= \dfrac{4 \cdot 10^{-3}}{10 \times 10^{-6} \cdot (-100)} e^{-100t}\Big|_0^t + 5 = 4(1 - e^{-100t}) + 5 \quad \text{(V)}$

有 1000 個相同的 1 μF 電容器分別做(a)串聯連接；(b)並聯連接，試求其等效之電容值為何？

解 (a)由 (1–26) 式可得 $C_{eqs}=\dfrac{C}{n}=\dfrac{1\ \mu F}{1000}=10^{-9}\ F=1\ (nF)$

(b)由 (1–32) 式可得 $C_{eqp}=nC=1000\cdot 1\ \mu F=10^{-3}\ F=1\ (mF)$

試求圖 1–11 所示電路之等效電容值 C_{eq}。

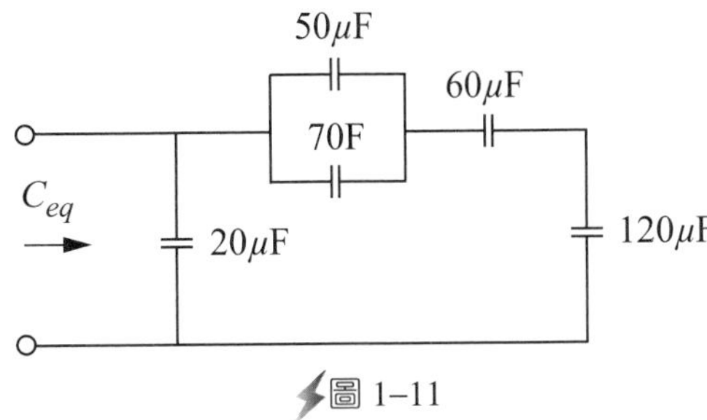

圖 1–11

解 (a)先求 60 μF 及 120 μF 串聯之等效電容值為 $C_{eq1}=\dfrac{120\cdot 60}{120+60}=40\ (\mu F)$

(b)再求 50 μF 及 70 μF 並聯之等效電容值為 $C_{eq2}=50\ \mu F+70\ \mu F=120\ (\mu F)$

(c)求 C_{eq1} 及 C_{eq2} 之串聯等效電容值為 $C_{eq3}=\dfrac{120\cdot 40}{120+40}=30\ (\mu F)$

(d)最後求 C_{eq3} 及 20 μF 並聯之等效電容值為 $C_{eq}=20\ \mu F+30\ \mu F=50\ (\mu F)$

試求圖 1–12 所示電路之每一個電容器二端電壓值。

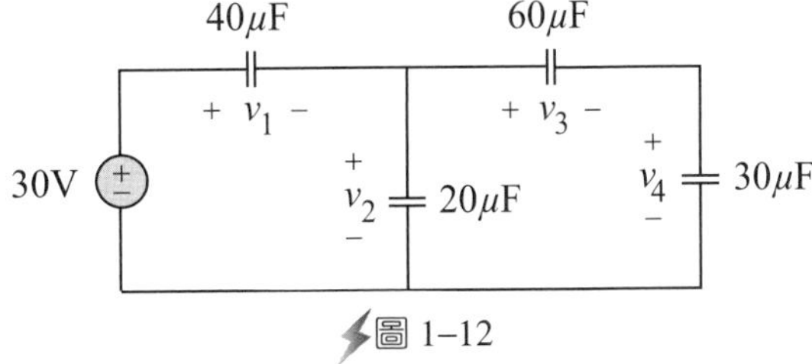

圖 1–12

解 (a)先求由電壓源 30 V 看入之等效電容值，第一步先求 60 μF 及 30 μF 串聯之等效電容值為 $\dfrac{30\cdot 60}{30+60}=20\ (\mu F)$，20 μF 及 20 μF 並聯之等效電容值為 40 μF，40 μF 及 40 μF 串聯之等效電容值為 20 μF，此即為由電壓源 30 V 看入之等效電容值。

(b)由電源提供之總電荷量為 $Q = C_{eq}V = 20\ \mu\text{F} \times 30\ \text{V} = 0.6\ (\text{mC})$

(c)由於 40 μF 直接與電源連接，故其電極板之電荷為 Q，因此其二端之電壓為

$$v_1 = \frac{Q}{40\ \mu\text{F}} = \frac{0.6 \times 10^{-3}}{40 \times 10^{-6}} = 15\ (\text{V})$$

(d)因 $v_1 = 15$ V，故 $v_2 = 30\ \text{V} - 15\ \text{V} = 15\ (\text{V})$

(e)由於 60 μF 及 30 μF 串聯之等效電容值亦為 20 μF，故與 20 μF 電容器共同平均分攤電荷 Q，因此 60 μF 及 30 μF 之電極板電荷量同樣為 $\frac{Q}{2} = 0.3\ (\text{mC})$，故可求得二端電壓分別為

$$v_3 = \frac{\frac{Q}{2}}{C_3} = \frac{0.3 \times 10^{-3}\ \text{C}}{60 \times 10^{-6}\ \text{F}} = 5\ (\text{V}),\ v_4 = \frac{\frac{Q}{2}}{C_4} = \frac{0.3 \times 10^{-3}\ \text{C}}{30 \times 10^{-6}\ \text{F}} = 10\ (\text{V})$$

1.4 電感參數

1.4.1 電感的形成

電感與 1.3 節的電容二者間具有重要的「對偶」(duality) 特性。首先說明電感的形成：任何一條金屬導線通過電流時，在其周圍建立磁場、產生磁通或磁力線時，即具有電感效應。

如圖 1–13 所示之導線其匝數為 N（單位：turns），繞在截面積為 A（單位：m^2）、平均磁路長度為 l（單位：m）的圓形環狀導磁性材料上時（一般稱為鐵心），在導線二端通入電流 i（單位：A），則該線圈會產生沿著鐵心內部通過的磁通 ϕ（單位：Wb）。

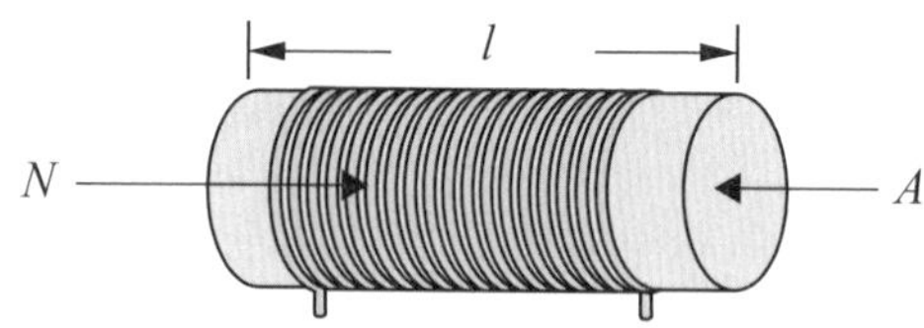

圖 1–13　一個 N 匝線圈繞在環形鐵心上所形成的電感效應

當外加於導體的電流 i 愈大時，則通過鐵心的磁通 ϕ 也會愈多，此種磁通量 ϕ 隨外加電流 i 增加的關係，即為電感特性。茲定義電感 L 為單位電流 i 下，所產生電通鏈 λ 的多寡，表示如下：

$$L=\frac{\lambda}{i}=\frac{N\phi}{i}\ (\text{H})\ 或\ \lambda=N\phi=Li \qquad (\text{Wb-turns}) \tag{1–34}$$

電感或電感量 L 之公制單位為亨利 (henry)，以英文字 H 表示，1 H = 1 Wb-turns/A。受鐵心磁飽和影響，一般電感為非線性特性，當電流 i 到達某一等級以上時，其產生之磁通 ϕ 無法成等比例增加時，即形成非線性電感 (nonlinear inductance)。

常用的電感量值範圍很廣，例如常用的小型電感量範圍有：1 微亨利 = 百萬分之一亨利 = 10^{-6} H = 1 μH、1 毫亨利 = 千分之一亨利 = 10^{-3} H = 1 mH。雖然 μH 或 mH 之電感值均很小，但大型變壓器、發電機、馬達等用粗線、多匝線圈繞成的電機設備，其電感值卻可高達數十甚至數百亨利的範圍。

1.4.2 電感器之電路符號

利用電感特性所製造出來的電路元件稱為電感器，其電路符號如圖 1–14 所示。圖 1–14 (a)、(b)均代表固定電感器，其中圖(a)為空氣心電感器，圖(b)為鐵心電感器，圖 1–14 (c)則代表含鐵心之可變電感器的電路符號。

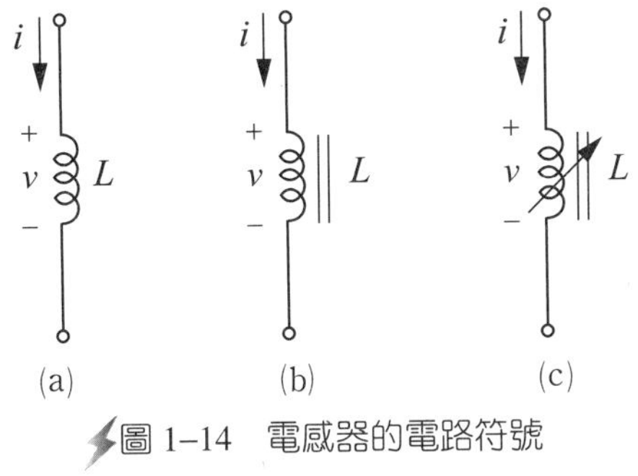

圖 1–14　電感器的電路符號

1.4.3 電感值與尺寸的關係

除了 (1–34) 式可表示電感的關係外，電感量 L 也可根據圖 1–13 的尺寸大小來決定，其關係式為

$$L=\frac{N^2\mu_0\mu_r A}{l}=\frac{N^2}{\left[\dfrac{l}{(\mu_0\mu_r A)}\right]}=\frac{N^2}{R_m} \qquad (\text{H}) \tag{1–35}$$

式中

$$R_m = \frac{l}{\mu_0 \mu_r A} \qquad (\text{At/Wb}) \tag{1–36}$$

稱為磁阻 (reluctance)，代表阻礙磁通通過的特性；N 為匝數，單位為 turns；A 為鐵心磁路之有效截面積，其公制面積單位為 m^2；l 為鐵心磁路的有效平均長度，其公制長度單位為 m；μ_0 為自由空間下的導磁係數 (permeability)，其值為 $4\pi \times 10^{-7}$ H/m；μ_r 為相對導磁係數，沒有單位。當鐵心的有效面積 A 愈大、磁通平均距離 l 愈短、相對導磁係數 μ_r 愈高、匝數 N 愈多時，則電感量愈大。

1.4.4 電感器的電壓—電流關係

前面圖 1–14 所示為固定電感器 L 之電壓 v 與電流 i 關係，是以傳統被動的符號來表示，其電流 i 的方向必流向電感器二端電壓 v 的正端。根據法拉第定律 (Faraday's law) 之感應電壓公式

$$v = \frac{d\lambda}{dt} = N\frac{d\phi}{dt} \qquad (\text{V}) \tag{1–37}$$

搭配 (1–34) 式的磁通鏈關係式，可以得知一個固定電感器 L 的電壓—電流關係式為

$$v = \frac{d\lambda}{dt} = L\frac{di}{dt} \qquad (\text{V}) \tag{1–38}$$

由 (1–38) 式可以得知：

(1)當通過電感器之電流 i 為不隨時間變動之固定直流電流時，其二端電壓值恆為零值，此代表當電感器充滿電能時的一種等效短路重要特性。

(2)當電感器之電流在極短時間內 ($dt \cong 0$) 發生有限的電流變動 ($di \neq 0$) 時，電感器的電壓 v 將會發生極大的變動量，此表示電感器之通過電流必須保持連續變動，故電感器可用來當做交流電壓整流為直流電壓後之輸出端串聯穩定電流之濾波元件。

當電感器具有時變電感量 $L(t)$ 時（例如馬達或發電機的電感量隨其轉動而改變），則 (1–38) 式應改為

$$v = \frac{d\lambda}{dt} = \frac{d}{dt}(Li) = L(t)\frac{di}{dt} + i\frac{dL(t)}{dt} \qquad (\text{V}) \tag{1–39}$$

(1–38) 式之微分關係式也可以改用積分方程式來表示：

$$i(t) = i(t_0) + \frac{1}{L}\int_{t_0}^{t} v(\tau)d\tau \quad \text{(A)} \qquad (1\text{–}40)$$

式中 $i(t_0)$ 代表 $t = t_0$ 時的電感器的初始電流 (initial inductor current)，必須與積分的下限 t_0 相對應；$i(t)$ 代表時間 t 的電流值，必須與積分的上限 t 相對應；τ 則代表積分式中的時間變數，以與時間變數 t 區別。

1.4.5 電容器的功率及能量

參考圖 1–14 之電感器二端電壓 v 以及由電壓正端流入之電流 i，利用 (1–38) 式之電感器電壓 v 與電感器通過之電流 i 相乘，可得電感器之功率為

$$p = v \cdot i = L\frac{di}{dt} \cdot i \quad \text{(W)} \qquad (1\text{–}41)$$

將上式對時間 t 積分，可得電感器之能量關係式為

$$w(t) = \int_{-\infty}^{t} p dt = L\int_{-\infty}^{t} i\frac{di}{dt}dt = L\int_{-\infty}^{t} i di = \frac{1}{2}Li^2\bigg|_{-\infty}^{t} = \frac{1}{2}Li^2 = \frac{\lambda^2}{2L} \quad \text{(J)} \qquad (1\text{–}42)$$

式中假設當 $t = -\infty$ 時之電感器通過電流為 $i(-\infty) = 0$ A。由 (1–42) 式得知：電感器的儲能大小與電感值 L 及其通過電流 i 的平方有關，但不受電流方向影響，該電感器之儲能均為大於或等於零值的正值。

1.4.6 多個電感器的串聯

如圖 1–15 (a)所示的連接，為 $L_1, L_2, \cdots, L_N$ 之 N 個電感器以頭接尾的方式完成電路的串聯，由於串聯會使每一個電感器通過的電流量均相同為

$$i_1 = i_2 = \cdots = i_N = i \quad \text{(A)} \qquad (1\text{–}43)$$

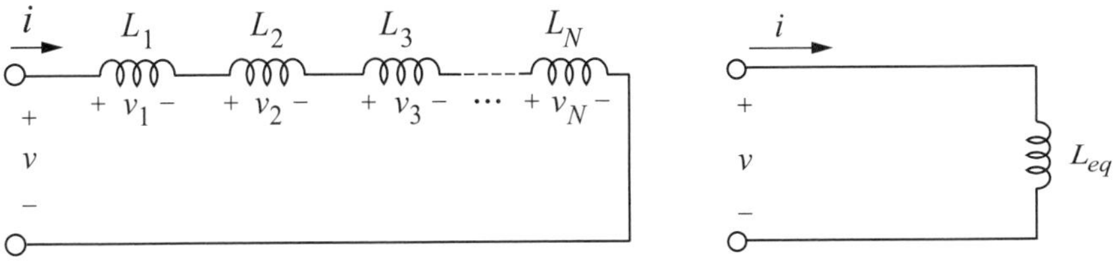

(a)電感器的串聯

(b)電感器的串聯等效電路

圖 1–15　N 個電感器的串聯及其串聯等效電路

圖 1–15 (b)所示為圖(a)的串聯等效電路，可將圖(a)的 N 個電感器串聯後的電感值以一個串聯等效電阻值 L_{eqs} 表示，二者在連接端點的電壓及電流條件必須相同，故

$$v_s = v_1 + v_2 + \cdots + v_N = \sum_{k=1}^{N} v_k \quad \text{(V)} \tag{1–44}$$

將上式電壓改用 (1–38) 式取代，並以 (1–43) 式取代所有電感器的電流，可得

$$L_{eqs}\frac{di}{dt} = L_1\frac{di_1}{dt} + L_2\frac{di_2}{dt} + \cdots + L_N\frac{di_N}{dt} = (L_1 + L_2 + \cdots + L_N)\frac{di}{dt} \quad \text{(V)} \tag{1–45}$$

故可得 N 的電感器串聯後的等效電感值為

$$L_{eqs} = L_1 + L_2 + \cdots + L_N = \sum_{k=1}^{N} L_k \quad \text{(H)} \tag{1–46}$$

當 $L_1 = L_2 = \cdots = L_N = L$ 時，則其等效串聯電感值恰為單一電感值 L 的 N 倍

$$L_{eqs} = L + L + \cdots + L = \sum_{k=1}^{N} L = NL \quad \text{(H)} \tag{1–47}$$

由於多個電感器愈串聯之等效電感值愈大，因此串聯後的等效電感值必大於或等於 N 個電感器中數值最大的電感值，如下式所示：

$$L_{eqs} = L_1 + L_2 + \cdots + L_N \geq \text{Max}(L_1, L_2, \cdots, L_N) \quad \text{(H)} \tag{1–48}$$

1.4.7 多個電感器的並聯

如圖 1–16 (a)所示的連接，為 $L_1, L_2, \cdots, L_N$ 之 N 個電感器共同以連接頭端、連接尾端的方式完成電路的並聯。

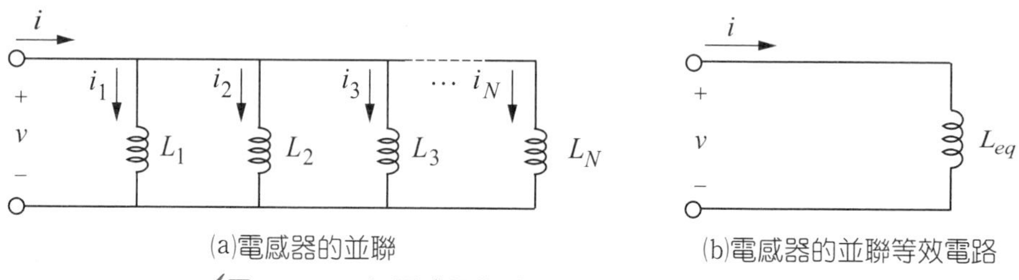

(a)電感器的並聯　　(b)電感器的並聯等效電路

圖 1–16　N 個電感器的並聯連接及其並聯等效電路

圖 1–16 (b)所示為圖(a)的並聯等效電路，可將圖(a)的 N 個電感器並聯後的電感值以一個串聯等效電感值 L_{eqp} 表示，二者在連接端點的電壓一電流條件必須相同，故

$$i = i_1 + i_2 + \cdots + i_N = \sum_{k=1}^{N} i_k \qquad \text{(A)} \tag{1–49}$$

將上式對時間 t 微分一次，並將 (1–38) 式之電流微分項改用電壓除以電感來取代，可分別得到

$$\frac{d}{dt}(i) = \frac{d}{dt}(i_1) + \frac{d}{dt}(i_2) + \cdots + \frac{d}{dt}(i_N) = \sum_{k=1}^{N} \frac{d}{dt}(i_k) \qquad \text{(A/s)} \tag{1–50}$$

$$\frac{v}{L_{eqp}} = \frac{v}{L_1} + \frac{v}{L_2} + \cdots + \frac{v}{L_N} = \sum_{k=1}^{N} \frac{v}{L_k} \qquad \text{(V/H)} \tag{1–51}$$

消去上式中的電壓 v，可得並聯等效電感值的表示式為

$$L_{eqp} = \frac{1}{\dfrac{1}{L_1} + \dfrac{1}{L_2} + \cdots + \dfrac{1}{L_N}} = \frac{1}{\sum_{k=1}^{N} (\dfrac{1}{L_k})} \qquad \text{(H)} \tag{1–52}$$

當 $L_1 = L_2 = \cdots = L_N = L$ 時，則其等效並聯電感值恰為單一電感值 L 的 $\frac{1}{\text{N}}$ 倍

$$L_{eqp} = \frac{1}{\dfrac{1}{L} + \dfrac{1}{L} + \cdots + \dfrac{1}{L}} = \frac{1}{\sum_{k=1}^{N} \dfrac{1}{L}} = \frac{1}{\dfrac{N}{L}} = \frac{L}{N} \qquad \text{(H)} \tag{1–53}$$

當僅有二個電感器 L_1、L_2 並聯時，(1–52) 式可改為

$$L_{eqp2} = \frac{1}{\dfrac{1}{L_1} + \dfrac{1}{L_2}} = \frac{L_1 L_2}{L_1 + L_2} \qquad \text{(H)} \tag{1–54}$$

由於多個電感器愈並聯之等效電感值愈小，因此並聯後的等效電感值必小於或等於 N 個電感器中數值最小的電感值，如下式所示：

$$L_{eqp} = \frac{1}{\dfrac{1}{L_1} + \dfrac{1}{L_2} + \cdots + \dfrac{1}{L_N}} \le \text{Min}(L_1, L_2, \cdots, L_N) \qquad \text{(H)} \tag{1–55}$$

範例13 當一個 5 mH 電感器之通過電流為 10 A 時，試求出其磁通鏈及儲存能量。

解 $\lambda = L \cdot i = 5\ \text{mH} \cdot 10\ \text{A} = 50\ (\text{mWb-t})$

$$w = \frac{1}{2} L \cdot i^2 = \frac{1}{2} \cdot 5\ \text{mH} \cdot (10\ \text{A})^2 = 0.25\ (\text{J})$$

範例14 若一個 20 mH 的電感器之通過電流為一弦式波形 $i(t) = 10\cos(300t)$ (A) 時，試求其二端之電壓表示式。

解
$$v(t) = L\frac{di}{dt} = 20 \times 10^{-3} \cdot \frac{d}{dt}[10\cos(300t)]$$
$$= 20 \times 10^{-3} \cdot 10 \cdot (-300)\sin(300t) = -60\sin(300t) \quad (\text{V})$$

範例15 假設一個 10 mH 的電感器之初值電流為 $i(0) = 2$ A，其二端之電壓為 $v(t) = 20e^{-50t}$ (mV) 時，試求其通過電流之表示式。

解
$$i(t) = \frac{1}{L}\int_0^t v dt + i(0) = \frac{1}{10 \times 10^{-3}}\int_0^t 20e^{-50t} \cdot 10^{-3} dt + 2$$
$$= \frac{20 \cdot 10^{-3}}{10 \times 10^{-3} \cdot (-50)} e^{-50t}\Big|_0^t + 2 = 0.04(1 - e^{-50t}) + 2 \quad (\text{A})$$

範例16 有 5000 個相同的 1 mH 電感器分別做(a)串聯連接；(b)並聯連接，試求其等效之電感值為何？

解 (a)由 (1–47) 式可得 $L_{eqs} = NL = 5000 \cdot 1\ \text{mH} = 5\ (\text{H})$

(b)由 (1–53) 式可得 $L_{eqp} = \dfrac{L}{N} = \dfrac{1\ \text{mH}}{5000} = 0.2 \times 10^{-6}\ \text{H} = 0.2\ (\mu\text{H})$

範例17 試求圖 1–17 所示電路之等效電感值 L_{eq}。

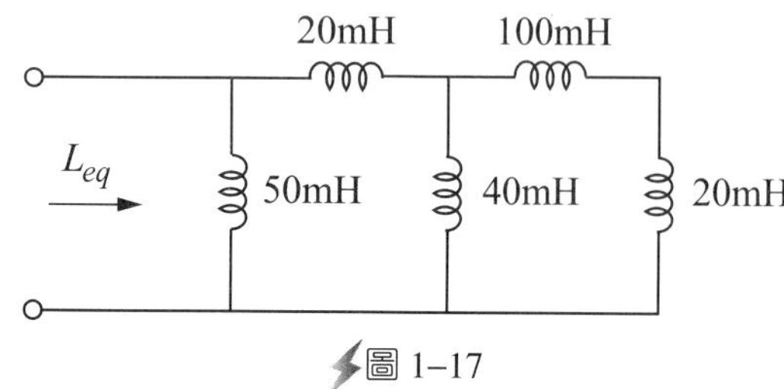

圖 1–17

解 (a)先求 100 mH 及 20 mH 串聯之等效電感值為 $L_{eq1} = 100\ \text{mH} + 20\ \text{mH} = 120\ (\text{mH})$

(b)再求 40 mH 及 $L_{eq1} = 120$ mH 並聯之等效電感值為 $L_{eq2} = \dfrac{40 \cdot 120}{40 + 120} = 30$ (mH)

(c)再求 20 mH 及 $L_{eq2} = 30$ mH 串聯之等效電感值為 $L_{eq3} = 20$ mH + 30 mH = 50 (mH)

(d)最後求 $L_{eq3} = 50$ mH 及 50 mH 並聯之等效電感值為 $L_{eq} = 25$ (mH)

在圖 1–18 之電路中已知 $i_1(t) = 0.6\cos(100t)$ (A)，且 $i(0) = 5$ A，試求 $i(t)$、$i_2(t)$、$v(t)$、$v_1(t)$、$v_2(t)$ 之表示式。

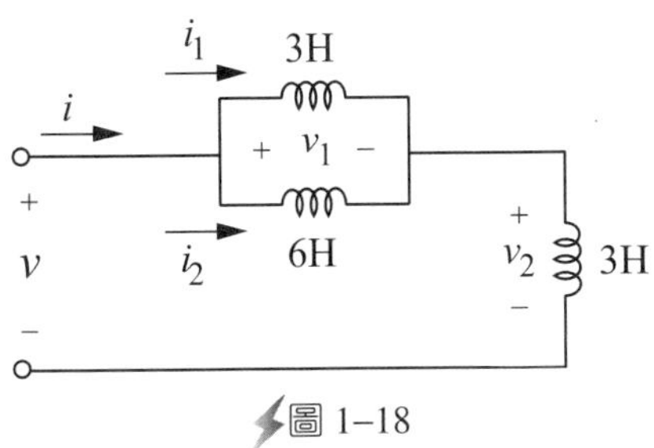

圖 1–18

解 (a)先求電感器之初值電流，已知 $i(0) = 5$ A, $i_1(0) = 0.6$ A，由 KCL 可得

$$i_2(0) = i(0) - i_1(0) = 5 - 0.6 = 4.4 \text{ (A)}$$

(b) $$v_1(t) = 3\frac{di_1}{dt}(t) = 3\frac{d}{dt}[0.6\cos(100t)] = -180\sin(100t) \quad \text{(V)}$$

$$i_2(t) = \frac{1}{6}\int_0^t v_1(t)dt + i_2(0) = \frac{-180}{6}\int_0^t \sin(100t)dt + 4.4 \quad \text{(A)}$$

$$= 0.3\cos(100t)\Big|_0^t + 4.4 \text{ A} = 0.3\cos(100t) + 4.1 \quad \text{(A)}$$

(c)由 v 看入之等效電感值為 $L_{eq} = 3 + 3/\!/6 = 3 + \dfrac{3 \cdot 6}{3+6} = 3 + 2 = 5$ (H)

$$i(t) = i_1(t) + i_2(t) = 0.6\cos(100t) + 0.3\cos(100t) + 4.1 = 0.9\cos(100t) + 4.1 \quad \text{(A)}$$

$$v(t) = 5\frac{di}{dt} = 5 \cdot \frac{d}{dt}[0.9\cos(100t) + 4.1] = -450\sin(100t) \quad \text{(V)}$$

$$v_2(t) = v(t) - v_1(t) = -450\sin(100t) + 180\sin(100t) = -270\sin(100t) \quad \text{(V)}$$

1.5 電阻參數

1.5.1 電阻的形成

電阻是一種阻礙電流通過的電氣特性，除了特殊的超導體外，任何可以傳送電能

的導體均有電阻存在。如圖 1–19 所示的導體，其有效長度為 l（單位：m）、截面積 A（單位：m^2）、電阻係數 ρ（單位：Ω-m），則其具有的電阻值 R（單位：Ω）可由下式表示：

$$R = \frac{\rho l}{A} \tag{1–56}$$

由上式可知：當一個導體的長度 l 愈長、截面積 A 愈小、電阻係數 ρ 愈大時，則其電阻值 R 愈大。依電阻係數 ρ 的大小不同，可將一般材料分為導體、半導體及絕緣體等三大類。

在導體中，具有最小電阻係數 ρ 的材質為銀，其值約為 1.67×10^{-8} Ω-m；常用的銅線（硬抽銅）為 1.724×10^{-8} Ω-m；變壓器用的鋼約為 11.09×10^{-8} Ω-m；不銹鋼約為 99.0×10^{-8} Ω-m；導電用的石墨約在 7301×10^{-8}～812×10^{-8} Ω-m 的範圍。

半導體的材料常用矽，其電阻係數約為 2.5×10^{3} Ω-m；鍺質材料約為 4.5×10^{-1} Ω-m；碳則約為 3.8×10^{-5}～4.1×10^{-5} Ω-m 的範圍。絕緣體可做為高電壓隔離的材料，如雲母的電阻係數約為 5.0×10^{11} Ω-m；玻璃的電阻係數約為 1.0×10^{12} Ω-m。

由於不同的材料具有不同的電阻係數，因此小電阻值常使用的範圍為 1 微歐姆 $= 1 \times 10^{-6}\ \Omega = 1\ \mu\Omega$；1 毫歐姆 $= 1 \times 10^{-3}\ \Omega = 1\ \text{m}\Omega$ 等精密用的電阻值。高值電阻值範圍則使用 1 千歐姆 $= 1 \times 10^{3}\ \Omega = 1\ \text{k}\Omega$；1 百萬歐姆 $= 1 \times 10^{6}\ \Omega = 1\ \text{M}\Omega$；10 億歐姆 $= 1 \times 10^{9}\ \Omega = 1\ \text{G}\Omega$。

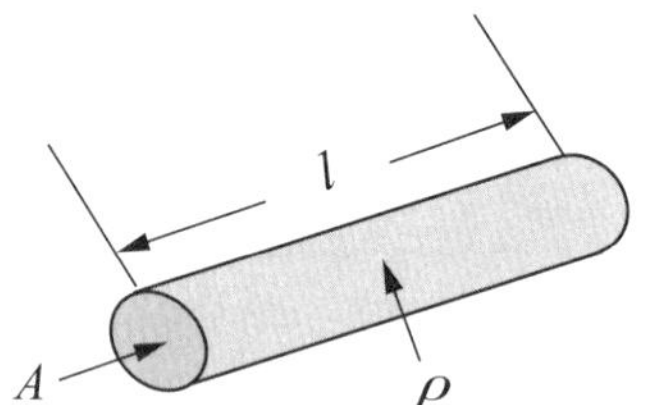

圖 1–19　由導體的長度 l、截面積 A、電阻係數 ρ 所形成的電阻效應

1.5.2 電阻器與其電路符號

利用電阻特性所製造出來的電路元件稱為電阻器，其電路符號如圖 1–20 所示。圖 1–20(a)代表固定電阻器 (fixed resistor) 的電路符號；圖 1–20(b)、(c)則為可變電阻器 (variable resistor) 的電路符號，其中圖(b)僅有二端點可供連接使用，圖(c)則比圖(b)多了

一個端點可供連接於滑動的端子上面，亦稱為電位計 (potentiometer)。

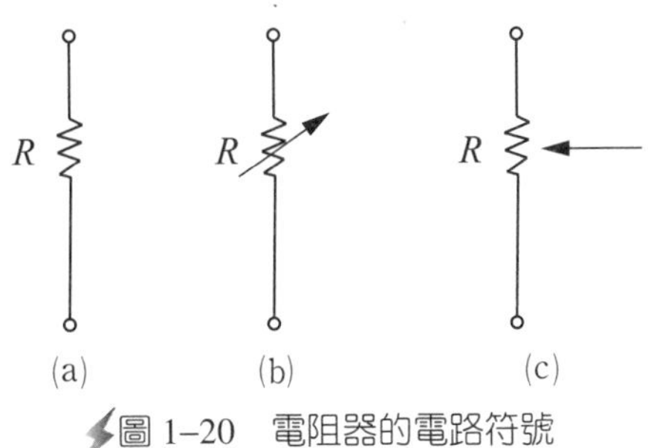

圖 1–20　電阻器的電路符號

1.5.3 線性電阻器的電壓一電流關係

如圖 1–21 所示的固定線性電阻器 R 之電壓 v 與電流 i 關係，該圖是以傳統被動的符號來表示，其電流 i 的方向必流向電阻器二端電壓 v 的正端。根據歐姆定律 (Ohm's law)，當二端電壓 v 升高或降低時，其通過的電流 i 也會呈現等比例的升高或降低，因此電阻值可表示為二端電壓 v 對通過電流 i 的比值，即為

$$R = \frac{v}{i} \quad (\Omega) \text{ 或 } v = Ri \tag{1–57}$$

式中當 $R = 0$ 時，不論電流 i 之值為何，其二端電壓 v 恆為零值，此條件稱為短路 (short circuit)；當 $R = \infty$ 時，不論二端電壓 v 之值為何，其通過之電流 i 恆為零值，此條件稱為斷路或開路 (open circuit)。

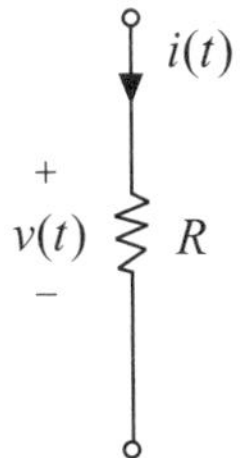

圖 1–21　電阻器的電壓一電流關係

(1–57) 式之關係式也可以改用電壓增量或差量，對電流增量或差量的比值來表示：

$$R = \frac{v_1 - v_2}{i_1 - i_2} = \frac{\Delta v}{\Delta i} \quad (\Omega) \tag{1–58}$$

式中電壓 v_1 時的電流為 i_1、電壓 v_2 時的電流為 i_2，其特性關係可用圖 1–22 來表示。圖

1–22 中的橫座標為電流、縱座標為電壓，故通過 (i_1, v_1) 及 (i_2, v_2) 之直線其斜率恰為電阻值 R，該直線也通過 (0, 0) 之原點，代表該電阻器為一線性電阻器。若一電阻器之電壓—電流特性不是一條如圖 1–22 之直線，或該直線沒有通過電壓—電流平面的原點，則通稱為非線性電阻器。

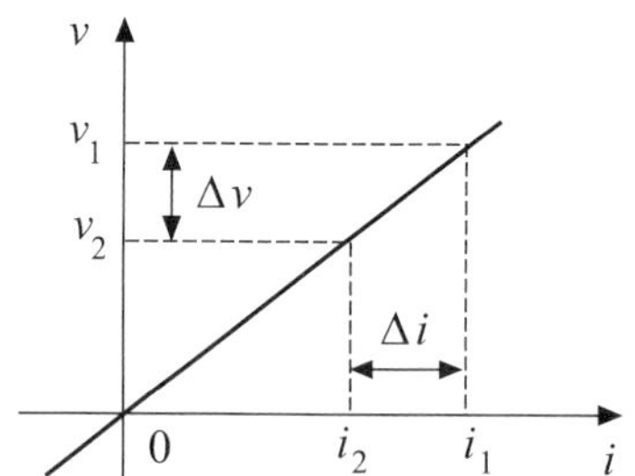

圖 1–22　以電壓及電流的增量或差量所表示之電阻特性

電阻的倒數稱為電導 (conductance)，常以 G 的符號表示，其單位為 siemens，以 S 表示，茲定義電導如下：

$$G = \frac{1}{R} = \frac{i}{v} \qquad (\text{S}) \text{ 或 } i = Gv \tag{1–59}$$

若改用 (1–59) 式表示電導可寫為

$$G = \frac{i_1 - i_2}{v_1 - v_2} = \frac{\Delta i}{\Delta v} \qquad (\text{S}) \tag{1–60}$$

1.5.4 電阻器的功率及能量

將電阻器的電壓—電流關係式 (1–57) 式的電壓與電流相乘，可得電阻器所吸收或消耗的功率為

$$p(t) = v(t) \cdot i(t) = v(t) \cdot \frac{v(t)}{R} = \frac{[v(t)]^2}{R} = [v(t)]^2 \cdot G \qquad (\text{W}) \tag{1–61}$$

或

$$p(t) = v(t) \cdot i(t) = Ri(t) \cdot i(t) = [i(t)]^2 \cdot R = \frac{[i(t)]^2}{G} \qquad (\text{W}) \tag{1–62}$$

由 (1–61) 式及 (1–62) 式得知：當電阻值 R 或電導值 G 為正值時，不論電壓或電流的極性為何，其所吸收的功率恆為大於或等於零的量，表示電阻器一直在消耗電功率。當電阻值 R 或電導值 G 為特殊的負值時，則所吸收的電功率為負值，代表該元件正在向外送出電功率。

將 (1–61) 式、(1–62) 式之電阻器功率 $p(t)$ 對時間 t 積分，可得所消耗的能量為

$$w(t)=\int_0^t p(\tau)d\tau=\int_0^t\frac{[v(\tau)]^2}{R}d\tau=\int_0^t[i(\tau)]^2Rd\tau \qquad (1\text{–}63)$$

式中 τ 為時間積分變數。

1.5.5 多個電阻器的串聯

如圖 1–23 (a)所示的連接，為 $R_1, R_2, \cdots R_N$ 之 N 個電阻器以頭接尾的方式完成電路的串聯，由於串聯會使每一個電阻器通過的電流量均相同為

$$i_1=i_2=\cdots=i_N=i \quad \text{(A)} \qquad (1\text{–}64)$$

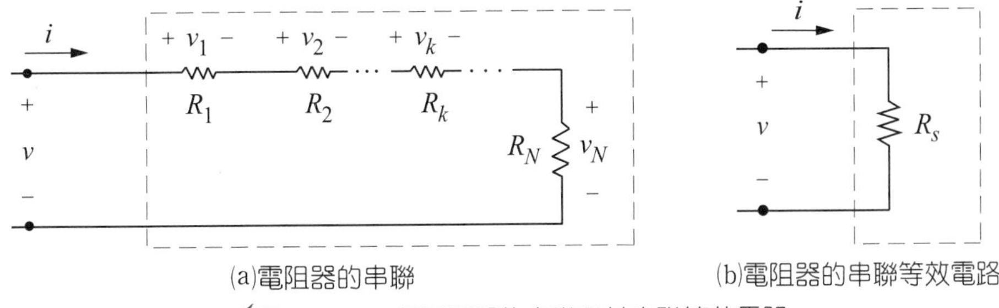

圖 1–23　N 個電阻器的串聯及其串聯等效電路

圖 1–23 (b)所示為圖(a)的串聯等效電路，可將圖(a)的 N 個電阻器串聯後的電阻值以一個串聯等效電阻值 R_{eqs} 表示，二者在連接端點的電壓及電流條件必須相同，故

$$v=v_1+v_2+\cdots+v_N=\sum_{k=1}^{N}v_k \quad \text{(V)} \qquad (1\text{–}65)$$

將上式中的各電壓改用 (1–57) 式取代，並將 (1–59) 式電流相同的條件代入，可得

$$R_{eqs}\cdot i=R_1\cdot i_1+R_2\cdot i_2+\cdots+R_N\cdot i_N=(R_1+R_2+\cdots+R_N)\cdot i \quad \text{(V)} \qquad (1\text{–}66)$$

可得 N 個電阻器串聯後的等效電阻值為

$$R_{eqs} = R_1 + R_2 + \cdots + R_N = \sum_{k=1}^{N} R_k \quad (\Omega) \tag{1-67}$$

當 $R_1 = R_2 = \cdots = R_N = R$ 時，則其等效串聯電阻值恰為單一電阻值 R 的 N 倍

$$R_{eqs} = R + R + \cdots + R = \sum_{k=1}^{N} R = NR \quad (\Omega) \tag{1-68}$$

由於多個電阻器愈串聯之等效電阻值愈大，因此串聯後的等效電阻值必大於或等於 N 個電阻器中數值最大的電阻值，如下式所示：

$$R_{eqs} = R_1 + R_2 + \cdots + R_N \geq \text{Max}(R_1, R_2, \cdots, R_N) \quad (\Omega) \tag{1-69}$$

1.5.6 多個電阻器的並聯

如圖 1–24 (a)所示的連接，為 $R_1, R_2, \cdots, R_N$ 之 N 個電阻器共同以連接頭端、連接尾端的方式完成電路的並聯。

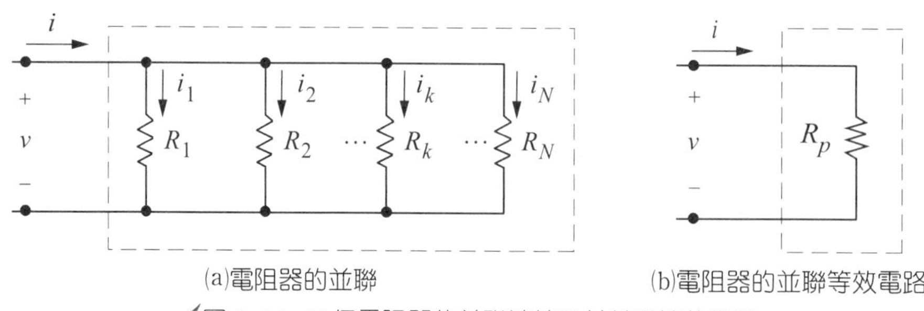

圖 1–24　N 個電阻器的並聯連接及其並聯等效電路

圖 1–24 (b)所示為圖(a)的並聯等效電路，可將圖(a)的 N 個電阻器並聯後的電阻值以一個串聯等效電阻值 R_{eqp} 表示，二者在連接端點的電壓—電流條件必須相同，故

$$i = i_1 + i_2 + \cdots + i_N = \sum_{k=1}^{N} i_k \quad (\text{A}) \tag{1-70}$$

將上式改用電壓 v 除以電阻值來取代，可得

$$\frac{v}{R_{eqp}} = \frac{v}{R_1} + \frac{v}{R_2} + \cdots + \frac{v}{R_N} = \sum_{k=1}^{N} \frac{v}{R_k} \quad (\text{A}) \tag{1-71}$$

消去上式中的電壓 v，可得並聯等效電阻值的表示式為

$$R_{eqp}=\frac{1}{\frac{1}{R_1}+\frac{1}{R_2}+\cdots+\frac{1}{R_N}}=\frac{1}{\sum_{k=1}^{N}\frac{1}{R_k}}\quad(\Omega)\qquad(1\text{–}72)$$

當 $R_1=R_2=\cdots=R_N=R$ 時，則其等效並聯電阻值恰為單一電阻值 R 的 $\frac{1}{N}$ 倍

$$R_{eqp}=\frac{1}{\frac{1}{R}+\frac{1}{R}+\cdots+\frac{1}{R}}=\frac{1}{\sum_{k=1}^{N}\frac{1}{R}}=\frac{1}{\frac{N}{R}}=\frac{R}{N}\quad(\Omega)\qquad(1\text{–}73)$$

當僅有二個電阻器 R_1、R_2 並聯時，(1–72) 式可改為

$$R_{eqp2}=\frac{1}{\frac{1}{R_1}+\frac{1}{R_2}}=\frac{R_1R_2}{R_1+R_2}\quad(\Omega)\qquad(1\text{–}74)$$

當 (1–74) 式之其中一個電阻值為零時（短路），如 $R_1=0\ \Omega$ 時，則不論另一個電阻器 R_2 之值為何，R_{eqp2} 恆為零值；當其中一個電阻值為無限大時（斷路），例如 $R_1=\infty\ \Omega$ 時，則 R_{eqp2} 恆等於另一個電阻器 R_2 之值。

由於多個電阻器愈並聯之等效電阻值愈小，因此並聯後的等效電阻值必小於或等於 N 個電阻器中數值最小的電阻值，如下式所示：

$$R_{eqp}=\frac{1}{\frac{1}{R_1}+\frac{1}{R_2}+\cdots+\frac{1}{R_N}}\le \mathrm{Min}(R_1,R_2,\cdots,R_N)\quad(\Omega)\qquad(1\text{–}75)$$

範例 19 一個燈泡連接 100 V 直流電壓，通過 10 A 之電流，試求該燈泡之電阻值、電導值及消耗的功率。

解 $R=\frac{v}{i}=\frac{100\text{ V}}{10\text{ A}}=10\ (\Omega)$, $G=\frac{1}{R}=\frac{1}{10\ \Omega}=0.1\ (\text{S})$

$p=v\cdot i=100\text{ V}\cdot 10\text{ A}=1000\text{ W}=1\ (\text{kW})$

範例 20 有 1000 個 10 Ω 電阻器做(a)串聯；(b)並聯連接，試分別求出其等效電阻值。

解 (a)由 (1–68) 式可得 $R_{eqs}=NR=1000\cdot 10\ \Omega=10000\ \Omega=10\ (\text{k}\Omega)$

(b)由 (1–73) 式可得 $R_{eqp}=\frac{R}{N}=\frac{10\ \Omega}{1000}=0.01\ \Omega=10\ (\text{m}\Omega)$

範例21 如圖 1–25 所示之電路，試求其等效電阻值 R_{eq}。

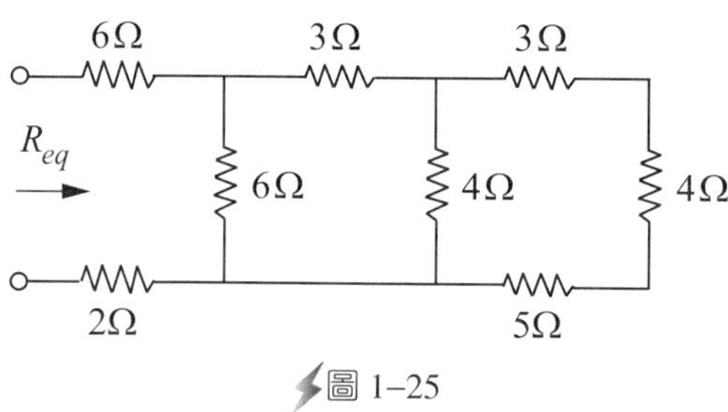

圖 1–25

解 (a)先求最右側的 3 Ω、4 Ω、5 Ω 串聯路徑與 4 Ω 之並聯等效電阻值

$$R_{eq1}=(3+4+5)/\!/4=\frac{12\cdot 4}{12+4}=3\ (\Omega)$$

(b)將 R_{eq1} 與 3 Ω 串聯後再與 6 Ω 並聯，可得等效電阻值 R_{eq2}

$$R_{eq2}=(3+R_{eq1})/\!/6=(3+3)/\!/6=3\ (\Omega)$$

(c)最後將 R_{eq2} 與 6 Ω、2 Ω 串聯可得 $R_{eq}=6+R_{eq2}+2=6+3+2=11\ (\Omega)$

1.6 相關單位之介紹

由前面各節定義的基本量，可以得知所有與電路相關的電氣量均有重要的單位，此單位均由國際單位系統 (International System of Units) 認定的公制單位 (SI) 來表示，表 1–1 列出這些電氣量及其使用公制單位的歸納表。

表 1–1 電路學的基本電氣量及其公制單位

電氣量及符號	公制單位	公制單位的英文縮寫表示
電荷 q	庫侖 (coulomb)	C
電壓 v	伏特 (volt)	V
電流 i	安培 (ampere)	A
功率 p	瓦特 (watt)	W
能量 w	焦耳 (joule)	J
電容 C	法拉 (farad)	F
電感 L	亨利 (henry)	H
電阻 R	歐姆 (ohm)	Ω
電導 G	西門 (siemen)	S

表 1–1 中的功率 p 與能量 w 可分別由電壓 v 與電流 i 的乘積以及功率 p 與時間 t 的乘積關係來產生

$$p = v \times i \tag{1–76}$$

$$w = p \times t \tag{1–77}$$

表 1–1 中的電導 G 為電阻 R 的倒數，傳統單位為姆歐 (mho) (符號為 ℧)，目前已改為通用的 S 表示：

$$G = \frac{1}{R} \tag{1–78}$$

為了擴展上述電氣單位的使用範圍，通常會在使用單位的前面加入一個以十為底的次方乘冪前置符號 (prefix)，如表 1–2 所列。

表 1–2　以十為底的次方乘冪前置符號及其英文代表意義

以十為底的量	前置符號	英文代表意義
10^{24}	Y	yotta
10^{21}	Z	zetta
10^{18}	E	exa
10^{15}	P	peta
10^{12}	T	tera
10^{9}	G	giga
10^{6}	M	mega
10^{3}	k	kilo
10^{2}	h	hecto
10^{1}	da	deka
10^{-1}	d	deci
10^{-2}	c	centi
10^{-3}	m	milli
10^{-6}	μ	micro
10^{-9}	n	nano
10^{-12}	p	pico
10^{-15}	f	femto
10^{-18}	a	atto
10^{-21}	z	zepto
10^{-24}	y	yocto

其中小於 1 的範圍其常用的符號為 m、μ、n、p 等字，分別代表 10^{-3}、10^{-6}、10^{-9}、10^{-12} 的量；大於 1 的範圍中常用的符號為 k、M、G、T，分別代表 10^{3}、10^{6}、10^{9}、10^{12}。

常用的電壓範圍可由極微電壓的毫伏 (mV) 至極高電壓或稱超高壓的千伏 (kV)、百萬伏 (MV) 來計量；電流可由極小的微安 (μA)、毫安 (mA) 至極大的千安 (kA) 間變動；功率可由微瓦 (μW)、毫瓦 (mW) 至千瓦 (kW)、百萬瓦 (MW)、十億瓦 (GW) 的範圍變動；能量可由毫焦耳 (mJ) 至千焦耳 (kJ)、百萬焦耳 (MJ) 來表示由小至大的能量變動。

電阻器的電阻值範圍可由精密的毫歐姆 (mΩ)、通用的千歐姆 (kΩ) 至高電阻之百萬歐姆 (MΩ) 表示。電感器的電感值可由極小的微亨利 (μH)、通用的毫亨利 (mH) 至高電感量的數百亨利之範圍表示。電容值範圍較廣，可由具有極微量的匹法拉 (pF)、奈法拉 (nF)、微法拉 (μF) 至超級電容用的數百法拉等應用範圍。

範例 22　試將 100 MΩ 之電阻值分別以(a) $\mu\Omega$；(b) mΩ；(c) kΩ 表示。

解

(a) $100\ \text{M}\Omega = \dfrac{100\times 10^{6}\ \Omega}{(1\times 10^{-6}\ \Omega)} = 10^{14}\ (\mu\Omega)$

(b) $100\ \text{M}\Omega = \dfrac{100\times 10^{6}\ \Omega}{(1\times 10^{-3}\ \Omega)} = 10^{11}\ (\text{m}\Omega)$

(c) $100\ \text{M}\Omega = \dfrac{100\times 10^{6}\ \Omega}{(1\times 10^{3}\ \Omega)} = 10^{5}\ (\text{k}\Omega)$

範例 23　試將 5 mH 之電感值分別以(a) μH；(b) pH 表示。

解

(a) $5\ \text{mH} = \dfrac{5\times 10^{-3}\ \text{H}}{(1\times 10^{-6}\ \text{H})} = 5\times 10^{3}\ (\mu\text{H})$

(b) $5\ \text{mH} = \dfrac{5\times 10^{-3}\ \text{H}}{(1\times 10^{-12}\ \text{H})} = 5\times 10^{9}\ (\text{pH})$

範例 24　試將 8 pF 之電容值分別以(a) μF；(b) mF 表示。

解

(a) $8\ \text{pF} = \dfrac{8\times 10^{-12}\ \text{F}}{(1\times 10^{-6}\ \text{F})} = 8\times 10^{-6}\ (\mu\text{F})$

(b) $8\ \text{pF} = \dfrac{8\times 10^{-12}\ \text{F}}{(1\times 10^{-3}\ \text{F})} = 8\times 10^{-9}\ (\text{mF})$

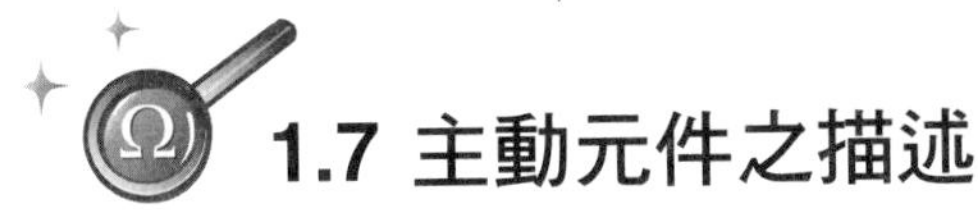

1.7 主動元件之描述

前面在 1.3 節的電容器、1.4 節的電感器、1.5 節的電阻器均屬於電路學中的被動元件 (passive element)，以理想元件來看，電阻器只能吸收或消耗功率（無法儲能），電容器及電感器僅能儲存能量 (不會消耗功率)。一個與被動元件相對的電路元件稱為主動元件 (active element)，該類元件能夠產生電能，例如電池、發電機等。在電路學中最重要的主動元件為可以產生電能的「電源」(source)。

電源依其是否具有獨立特性，可分為「獨立電源」(independent source) 以及「相依電源」(dependent source) 或稱「受控電源」(controlled source) 二類；若依其產生訊號的類型，可分為「電壓源」(voltage source) 以及「電流源」(current source) 二類；若依其模型的理想與否，可分為「理想電源」(ideal source) 以及「實際電源」(practical source) 二類。以下將先對理想的獨立電壓源及獨立電流源作說明。

獨立電壓源的符號均以一個圓圈來表示其獨立性。如圖 1–26 (a)所示為獨立電壓源的電路符號，以一個圓圈內部放入 +、 − 二符號代表，其圓圈外放入電壓符號 v 或電壓的大小，以指明該電壓源的大小與電壓極性。圖 1–26 (b)則為直流電壓源的常用符號，以一長一短的平行符號放置，其中的長線代表正端，短線代表負端，在該符號外側放入電壓大小以做標註。圖 1–27 所示的虛線為直流理想獨立電壓源的電壓－電流特性曲線，由該理想特性得知：不論通過該電壓源的電流大小或方向為何，其二端所保持的電壓大小與極性不變。圖 1–27 所示的實線則為實際直流獨立電壓源的電壓－電流特性曲線，隨著電流 i 之增加其二端電壓 v 會呈現下降的特性。

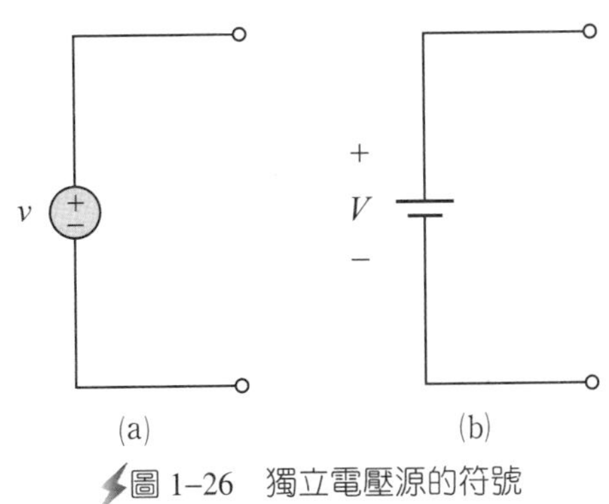

圖 1–26　獨立電壓源的符號

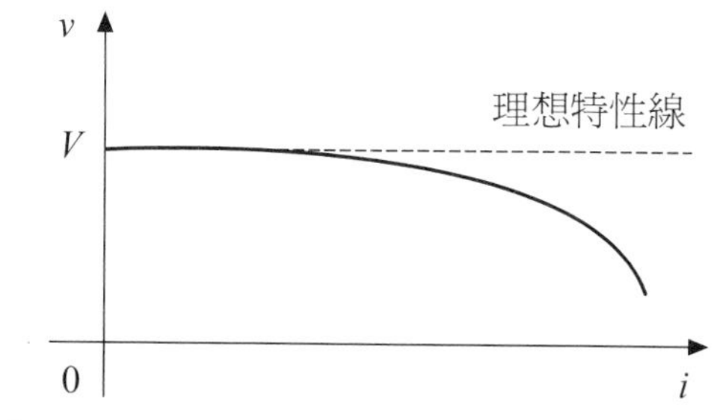

圖 1–27　直流獨立電壓源的電壓—電流特性曲線

如圖 1–28 所示為獨立電流源的電路符號，以一個圓圈內部放入箭頭來代表，其圓圈外放入電流符號 i 或電流的大小，以指明該電流源的電流大小與電流方向。圖 1–29 所示的虛線為直流理想獨立電流源的電流—電壓特性曲線，由該特性得知：不論跨在該電流源的電壓大小或電壓極性為何，其所流過的電流大小與流動方向不變。圖 1–29 所示的實線則為實際直流獨立電流源的電壓—電流特性曲線，隨著電壓 v 之增加其通過的電流 i 會呈現下降的特性。

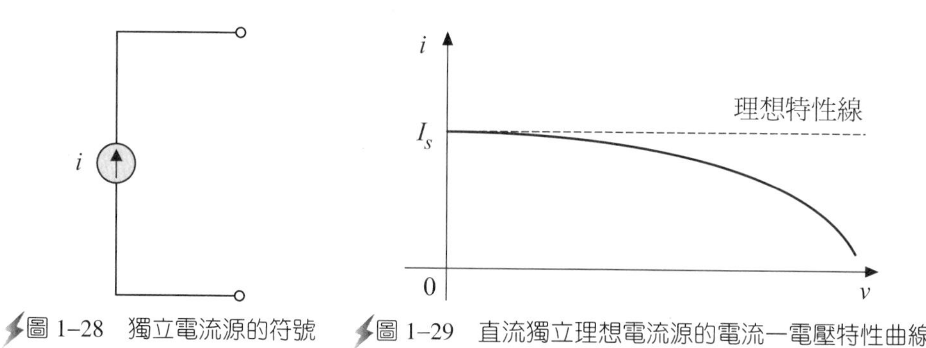

圖 1–28　獨立電流源的符號　圖 1–29　直流獨立理想電流源的電流—電壓特性曲線

「相依電源」或「受控電源」的符號均以一個菱形或鑽石形狀來表示其相依性，若為電壓源輸出時，在菱形內部會放入 +、－二符號來代表電壓源二端的相對極性；若為電流源輸出時，在菱形內部會放入箭頭符號來代表電流源的電流方向。

「相依電源」或「受控電源」依其控制訊號的不同以及其產生電源型式的不同，可分為「電壓控制電壓源」(voltage controlled voltage source, VCVS)、「電壓控制電流源」(voltage controlled current source, VCCS)、「電流控制電壓源」(current controlled voltage source, CCVS)、「電流控制電流源」(current controlled current source, CCCS) 等四種，其電路符號分別如圖 1–30 (a)、(b)、(c)、(d)所示。

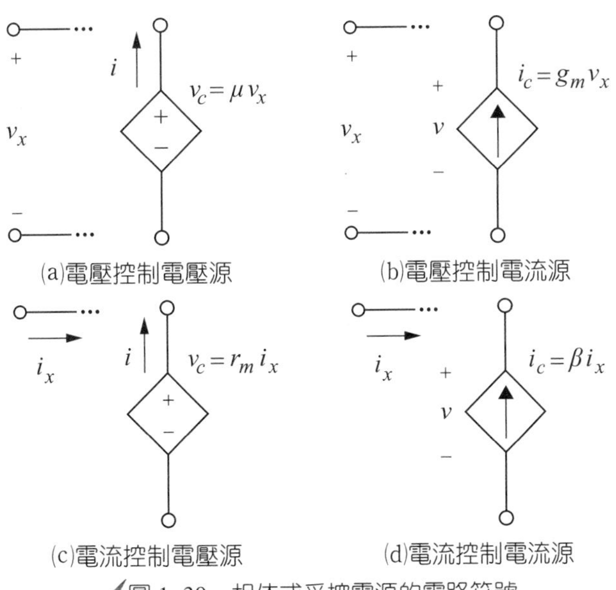

圖 1–30　相依或受控電源的電路符號

相依電源的輸出電壓大小與極性或輸出電流大小與方向等特性，完全受制於控制訊號的影響而轉變，四種相依電源的輸出電壓或電流關係與其輸入電壓或電流關係分別如下：

(1)電壓控制電壓源 (VCVS)

$$v_c = \mu v_x \tag{1–79}$$

式中 v_c 為電壓源輸出電壓大小（單位 V），v_x 為控制電壓（單位 V），μ 為二個量間轉換的電壓放大率（沒有單位）。

(2)電壓控制電流源 (VCCS)

$$i_c = g_m v_x \tag{1–80}$$

式中 i_c 為電流源輸出電流大小（單位 A），v_x 為控制電壓（單位 V），g_m 為二個量間的轉換電導量（單位為姆歐 ℧ 或 S）。

(3)電流控制電壓源 (CCVS)

$$v_c = r_m i_x \tag{1–81}$$

式中 v_c 為電壓源輸出電壓大小（單位 V），i_x 為控制電流（單位 A），r_m 為二個量間的轉換電阻量（單位為歐姆 Ω）。

⑷電流控制電流源 (CCCS)

$$i_c = \beta i_x \tag{1–82}$$

式中 i_c 為電流源輸出的電流大小（單位 A），i_x 為控制電流（單位 A），β 為二個量間轉換的電流放大率（沒有單位）。

 如圖 1–31 所示之電路，試求出所有電路元件的吸收功率或放出功率。

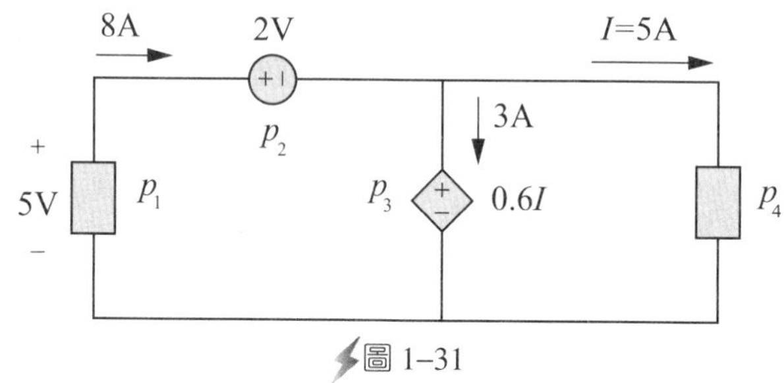

圖 1–31

解 $p_1 = 5\ \text{V} \times 8\ \text{A} = 40\ (\text{W})$（送出功率）

$p_2 = 2\ \text{V} \times 8\ \text{A} = 16\ (\text{W})$（吸收功率）

$p_3 = 0.6\,I \times 3\ \text{A} = 0.6 \times 5\ \text{A} \times 3\ \text{A} = 9\ (\text{W})$（吸收功率）

$p_4 = 0.6\,I \times 5\ \text{A} = 0.6 \times 5\ \text{A} \times 5\ \text{A} = 15\ (\text{W})$（吸收功率）

檢查：$p_1 = p_2 + p_3 + p_4$ 滿足功率守恆定理

1.1 電荷與能量

1. 四個 1.5 V 的電池供應 100 mA 電流給一部 CD 隨身聽，試求這些電池在 3 小時內供應的能量。

2. 如圖 P1–1 所示元件的端電流為

$$i = 0 \qquad\qquad\qquad t < 0$$
$$i = 20e^{-5000t} \quad \text{(A)} \quad t \geq 0$$

試求進入該元件上面端子的總電量（以微庫 μC 表示）。

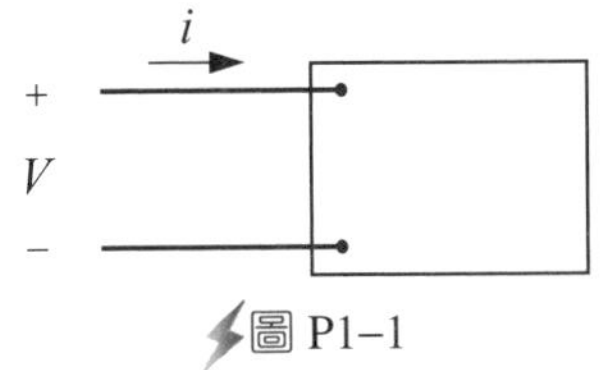

圖 P1–1

3. 在某個電子電路中，電流在微安（μA）範圍是很平常的事。假定有電子流動形成 30 μA 電流。試求每秒平均有多少電子通過垂直於流動方向的參考截面？

4. 如圖 P1–2 中的電路元件的端電壓及端電流在 $t<0$ 時為零；在 $t \geq 0$ 時分別為 $v = 100e^{-50t}\sin 150t$ (V) 及 $i = 20e^{-50t}\sin 150t$ (A)，試求：(a) $t = 20$ ms 時元件吸收的功率；(b)元件吸收的總能量（以 J 表示）。

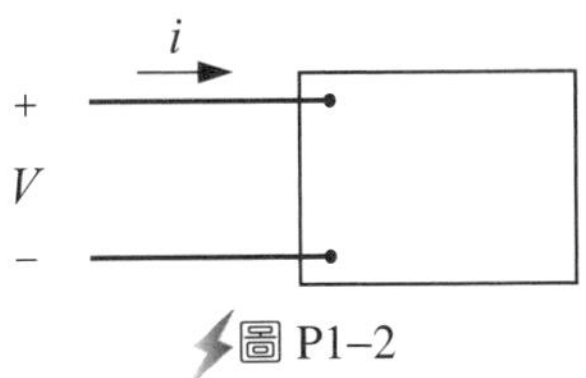

圖 P1–2

5. 如圖 P1–3 中的電路元件的端電壓及端電流在 $t<0$ 時為零；在 $t \geq 0$ 時為

$$v = 80000te^{-500t} \quad \text{(V)} \quad t \geq 0$$
$$i = 15te^{-500t} \quad \text{(A)} \quad t \geq 0$$

試求：(a)最大功率供輸給電路的時刻（以 ms 表示）；(b) p 的最大值（以 mW 表示）；(c)供輸給電路元件的總能量（以 μJ 表示）。

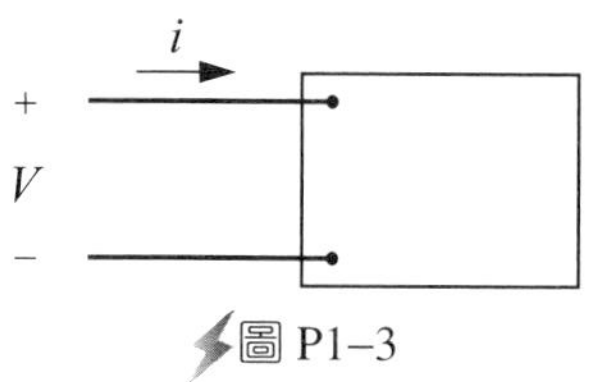

圖 P1–3

6. 如圖 P1–4 中的電路元件的端電壓及端電流在 $t>0$ 時為零；在 $t \geq 0$ 時分別為 $v=100e^{-500t}$ (V) 及 $i=20-20e^{-500t}$ (mA)，試求：(a)供給電路功率的最大值；(b)供輸給電路元件的總能量。

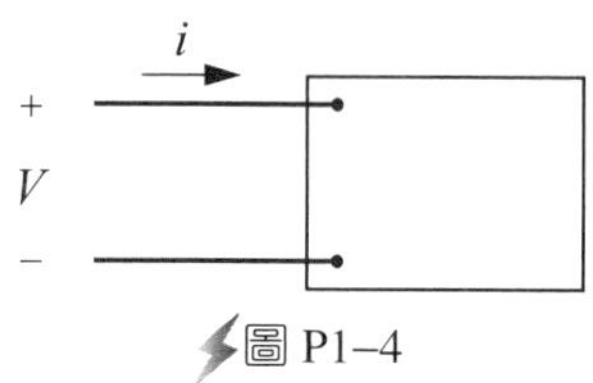

圖 P1–4

1.2 電磁場與電路

7. 在真空中有二個帶電體，其電荷量分別為 -7×10^{-5} 庫侖 (C) 之負電荷與 48×10^{-4} 庫侖 (C) 之正電荷。若二者間靜電力 $\vec{F}$ 之值為 -10 N，試求二帶電體之距離為若干米？

8. 如圖 P1–5 所示，Q_1 有 5×10^{-5} 庫侖之電量。若右邊原本之中性球體 Q_2，失去 3.12×10^{10} 個電子後，試求 Q_1 與 Q_2 間之靜電力 $\vec{F}$ (N) 之值。

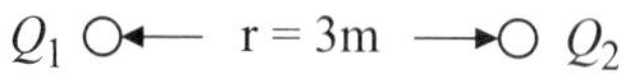

Q_1 ○← r = 3m →○ Q_2

圖 P1–5

9. 二帶電球體，其間之吸引力為 90 N (牛頓)，其中之一帶電球體的電荷減少 1 倍，且二球距離增加為原來的 3 倍。試問靜電力變為多少？

1.3 電容參數

10. 試求圖 P1–6 電路中的等效電容值 C_{eq} 為何？

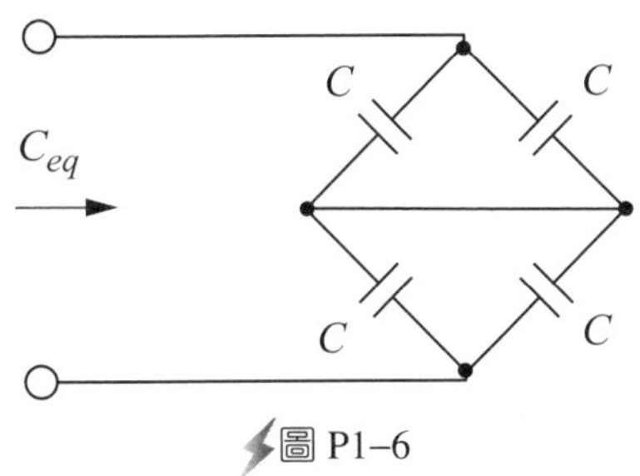

圖 P1–6

11.如圖 P1–7 所示為 2 μF 電容器的二端電壓之波形，試求電容器之電流波形。

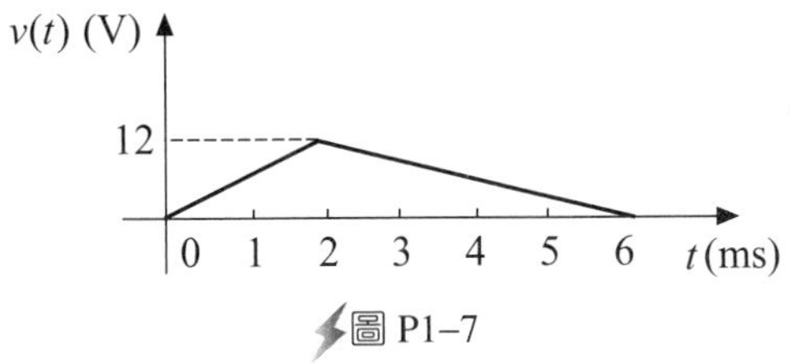

圖 P1–7

12.一個 1 F 電容器二端之電壓如圖 P1–8 所示。試求：(a) $t = 4$ s 時電容器之儲能；(b)電容器之平均儲能。

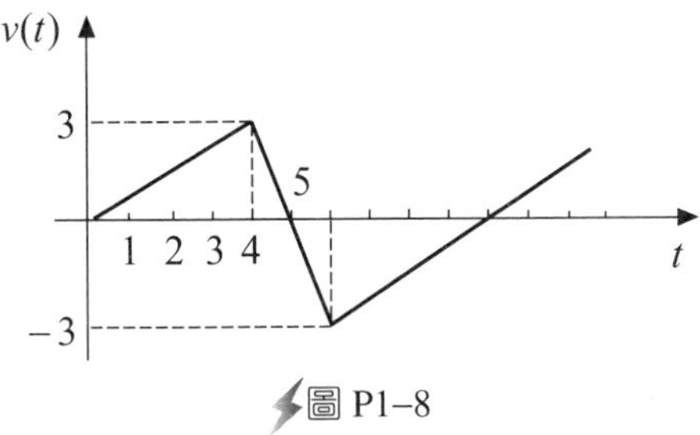

圖 P1–8

13.如圖 P1–9 所示之電路，試求 a、b 二端之電壓 V_{ab}。

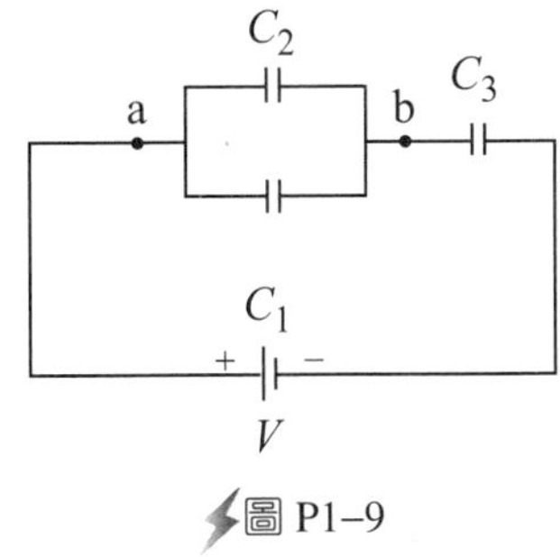

圖 P1–9

14. 如圖 P1–10 所示之電路，電容器 C_1 儲能為 W，電容器 C_2 無儲能，試求開關 SW 切入後，A、B 端點間之電壓值。

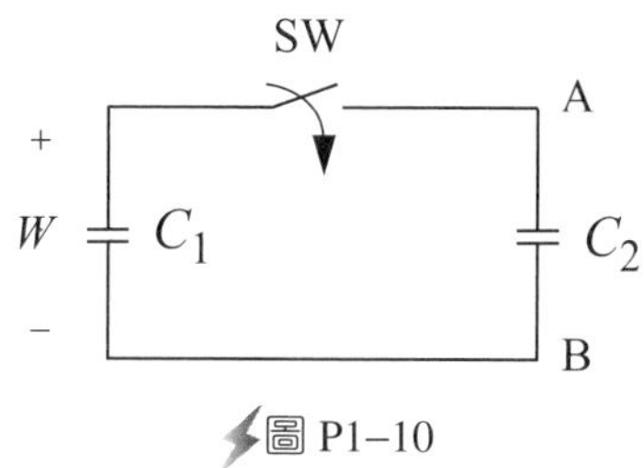

圖 P1–10

1.4 電感參數

15. 參考圖 P1–11 的電壓 $v(t)$ 之波形，若 $v(t)$ 為跨於 5 H 電感器上電壓，電感初值電流為 $i(0) = 3$ A，試求流過電感器之電流為何？

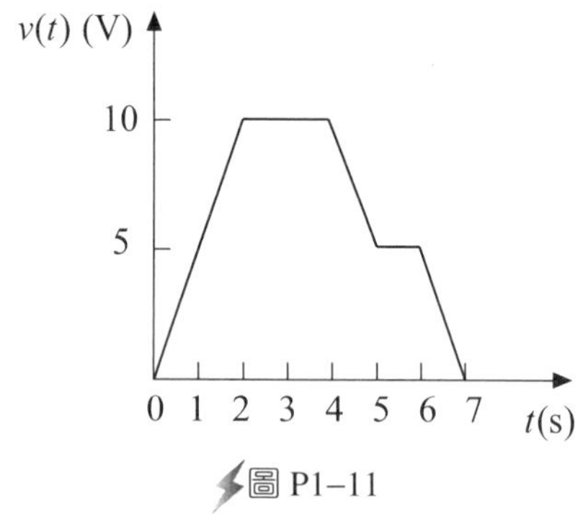

圖 P1–11

16. 如圖 P1–12 所示之電路，其各電感器之初值電流如圖所示，試求開關 SW 投入後之電流 I。

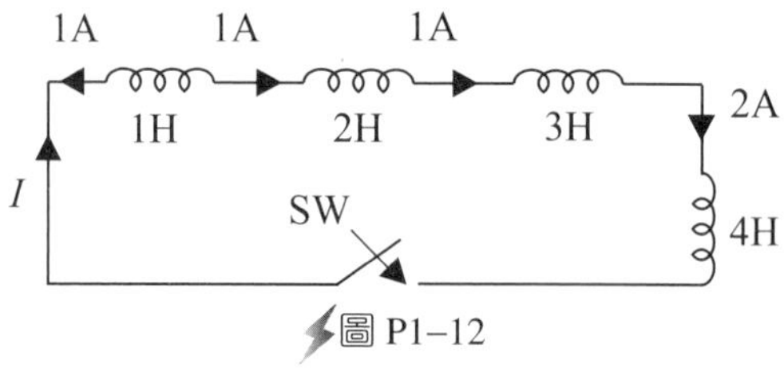

圖 P1–12

17. 一個 5 H 電感器通過之週期性電流如圖 P1–13 所示。試求：(a) $t = 3$ s 時電感的儲能；(b)電感器之平均儲能。

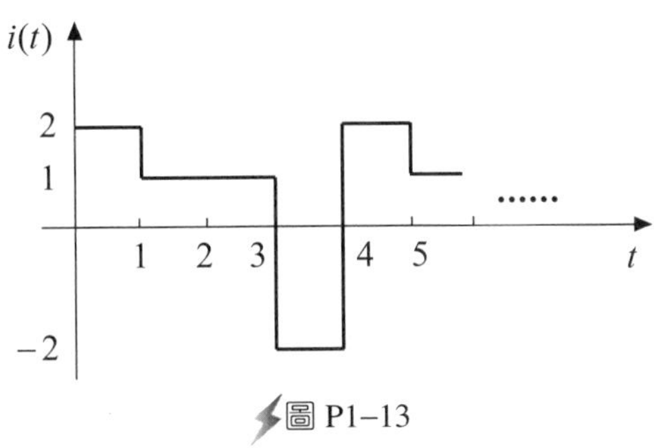

圖 P1−13

18.試求圖 P1−14 電路中的等效電感與初始電流 $i(0)$。

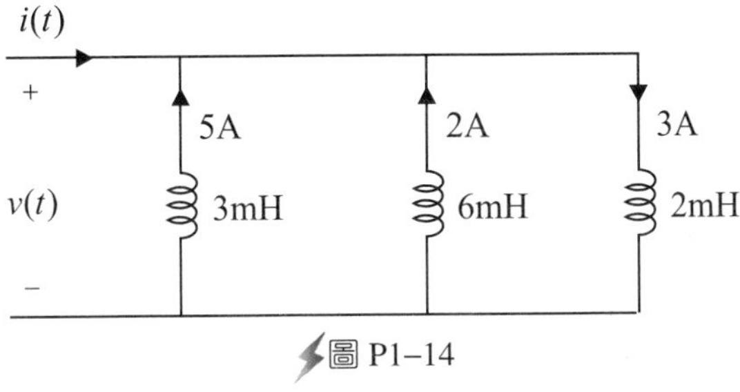

圖 P1−14

1.5 電阻參數

19.假設圖 P1−15 (a)所示元件測得的端電壓 V_t 及端電流 i_t 列成表格時，如圖(b)所示。試求：(a)利用一個理想電流源及一個電阻器建構這個元件的電路模型；(b)當元件的二個端點連接一個 30 Ω 電阻器時，利用電路模型預測 i_t 的值。

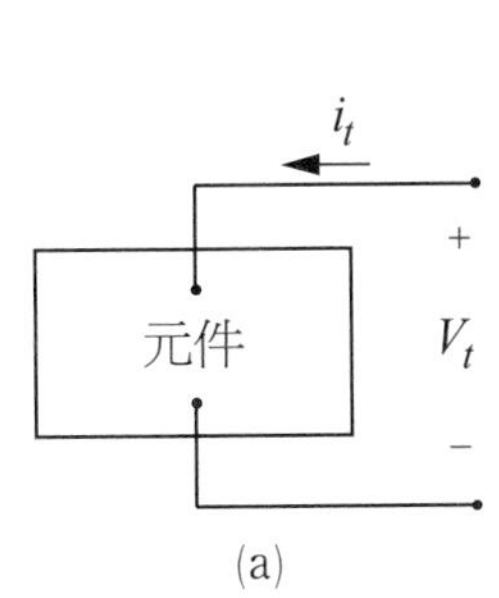

(a)

V_t (V)	i_t (A)
50	0
65	3
80	6
95	9
110	12
125	15

(b)

圖 P1−15

20. 如圖 P1–16 所示電路的安培計電阻為 0.1 Ω，如果誤差百分率 $= \left(\dfrac{\text{測量值}}{\text{實際值}} - 1\right) \times 100\%$，則這個安培計的誤差百分率是多少？

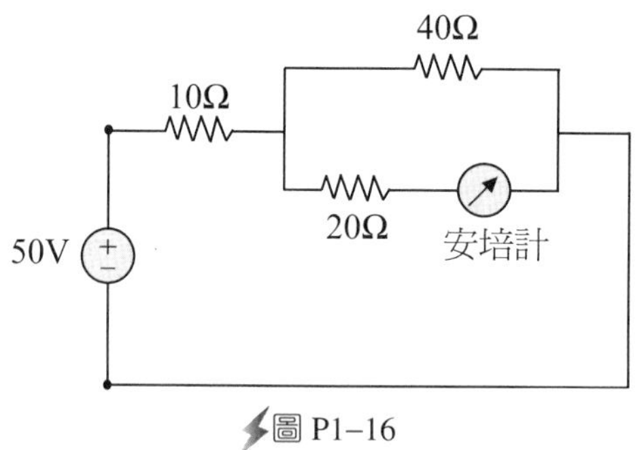

圖 P1–16

21. 如圖 P1–17 所示之電路，試求：(a)電壓 V；(b)由 5 A 電流源供應到電路的功率；(c) 20 Ω 電阻消耗的功率。

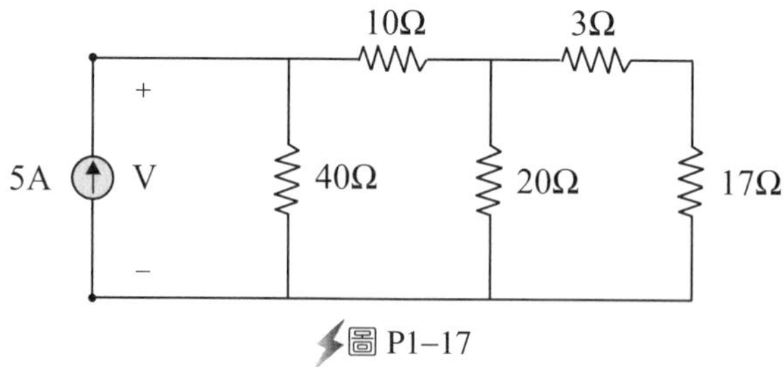

圖 P1–17

22. 有一導線電阻值 $R = 10\ \Omega$，在固定體積下，(a)若長度拉大為原來的 3 倍，求 R 變為多少？(b)若半徑變為原來的 4 倍，求 R 變為多少？(c)若面積變為原來的 5 倍，求 R 變為多少？

1.7 主動元件之描述

23. 如圖 P1–18 右方所示的方塊，試決定該方塊吸收或供給功率量是多少？

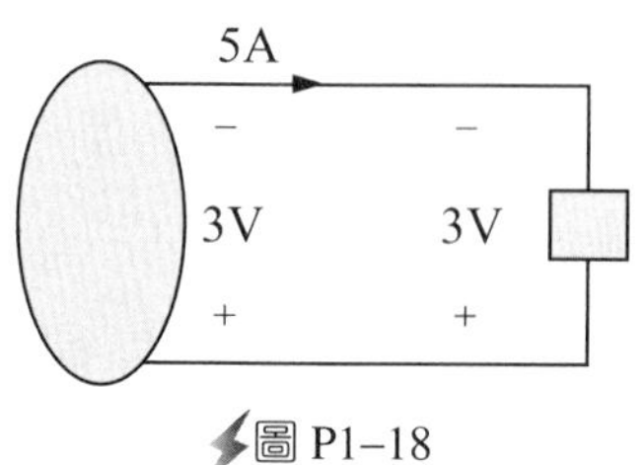

圖 P1–18

24.試求出圖 P1–19 中右側方塊元件之未知電壓值。

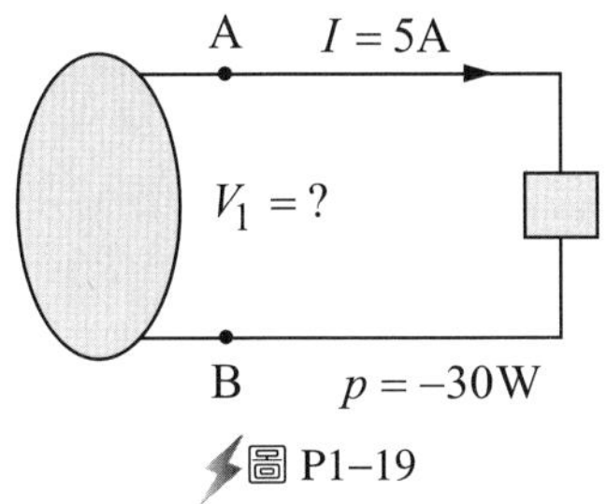

圖 P1–19

25.一臺每小時消耗 6 馬力 (hp) 的冷氣機使用 6 小時。試求：(a)消耗多少仟瓦小時的能量？(b)若電費 1 度收費 2 元，應繳交電費多少元？

筆記欄

第2章 電阻網路

2.0 本章摘要

2.1 電流與電壓的參考方向

2.2 網路拓撲學

2.3 克希荷夫定律

2.4 網目方程式的數目

2.5 電源的變換

習　題

第二章　電阻網路

2.0 本章摘要

本章為介紹由電阻器及電源所構成最基本電阻網路的概念，各節內容摘要如下：

2.1 **電流與電壓的參考方向**：介紹在一般電阻網路中，使用電流變數的大小與方向以及電壓變數的大小與極性關係。

2.2 **網路拓撲學**：網路中的各種不同電路元件之連接架構，包含支路、節點、迴路、網目等，均可以拓撲學中的方式來觀察及分析，本節將引導讀者瞭解拓撲學與網路間的關係與概念。

2.3 **克希荷夫定律**：此定律包含電壓定律及電流定律二種，分別說明電壓在一個迴路中及電流在一個節點中所要遵守的重要法則。

2.4 **網路方程式的數目**：由網路拓撲學的概念，可以決定一個網路所可能列出的獨立方程式數目，以搭配網目的可能變數數目，使網目變數的求解結果必為唯一答案。

2.5 **電源的變換**：一個電壓源串聯電阻器的網路以及一個電流源並聯電阻器間的網路轉換，可以利用二者在輸出端點的電壓－電流完全相同情況來達成等效轉換。

2.1 電流與電壓的參考方向

在一個電阻網路中，除了有數個電阻器的不同連接型式外，最重要的是有電源來驅動，該類電源可能是由第一章 1.7 節中所說的獨立電壓源或獨立電流源來表示。當電源加入電阻器所構成的電路時，其電壓與電流參考方向必須選定。以下將以簡單的串接電阻器電路及並接電阻器電路分別說明電壓與電流在一個電路中所指定參考方向的用法。

如圖 2–1 所示為一個電壓 v 連接 N 個電阻器 $(R_1, R_2, \cdots, R_N)$ 之架構，該圖已在第一章 1.5.5 節之圖 1–23 (a)中看過，由於這些電阻器以頭接尾的方式串接在一起，形成串聯電路，根據一個電路在連接點或封閉面之電荷守恆原理得知，由電壓 v 正端所流

出的電流 i 會流經每一個電阻器，最後回到電壓 v 的負端，此電壓源的電壓極性與電流 i 之流動方向均為任意的參考方向。

圖 2–1 中通過每一個電阻器二端的電壓及極性分別如圖中所示的 $v_1, v_2, \cdots, v_N$ 及其正、負號所示。請注意電阻器二端電壓 $v_1, v_2, \cdots, v_N$ 的正負極性以靠近電壓 v 之正端為正號；以靠近電壓 v 之負端為負號，此電壓極性亦為任意參考方向。換言之，由電壓或電位差所造成之能量由電壓 v 二端為最高，然後逐步下降至 $R_1, R_2, \cdots, R_N$ 二端，整個迴路仍可保持能量守恆的特性。

圖 2–1 中電壓 v 的電壓極性、流過整個電路的電流 i 以及 $v_1, v_2, \cdots, v_N$ 的電壓極性雖然是假設任意的參考方向，必須等到電路完整求解出來後，才可由其數值判定該假設的極性是否正確：當求解出來的電壓或電流為正值時，其電壓極性和電流方向與所假設的相同；當求解出來的電壓或電流為負值時，其電壓極性和電流方向與所假設的相反；當求解出來的電壓或電流為零值時，其假設之電壓極性及電流方向無關。

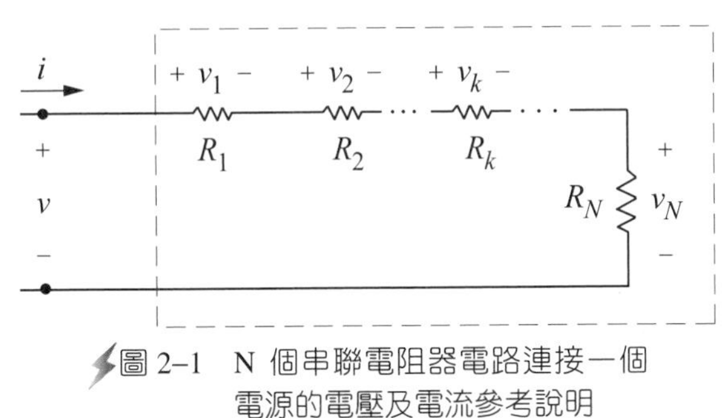

圖 2–1　N 個串聯電阻器電路連接一個電源的電壓及電流參考說明

如圖 2–2 所示為一個獨立電流 i 連接 N 個電阻器 $(R_1, R_2, \cdots, R_N)$ 之架構，該圖已在第一章 1.5.6 節之圖 1–24 (a)中看過，由於這些電阻器全部均以頭接頭、尾接尾的方式併接在一起，形成並聯電路，根據電路二個連接點之能量守恆原理得知，由電流 i 二端之電壓恆等於每一個電阻器二端的電壓 v，其電壓極性均假設為上正、下負，表示能量由電流源箭頭端的正端電壓，送至每個電阻器，而電流 i 之值等於每個電阻器電流 $(i_1, i_2, \cdots, i_N)$ 相加的總和。電流 i 的電流方向與電壓 v 極性亦為任意假設方向。

圖 2–2 中通過每一個電阻器的電流分別如圖中所示的 $i_1, i_2, \cdots, i_N$，請注意每個電阻器之電流 $i_1, i_2, \cdots, i_N$ 的方向全部假設為向下，而電流 i 之方向則向右。換言之，電流 i 將其電流分配給 $R_1, R_2, \cdots, R_N$，使所有電路元件二端電壓相同，但所有電流仍保持電荷守恆的關係。

同於圖 2–1 的分析情況，圖 2–2 中電流 i 的方向、跨在電路二端的電壓 v 以及 i_1, i_2, ⋯ , i_N 的電流方向雖然是假設任意的參考方向，必須等到電路完整求解出來後，才可由其數值判定該假設的極性是否正確：當求解出來的電壓或電流為正值時，其電壓極性和電流方向與所假設的相同；當求解出來的電壓或電流為負值時，其電壓極性和電流方向與所假設的相反；當求解出來的電壓或電流為零值時，其假設之電壓極性及電流方向無關。

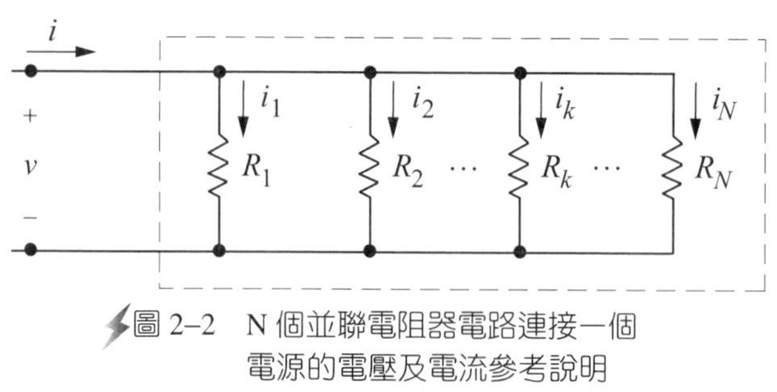

圖 2–2　N 個並聯電阻器電路連接一個電源的電壓及電流參考說明

範例 1 如圖 2–3 所示之電路，試根據圖中的電壓極性及電流方向，先計算電壓及電流後，再求出所有電路元件之吸收功率或提供功率。該電路是否滿足功率守恆定律？

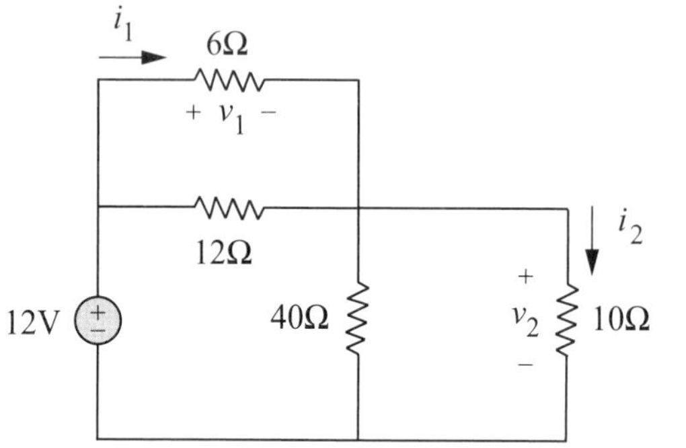

圖 2–3

解 (a) $6\ \Omega /\!/ 12\ \Omega = \dfrac{6 \cdot 12}{6+12} = \dfrac{6 \cdot 12}{18} = 4\ (\Omega)$, $10\ \Omega /\!/ 40\ \Omega = \dfrac{10 \cdot 40}{10+40} = \dfrac{10 \cdot 40}{50} = 8\ (\Omega)$

$i = \dfrac{12\ \text{V}}{4\ \Omega + 8\ \Omega} = 1\ (\text{A})$, $v_1 = i \cdot (6\ \Omega /\!/ 12\ \Omega) = 1\ \text{A} \times 4\ \Omega = 4\ (\text{V})$, $i_1 = \dfrac{4\ \text{V}}{6\ \Omega} = 0.6667\ (\text{A})$

$v_2 = i \cdot (40\ \Omega /\!/ 10\ \Omega) = 1\ \text{A} \times 8\ \Omega = 8\ (\text{V})$, $i_2 = \dfrac{8\ \text{V}}{10\ \Omega} = 0.8\ (\text{A})$

(b) $P_{12\ \text{V}} = 12\ \text{V} \times i = 12\ \text{V} \times 1\ \text{A} = 12\ (\text{W})$（提供功率）

$$P_{6\,\Omega}=\frac{(v_1)^2}{6\,\Omega}=\frac{4^2}{6}=2.6667\ (\text{W})$$（吸收功率）

$$P_{12\,\Omega}=\frac{(v_1)^2}{12\,\Omega}=\frac{4^2}{12}=1.3333\ (\text{W})$$（吸收功率）

$$P_{40\,\Omega}=\frac{(v_2)^2}{40\,\Omega}=\frac{8^2}{40}=1.6\ (\text{W})$$（吸收功率），$$P_{10\,\Omega}=\frac{(v_2)^2}{10\,\Omega}=\frac{8^2}{10}=6.4\ (\text{W})$$（吸收功率）

(c)檢查：$P_{12\text{V}}=P_{6\,\Omega}+P_{12\,\Omega}+P_{10\,\Omega}+P_{40\,\Omega}$，故該電路滿足功率守恆定律。

2.2 網路拓撲學

在前一小節中的電阻器串聯及並聯只是電路中最基本的連接架構，其目標是要瞭解電壓極性及電流方向，以利讀者對能量及電荷守恆特性的認識，進而瞭解電壓極性及電流方向在電阻電路上的相關問題。

本節將引導讀者瞭解電路的連接方式與拓撲學的重要關係。以下將數個網路拓撲學之專有名詞作逐一介紹，並配合圖 2–4 所示之四個電路元件架構為範例作說明。在圖 2–4 (a)中為原始電路，圖 2–4 (b)則為將圖 2–4 (a)加入特定號碼以及使用橢圓形圓圈繪成同一個點的標示。

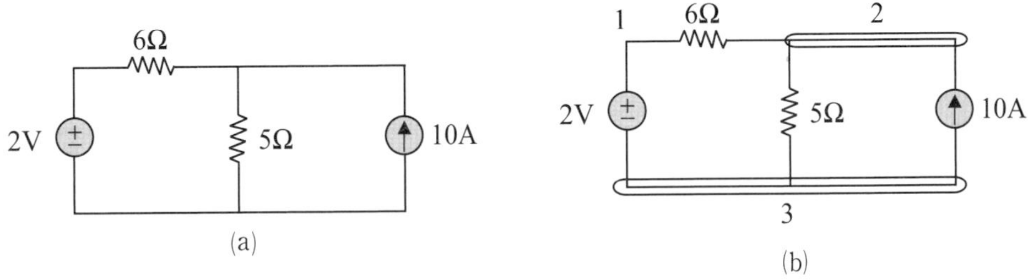

圖 2–4　做為網路拓撲學說明的電路範例

(1)網路 (network)：由數個電路元件 (element or device) 相互連接所組成的架構，這些電路元件除了包含在第一章所介紹的主動元件及被動元件外，也包含一些可能的半導體元件，如變壓器、二極體、電晶體及運算放大器等。如圖 2–4 中的所有電路元件連接架構，即形成一個網路。

(2)網路拓撲學 (network topology)：分析一個網路的各個元件放置情況與特性，以及一個網路的幾何結構。如圖 2–4 中的 2 V 電壓源及 6 Ω 電阻器為串聯，5 Ω 電阻器及 10 A 電流源為並聯等均為網路拓撲的基本特性。

(3)支路或分支 (branch)：單一個電路元件即構成一個支路，一個電壓源、一個電流源或一個電阻器均可視為一個支路。如圖 2–4 中的 2 V 電壓源、6 Ω 電阻器、5 Ω 電阻器、10 A 電流源等均為該電路的支路或分支。

(4)節點 (node)：介於一個或多個電路元件間的一個連接點，即為一個節點。短路為一個沒有電阻值的元件，其電壓必為零值，其二個端點必須視為同一個節點。如圖 2–4 (b)中的 1 號節點連接了 2 V 電壓源及 6 Ω 電阻器，2 號節點連接了 6 Ω 電阻器、5 Ω 電阻器、10 A 電流源，3 號節點連接了 2 V 電壓源、5 Ω 電阻器、10 A 電流源。圖 2–4 (b)中以橢圓之圓圈所表示的為同一個節點，故沒有電阻值，其電壓必為零值。

(5)迴路 (loop)：網路中任何一個封閉的路徑即為一個迴路。換言之，由一個節點出發，經過數個節點後，仍回到原來的節點，除了原出發點與終點為同一節點外，經過其他節點的次數不超過二次。如圖 2–4 中的 2 V 電壓源→ 6 Ω 電阻器→ 5 Ω 電阻器，5 Ω 電阻器→ 10 A 電流源，2 V 電壓源→ 6 Ω 電阻器→ 10 A 電流源等均構成封閉的路徑，故均為迴路。

(6)獨立迴路 (independent loop)：又稱為網目 (mesh)，其要求較迴路嚴格，該獨立迴路除了必須由出發點回到原出發點為最小的路徑外，且不能包含其他可能的獨立迴路。由於迴路是獨立的，因此其獨立迴路的數目即為 2.4 節中之網目電流 (mesh current) 的數目。如圖 2–4 中的 2 V 電壓源→ 6 Ω 電阻器→ 5 Ω 電阻器，5 Ω 電阻器→ 10 A 電流源均為獨立迴路。

(7)串聯 (series)：如同 2.1 節的說明，當有數個電路元件以頭接尾的方式依序做連接且一個電路元件僅連接一個電路元件時，即為串聯的連接方式，通過每一個串聯電路元件的電流值均為相同。如圖 2–4 中的 2 V 電壓源→ 6 Ω 電阻器即為串聯。

(8)並聯 (parallel)：如同 2.1 節的說明，當有數個電路元件以頭接頭、尾接尾方式做連接且共用二個端點時，即為並聯的連接方式，跨在每一個並聯電路元件的二端電壓值均為相同。如圖 2–4 中的 5 Ω 電阻器→ 10 A 電流源即為並聯。

由網路拓撲學的基本定理得知，若一個網路含有 B 個支路，N 個節點，L 個獨立迴路，則其間的關係必為

$$L = B - N + 1 = B - (N - 1) \tag{2–1}$$

或

$$B = L + (N - 1) \quad (2\text{–}2)$$

式中 N–1 之 1 表示網路中的共同參考點個數為 1，由總節點數目 N 扣除一個參考點後，即為獨立節點的個數，此值可做為 2.4 節中的節點電壓方程式數目計算。

範例 2 如圖 2–5 所示之電路，試說明該網路之支路數、節點數、迴路、網目、串聯、並聯等情況，並利用 (2–1) 式驗證之。

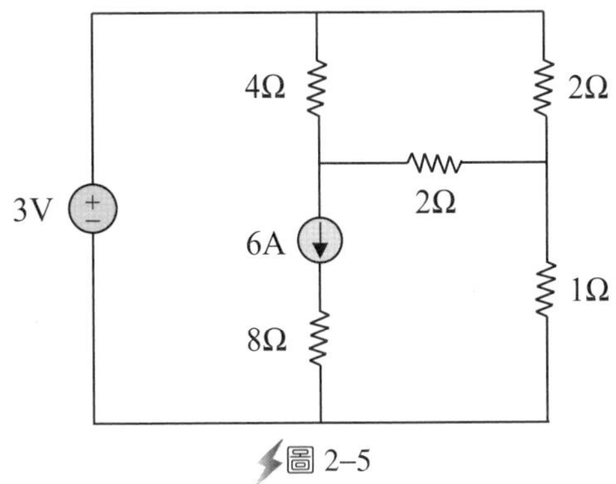

圖 2–5

解 (a)該電路共有 7 個支路，B = 7。

(b)該電路共有 5 個節點，N = 5。

(c)該電路的迴路有：

3 V 電壓源→4 Ω 電阻器→6 A 電流源→8 Ω 電阻器；3 V 電壓源→2 Ω 電阻器→1 Ω 電阻器；4 Ω 電阻器→2 Ω 電阻器→2 Ω 電阻器；6 A 電流源→8 Ω 電阻器→1 Ω 電阻器→2 Ω 電阻器；4 Ω 電阻器→6 A 電流源→8 Ω 電阻器→1 Ω 電阻器→2 Ω 電阻器等。

(d)該電路的網目有：

3 V 電壓源→4 Ω 電阻器→6 A 電流源→8 Ω 電阻器；4 Ω 電阻器→2 Ω 電阻器→2 Ω 電阻器；6 A 電流源→8 Ω 電阻器→1 Ω 電阻器→2 Ω 電阻器等三個。

(e)該電路的串聯支路有：

6 A 電流源→8 Ω 電阻器。

(f)該電路無並聯的支路。

(g) $L = B - N + 1 = 7 - 5 + 1 = 3$，恰與(d)中之 3 個網目數目一致。

2.3 克希荷夫定律

為了要求解電阻網路的電壓及電流特性，僅有電阻器二端電壓與通過電流關係的歐姆定律並不足以分析整個網路的關係，必須搭配克希荷夫定律 (Kirchhoff's law) 方能對電路作完整分析。克希荷夫定律又可分為克希荷夫電壓定律 (Kirchhoff's voltage law, KVL) 及克希荷夫電流定律 (Kirchhoff's current law, KCL)，茲分別說明如下。

2.3.1 克希荷夫電壓定律 (KVL)

該定律是以能量守恆為基礎，以分析一個網路的封閉路徑為目標，當繞著一個網路中的封閉路徑寫出其能量關係式時，因能量的增加及下降總和必為零，將該方程式除以電荷量，則可以求出該封閉路徑的電壓關係式，以方程式表示如下：

$$w_1 + w_2 + \cdots + w_N = \sum_{k=1}^{N} w_k = 0 \tag{2–3}$$

$$\frac{w_1}{q} + \frac{w_2}{q} + \cdots + \frac{w_N}{q} = \sum_{k=1}^{N} \frac{w_k}{q} = 0 \tag{2–4}$$

$$v_1 + v_2 + \cdots + v_N = \sum_{k=1}^{N} v_k = 0 \tag{2–5}$$

式中 w_i、v_i 分別代表任一個封閉路徑中的電路元件的能量及其二端電壓，q 為電荷量，N 為該路徑的電路元件總數。若將 (2–5) 式的電壓，以繞著該路徑的電壓升 (voltage rise) v_{rise} 或電壓降 (voltage drop) v_{drop} 表示時，則可表示為

$$\sum_{k=1}^{X} v_{rise,k} = \sum_{j=1}^{Y} v_{drop,j} \tag{2–6}$$

式中 X 代表電壓升的電路元件個數，Y 代表電壓降的電路元件個數，將二數目相加必等於封閉路徑的電路元件總數 $N = X + Y$。

2.3.2 克希荷夫電流定律 (KCL)

該定律是以電荷量守恆為基礎，以分析一個網路的節點、封閉範圍 (closed boundary) 或切集 (cutset)（以下均以節點來說明）為目標，當繞著一個網路中的節點寫出其電荷關係式時，因電荷在一個節點的流入及流出總和必為零，將該方程式除以

時間量，則可以求出該節點的電流關係式，以方程式表示如下：

$$q_1 + q_2 + \cdots + q_M = \sum_{k=1}^{M} q_k = 0 \tag{2–7}$$

$$\frac{q_1}{t} + \frac{q_2}{t} + \cdots + \frac{q_M}{t} = \sum_{k=1}^{M} \frac{q_k}{t} = 0 \tag{2–8}$$

$$i_1 + i_2 + \cdots + i_M = \sum_{k=1}^{M} i_k = 0 \tag{2–9}$$

式中 q_k、i_k 分別代表任一個節點 k 中的電路元件電荷及電流，t 為時間，M 為該節點連接的電路元件總數。若將 (2–9) 式的電流，以流入該節點的電流 i_{enter} 或流出電流 i_{leave} 表示時，則可表示為

$$\sum_{k=1}^{E} i_{enter,k} = \sum_{j=1}^{F} i_{leave,j} \tag{2–10}$$

式中 E 代表流入節點的電路元件個數，F 代表流出節點的電路元件個數，將二數目相加必等於該節點所連接的電路元件總數 $M = E + F$。

如圖 2–6 所示之電路，試求電流 i 及電壓 v_1、v_2 之值。

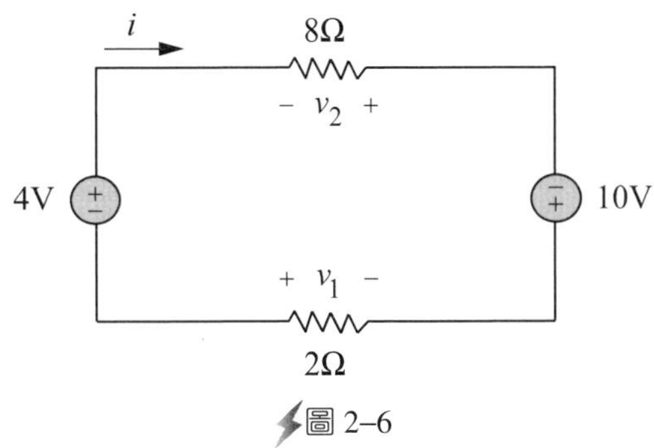

圖 2–6

解　由歐姆定律知 $v_1 = -2i,\ v_2 = -8i$

列出 KVL 方程式：$-4 - v_2 - 10 - v_1 = 0$ 或 $-4 + 8i - 10 + 2i = 0$

$\therefore\ 10i = 14$，故 $i = 1.4\ (\text{A})$

$v_1 = -2i = -2 \times 1.4 = -2.8\ (\text{V}),\ v_2 = -8i = -8 \times 1.4 = -11.2\ (\text{V})$

如圖 2–7 所示之電路，試求電流 i_0 及電壓 v_0 之值。

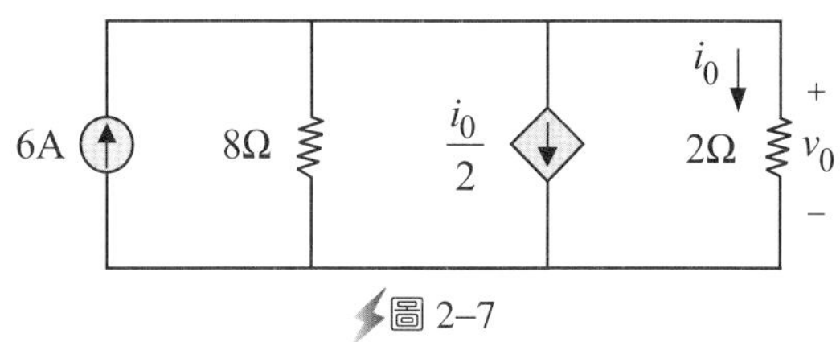

圖 2–7

解 由圖 2–7 知 $i_0 = \frac{v_0}{2}$

列出 KCL 方程式：$-6 + \frac{v_0}{8} + \frac{i_0}{2} + i_0 = 0$ 或 $-6 + \frac{2i_0}{8} + \frac{i_0}{2} + i_0 = 0$

$\therefore \frac{14}{8} i_0 = 6$，故得 $i_0 = \frac{48}{14} = \frac{24}{7}$ (A), $v_0 = 2i_0 = \frac{48}{7}$ (V)

2.4 網目方程式的數目

參考 2.2 節之網路拓撲學說明得知，當一個網路含有 B 個支路，N 個節點，L 個獨立迴路，則其間的關係必為

$$L = B - N + 1 = B - (N - 1) \tag{2–1}$$

或

$$B = L + (N - 1) \tag{2–2}$$

式中 N − 1 之 1 表示網路中的共同參考點個數為 1，由總節點數目 N 扣除一個參考點後，即為獨立節點的個數。

因此當一個網路含有 N 個節點時，除了選擇一個節點為參考點外，共有 (N − 1) 個節點電壓變數待求解，而其獨立的節點電壓方程式數目必為

$$NEQ\_node = N - 1 \tag{2–11}$$

該 (N − 1) 個節點電壓方程式均可由在該節點之克希荷夫電流定律 (KCL) 關係來表示，共可列出 (N − 1) 個獨立方程式，配合 (N − 1) 個節點電壓變數之關係，必可求得節點電壓之唯一解。

另外，當一個網路含有 L 個獨立迴路或網目時，共有 L 個網目電流變數待求解，而其獨立的網目電流方程式數目必為

$$NEQ\_mesh = L = B - N + 1 \tag{2-12}$$

該 L 個網目電流方程式均可由在該網目之克希荷夫電壓定律 (KVL) 關係來表示，共可列出 L 個獨立方程式，配合 L 個網目電流變數之關係，必可求得網目電流之唯一解。

如圖 2–8 所示之電路，試求其節點電壓方程式及網目電流方程式之數目。

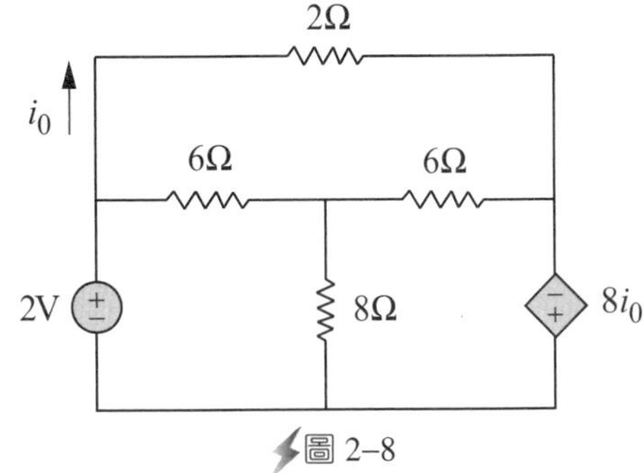

圖 2–8

解　該電路的支路數為 B = 6，節點數為 N = 4，故其節點電壓方程式之數目為 N − 1 = 3，其網目電流方程式之數目為 L = B − N + 1 = 6 − 4 + 1 = 3。

如圖 2–9 所示之電路，試求其節點電壓方程式及網目電流方程式之數目。

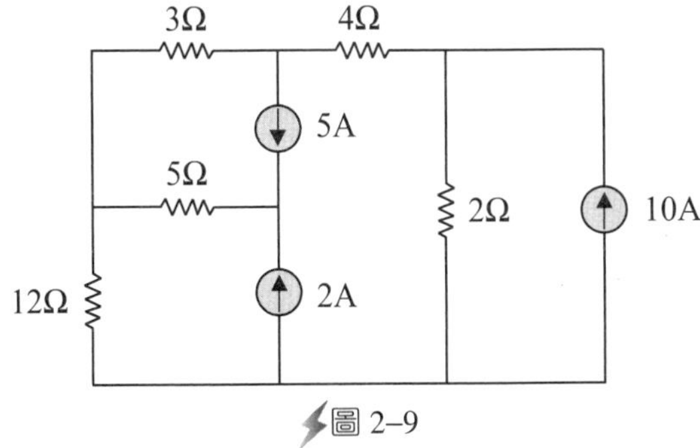

圖 2–9

解　該電路的支路數為 B = 8，節點數為 N = 5，故其節點電壓方程式之數目為 N − 1 = 4，其網目電流方程式之數目為 L = B − N + 1 = 8 − 5 + 1 = 4。

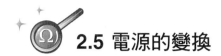

2.5 電源的變換

通常一個電氣網路中可能同時含有多個獨立或相依的電壓源及電流源，此時可依照特定一對端點之電壓－電流與原有電路電壓－電流特性完全相同的關係來做變換，達成簡化電路的目標。

如圖 2–10 (a)所示之電路，為一個獨立電壓源 v_s 串聯一個電阻器 R_s，其與外部連接之二端點分別為 a、b，其中端點 a 靠近電壓源 v_s 之正端，端點 b 則靠近電壓源 v_s 之負端。而圖 2–10 (b)所示之電路，則為一個獨立電流源 i_s 並聯一個電阻器 R_p，其與外部連接之二端點分別為 a、b，其中端點 a 靠近電流源 i_s 之箭頭端，端點 b 則靠近電流源 i_s 之尾端。

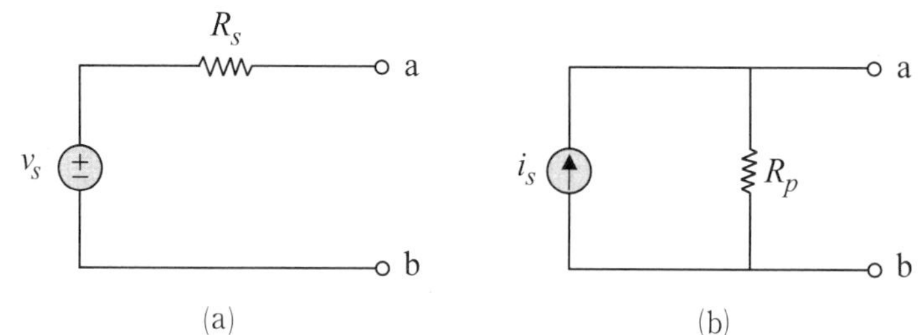

圖 2–10 (a)獨立電壓源串聯電阻器及(b)獨立電流源並聯電阻器之轉換

為了要瞭解圖 2–10 (a)、(b)二電路在端點 a、b 間之等效轉換的關係，茲分別以關閉電源、ab 端點開路以及 ab 端點短路來做分析：

(1)關閉電源：當圖 2–10 (a)之電壓源 v_s 關閉時，其電壓源等效為一短路，因此由 ab 二端看入之等效電阻值為 R_s；當圖 2–10 (b)之電流源 i_s 關閉時，其電流源等效為一開路，因此由 ab 二端看入之等效電阻值為 R_p。為了具有在 ab 二端之等效電路轉換，故知

$$R = R_s = R_p \tag{2–13}$$

(2) ab 端點開路：當圖 2–10 (a)之 ab 二端開路時，其由 a 點對 b 點之電壓大小為 $v_{oc} = v_s$；當圖 2–10 (b)之 ab 二端開路時，其由 a 點對 b 點之電壓大小為 $v_{oc} = i_sR_p$。為了具有在 ab 二端之等效電路轉換，故知

$$v_{oc} = v_s = i_s R_p = i_s R \tag{2-14}$$

(3) ab 端點短路：當圖 2–10 (a)之 ab 二端短路時，由 a 點流向 b 點之電流大小為 $i_{sc} = \frac{v_s}{R_s}$；當圖 2–10 (b)之 ab 二端短路時，由 a 點流向 b 點之電流大小為 $i_{sc} = i_s$。為了具有在 ab 二端之等效電路轉換，故知

$$i_{sc} = \frac{v_s}{R_s} = \frac{v_s}{R} = i_s \tag{2-15}$$

將 (2–13) 式～(2–15) 式做整理，可得如圖 2–10 (a)、(b)二電路之轉換關係式，該關係式為：二電路之電阻值完全相同為 R、電壓源大小 v_s 除以電阻值 R 可得電流源大小 i_s、電流源大小 i_s 乘以電阻值 R 可得電壓源大小 v_s，以方程式表示為

$$R_s = R_p = R \qquad i_s = \frac{v_s}{R} \qquad v_s = i_s R \tag{2-16}$$

(2–16) 式之轉換關係也可以應用至如圖 2–11 (a)、(b)所示之相依電壓源串聯電阻器與相依電流源並聯電阻器之轉換關係。

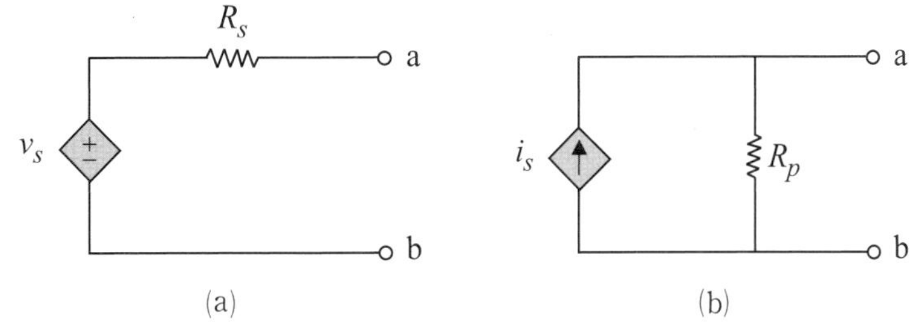

圖 2–11　(a)相依電壓源串聯電阻器及(b)相依電流源並聯電阻器之轉換

關於電源轉換的電路，值得注意的是：

(1)此種電路等效轉換僅適用在電路之特定二端，其餘電路之作用不受影響，但在圖 2–11 中因相依電源與控制電壓變數或電流變數有關，故在轉換時要特別小心。

(2)電源轉換前後的電壓源正端必須與電流源的箭頭端相對應、電壓源之負端則必須與電流源的尾端相對應。

(3)若在電壓源電路中的電阻器 $R_s = 0$ 或在電流源電路中的電阻器 $R_p = \infty$，則無法達成 (2–16) 式之轉換，因為此時在 ab 二端所連接的為一個電壓源 v_s 或一個電流源 i_s，二者均為理想模型，無法達成理想模型電源的轉換。換言之，圖 2–10 及圖 2–11 均為

實際電源的模型，實際電壓源模型之電阻值不為零值、實際電流源模型之電阻值不為無限大值。

範例 7 如圖 2–12 所示之電路，試利用電源之變換法求出電流 i_0 之值。

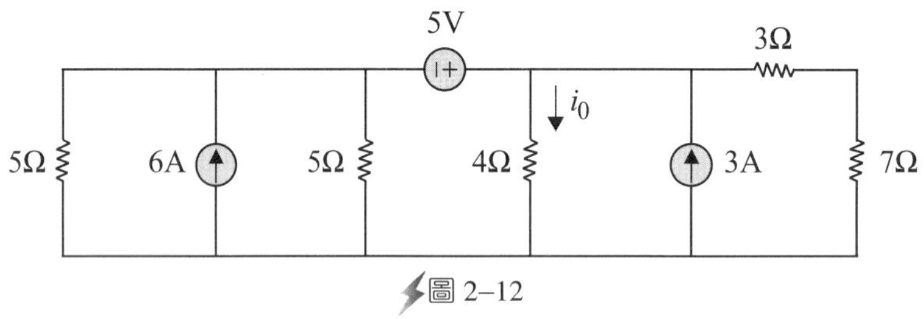

圖 2–12

解 (a) 5 V 電源左側的 6 A 電流源及二個 5 Ω 電阻器一起之並聯電路，可轉換為 $6\text{ A}\times 2.5\ \Omega = 15\text{ V}$ 電壓源串聯 2.5 Ω 電阻器，其中 15 V 電壓源極性正端在上方。

(b) 將 5 V 電壓源與左側之 15 V 電壓源串聯 2.5 Ω 電阻器合併為 20 V 電壓源串聯 2.5 Ω 電阻器，可將其轉換為 $\dfrac{20\text{ V}}{2.5\ \Omega} = 8\text{ A}$ 並聯 2.5 Ω 電阻器，其中 8 A 電流源箭頭朝上。

(c) 將左方 8 A 電流源與右方 3 A 電流源合併為 11 A 電流源，左方 2.5 Ω 電阻器與右方 10 Ω 電阻器合併為 $\dfrac{2.5\times 10}{2.5+10} = \dfrac{25}{12.5} = 2\ (\Omega)$

(d) 故通過 4 Ω 電阻器之電流為 $i_0 = 11\text{ A}\times\dfrac{2\ \Omega}{2\ \Omega+4\ \Omega} = \dfrac{11}{3}\ (\text{A})$

習題

2.1 電流與電壓的參考方向

1. 如圖 P2–1 所示，令 P_i 表示第 i 號元件所吸收或消耗的電功率，若 $P_1 = 5$ W、$P_2 = 2$ W、$P_4 = 3$ W，則試求 V_1、I_2、P_3、V_4、P_5 之值。

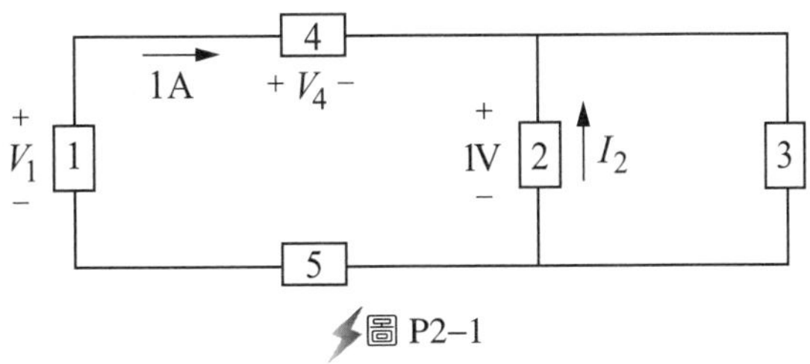

圖 P2–1

2. 如圖 P2–2 所示，試求出 R_{eq} 及 I 之值。

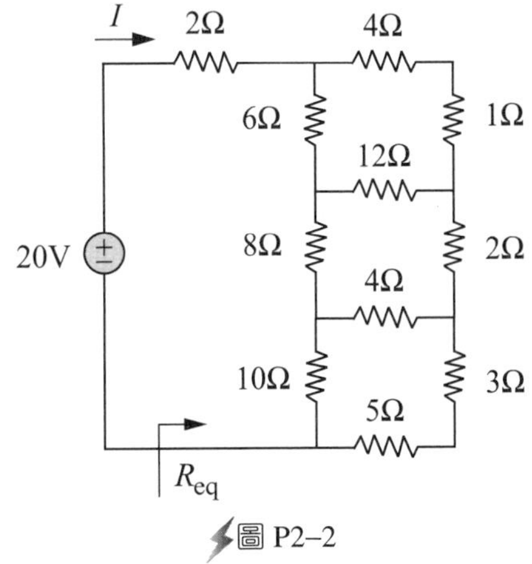

圖 P2–2

3. 如圖 P2–3 所示之電路，若 $V_1 = \frac{1}{4}V_g$，V_g 提供 16 mW，試求 I 之值。

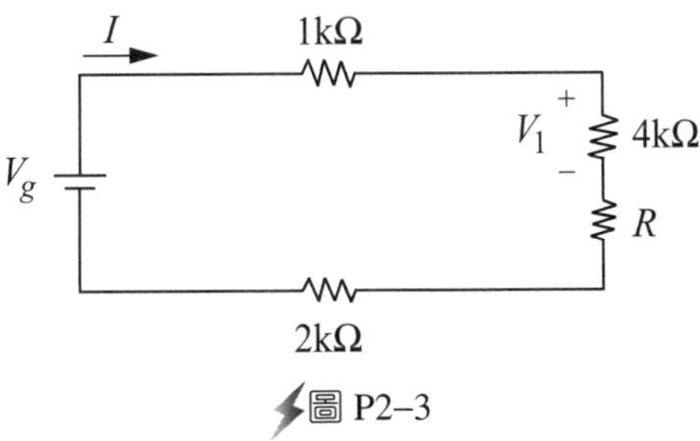

圖 P2–3

4. 利用理想獨立電源及理想相依電源的定義，指明圖 P2–4 所示的接法當中，哪些是可以的？哪些違反理想電源所加的牽制條件？

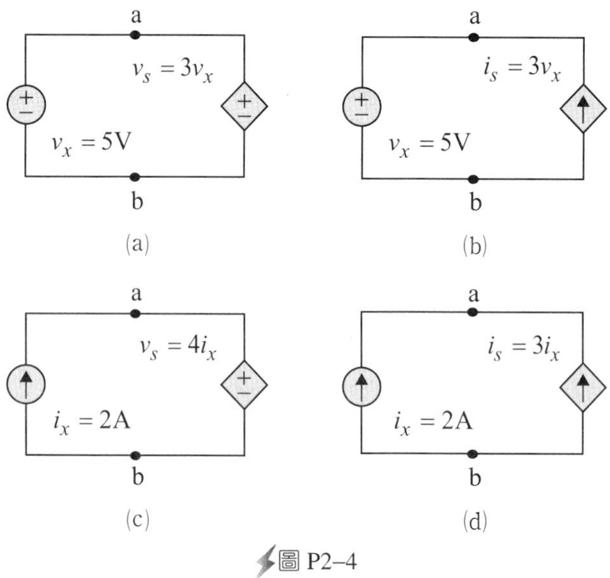

圖 P2–4

2.2 網路拓撲學

5. 試求圖 P2–5 一個無限延伸電路之輸入電阻 R_{in} 之值。

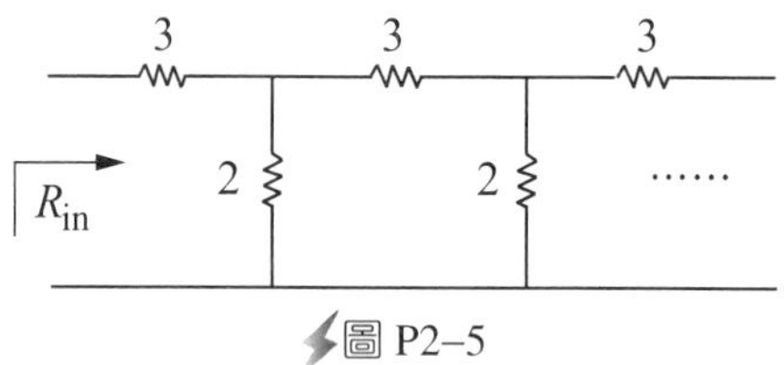

圖 P2–5

6. 試求圖 P2–6 電阻電路中之 R_{ab}、R_{cd}、R_{ad}、R_{bd} 之值。

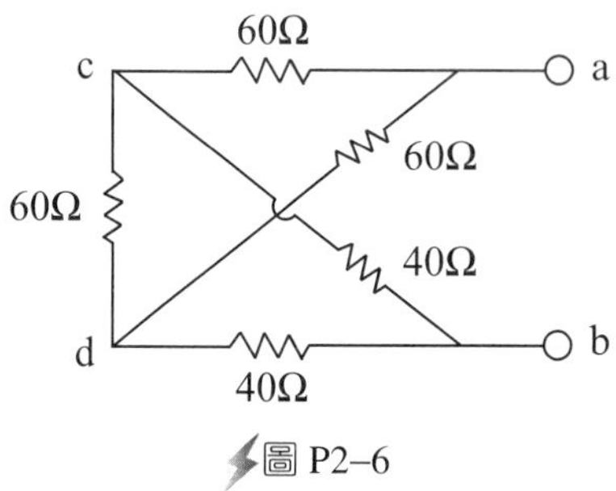

圖 P2–6

7. 試求圖 P2–7 之 R_{ab} 值為何？(圖中之電阻值單位均為 Ω)

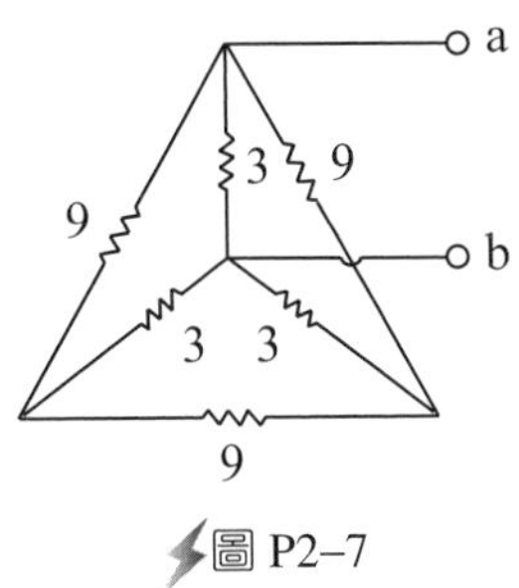

圖 P2–7

8. 試求圖 P2–8 (a)、(b)電路中的 R_{ab} 之值，假設圖中任二端點間的線段均為電阻值 r Ω。

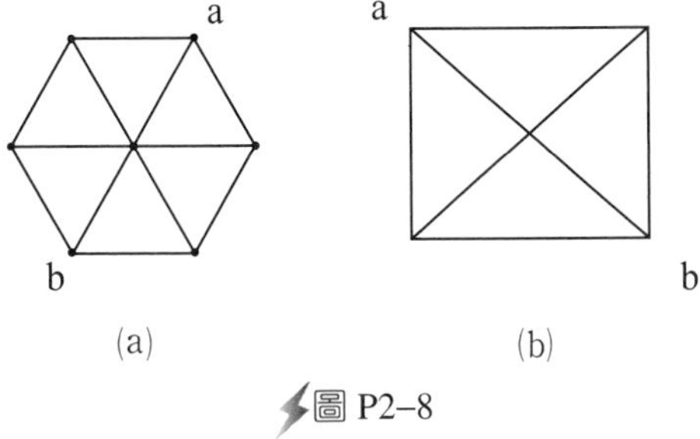

圖 P2–8

9. 如圖 P2–9 所示為網路線之圖形，圖中之箭頭表元件電流方向，樹 (tree) 為圖中之 1、2 元件，試求該電路之網目矩陣 M。

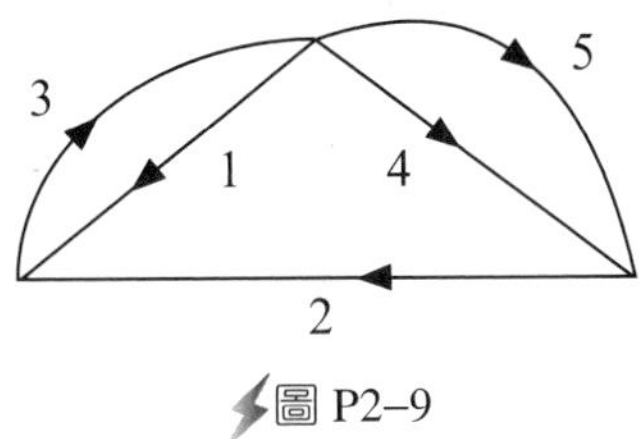

圖 P2–9

10. 如圖 P2–10 所示之電路，試求 I_1、I_2 之值。

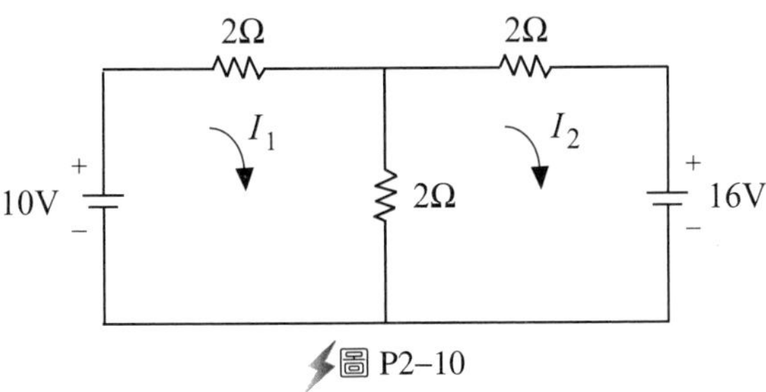

圖 P2–10

11. 如圖 P2–11 所示之電路，試求圖中網目電流 I_a、I_b、I_c 之值。

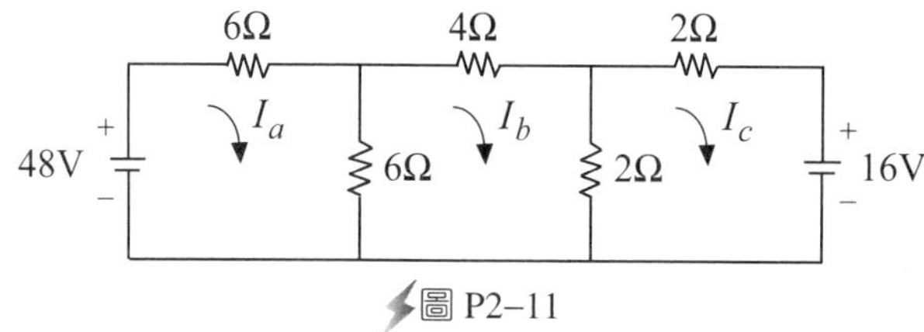

圖 P2–11

12. 如圖 P2–12 所示之電路，試求從電壓源 5 V 所流出之電流之值。

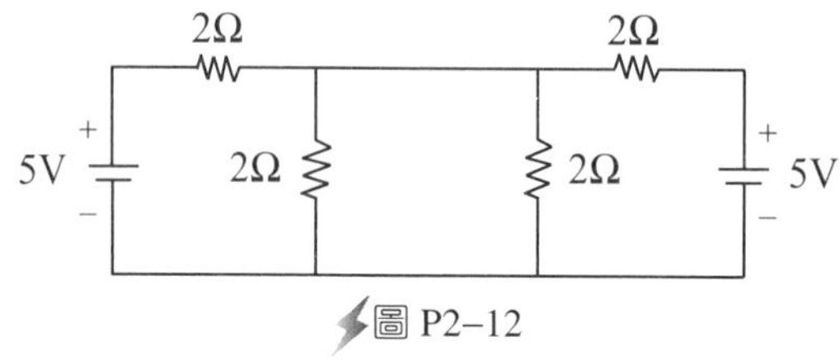

圖 P2–12

2.4 網目方程式的數目

13. 如圖 P2–13 所示之電路，試計算：(a)總分支數；(b)電流未知的分支數；(c)節點數；(d)網目數等個數。

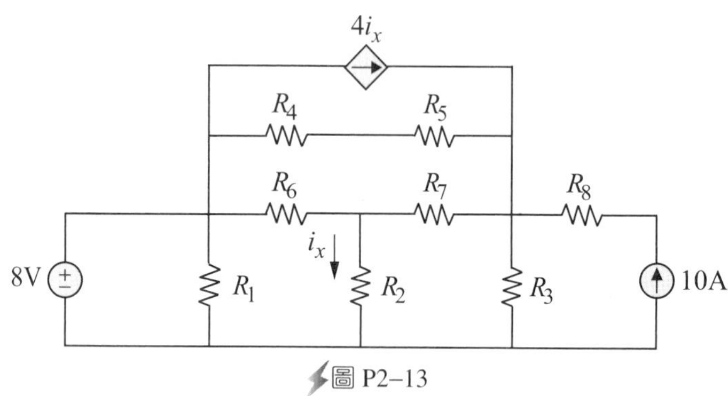

圖 P2–13

14. 利用網目電流法，試求圖 P2–14 中 2 Ω 電阻器所消耗的功率。

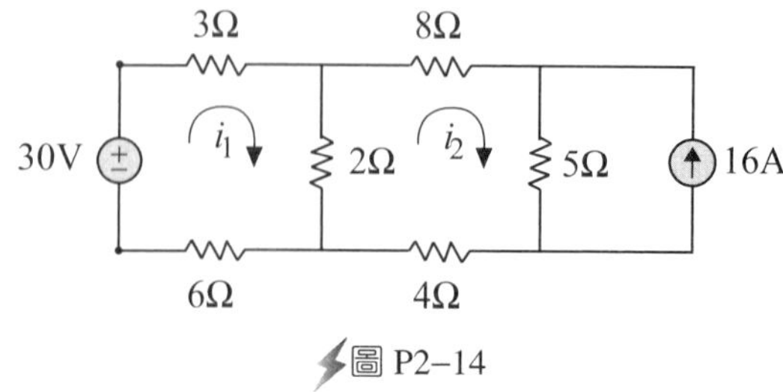

圖 P2–14

15.利用網目電流法，試求圖 P2–15 中的 V_0 之值。

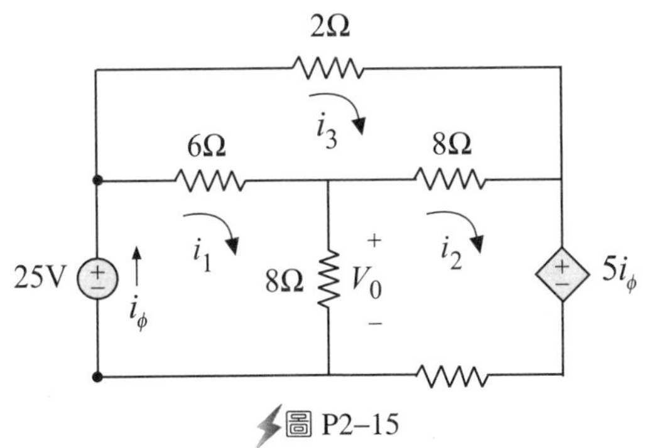

圖 P2–15

16.利用節點電壓法，試求圖 P2–16 電路中 V 之值。

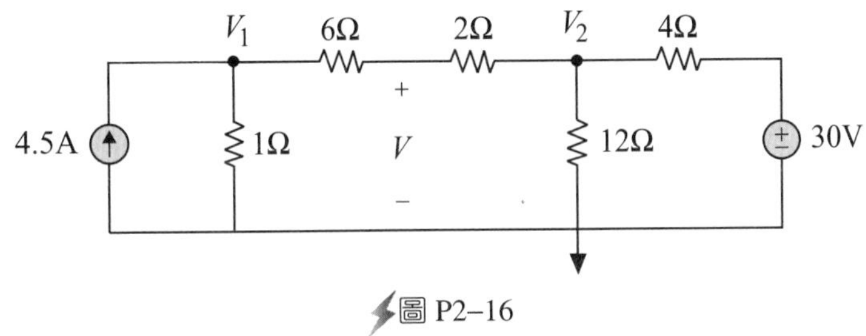

圖 P2–16

17.利用節點電壓法，試求圖 P2–17 所示電路的 V 之值。

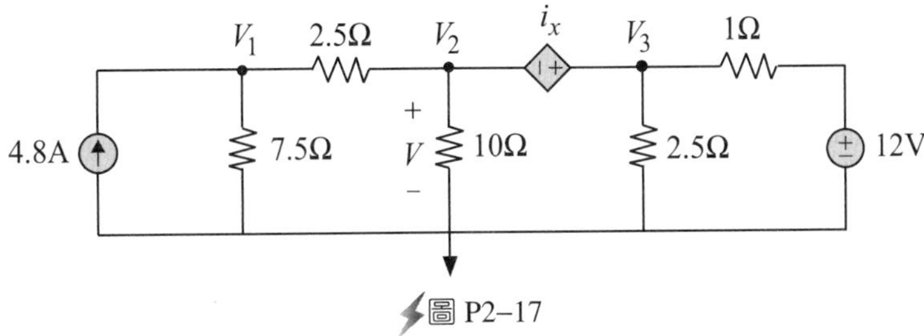

圖 P2–17

18.利用節點電壓法，試求圖 P2–18 所示電路中的 V_1 及 V_2 之值。

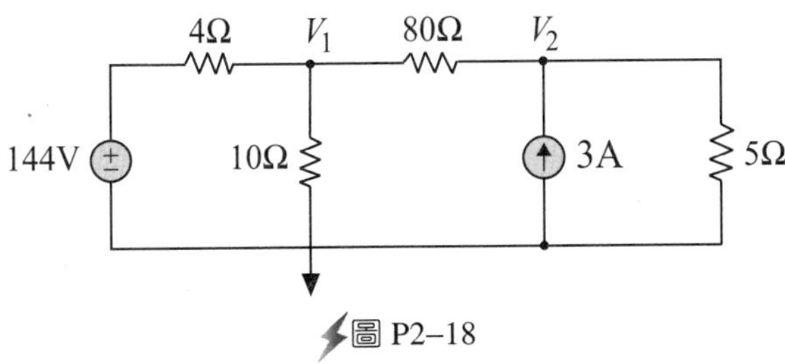

圖 P2–18

19.利用節點電壓法，試求圖 P2–19 所示電路的 V_0 之值。

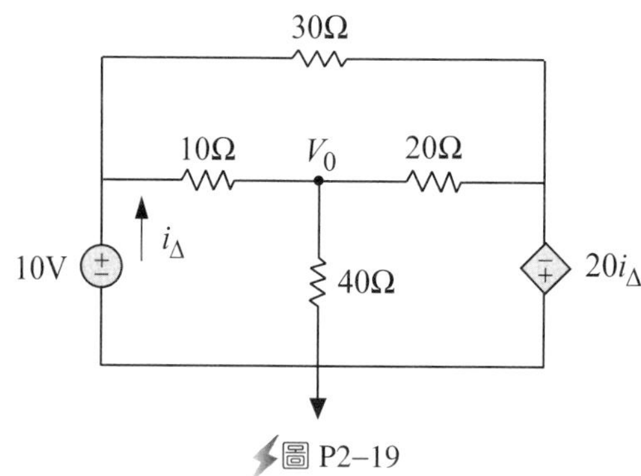

圖 P2–19

20.利用節點電壓法，試求圖 P2–20 電路中的 V_1 以及 60 V 電壓源輸出的功率。

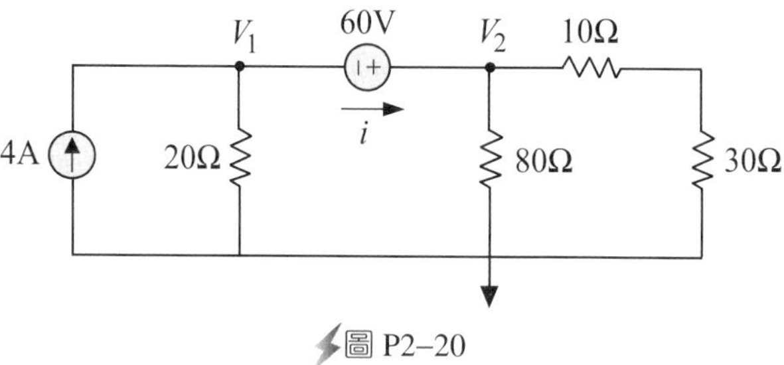

圖 P2–20

2.5 電源的變換

21.如圖 P2–21 所示之電路：(a)利用電源轉換方式，求電路中的 V_0 之值；(b)求 6 Ω 電阻器流過的電流。

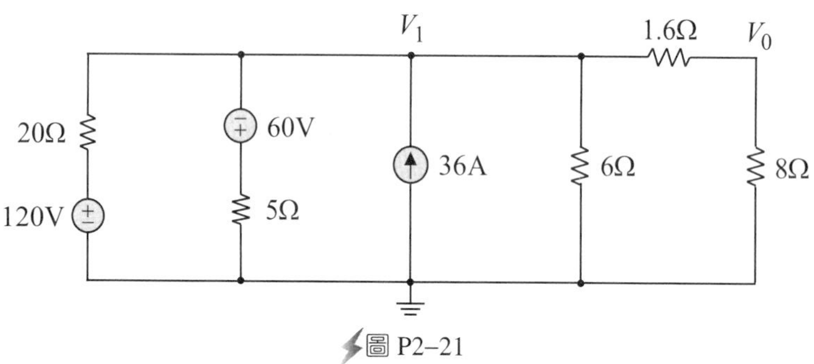

圖 P2–21

22.試求圖 P2–22 中 v 之值。

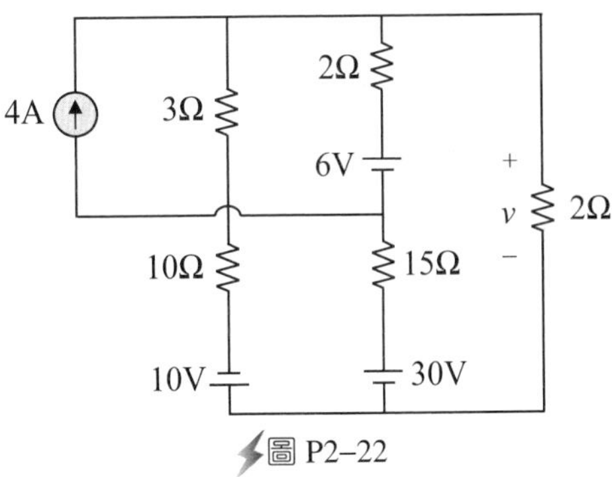

圖 P2–22

23.試求圖 P2–23 中 v 之值。

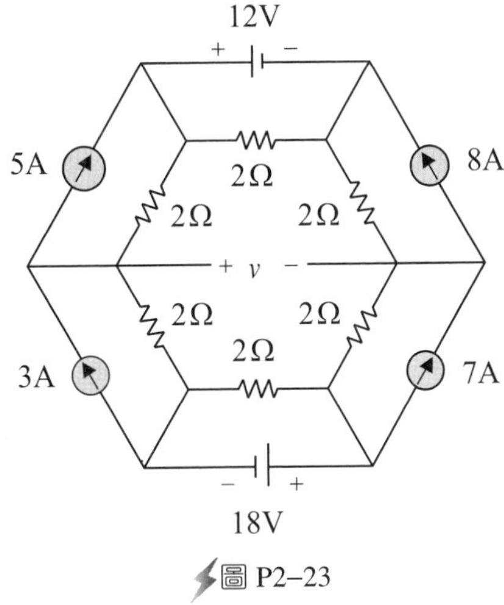

圖 P2–23

24.試求圖 P2–24 中 I 之值。

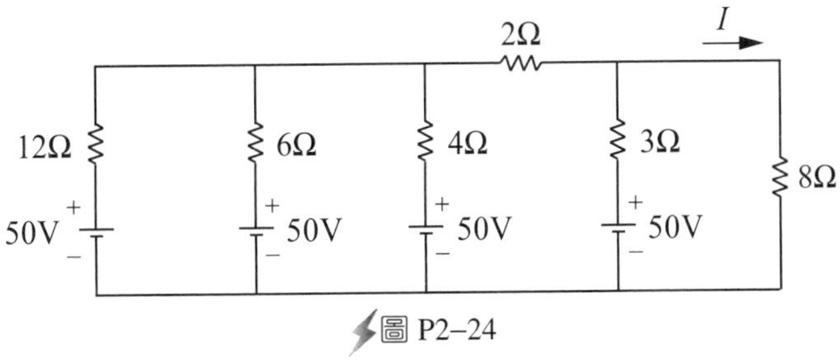

圖 P2–24

25.試求圖 P2–25 中 I 之值。

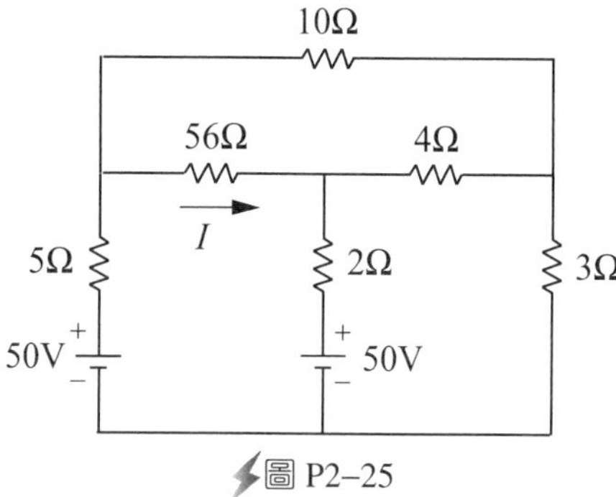

圖 P2–25

26.試求圖 P2–26 中 v 之值。

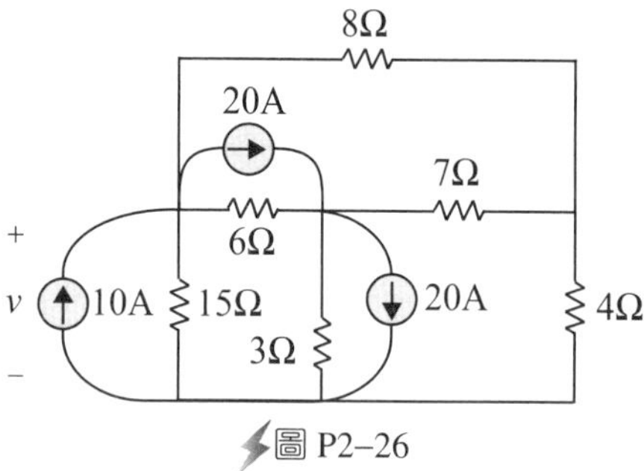

圖 P2–26

27.試求圖 P2–27 中 I 之值。

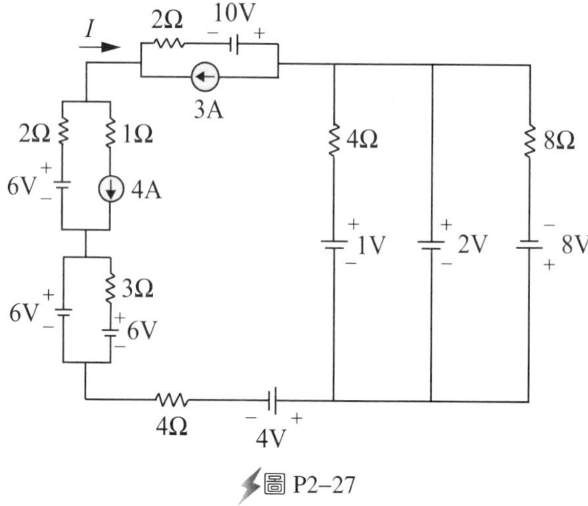

圖 P2–27

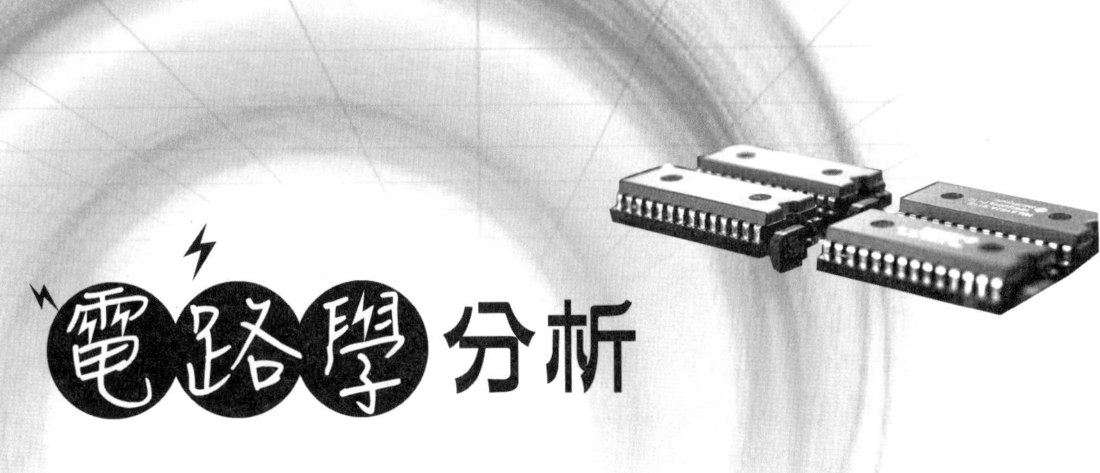

第3章 暫態響應分析

第三章　暫態響應分析

3.0 本章摘要

本章將介紹由電阻器 R 及儲能元件（電感器 L、電容器 C）所構成最基本暫態電路的響應分析，茲將本章各節內容摘要如下：

3.1 **時間常數與通解**：說明含有儲能元件之電阻器電路其響應快慢影響參數，以及在無外加電源下電路微分方程式之響應解等專有名詞。

3.2 **初始條件與特解**：說明一個電路在含有儲能元件時，其電路之電容器初始電壓與電感器初始電流等基本條件，以及電路受外接獨立電源影響下所產生的特別響應等。

3.3 **電阻－電感電路的暫態現象**：分析由電阻器 R 與電感器 L 所組成電路之響應，分別討論無外加電源的電阻－電感電路、含有外加電源之電阻－電感電路，以分析此類電阻－電感電路之暫態特性。

3.4 **電阻－電容電路的暫態現象**：分析由電阻器 R 與電容器 C 所組成電路之響應，分別討論無外加電源的電阻－電容電路、含有外加電源之電阻－電容電路，以分析此類電阻－電容電路之暫態特性。

3.5 **電阻－電感－電容電路的暫態現象**：本節分別討論無外加電源的電阻－電感－電容電路、含有外加電源之電阻－電感－電容電路，以分析此類電阻－電感－電容電路之暫態特性。此類電阻－電感－電容電路將再細分為基本串聯電阻－電感－電容電路及基本並聯電阻－電感－電容電路。

3.6 **響應與根在 s 平面中位置的關係**：本節說明前面各節中的暫態響應答案與位在複數平面上之電路特性根間的重要相關性。

3.7 **以阻尼比、自然頻率表示通解**：說明前面各節中的通解響應函數改以阻尼比、自然頻率的關係來表示。

3.1 時間常數與通解

當一個電路含有電阻器 R 以及電路儲能元件（電感器 L、電容器 C）、但無外加獨立電源存在時，該電路的動作或響應 (response) 完全由儲能元件的初始儲能（電感器為由電流平方所形成的磁場能量 $w_L(t)=\frac{1}{2}L[i_L(t)]^2$，電容器為由電壓平方所形成的電場能量 $w_C(t)=\frac{1}{2}C[v_C(t)]^2$）的情況來達成，此響應通稱為「自然響應」(natural response)、「零輸入響應」(zero-input response) 或「互補響應」(complementary response)，而該電路通稱為無源網路 (source-free network)。

當一個無源電路由數個電阻器以及單一儲能元件連接所形成時，會產生一個決定該電路輸出電壓響應或電流響應快慢有關係的重要量，此重要量通稱為時間常數 (time constant)，通常以希臘符號 τ（讀音為 tau）來表示，其公制單位為秒。

當一個無源電路由數個電阻器與單一電感器之連接所形成時，即形成無源 RL 電路，該電路之時間常數定義為

$$\tau_{RL}=\frac{L}{R} \tag{3–1}$$

式中 L 為電感器的電感量值，以公制的亨利 (H) 為單位；R 為由該電感器向外所看到等效電阻值的大小，以公制的歐姆 (Ω) 為單位；τ_{RL} 則為此種 RL 無源電路的時間常數，以公制的秒 (s) 為單位。

當一個無源電路由數個電阻器與單一電容器連接所形成時，即形成無源 RC 電路，該電路之時間常數定義為

$$\tau_{RC}=RC \tag{3–2}$$

式中 C 為電容器的電容量值，以公制的法拉 (F) 為單位；R 為由該電容器向外所看到等效電阻值的大小，以公制的歐姆 (Ω) 為單位；τ_{RC} 則為此種 RC 無源電路的時間常數，以公制的秒 (s) 為單位。

當此類無源電路以基本微分方程式 (differential equation) 表達時，其標準微分方程式之等號右側通常為零值，故在微分方程式之解答通稱為「通解」(homogeneous solution)，該名詞是表示在無外加電源下的響應，與前述的自然響應或零輸入響應相同。

如圖 3–1 所示之無源 RL 電路，試求該電路時間常數之值。

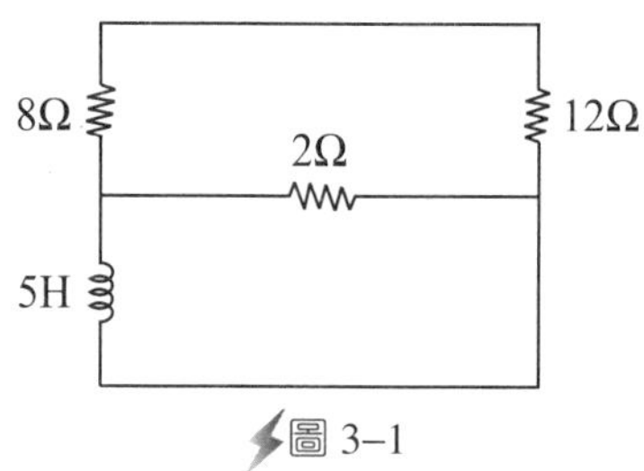

圖 3–1

解 由 5 H 電感器向外看到的等效電阻值為 $R_{eq}=(8+12)//2=\frac{20\cdot 2}{20+2}=\frac{20}{11}\,(\Omega)$

$\therefore \tau_{RL}=\frac{L}{R_{eq}}=\frac{5}{(\frac{20}{11})}=\frac{55}{20}=2.75\,(\text{s})$

如圖 3–2 所示之無源 RC 電路，試求該電路時間常數之值。

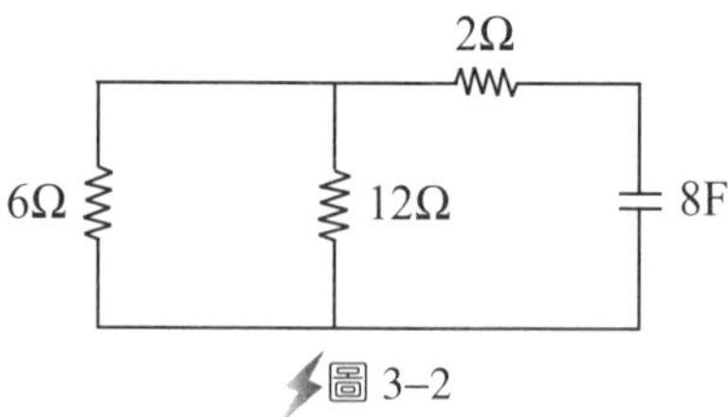

圖 3–2

解 由 8 F 電容器向外看到的等效電阻值為 $R_{eq}=(6//12)+2=\frac{6\cdot 12}{6+12}+2=4+2=6\,(\Omega)$

$\therefore \tau_{RC}=R_{eq}C=6\,\Omega\cdot 8\,\text{F}=48\,(\text{s})$

3.2 初始條件與特解

當一個電阻電路含有儲能元件時，其儲能元件之初始條件或初始能量即會影響整個電路的輸出電壓響應或電流響應。

在含有單一電感器 L 的電阻電路中，該電路的初始條件即為電感器的初始電流，假設電路之初始動作的時間為由 $t=t_0$ 開始，而此時之電感器電流為 I_0，則該電路之初始條件即設定為

$$i_L(t_0)=I_0 \tag{3–3}$$

該電路所具有之初始能量為

$$w_L(t_0)=\frac{1}{2}L[i_L(t_0)]^2=\frac{1}{2}LI_0^2 \tag{3–4}$$

整個電路因為有此電感器儲存在磁場的初始能量，故會產生電路的響應。

由於電感電流具有連續的特性，因此當該一電路含有電感器時，並在 $t=t_0$ 瞬間發生開關的切換動作時，則發生切換瞬間的電感電流仍保持其連續特性，故

$$i_L(t_0^-)=i_L(t_0)=i_L(t_0^+) \tag{3–5}$$

式中上標的 –、+ 符號分別代表開關動作前、後瞬間，可利用開關切換之前的電路特性求出該初始電流。由第一章 1.4 節之電感參數得知：當電感器充滿電能時變成一種等效短路的特性，可利用該特性求出開關切換瞬間的電感器初始電流。

在含有單一電容器 C 的電阻電路中，該電路的初始條件即為電容器的初始電壓，假設電路之初始動作的時間為由 $t=t_0$ 開始，而此時之電容器電壓為 V_0，則該電路之初始條件即設定為

$$v_C(t_0)=V_0 \tag{3–6}$$

該電路所具有之初始能量為

$$w_C(t_0)=\frac{1}{2}C[v_C(t_0)]^2=\frac{1}{2}CV_0^2 \tag{3–7}$$

整個電路因為有此電容器儲存在電場的初始能量，故會使電路產生響應。

由於電容電壓具有連續的特性，因此當該一電路含有電容器，並在 $t=t_0$ 瞬間發生開關的切換動作時，則發生切換瞬間的電容電壓仍保持其連續特性，故

$$v_C(t_0^-)=v_C(t_0)=v_C(t_0^+) \tag{3–8}$$

式中上標的 –、+ 符號分別代表開關動作前、後瞬間，可利用開關切換之前的電路特性求出該初始電壓。由第一章 1.3 節之電容參數得知：當電容器充滿電能時變成一種等效斷路或開路的特性，可利用該特性求出開關切換瞬間的電容器初始電壓。

當此類含有儲能元件之電阻電路以基本微分方程式表達時，其標準微分方程式之等號右側通常不為零值，故在微分方程式之解答通稱為「特解」(particular solution)，

該名詞是表示在含有外加電源或外加激勵下的響應，通用的名詞有「強迫響應」(forced response)、「零狀態響應」(zero-state response)、「激勵響應」(exciting response) 等。

若將前一節的「通解」、「自然響應」、「零輸入響應」或「互補響應」$x_n(t)$ 與本節的「通解」、「強迫響應」、「零狀態響應」或「激勵響應」$x_f(t)$ 相加，則其響應稱為「完整響應」(complete response) $x_c(t)$：

$$x_c(t) = x_n(t) + x_f(t) \tag{3–9}$$

如圖 3–3 所示之電路，開關已經閉合很長一段時間、並在 $t = 0$ s 瞬間開啟，試求開關在 $t = 0$ s 打開瞬間的電感初始電流及初始能量。

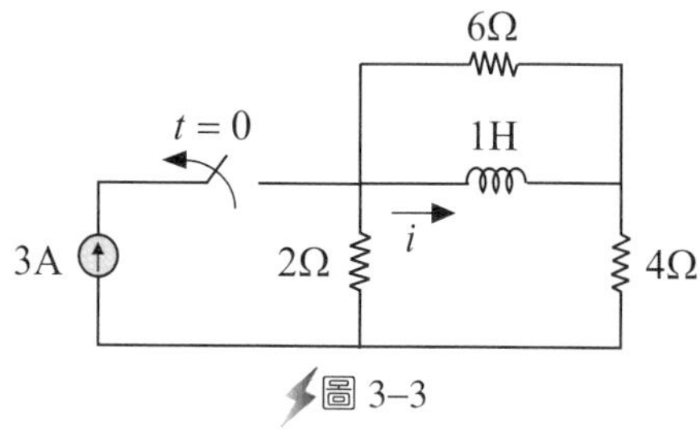

圖 3–3

解 由於開關已經閉合很長一段時間，故電感器可視為充滿電能的短路特性，此時通過 1 H 電感器之電流即為通過 4 Ω 電阻器之電流，故開關在 $t = 0$ s 打開瞬間的電感初始電流仍為 $i(0) = 3\text{ A} \times \dfrac{2\,\Omega}{2\,\Omega + 4\,\Omega} = 1\text{ (A)}$，其初始能量為 $w_L(0) = \dfrac{1}{2}Li(0)^2 = \dfrac{1}{2} \times 1 \times 1^2 = 0.5\text{ (J)}$。

如圖 3–4 所示之電路，開關已經閉合很長一段時間、並在 $t = 0$ s 瞬間開啟，試求開關在 $t = 0$ s 打開瞬間的電容初始電壓及初始能量。

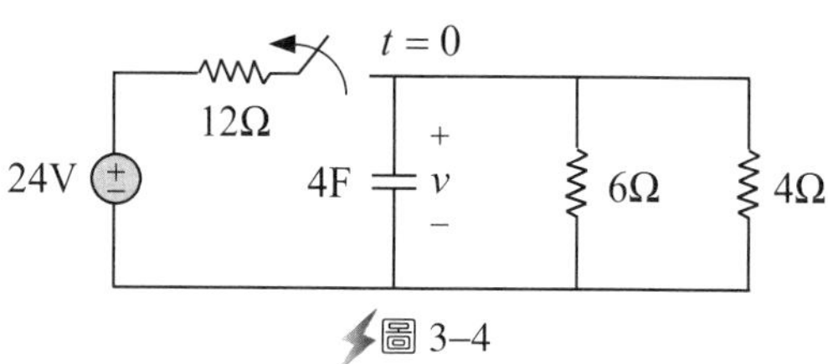

圖 3–4

解 由於開關已經閉合很長一段時間，故電容器可視為充滿電能的開路特性，故開關在 $t = 0$ s 打開瞬間跨在電容器二端之初始電壓為

$$v(0) = 24\ \text{V} \times \frac{6//4}{12 + 6//4} = 24\ \text{V} \times \frac{\frac{24}{10}}{12 + \frac{24}{10}} = 4\ (\text{V})$$

其初始能量為 $w_C(0) = \frac{1}{2}Cv(0)^2 = \frac{1}{2} \times 4 \times 4^2 = 32\ (\text{J})$。

3.3 電阻—電感電路的暫態現象

本節將分為二個部分，分別討論無外加電源的電阻—電感電路以及含有外加電源之電阻—電感電路，以分析此類電阻—電感電路之暫態特性。

3.3.1 無電源之電阻—電感電路暫態特性

如圖 3–5 所示為一個電阻器 R 與一個電感器 L 串聯連接的電路，假設該電路在時間 $t = t_0$ 開始動作，在此時間下有初始電流 I_{L0} 通過電感器

$$i_L(t_0) = I_{L0} \tag{3–10}$$

由於電阻器 R 無法儲能，故該電路在 $t = t_0$ 時所具有之初始能量完全由電感器 L 之磁場儲能而來，其值為

$$w_L(t_0) = \frac{1}{2}L[i_L(t_0)]^2 = \frac{1}{2}LI_{L0}^2 \tag{3–11}$$

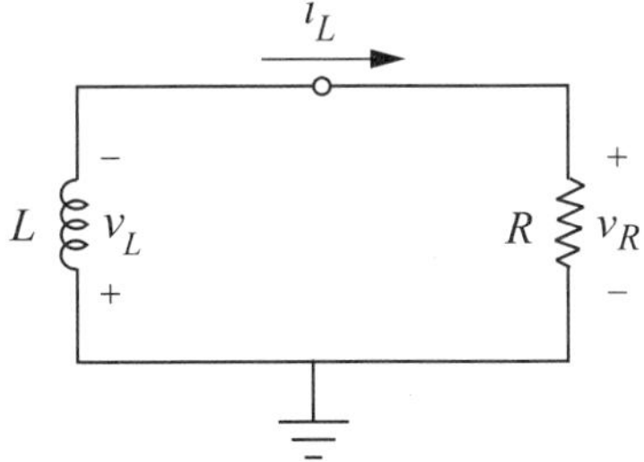

圖 3–5　無外加電源之電阻—電感電路

根據克希荷夫電壓定律，可將圖 3–5 之電路以電流 i_L 為變數表達為迴路電壓方程式如下：

$$L\frac{di_L}{dt} + Ri_L = 0 \tag{3–12}$$

將 (3–12) 式的變數分離在等號二側可得

$$\frac{di_L}{dt}+\frac{R}{L}i_L=0 \Rightarrow \frac{di_L}{i_L}=-\frac{R}{L}dt=\frac{-1}{(\frac{L}{R})}dt \tag{3–13}$$

對 (3–13) 式二側做積分，可得

$$\int_{i_L(t_0)}^{i_L(t)}\frac{di_L}{i_L}=\int_{t_0}^{t}[-\frac{1}{(\frac{L}{R})}]dt \Rightarrow \ln i_L\Big|_{i_L(t_0)}^{i_L(t)}=\frac{-t}{(\frac{L}{R})}\Bigg|_{t_0}^{t}$$
$$\Rightarrow \ln[\frac{i_L(t)}{i_L(t_0)}]=\frac{-1}{(\frac{L}{R})}(t-t_0) \Rightarrow \frac{i_L(t)}{i_L(t_0)}=e^{\frac{-(t-t_0)}{(\frac{L}{R})}} \tag{3–14}$$

故知電流 $i_L(t)$ 之解為

$$i_L(t)=i_L(t_0)\cdot e^{\frac{-(t-t_0)}{(\frac{L}{R})}}=I_{L0}e^{\frac{-(t-t_0)}{(\frac{L}{R})}} \tag{3–15}$$

若將 t_0 之值令為 0，則 (3–15) 式可用更簡單之方式表示為

$$i_L(t)=I_{L0}e^{\frac{-t}{\tau_{RL}}} \tag{3–16}$$

式中的 τ_{RL} 為該 RL 電路之時間常數 (time constant)，定義為

$$\tau_{RL}=\frac{L}{R} \tag{3–17}$$

其單位為秒 (s)。如圖 3–6 所示為電感電流對時間的響應曲線。

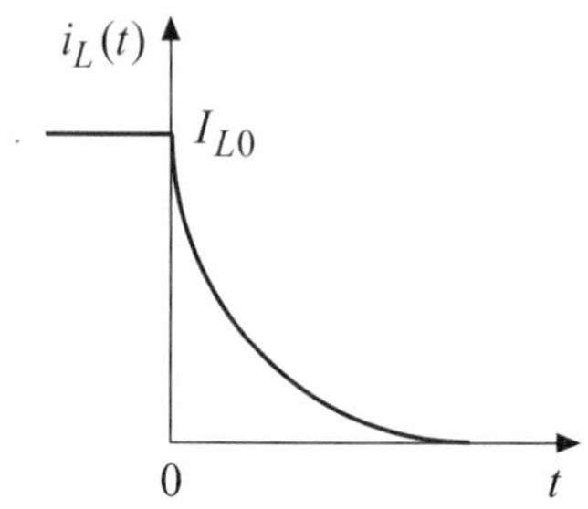

圖 3–6　電感電流對時間的響應曲線

由 (3–15) 式及 (3–16) 式之表示及圖 3–6 之電感電流響應可以得知，電感電流$i_L(t)$會由原初始電流值 I_{L0} 以時間常數 τ_{RL} 為時間基準開始做指數型式的衰減，經過約 5 τ_{RL} 後降低至約為零值，其電流響應中的 I_{L0} 及 τ_{RL} 值均由該電路的已知條件來獲得。此響應因無外加電源存在，是由電感的儲能所產生的，稱為自然響應、零輸入響應；又因只存在於短暫的時間內，故又稱暫態響應 (transient response)。

當圖 3–5 之電感電流響應被求出後，可以根據電路元件的連接關係將圖 3–5 中所有電路元件的電壓、功率、能量分別以 (3–15) 式之基本式推導如下。由於電阻器 R 與電感器 L 串聯，故通過電阻器之電流響應可用 (3–15) 式之電感電流響應表示。而電阻器二端的電壓可用歐姆定律表示為

$$v_R(t) = Ri_L(t) = RI_{L0}e^{\frac{-(t-t_0)}{\tau_{RL}}} \tag{3–18}$$

電感器二端的電壓與電阻器二端電壓相加必為零，或可由電感器基本電壓一電流公式求得如下：

$$v_L(t) = L\frac{di_L(t)}{dt} = -v_R(t) = -RI_{L0}e^{\frac{-(t-t_0)}{\tau_{RL}}} \tag{3–19}$$

電阻器所吸收功率為電阻器二端電壓與通過電流的乘積，其值必等於電感器吸收功率的負值，以滿足功率守恆定律：

$$\begin{aligned} p_R(t) &= i_L(t)\cdot v_R(t) = [I_{L0}e^{\frac{-(t-t_0)}{\tau_{RL}}}]\cdot[RI_{L0}e^{\frac{-(t-t_0)}{\tau_{RL}}}] \\ &= RI_{L0}^2e^{\frac{-2(t-t_0)}{\tau_{RL}}} = RI_{L0}^2e^{\frac{-(t-t_0)}{(\frac{\tau_{RL}}{2})}} = -p_L(t) \end{aligned} \tag{3–20}$$

電阻器所吸收的能量可由電阻器之吸收功率對時間之積分來求得

$$\begin{aligned} w_R(t) &= \int_0^t p_R(t)dt = \int_0^t RI_{L0}^2 e^{\frac{-2(t-t_0)}{\tau_{RL}}}dt \\ &= RI_{L0}^2(\frac{\tau_{RL}}{-2})e^{\frac{-2(t-t_0)}{\tau_{RL}}}\Bigg|_0^t = \frac{-1}{2}LI_{L0}^2[e^{\frac{-2(t-t_0)}{\tau_{RL}}} - 1] = \frac{1}{2}LI_{L0}^2[1-e^{\frac{-2(t-t_0)}{\tau_{RL}}}] \end{aligned} \tag{3–21}$$

若將 (3–21) 式推算至無限長時間（即 $t=\infty$）以求出電阻器在全部時間內所吸收的總

能量，則其值必為電感器 L 之初始能量

$$\begin{aligned} w_R(\infty) &= \int_0^{\infty} p_R(t)dt = \int_0^{\infty} RI_{L0}^2 e^{\frac{-2(t-t_0)}{\tau_{RL}}} dt \\ &= RI_{L0}^2 (\frac{\tau_{RL}}{-2}) e^{\frac{-2(t-t_0)}{\tau_{RL}}} \Bigg|_0^{\infty} = \frac{-1}{2} LI_{L0}^2 [0-1] = \frac{1}{2} LI_{L0}^2 \end{aligned} \tag{3–22}$$

由以上分析得知，只要準備圖 3–5 之電路時間常數 $\tau_{RL} = \frac{L}{R}$ 及電感初始電流 I_{L0}，則電感電流 $i_L(t)$ 可先由 (3–15) 式或 (3–16) 式求出，其他電路元件的電壓、電流、功率、能量必可按照電路基本公式繼續推導算出。值得注意的是：當一個電路是由多個電阻器連接至一個電感器 L 時，在 (3–17) 式中時間常數之 R 值必須由該電感器 L 向外所看到之等效電阻值來計算。

3.3.2 含外加電源之電阻－電感電路暫態特性

當一個電阻－電感電路含有外加直流電源時，其暫態特性可依照 3.3.1 節之無電源電阻－電感電路推導來做分析。如圖 3–7 所示為一個電感器 L 經由開關連接至一個電壓源 V_s 與一個電阻器 R 串聯的電路，該開關在 $t=0$ 投入。為做詳細的推導，茲假設該電路開關在時間 $t=t_0$ 投入，在此時間下有初始電流 I_{L0} 通過電感器 L。

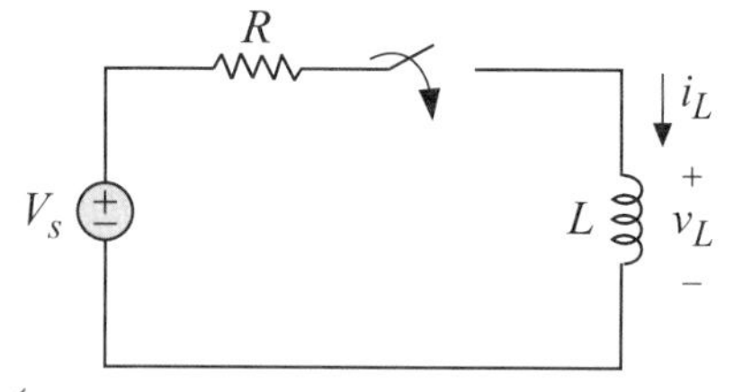

圖 3–7　含外加電源之電阻－電感電路

根據克希荷夫電壓定律 (KVL)，可將圖 3–7 之電路以迴路電壓方程式表示為 $t>t_0$ 下之情況為

$$L\frac{di_L}{dt} + Ri_L - V_s = 0 \Rightarrow \frac{di_L}{dt} + \frac{i_L}{(\frac{L}{R})} = \frac{V_s}{L} \tag{3–23}$$

將 (3–23) 式的變數分離在等號二側可得

$$\frac{di_L}{dt}+\frac{i_L}{(\frac{L}{R})}=\frac{V_s}{L} \Rightarrow \frac{di_L}{dt}=-\frac{i_L-(\frac{V_s}{R})}{(\frac{L}{R})} \Rightarrow \frac{di_L}{i_L-(\frac{V_s}{R})}=-\frac{dt}{(\frac{L}{R})} \tag{3–24}$$

對 (3–24) 式二側做積分，可得

$$\frac{di_L}{i_L-(\frac{V_s}{R})}=-\frac{dt}{(\frac{L}{R})} \Rightarrow \ln(i_L-\frac{V_s}{R})\Bigg|_{I_{L0}}^{i_L(t)}=\frac{-t}{(\frac{L}{R})}\Bigg|_{t_0}^{t}$$

$$\Rightarrow \ln[i_L(t)-\frac{V_s}{R}]-\ln[I_{L0}-\frac{V_s}{R}]=\frac{-(t-t_0)}{(\frac{L}{R})} \Rightarrow \ln\frac{i_L(t)-(\frac{V_s}{R})}{I_{L0}-(\frac{V_s}{R})}=\frac{-(t-t_0)}{(\frac{L}{R})} \tag{3–25}$$

$$\Rightarrow \frac{i_L(t)-(\frac{V_s}{R})}{I_{L0}-(\frac{V_s}{R})}=e^{\frac{-(t-t_0)}{(\frac{L}{R})}}=e^{\frac{-(t-t_0)}{\tau_{RL}}} \Rightarrow i_L(t)-\frac{V_s}{R}=(I_{L0}-\frac{V_s}{R})e^{\frac{-(t-t_0)}{\tau_{RL}}}$$

故知電流 $i_L(t)$ 之解為

$$i_L(t)=\frac{V_s}{R}+(I_{L0}-\frac{V_s}{R})e^{\frac{-(t-t_0)}{\tau_{RL}}} \tag{3–26}$$

若將上式 t_0 之值令為 0，則 (3–26) 式可用更簡單之方式表示為

$$i_L(t)=\frac{V_s}{R}+(I_{L0}-\frac{V_s}{R})e^{\frac{-t}{\tau_{RL}}} \tag{3–27}$$

式中的 τ_{RL} 亦為該 RL 電路之時間常數，與 (3–17) 式之定義相同，其單位為秒 (s)。

圖 3–8 (a)、(b)所示為含有外加直流電源下之電感電流對時間響應曲線，其中圖(a)表示初始電流為零值，故電流由最初的零值上升至最後的 $\frac{V_s}{R}$ 值；圖(b)則為初始電流 I_{L0} 大於 $\frac{V_s}{R}$ 之情況，其電流響應由原來較高的 I_{L0} 值下降至最後的 $\frac{V_s}{R}$，其中 $\frac{V_s}{R}$ 之值可由將電感器充滿電能為等效短路之情況來直接求解。

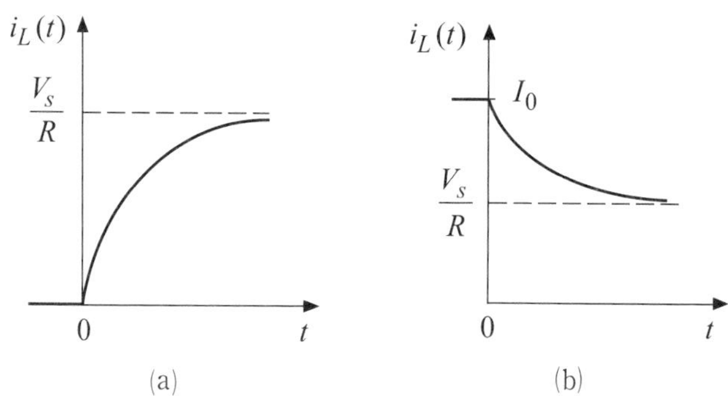

圖 3–8　含外加直流電源 V_s 之電感電流對時間響應曲線

由 (3–26) 式及 (3–27) 式及圖 3–8 之電流響應得知，電感電流 $i_L(t)$ 會由原初始電流值 I_{L0} 以時間常數 τ_{RL} 為時間基準開始做指數型式之增加或衰減，經過約 $5\tau_{RL}$ 後到達穩態的 $\frac{V_s}{R}$ 值，其響應中的 $\frac{V_s}{R}$、I_{L0} 及 τ_{RL} 值均由該電路的已知條件來獲得。此電流響應因含有外加電源存在，且電感器具有初始儲能，故須將響應分解為二部分，其中的 $[I_{L0}-(\frac{V_s}{R})]e^{\frac{-(t-t_0)}{\tau_{RL}}}$ 因具有指數的部分，會隨時間之增加而衰減，故稱為自然響應、暫態響應或稱微分方程式之通解，而 $\frac{V_s}{R}$ 為固定常數、不隨時間而變，故稱為強迫響應、零態響應或稱為微分方程式之特解。將微分方程式之通解與特解相加，稱為全解。

當圖 3–7 中的電感電流響應被求出後，可以根據電路元件的連接關係將圖 3–7 中所有電路元件的電壓、功率、能量分別以 (3–26) 式之基本式推導如下。由於電壓源 V_s、電阻器 R 在該開關投入後與電感器 L 串聯，故通過電阻器 R 及電壓源 V_s 之電流響應均可用電感器電流響應之 (3–26) 式表示。電阻器二端的電壓可用歐姆定律表示為

$$v_R(t)=Ri_L(t)=R[\frac{V_s}{R}+(I_{L0}-\frac{V_s}{R})e^{\frac{-(t-t_0)}{\tau_{RL}}}]=V_s+(RI_{L0}-V_s)e^{\frac{-(t-t_0)}{\tau_{RL}}} \tag{3–28}$$

電感器二端的電壓應與電阻器二端電壓相加必為 V_s，或可由電感器基本電壓—電流公式求得如下：

$$v_L(t)=L\frac{di_L(t)}{dt}=V_s-v_R(t)=-(RI_{L0}-V_s)e^{\frac{-(t-t_0)}{\tau_{RL}}} \tag{3–29}$$

由以上分析得知，只要準備圖 3–7 之電路時間常數 $\tau_{RL}=\frac{L}{R}$ 及電感初始電流 I_{L0}、

電路最後電流 $\frac{V_s}{R}$，則電感電流 $i_L(t)$ 可先由 (3–26) 式或 (3–27) 式求出，其他電路元件的電壓、電流、功率、能量必可按照電路基本公式繼續推導算出。值得注意的是：當一個含有外加電源之 *RL* 電路是由多個電阻器、多個電壓源或電流源連接至一個電感器 *L* 時，在 (3–17) 式之電路時間常數之 *R* 值必須由該電感器 *L* 向外所看到之等效電阻值來計算。

茲歸納本節中的二個次小節電感電流響應結果，當一個 *RL* 電路不含外加電源時，其電流響應可以由下式表示：

$$i_L(t) = i_L(t_0^+)e^{\frac{-(t-t_0)}{\tau_{RL}}}, \ t > 0 \tag{3–30}$$

當一個 *RL* 電路含有外加電源時，其電流響應可以由下式表示：

$$i_L(t) = i_L(\infty) + [i_L(t_0^+) - i_L(\infty)]e^{\frac{-(t-t_0)}{\tau_{RL}}}, \ t > 0 \tag{3–31}$$

式中 $i_L(t_0^+)$ 可由電感電流在 $t = t_0$ 之連續性求得：$i_L(t_0^-) = i_L(t_0) = i_L(t_0^+)$，$i_L(\infty)$ 可由將電感器以等效短路取代後的電路來計算電感器通過電流，電路時間常數 $\tau_{RL} = \frac{L}{R}$ 之 *R* 值必須由該電感器 *L* 向外所看到之等效電阻值來計算。

如圖 3–9 所示之電路，開關原來已經閉合很長一段時間了，但在 $t = 0$ s 開關瞬間開啟，並在 $t = 1$ s 再度閉合。試求電感電流 $i(t)$ 在所有時間之響應。

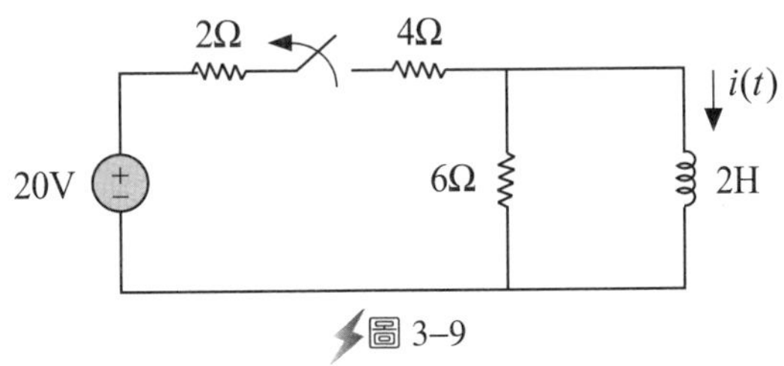

圖 3–9

解　本題將時間分割為三段做分析：

(a)當 $t < 0$ s 時

開關為閉合且經過很長一段時間，故電感充滿了電能，形成等效的短路。此時通過電感器之電流為 $\frac{20\text{ V}}{2\Omega + 4\Omega} = \frac{10}{3}$ (A)，此電流將做為開關開啟瞬間的初值電流。

(b)當 $0 \le t < 1$ s 時

開關為開啟，故只剩下 6 Ω 電阻器與 2 H 電感器的串聯，其時間常數為

$\tau_{RL} = \dfrac{L}{R} = \dfrac{2\text{ H}}{6\ \Omega} = \dfrac{1}{3}$ (s)，初值電流由(a)知為 $\dfrac{10}{3}$ A，故其響應為

$$i(t) = i(t_0^+)e^{\frac{-(t-t_0)}{\tau_{RL}}} = \frac{10}{3}e^{\frac{-t}{\tau_{RL}}} = \frac{10}{3}e^{-3t} \quad \text{(A)}$$

當 $t = 1$ s 之電流值為 $i(1) = \dfrac{10}{3}e^{-3} = 0.166$ (A)，此將做為開關閉合後的初值電流。

(c)當 $t > 1$ s 時

開關為閉合，此時 2 H 電感器向外看入之等效電阻值為 $6/\!/6 = 3\ \Omega$，故其時間常數為

$\tau_{RL} = \dfrac{L}{R} = \dfrac{2\text{ H}}{3\ \Omega} = \dfrac{2}{3}$ (s)。當電感充滿電能，形成等效的短路，此時通過電感器之電流

為 $\dfrac{20\text{ V}}{2\Omega + 4\Omega} = \dfrac{10}{3}$ (A)，初值電流為 $i(1) = \dfrac{10}{3}e^{-3} = 0.166$ (A)，故其電流響應可表示為

$$i(t) = i(\infty) + [i(t_0^+) - i(\infty)]e^{\frac{-(t-t_0)}{\tau_{RL}}}$$

$$= \frac{10}{3} + (0.166 - \frac{10}{3})e^{-1.5(t-1)} = \frac{10}{3} - 3.16733e^{-1.5(t-1)} \quad \text{(A)}$$

綜合前面三個部分的答案，得知本題之電流響應為

$$i(t) = \begin{cases} \dfrac{10}{3} \quad \text{(A)} & t < 0\text{ s} \\ \dfrac{10}{3}e^{-3t} \quad \text{(A)} & 0 \le t < 1\text{ s} \\ \dfrac{10}{3} - 3.16733e^{-1.5(t-1)} \quad \text{(A)} & t > 1\text{ s} \end{cases}$$

如圖 3–10 所示之電路，開關原來已經打開很長一段時間了，但在 $t = 0$ s 開關瞬間閉合，並在 $t = 0.5$ s 再度開啟。試求電感電流 $i(t)$ 在所有時間之響應。

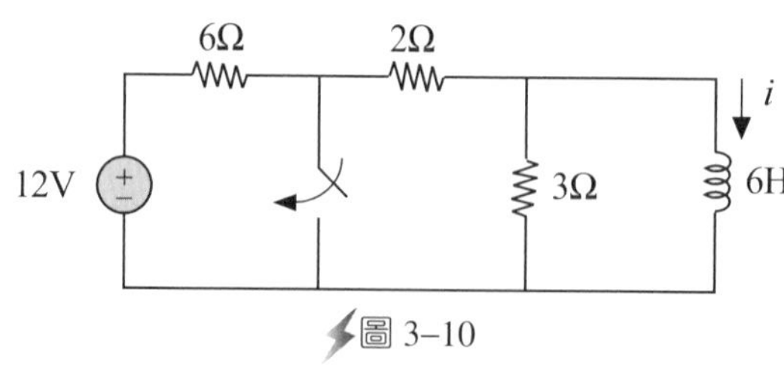

圖 3–10

解 本題將時間分割為三段做分析：

(a)當 $t<0$ s 時

開關為打開且經過很長一段時間，故電感充滿了電能，形成等效的短路。此時通過電感器之電流為 $\frac{12\text{ V}}{2\,\Omega+6\,\Omega}=1.5\text{ (A)}$，此電流將做為開關閉合瞬間的初值電流。

(b)當 $0\le t<0.5$ s 時

開關為閉合，故只剩下 3 Ω、2 Ω 電阻器與 6 H 電感器的連接，其時間常數為 $\tau_{RL}=\frac{L}{R_{eq}}=\frac{6\text{ H}}{2\,\Omega /\!/ 3\,\Omega}=5\text{ (s)}$，初值電流由(a)知為 1.5 A，故其響應為

$$i(t)=i(t_0^+)e^{\frac{-(t-t_0)}{\tau_{RL}}}=1.5e^{\frac{-t}{\tau_{RL}}}=1.5e^{-0.2t}\quad\text{(A)}$$

當 $t=0.5$ s 之電流值為 $i(0.5)=1.5e^{-0.2\times0.5}=1.3573\text{ (A)}$，此將做為開關開啟後的初值電流。

(c)當 $t>0.5$ s 時

開關為開啟，此時 6 H 電感器向外看入之等效電阻值為

$R_{eq}=8\,\Omega /\!/ 3\,\Omega=\frac{8\times3}{8+3}=\frac{24}{11}\,(\Omega)$，故其時間常數為 $\tau_{RL}=\frac{L}{R_{eq}}=\frac{6\text{ H}}{\frac{24}{11}\,\Omega}=2.75\text{ (s)}$。當電感充滿了電能，形成等效的短路，此時通過電感器之電流為 $\frac{12\text{ V}}{2\,\Omega+6\,\Omega}=1.5\text{ (A)}$，初值電流為 $i(0.5)=1.5e^{-0.2\times0.5}=1.3573\text{ (A)}$，故其電流響應可表示為

$$\begin{aligned}i(t)&=i(\infty)+[i(t_0^+)-i(\infty)]e^{\frac{-(t-t_0)}{\tau_{RL}}}\\&=1.5+(1.3573-1.5)e^{\frac{-(t-0.5)}{2.75}}=1.5-0.1427e^{\frac{-(t-0.5)}{2.75}}\quad\text{(A)}\end{aligned}$$

綜合前面三個部分的答案，得知本題之電流響應為

$$i(t)=\begin{cases}1.5\quad\text{(A)} & t<0\text{ s}\\ 1.5e^{-0.2t}\quad\text{(A)} & 0\le t<0.5\text{ s}\\ 1.5-0.1427e^{\frac{-(t-0.5)}{2.75}}\quad\text{(A)} & t>0.5\text{ s}\end{cases}$$

3.4 電阻一電容電路的暫態現象

本節將如同 3.3 節所介紹的電阻一電感電路分為二個部分，分別討論無外加電源的電阻一電容電路以及含有外加電源之電阻一電容電路，以分析此類電阻一電容電路之暫態特性。

3.4.1 無電源之電阻一電容電路暫態特性

如圖 3–11 所示之電路，為一個電阻器 R 與一電容器 C 串聯連接的電路，假設該電路在時間 $t = t_0$ 開始動作，在此時間下有初始電壓 V_{C0} 跨於電容器二端

$$v_C(t_0) = V_{C0} \tag{3–32}$$

由於電阻器 R 無法儲能，故該電路在 $t = t_0$ 時所具有之初始能量完全由電容器 C 儲存在電場的能量而來，其值為

$$w_C(t_0) = \frac{1}{2}C[v_C(t_0)]^2 = \frac{1}{2}CV_{C0}^2 \tag{3–33}$$

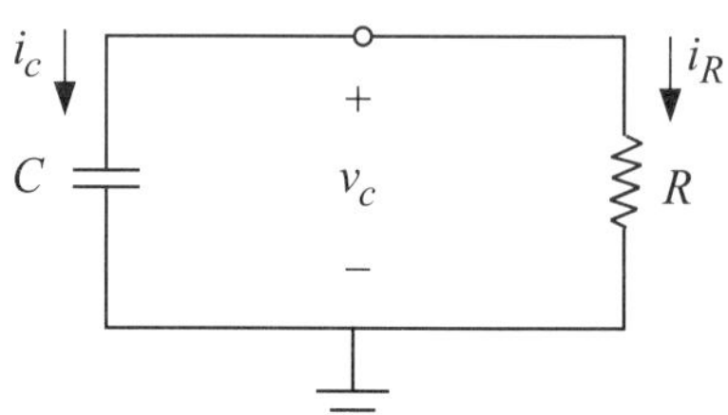

圖 3–11　無外加電源之電阻一電容電路

根據克希荷夫電流定律，可將圖 3–11 之電路以節點電流方程式表示為

$$C\frac{dv_C}{dt} + \frac{v_C}{R} = 0 \tag{3–34}$$

將 (3–34) 式的變數分離在等號二側可得

$$\frac{dv_C}{dt} + \frac{v_C}{CR} = 0 \Rightarrow \frac{dv_C}{v_C} = \frac{-1}{RC}dt \tag{3–35}$$

對 (3–35) 式等號二側做積分，可得

$$\int_{v_C(t_0)}^{v_C(t)} \frac{dv_C}{v_C} = \int_{t_0}^{t} (-\frac{1}{RC})dt \Rightarrow \ln v_C \Big|_{v_C(t_0)}^{v_C(t)} = \frac{-t}{RC}\Big|_{t_0}^{t}$$
$$\Rightarrow \ln[\frac{v_C(t)}{v_C(t_0)}] = \frac{-1}{RC}(t-t_0) \Rightarrow \frac{v_C(t)}{v_C(t_0)} = e^{\frac{-(t-t_0)}{RC}} \tag{3–36}$$

故知電壓 $v_C(t)$ 之解為

$$v_C(t) = v_C(t_0)\cdot e^{\frac{-(t-t_0)}{RC}} = V_{C0}e^{\frac{-(t-t_0)}{RC}} \tag{3–37}$$

若將 t_0 之值令為 0，則 (3–37) 式可用更簡單之方式表示為

$$v_C(t) = V_{C0}e^{\frac{-t}{\tau_{RC}}} \tag{3–38}$$

式中的 τ_{RC} 為該 RC 電路之時間常數，定義為

$$\tau_{RC} = RC \tag{3–39}$$

其單位為秒 (s)。如圖 3–12 所示為電容器二端電壓對時間的響應曲線。

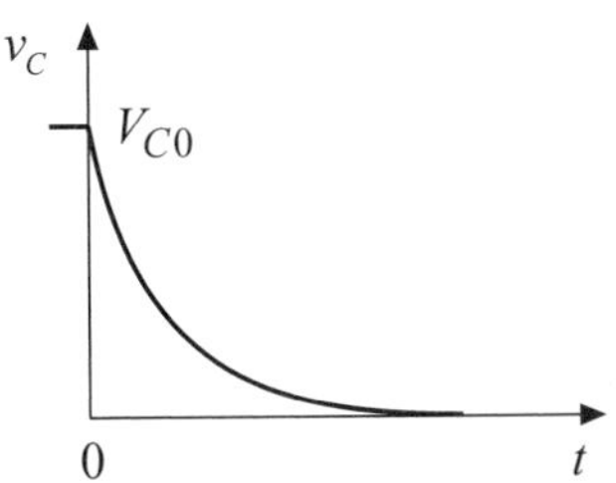

圖 3–12　電容器二端電壓對時間的響應曲線

由 (3–37) 式及 (3–38) 式之表示及圖 3–12 之電容電壓響應可以得知：電容器之二端電壓 $v_C(t)$ 會由原初始電壓值 V_{C0} 以時間常數 τ_{RC} 為時間基準開始做指數型式的衰減，經過約 $5\tau_{RC}$ 後降低至約為零值，其電壓響應中的 V_{C0} 及 τ_{RC} 值均由該電路的已知條件來獲得。此電壓響應因無外加電源存在，是由電容器的儲能所產生的，稱為自然響應、零輸入響應；又因只存在於短暫的時間內，故又稱暫態響應。

當圖 3–11 之電容器的二端電壓響應求出後，可以根據電路元件的連接關係將圖 3–11 中所有電路元件的電流、功率、能量分別以 (3–37) 式之基本式推導如下。由於電阻器 R 與電容器 C 並聯，故通過電阻器之電壓響應可用 (3–37) 式之 $v_C(t)$ 表示。故通

過電阻器 R 的電流可用歐姆定律表示為

$$i_R(t)=\frac{v_R(t)}{R}=\frac{V_{C0}}{R}e^{\frac{-(t-t_0)}{\tau_{RC}}} \tag{3–40}$$

通過電容器的電流應與通過電阻器的電流相加和必為零，或可由電容器基本電壓一電流公式求得如下：

$$i_C(t)=C\frac{dv_C(t)}{dt}=-i_R(t)=-\frac{V_{C0}}{R}e^{\frac{-(t-t_0)}{\tau_{RC}}} \tag{3–41}$$

電阻器所吸收功率為電阻器二端電壓與通過電流的乘積，其值必等於電容器吸收功率的負值，以滿足功率守恆定律

$$\begin{aligned}p_R(t)&=v_C(t)\cdot i_R(t)=[V_{C0}e^{\frac{-(t-t_0)}{\tau_{RC}}}]\cdot[\frac{V_{C0}}{R}e^{\frac{-(t-t_0)}{\tau_{RC}}}]\\&=\frac{V_{C0}^2}{R}e^{\frac{-2(t-t_0)}{\tau_{RC}}}=\frac{V_{C0}^2}{R}e^{\frac{-(t-t_0)}{(\frac{\tau_{RC}}{2})}}=-p_C(t)\end{aligned} \tag{3–42}$$

電阻器所吸收的能量可由電阻器之吸收功率對時間之積分來求得

$$\begin{aligned}w_R(t)&=\int_0^t p_R(t)dt=\int_0^t\frac{V_{C0}^2}{R}e^{\frac{-2(t-t_0)}{\tau_{RC}}}dt\\&=\frac{V_{C0}^2}{R}(\frac{\tau_{RC}}{-2})e^{\frac{-2(t-t_0)}{\tau_{RC}}}\Bigg|_0^t=\frac{-1}{2}CV_{C0}^2[e^{\frac{-2(t-t_0)}{\tau_{RC}}}-1]=\frac{1}{2}CV_{C0}^2[1-e^{\frac{-2(t-t_0)}{\tau_{RC}}}]\end{aligned} \tag{3–43}$$

若將 (3–43) 式推算至無限長時間（即 $t=\infty$）以求得電阻器 R 在全部時間內所吸收的總能量，則其值必為電容器 C 之初始能量

$$\begin{aligned}w_R(\infty)&=\int_0^\infty p_R(t)dt=\int_0^\infty\frac{V_{C0}^2}{R}e^{\frac{-2(t-t_0)}{\tau_{RC}}}dt\\&=\frac{V_{C0}^2}{R}(\frac{\tau_{RC}}{-2})e^{\frac{-2(t-t_0)}{\tau_{RC}}}\Bigg|_0^\infty=\frac{-1}{2}CV_{C0}^2[0-1]=\frac{1}{2}CV_{C0}^2\end{aligned} \tag{3–44}$$

由以上分析得知，只要準備圖 3–11 之電路時間常數 $\tau_{RC}=RC$ 以及電容器之初始

電壓 V_{C0}，則電容器二端的電壓 $v_C(t)$ 可先由 (3–37) 式或 (3–38) 式求出，其他電路元件的電壓、電流、功率、能量必可按照電路基本公式繼續推導算出。值得注意的是：當一個電路是由多個電阻器連接至一個電容器 C 時，在 (3–39) 式中時間常數之 R 值必須由該電容器 C 向外所看到之等效電阻值來計算。

3.4.2 含外加電源之電阻－電容電路暫態特性

當一個電阻－電容電路含有外加直流電源時，其暫態特性可依照 3.4.1 節之無電源電阻－電容電路推導來做分析。如圖 3–13 所示為一個電容器 C 經由開關連接至一個電壓源 V_s 與一個電阻器 R 串聯的電路，該開關在 $t=0$ 投入。為做詳細的推導，茲假設該電路開關在時間 $t=t_0$ 投入，在此時間下有初始電流 V_{C0} 跨於電容器 C 的二端。

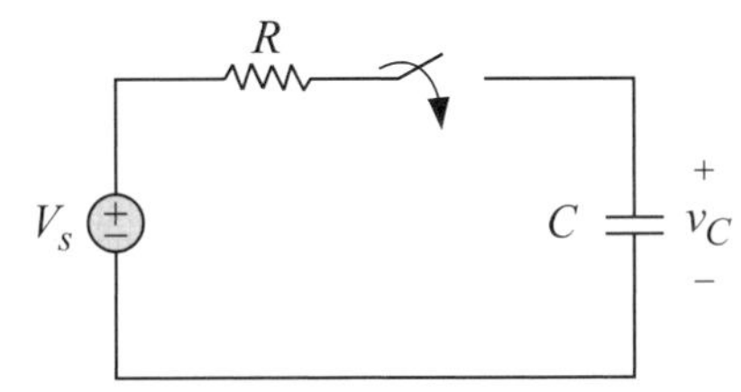

圖 3–13　含外加電源之電阻－電容電路

根據克希荷夫電流定律，可將圖 3–13 之電路在電容器的電壓正端以節點電流方程式表示為 $t>t_0$ 下之情況為

$$C\frac{dv_C}{dt}+\frac{v_C-V_s}{R}=0 \Rightarrow \frac{dv_C}{dt}+\frac{v_C}{RC}=\frac{V_s}{RC} \tag{3–45}$$

將 (3–45) 式的變數分離在等號二側可得

$$\frac{dv_C}{dt}+\frac{v_C}{RC}=\frac{V_s}{RC} \Rightarrow \frac{dv_C}{dt}=-\frac{(v_C-V_s)}{RC} \Rightarrow \frac{dv_C}{v_C-V_s}=-\frac{dt}{RC} \tag{3–46}$$

對 (3–46) 式等號二側做積分，可得

$$\frac{dv_C}{v_C-V_s}=-\frac{dt}{RC} \Rightarrow \ln(v_C-V_s)\Big|_{V_{C0}}^{v_C(t)}=\frac{-t}{RC}\Big|_{t_0}^{t}$$

$$\Rightarrow \ln[v_C(t)-V_s]-\ln[V_{C0}-V_s]=\frac{-(t-t_0)}{RC} \Rightarrow \ln\frac{v_C(t)-V_s}{V_{C0}-V_s}=\frac{-(t-t_0)}{RC} \tag{3–47}$$

$$\Rightarrow \frac{v_C(t)-V_s}{V_{C0}-V_s}=e^{\frac{-(t-t_0)}{RC}}=e^{\frac{-(t-t_0)}{\tau_{RC}}} \Rightarrow v_C(t)-V_s=(V_{C0}-V_s)e^{\frac{-(t-t_0)}{\tau_{RC}}}$$

故知電壓 $v_C(t)$ 之解為

$$v_C(t) = V_s + (V_{C0} - V_s)e^{\frac{-(t-t_0)}{\tau_{RC}}} \tag{3–48}$$

若將上式 t_0 之值令為 0，則 (3–48) 式可用更簡單之方式表示為

$$v_C(t) = V_s + (V_{C0} - V_s)e^{\frac{-t}{\tau_{RC}}} \tag{3–49}$$

式中的 τ_{RC} 亦為該 RC 電路之時間常數，與 (3–39) 式之定義相同，其單位為秒 (s)。

圖 3–14 (a)、(b)所示為含有外加直流電源下之電容電壓對時間響應曲線，其中圖(a)表示初始電壓為零值，故電容電壓由最初的零值上升至最後的 V_s 值；圖(b)則為初始電壓 V_{C0} 小於 V_s 之情況，其電壓響應由原來較低的 V_{C0} 值上升至最後的 V_s，其中 V_s 之值可由將電容器充滿電能為等效開路之情況來直接求解。

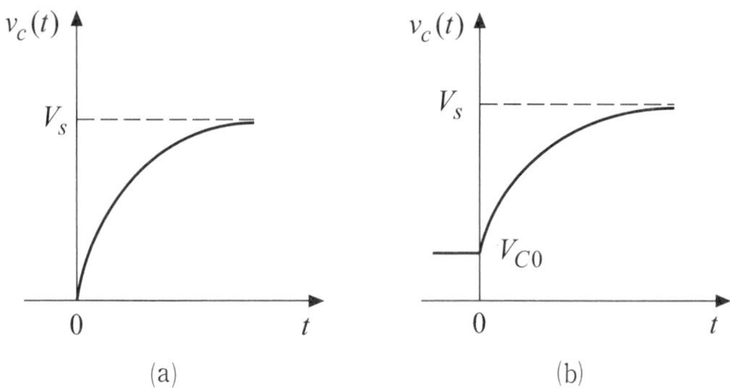

圖 3–14　含外加直流電源 V_s 之電容電壓對時間響應曲線

由 (3–48) 式、(3–49) 式及圖 3–14 之電容電壓響應得知，電容電壓 $v_C(t)$ 會由原初始電壓值 V_{C0} 以時間常數 τ_{RC} 為時間基準開始做指數型式之上升或衰減，經過約 5 τ_{RC} 後到達穩態的 V_s 值，其響應中的 V_s、V_{C0} 及 τ_{RC} 值均由該電路的已知條件來獲得。此電壓響應因含有外加電源存在，且電容器具有初始儲能，故須將響應分解為二部分，其中的 $[V_{C0} - V_s]e^{\frac{-(t-t_0)}{\tau_{RC}}}$ 因具有指數的部分、會隨時間之增加而衰減，故稱為自然響應、暫態響應或稱微分方程式之通解，而 V_s 為固定常數、不隨時間而變，故稱為強迫響應、零態響應或稱為微分方程式之特解。將微分方程式之通解與特解相加，稱為全解。

當圖 3–13 中的電容電壓響應被求出後，可以根據電路元件的連接關係將圖 3–13

中所有電路元件的電壓、功率、能量分別以 (3–48) 式之基本式推導如下。由於電壓源 V_s、電阻器 R 在該開關投入後與電容器 C 串聯，故通過電阻器 R 及電壓源 V_s 之電流響應均與電容器相同，可用電容器之基本方程式搭配 (3–48) 式表示：

$$i_C(t) = i_R(t) = C\frac{dv_C(t)}{dt} = -\frac{(V_{C0} - V_s)}{R}e^{\frac{-(t-t_0)}{\tau_{RC}}} \tag{3–50}$$

電阻器二端的電壓可用歐姆定律表示為

$$v_R(t) = Ri_R(t) = R[\frac{-(V_{C0} - V_s)}{R}e^{\frac{-(t-t_0)}{\tau_{RC}}}] = -(V_{C0} - V_s)e^{\frac{-(t-t_0)}{\tau_{RC}}} \tag{3–51}$$

由以上分析得知，只要準備圖 3–13 之電路時間常數 $\tau_{RC} = RC$ 及電容初始電壓 V_{C0}、電容最後電壓 V_s，則電容電壓 $v_C(t)$ 可先由 (3–48) 式或 (3–49) 式求出，其他電路元件的電壓、電流、功率、能量必可按照電路基本公式繼續推導算出。值得注意的是：當一個含有外加電源之 RC 電路是由多個電阻器、多個電壓源或電流源連接至一個電容器 C 時，在 (3–39) 式之電路時間常數之 R 值必須由該電容器 C 向外所看到之等效電阻值來計算。

茲歸納本節中的二個次小節電容電壓響應結果，當一個 RC 電路不含外加電源時，其電容電壓響應可以由下式表示：

$$v_C(t) = v_C(t_0^+)e^{\frac{-(t-t_0)}{\tau_{RC}}},\ t > 0 \tag{3–52}$$

當一個 RC 電路含有外加電源時，其電容電壓響應可以由下式表示：

$$v_C(t) = v_C(\infty) + [v_C(t_0^+) - v_C(\infty)]e^{\frac{-(t-t_0)}{\tau_{RC}}},\ t > 0 \tag{3–53}$$

式中 $v_C(t_0^+)$ 可由電容電壓在 $t = t_0$ 之連續性求得：$v_C(t_0^-) = v_C(t_0) = v_C(t_0^+)$，$v_C(\infty)$ 可由將電容器以等效開路取代後的電路來計算電容器二端電壓，電路時間常數 $\tau_{RC} = RC$ 之 R 值必須由該電容器 C 向外所看到之等效電阻值來計算。

如圖 3–15 所示之電路，開關已經閉合很長一段時間了，在 $t=0$ s 瞬間將開關打開，試求電壓 $v(t)$ 之響應。

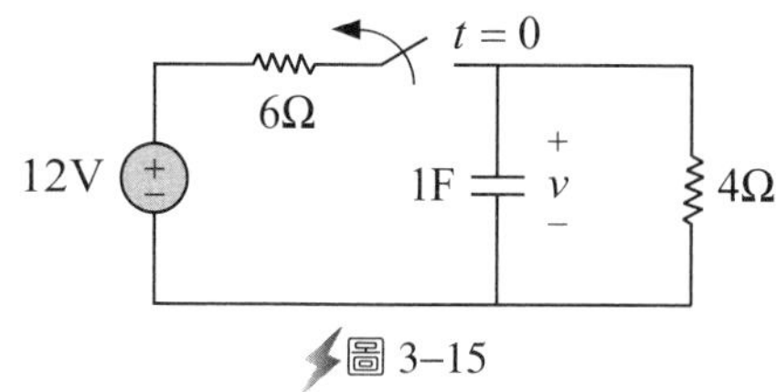

圖 3–15

解 (a)當 $t<0$ s 時，開關已閉合很長一段時間，故 1 F 電容器已充滿電能形成等效斷路，故知電容器二端之電壓為 $12\text{ V}\times\frac{4\,\Omega}{6\,\Omega+4\,\Omega}=4.8\text{ (V)}$，此為電容器之初值電壓 V_{C0}。

(b)當 $t\geq 0$ s 後，開關為開啟，此時之電路只剩下 1 F 電容器及 4 Ω 電阻器之連接，故其時間常數為 $\tau_{RC}=RC=4\,\Omega\cdot 1\text{ F}=4\text{ s}$，因此其電壓響應為

$$v(t)=V_{C0}e^{\frac{-t}{\tau_{RC}}}=4.8e^{\frac{-t}{4}}\ \text{(V)},\ t\geq 0\text{ s}$$

如圖 3–16 所示之電路，開關已經打開很長一段時間了，在 $t=0$ s 瞬間將開關閉合，並在 $t=0.5$ s 再度開啟，試求所有時間之電壓 $v(t)$ 響應。

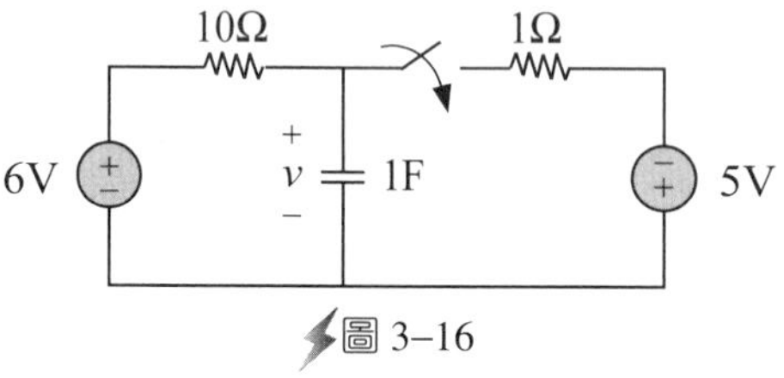

圖 3–16

解 本題將時間分割為三段做分析：

(a)當 $t<0$ s 時

開關為打開且經過很長一段時間，故 1 F 電容器充滿了電能，形成等效的斷路。此時電容器之電壓為 6 V，此電壓將做為開關閉合瞬間的初值電壓。

(b)當 $0\leq t<0.5$ s 時

開關為閉合，其時間常數為 $\tau_{RC}=R_{eq}C=(10\,\Omega/\!/1\,\Omega)\cdot 1\text{ F}=\frac{10}{11}\text{ (s)}$，初值電壓由(a)知為 6 V，最後電容器充滿電的電壓可將電容器斷路再利用 KVL 計算可得

$6\text{ V} - 10\ \Omega \cdot i = 6\text{ V} - 10\ \Omega \dfrac{5\text{ V} + 6\text{ V}}{10\ \Omega + 1\ \Omega} = -4\ (\text{V})$，故其響應為

$$v(t) = v(\infty) + [v(t_0^+) - v(\infty)]e^{\frac{-(t-t_0)}{\tau_{RC}}}$$
$$= -4 + (6+4)e^{-(\frac{11}{10})t} = -4 + 10e^{-(\frac{11}{10})t} \quad (\text{V})$$

當 $t = 0.5$ s 之電壓值為 $v(0.5) = -4 + 10e^{-(\frac{11}{10})\times 0.5} = 1.7695\ (\text{V})$，此將做為開關開啟後的初值電壓。

(c)當 $t > 0.5$ s 時

開關為開啟，此時之時間常數為 $\tau_{RC} = RC = 10\ \Omega \cdot 1\text{ F} = 10\ (\text{s})$。當電容充滿了電能，形成等效的斷路，此時電容器之電壓為 6 V，初值電壓為 $v(0.5) = 1.7695\ (\text{V})$，故其電壓響應可表示為

$$v(t) = v(\infty) + [v(t_0^+) - v(\infty)]e^{\frac{-(t-t_0)}{\tau_{RC}}}$$
$$= 6 + (1.7695 - 6)e^{\frac{-(t-0.5)}{10}} = 6 - 4.2305e^{-0.1(t-0.5)} \quad (\text{V})$$

綜合前面三個部分的答案，得知本題之電壓響應為

$$v(t) = \begin{cases} 6 \quad (\text{V}) & t < 0\text{ s} \\ -4 + 10e^{-(\frac{11}{10})t} \quad (\text{V}) & 0 \le t < 0.5\text{ s} \\ 6 - 4.2305e^{-0.1(t-0.5)} \quad (\text{V}) & t > 0.5\text{ s} \end{cases}$$

3.5 電阻—電感—電容電路的暫態現象

本節將如同前面 3.3 節及 3.4 節的電阻—電感電路以及電阻—電容電路分為二個部分，分別討論無外加電源之電阻—電感—電容電路、含外加電源之電阻—電感—電容電路，以分析此類電阻—電感—電容電路之暫態特性。此類電阻—電感—電容電路將再細分為串聯電阻—電感—電容電路以及並聯電阻—電感—電容電路。

3.5.1 無外加電源之電阻—電感—電容電路暫態特性

無外加電源之串聯電阻—電感—電容電路暫態特性

如圖 3–17 所示為一個電阻器 R、一個電感器 L 與一個電容器 C 串聯在一起的電路，迴路電流 i 通過每個元件，該電流亦為電感器之電流 i_L。假設該電路在時間 $t = 0$ 開

始動作，在此時間下有初始電壓 V_{C0} 跨於電容器二端、亦有初始電流 I_{L0} 通過電感器：

$$v_C(0) = V_{C0} \qquad i_L(0) = I_{L0} \tag{3–54}$$

由於電阻器 R 無法儲能，故該電路在 $t = 0$ 時所具有之初始能量完全由電容器 C 儲存在電場以及電感器 L 儲存在磁場而來，其值分別為

$$w_C(0) = \frac{1}{2}C[v_C(0)]^2 = \frac{1}{2}CV_{C0}^2 \qquad w_L(0) = \frac{1}{2}L[i_L(0)]^2 = \frac{1}{2}LI_{L0}^2 \tag{3–55}$$

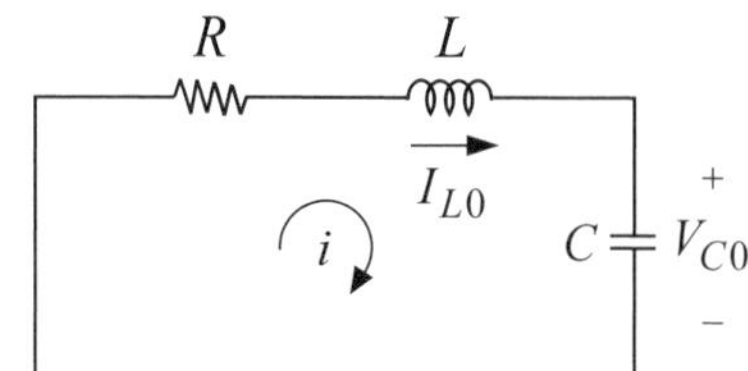

圖 3–17　無外加電源之串聯電阻—電感—電容電路

根據克希荷夫電壓定律，可將圖 3–17 之電路以迴路電流 i 為變數列出迴路電壓方程式如下：

$$Ri + L\frac{di}{dt} + [\frac{1}{C}\int_0^t i dt + v_C(0)] = 0 \tag{3–56}$$

將 (3–56) 式對時間 t 再做一次微分可得

$$R\frac{di}{dt} + L\frac{d^2i}{dt^2} + \frac{i}{C} = 0 \Rightarrow \frac{d^2i}{dt^2} + \frac{R}{L}\frac{di}{dt} + \frac{i}{LC} = 0 \tag{3–57}$$

假設 (3–57) 式電流 i 其解之型式為

$$i = Ae^{st} \tag{3–58}$$

式中 A 為一常數。將 (3–58) 式代入 (3–57) 式可得

$$\begin{aligned}
&\frac{d^2}{dt^2}(Ae^{st}) + \frac{R}{L}\frac{d}{dt}(Ae^{st}) + \frac{1}{LC}(Ae^{st}) = 0 \\
&\Rightarrow As^2e^{st} + \frac{AR}{L}se^{st} + \frac{A}{LC}e^{st} = 0 \\
&\Rightarrow Ae^{st}(s^2 + \frac{R}{L}s + \frac{1}{LC}) = 0
\end{aligned} \tag{3–59}$$

上式中的第一項 Ae^{st} 與 (3–58) 式相同，恰為電流解的型式，故該項必不為零否則答案 i 為零，因此只有 (3–59) 式第二項為零並形成該電路之特性方程式 (characteristic equation)

$$s^2+\frac{R}{L}s+\frac{1}{LC}=0 \tag{3–60}$$

其特性根之答案為

$$s_{1,2}=\frac{-\frac{R}{L}\pm\sqrt{(\frac{R}{L})^2-\frac{4}{LC}}}{2}=-\frac{R}{2L}\pm\sqrt{(\frac{R}{2L})^2-\frac{1}{LC}} \tag{3–61}$$

根據上式開平方根內之數值大小比較，可分為三種特性根的型式：

(1)當 $(\frac{R}{2L})^2>\frac{1}{LC}$ 時，其解 s_1、s_2 為二相異實根，響應特性稱為過阻尼 (overdamped) 特性，其電流響應之型式為

$$i(t)=A_1e^{s_1t}+A_2e^{s_2t} \tag{3–62}$$

(2)當 $(\frac{R}{2L})^2=\frac{1}{LC}$ 時，其解 s_1、s_2 為二相同實根 ($s=s_1=s_2=-\frac{R}{2L}$)，響應特性稱為臨界阻尼 (critically damped) 特性，其電流響應之型式為

$$i(t)=(A_1t+A_2)e^{st} \tag{3–63}$$

(3)當 $(\frac{R}{2L})^2<\frac{1}{LC}$ 時，其解 s_1、s_2 為二共軛複數根 ($s_{1,2}=-\alpha\pm j\omega_d$)，響應特性稱為欠阻尼 (underdamped) 特性，其電流響應之型式為

$$i(t)=e^{-\alpha t}[A_1\cos(\omega_dt)+A_2\sin(\omega_dt)] \tag{3–64}$$

上面三式中的 A_1 及 A_2 均為常數，必須由該電路的原有初始條件 $i(0)$ 及 $\frac{di}{dt}(0)$ 之值來求解：

$$i(0)=i_L(0) \tag{3–65}$$

$$\frac{di}{dt}(0)=\frac{v_L(0)}{L}=-\frac{1}{L}[v_C(0)+v_R(0)]=-\frac{1}{L}[v_C(0)+Ri_L(0)] \tag{3–66}$$

將 (3–65) 式及 (3–66) 式搭配 (3–62) 式～(3–64) 式中的任一式及其對時間的微分結果並將時間令為零值，則 A_1 及 A_2 二常數可由這二個方程式聯立求出唯一的解，因此該電路之電流響應即可求出。此電流響應因無外加電源存在，是由電容器及電感器的儲能所產生的，可稱為自然響應、零輸入響應；又因只存在於短暫的時間內，故又稱暫態響應。圖 3–18 所示為 (3–62) 式～(3–64) 式三式典型電流響應之比較，由圖中結果得知：過阻尼電路之響應衰減至穩態零值的時間最長，且以指數方式下降；欠阻尼電路之響應衰減至穩態零值的時間最短，但以弦式振盪合併指數方式下降；臨界阻尼電路之電流衰減至穩態零值的時間介在過阻尼及欠阻尼響應之間，且以指數方式下降。

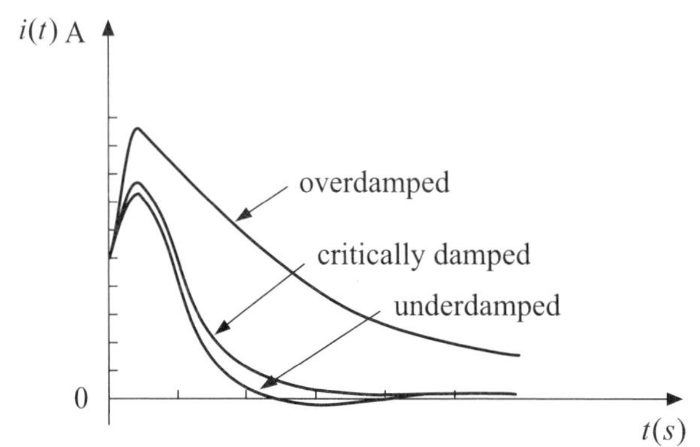

圖 3–18　圖 3–17 之迴路電流 $i(t)$ 在不同阻尼特性下之響應比較

當圖 3–17 之迴路電流響應被求出後，可以根據電路元件的連接關係將圖 3–17 中所有電路元件的電壓、功率、能量分別以 (3–62) 式～(3–64) 式中的任一式為基本式推導。

無外加電源之並聯電阻－電感－電容電路暫態特性

如圖 3–19 所示為一個電阻器 R、一個電感器 L 與一個電容器 C 並聯在一起的電路，節點電壓 v 跨在每個元件二端，該電壓亦為電容器之二端電壓 v_C。假設該電路在時間 $t=0$ 開始動作，在此時間下有初始電壓 V_{C0} 跨於電容器二端、亦有初始電流 I_{L0} 通過電感器，同於 (3–54) 式所列。又由於電阻器 R 無法儲能，故該電路在 $t=0$ 時所具有之初始能量完全由電容器 C 儲存在電場以及電感器 L 儲存在磁場而來，其值分別如同 (3–55) 式所示。

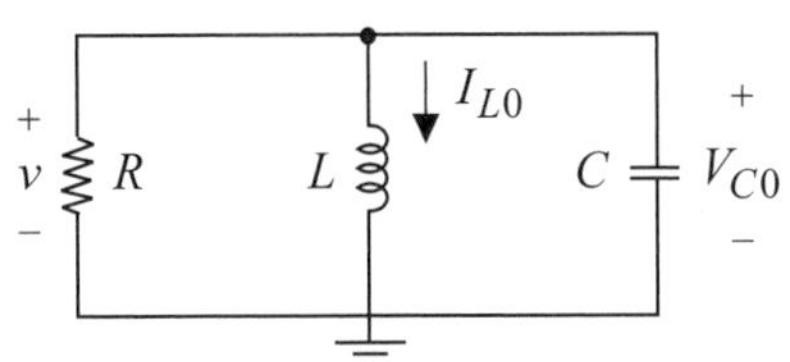

圖 3–19　無外加電源之並聯電阻－電感－電容電路

根據克希荷夫電流定律，可將圖 3–19 之電路以節點電壓 v 為變數列出節點電流方程式如下：

$$\frac{v}{R}+C\frac{dv}{dt}+[\frac{1}{L}\int_0^t vdt+i_L(0)]=0 \tag{3–67}$$

將 (3–67) 式對時間 t 再做一次微分可得

$$\frac{1}{R}\frac{dv}{dt}+C\frac{d^2v}{dt^2}+\frac{v}{L}=0 \Rightarrow \frac{d^2v}{dt^2}+\frac{1}{RC}\frac{dv}{dt}+\frac{v}{LC}=0 \tag{3–68}$$

假設 (3–68) 式電壓 v 其解之型式為

$$v=Be^{st} \tag{3–69}$$

式中 B 為一常數。將 (3–69) 式代入 (3–57) 式可得

$$\begin{aligned}&\frac{d^2}{dt^2}(Be^{st})+\frac{1}{RC}\frac{d}{dt}(Be^{st})+\frac{1}{LC}(Be^{st})=0\\&\Rightarrow Bs^2e^{st}+\frac{B}{RC}se^{st}+\frac{B}{LC}e^{st}=0\\&\Rightarrow Be^{st}(s^2+\frac{1}{RC}s+\frac{1}{LC})=0\end{aligned} \tag{3–70}$$

上式中的第一項 Be^{st} 與 (3–69) 式相同，恰為電壓解的型式，故該項必不為零，否則沒有答案，因此 (3–70) 式之第二項為零並可形成該電路之特性方程式

$$s^2+\frac{1}{RC}s+\frac{1}{LC}=0 \tag{3–71}$$

其特性根之答案為

$$s_{1,2}=\frac{-\frac{1}{RC}\pm\sqrt{(\frac{1}{RC})^2-\frac{4}{LC}}}{2}=-\frac{1}{2RC}\pm\sqrt{(\frac{1}{2RC})^2-\frac{1}{LC}} \tag{3–72}$$

根據上式開平方根內之數值大小比較，可分為三種特性根的型式：

(1)當 $(\frac{1}{2RC})^2>\frac{1}{LC}$ 時，其解 s_1、s_2 為二相異實根，響應特性稱為過阻尼特性，其電壓響應之型式為

$$v(t)=B_1e^{s_1t}+B_2e^{s_2t} \tag{3–73}$$

(2)當 $(\frac{1}{2RC})^2=\frac{1}{LC}$ 時，其解 s_1、s_2 為二相同實根 $(s=s_1=s_2=-\frac{1}{2RC}=-\alpha)$，響應特性稱為臨界阻尼特性，其電壓響應之型式為

$$v(t)=(B_1t+B_2)e^{st} \tag{3–74}$$

(3)當 $(\frac{1}{2RC})^2<\frac{1}{LC}$ 時，其解 s_1、s_2 為二共軛複數根 $(s_{1,2}=-\alpha\pm j\omega_d)$，響應特性稱為欠阻尼特性，其電壓響應之型式為

$$v(t)=e^{\sigma t}[B_1\cos(\omega_d t)+B_2\sin(\omega_d t)] \tag{3–75}$$

上面三式中的 B_1 及 B_2 均為常數，必須由該電路的原有初始條件 $v(0)$ 及 $\frac{dv}{dt}(0)$ 之值來求解：

$$v(0)=v_C(0) \tag{3–76}$$

$$\frac{dv}{dt}(0)=\frac{i_C(0)}{C}=-\frac{1}{C}[i_L(0)+i_R(0)]=-\frac{1}{C}[i_L(0)+\frac{v(0)}{R}] \tag{3–77}$$

將 (3–76) 式及 (3–77) 式搭配 (3–73) 式～(3–75) 式中的任一式及其對時間的微分結果並將時間令為零值，則 B_1 及 B_2 二常數可由這二個方程式聯立求出唯一的解，則該電路之電壓響應即可求出。此電壓響應因無外加電源存在，是由電容器及電感器的儲能所產生的，可稱為自然響應、零輸入響應；又因只存在於短暫的時間內，故又稱暫態響應。圖 3–20 所示為 (3–73) 式～(3–75) 式三式典型電壓響應之比較，由圖中結果得知，過阻尼電路之響應衰減至穩態零值的時間最長，且以指數方式下降；欠阻尼電路之響應衰減至穩態零值的時間最短，但以弦式振盪合併指數方式下降；臨界阻尼電

路之電流衰減至穩態零值的時間介在過阻尼及欠阻尼響應之間，且以指數方式下降。

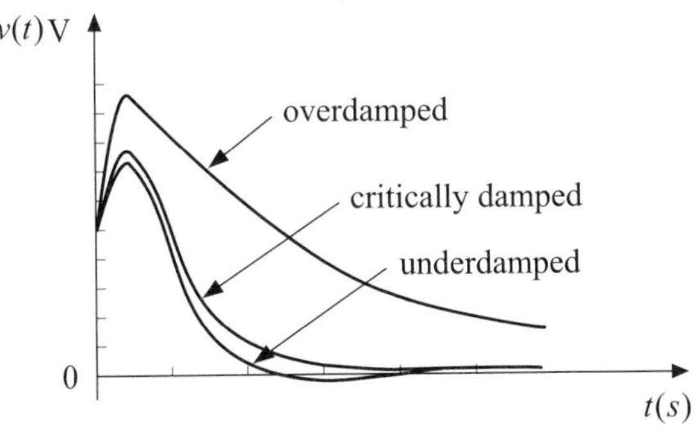

圖 3–20　圖 3–19 之節點電壓 $v(t)$ 在不同阻尼特性下之響應比較

當圖 3–19 之節點電壓響應被求出後，可以根據電路元件的連接關係將圖 3–19 中所有電路元件的電流、功率、能量分別以 (3–73) 式～(3–75) 式中的任一式為基本式推導。

3.5.2 含外加電源之電阻－電感－電容電路暫態特性

含直流電源之串聯電阻－電感－電容電路暫態特性

如圖 3–21 (a)所示為由電阻器 R、電感器 L 與電容器 C 串聯在一起經由一個開關連接至直流電壓源 V_s 的電路，迴路電流 i 通過每個元件，該電流亦為電感器之電流 i_L。假設該電路在時間 $t=0$ 開始動作，變成如圖 3–21 (b)所示之電路，在此 $t=0$ 時有初始電壓 V_{C0} 跨於電容器二端、亦有初始電流 I_{L0} 通過電感器，如 (3–54) 式所列。該電路在 $t=0$ 時所加入電路之能量除了如 (3–55) 式由電容器 C 及電感器 L 之初始能量提供外，也由外加的直流電壓源 V_s 提供。

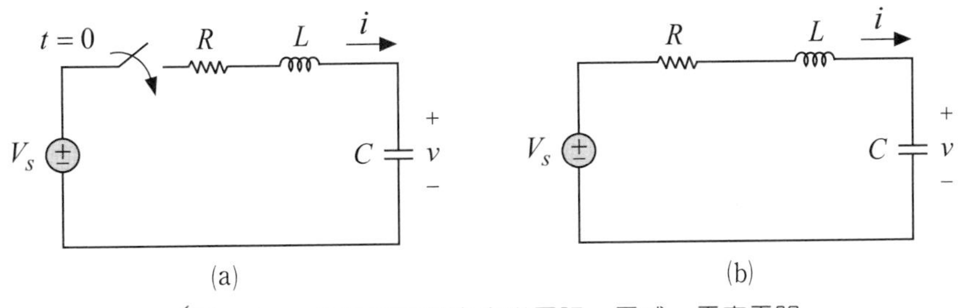

圖 3–21　含外加電源之串聯電阻－電感－電容電路

根據克希荷夫電壓定律，可將圖 3–21 (b)之電路以迴路電流 i 為變數所表示之迴路電壓方程式表示為

$$Ri + L\frac{di}{dt} + [\frac{1}{C}\int_0^t i dt + v_C(0)] = V_s \tag{3–78}$$

將 (3–78) 式對時間 t 再做一次微分可得

$$R\frac{di}{dt} + L\frac{d^2 i}{dt^2} + \frac{i}{C} = 0 \Rightarrow \frac{d^2 i}{dt^2} + \frac{R}{L}\frac{di}{dt} + \frac{i}{LC} = 0 \tag{3–79}$$

由於 (3–78) 式與 (3–57) 式完全相同，故其解可根據特性根的情況必與 (3–62) 式～(3–64) 式相同，但該解為通解，重寫如下：

$$i_h(t) = \begin{cases} A_1 e^{s_1 t} + A_2 e^{s_2 t} \\ (A_1 t + A_2)e^{st} \\ e^{\sigma t}[A_1\cos(\omega_d t) + A_2\sin(\omega_d t)] \end{cases} \tag{3–80}$$

電路電流響應之特解可將原圖 3–21 (b)之電容器開路、電感器短路，代表電路充滿電能的穩態條件，受電容器斷路影響，故其電流響應之特解為

$$i_p(t) = 0 \tag{3–81}$$

將前述電路電流響應之通解及特解相加，即為該電路之全解，恰與通解相同，茲表示如下：

$$i(t) = i_h(t) + i_p(t) = \begin{cases} A_1 e^{s_1 t} + A_2 e^{s_2 t} \\ (A_1 t + A_2)e^{st} \\ e^{\sigma t}[A_1\cos(\omega_d t) + A_2\sin(\omega_d t)] \end{cases} \tag{3–82}$$

上面 (3–82) 式中的 A_1 及 A_2 均為常數，必須由該電路的原有初始條件 $i(0)$ 及 $\frac{di}{dt}(0)$ 之值來求解

$$i(0) = i_L(0) \tag{3–83}$$

$$\frac{di}{dt}(0) = \frac{v_L(0)}{L} = \frac{1}{L}[V_s - v_C(0) - v_R(0)] = \frac{1}{L}[V_s - v_C(0) - Ri_L(0)] \tag{3–84}$$

將 (3–83) 式與 (3–84) 式搭配 (3–82) 式中的任一式及其對時間的微分結果並將時間令為零值，則 A_1 及 A_2 二常數可由這二個方程式聯立求出唯一的解，則該電路之電流

響應即可求出。此電流響應因有外加電源存在，可稱為強迫響應、零態響應或激勵響應。

以上是以電流 i 為變數做求解，若將圖 3–21 (b)之電路以電容器電壓 v 為變數，根據克希荷夫電壓定律可將迴路電壓方程式表示為

$$Ri + L\frac{di}{dt} + v_C = V_s \tag{3–85}$$

因電容器電流與電感器電流相同，故將 $i = C(\frac{dv}{dt})$ 代入上式可得

$$RC\frac{dv}{dt} + LC\frac{d^2v}{dt^2} + v = V_s \Rightarrow \frac{d^2v}{dt^2} + \frac{R}{L}\frac{dv}{dt} + \frac{v}{LC} = \frac{V_s}{LC} \tag{3–86}$$

由於 (3–86) 式等號左側與 (3–57) 式及 (3–78) 式完全相同，故其解可根據特性根的情況必與 (3–62) 式～(3–64) 式相同，但該解為通解，重寫如下：

$$v_h(t) = \begin{cases} A_1e^{s_1t} + A_2e^{s_2t} \\ (A_1t + A_2)e^{st} \\ e^{\sigma t}[A_1\cos(\omega_d t) + A_2\sin(\omega_d t)] \end{cases} \tag{3–87}$$

電路電容器電壓響應之特解可將原圖 3–21 (b)之電容器開路、電感器短路，代表電路充滿電能的穩態條件，受電容器斷路影響，故其電壓響應之特解為

$$v_p(t) = V_s \tag{3–88}$$

將前述電路電容器電壓響應之通解及特解相加，即為該電路電容器電壓之全解，茲表示如下：

$$v(t) = v_h(t) + v_p(t) = \begin{cases} V_s + A_1e^{s_1t} + A_2e^{s_2t} \\ V_s + (A_1t + A_2)e^{st} \\ V_s + e^{\sigma t}[A_1\cos(\omega_d t) + A_2\sin(\omega_d t)] \end{cases} \tag{3–89}$$

上面 (3–89) 式中的 A_1 及 A_2 均為常數，必須由該電路的原有初始條件 $v(0)$ 及 $\frac{dv}{dt}(0)$ 之值來求解

$$v(0) = v_C(0) \tag{3–90}$$

$$\frac{dv}{dt}(0) = \frac{i_C(0)}{C} = \frac{i_L(0)}{C} \tag{3–91}$$

將 (3–90) 式與 (3–91) 式搭配 (3–89) 式中的任一式及其對時間的微分結果並將時間令為零值，則 A_1 及 A_2 二常數可由這二個方程式聯立求出唯一的解，則該電路之電容器電壓響應即可求出。圖 3–22 所示為 (3–89) 式中三種可能典型電壓響應之比較，由圖中結果得知：過阻尼電路之響應衰減至穩態零值的時間最長，且以指數方式下降；欠阻尼電路之響應衰減至穩態零值的時間最短，但以弦式振盪合併指數方式下降；臨界阻尼電路之電流衰減至穩態零值的時間介在過阻尼及欠阻尼響應之間，且以指數方式下降。

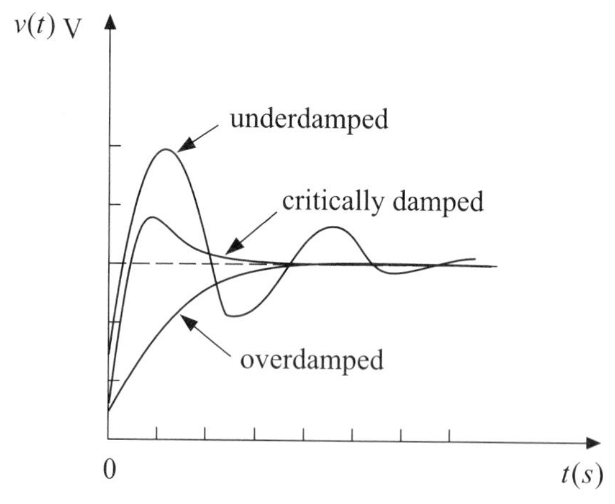

圖 3–22　圖 3–21 之電容器電壓 $v(t)$ 在不同阻尼特性下之響應比較

當圖 3–21 之迴路電流響應或電容器電壓響應被求出後，可以根據電路元件的連接關係將圖 3–21 (b)中所有電路元件的電流、電壓、功率、能量分別以 (3–89) 式中的任一式為基本式推導。

含直流電源之並聯電阻－電感－電容電路暫態特性

如圖 3–23 (a)所示為由電阻器 R、電感器 L 與電容器 C 並聯在一起經由一個開關連接至直流電流源 I_s 的電路，節點電壓 v 跨在每個元件二端，該電壓亦為電容器之電壓 v_C。假設該電路在時間 $t = 0$ 開始動作，變成如圖 3–23 (b)之電路，在此 $t = 0$ 時有初始電壓 V_{C0} 跨於電容器二端、亦有初始電流 I_{L0} 通過電感器，如 (3–54) 式所列。該電路在 $t = 0$ 時所加入電路之能量除了如 (3–55) 式由電容器 C 及電感器 L 之初始能量提供外，也由外加的直流電流源 I_s 提供。

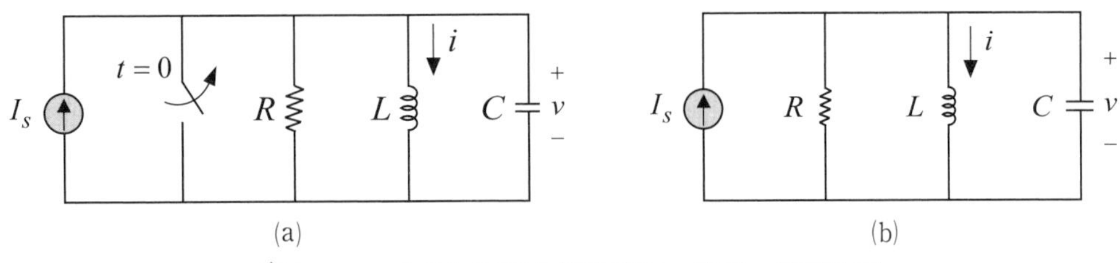

圖 3–23　含外加電源之並聯電阻－電感－電容電路

根據克希荷夫電流定律，可將圖 3–23 (b)之電路以節點電壓 v 為變數所表示之節點電流方程式表示為

$$\frac{v}{R}+C\frac{dv}{dt}+[\frac{1}{L}\int_0^t vdt+i_L(0)]=I_s \tag{3–92}$$

將 (3–92) 式對時間 t 再做一次微分可得

$$\frac{1}{R}\frac{dv}{dt}+C\frac{d^2v}{dt^2}+\frac{v}{L}=0 \Rightarrow \frac{d^2v}{dt^2}+\frac{1}{RC}\frac{dv}{dt}+\frac{v}{LC}=0 \tag{3–93}$$

由於 (3–93) 式與 (3–68) 式完全相同，故其解可根據特性根的情況必與 (3–73) 式～(3–75) 式相同，但該解為通解，重寫如下：

$$v_h(t)=\begin{cases} B_1e^{s_1t}+B_2e^{s_2t} \\ (B_1t+B_2)e^{st} \\ e^{\sigma t}[B_1\cos(\omega_d t)+B_2\sin(\omega_d t)] \end{cases} \tag{3–94}$$

電路電流響應之特解可將原圖 3–23 (b)之電容器開路、電感器短路，代表電路充滿電能的穩態條件，受電感器短路影響，故其電壓響應之特解為

$$v_p(t)=0 \tag{3–95}$$

將前述電路電壓響應之通解及特解相加，即為該電路之全解，恰與通解相同，茲表示如下：

$$v(t)=v_h(t)+v_p(t)=\begin{cases} B_1e^{s_1t}+B_2e^{s_2t} \\ (B_1t+B_2)e^{st} \\ e^{\sigma t}[B_1\cos(\omega_d t)+B_2\sin(\omega_d t)] \end{cases} \tag{3–96}$$

式中的 B_1 及 B_2 均為常數，必須由該電路的原有初始條件 $v(0)$ 及 $\frac{dv}{dt}(0)$ 之值來求解

$$v(0) = v_C(0) \tag{3–97}$$

$$\frac{dv}{dt}(0) = \frac{i_C(0)}{C} = \frac{1}{C}[I_s - i_L(0) - i_R(0)] = \frac{1}{C}[I_s - i_L(0) - \frac{v_C(0)}{R}] \tag{3–98}$$

將 (3–97) 式與 (3–98) 式搭配 (3–96) 式中的任一式及其對時間的微分結果並將時間令為零值，則 B_1 及 B_2 二常數可由這二個方程式聯立求出唯一的解，則該電路之電壓響應即可求出。此電壓響應因有外加電源存在，可稱為強迫響應、零態響應或激勵響應。

以上是以電壓 v 為變數做求解，若將圖 3–23 (b)之電路以電感器電流 i 為變數，根據克希荷夫電流定律可將節點電流方程式表示為

$$\frac{v}{R} + C\frac{dv}{dt} + i_L = I_s \tag{3–99}$$

因電感器電壓與電容器電壓相同，故將 $v = L(\frac{di}{dt})$ 代入上式可得

$$\frac{L}{R}\frac{di}{dt} + LC\frac{d^2i}{dt^2} + i = I_s \Rightarrow \frac{d^2i}{dt^2} + \frac{1}{RC}\frac{di}{dt} + \frac{i}{LC} = \frac{I_s}{LC} \tag{3–100}$$

由於 (3–100) 式等號左側與 (3–68) 式及 (3–93) 式完全相同，故其解可根據特性根的情況必與 (3–73) 式～(3–75) 式相同，但該解為通解，重寫如下：

$$i_h(t) = \begin{cases} B_1e^{s_1t} + B_2e^{s_2t} \\ (B_1t + B_2)e^{st} \\ e^{\sigma t}[B_1\cos(\omega_d t) + B_2\sin(\omega_d t)] \end{cases} \tag{3–101}$$

電路電感器電流響應之特解可將圖 3–23 (b)之電容器開路、電感器短路，代表電路充滿電能的穩態條件，受電感器短路影響，故其電流響應之特解為

$$i_p(t) = I_s \tag{3–102}$$

將前述電路電感器電流響應之通解及特解相加，即為該電路電感器電流之全解，茲表示如下：

$$i(t) = i_h(t) + i_p(t) = \begin{cases} I_s + B_1 e^{s_1 t} + B_2 e^{s_2 t} \\ I_s + (B_1 t + B_2)e^{st} \\ I_s + e^{\sigma t}[B_1 \cos(\omega_d t) + B_2 \sin(\omega_d t)] \end{cases} \quad (3\text{–}103)$$

式中的 B_1 及 B_2 均為常數，必須由該電路的原有初始條件 $i(0)$ 及 $\frac{di}{dt}(0)$ 之值來求解

$$i(0) = i_L(0) \quad (3\text{–}104)$$

$$\frac{di}{dt}(0) = \frac{v_L(0)}{L} = \frac{v_C(0)}{L} \quad (3\text{–}105)$$

將 (3–104) 式與 (3–105) 式搭配 (3–103) 式中的任一式及其對時間的微分結果並將時間令為零值，則 B_1 及 B_2 二常數可由這二個方程式聯立求出唯一的解，則該電路之電容器電壓響應即可求出。圖 3–24 所示為 (3–103) 式中三種可能電壓響應之比較，由圖中結果得知，過阻尼電路之響應衰減至穩態零值的時間最長，且以指數方式下降；欠阻尼電路之響應衰減至穩態零值的時間最短，但以弦式振盪合併指數方式下降；臨界阻尼電路之電流衰減至穩態零值的時間介在過阻尼及欠阻尼響應之間，且以指數方式下降。

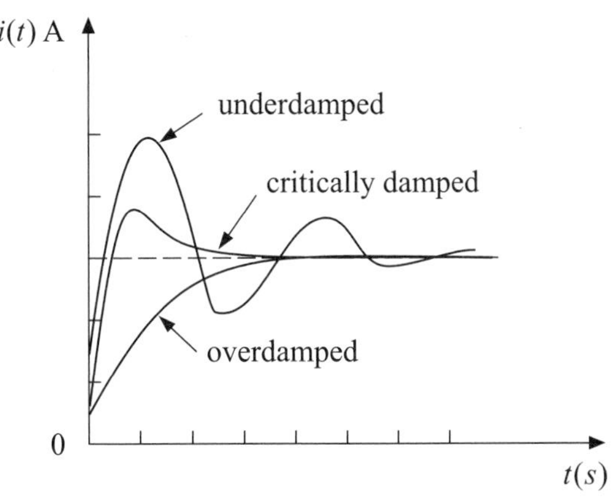

圖 3–24　圖 3–23 之電感器電流 $i(t)$ 在不同阻尼特性下之響應比較

當圖 3–23 之節點電壓響應或電感器電流響應被求出後，可以根據電路元件的連接關係將圖 3–23 (b)中所有電路元件的電流、電壓、功率、能量分別以 (3–103) 式中的任一式為基本式推導。

如圖 3–17 所示之無電源串聯 RLC 電路，已知 $R=10\,\Omega$、$L=1$ H、$C=4$ F，且電感器之初值電流為 $I_{L0}=2$ A、電容器之初值電壓為 $V_{C0}=2$ V，試求：(a)該電路之特性根；(b)該電路為那一種阻尼特性的電路；(c)該電路之電流響應 $i(t)$。

解 (a) $s_{1,2}=-\dfrac{R}{2L}\pm\sqrt{(\dfrac{R}{2L})^2-\dfrac{1}{LC}}=-5\pm\sqrt{5^2-0.5^2}=-5\pm4.975=-9.975,\ -0.025$

(b)由於特性根為二相異實根，故該電路為過阻尼特性。

(c)該電路之電流響應型式為 $i(t)=A_1e^{-5t}+A_2e^{-0.025t}$ (A)

由初始條件知 $I_{L0}=2\text{ A}=i(0)=A_1+A_2\cdots\cdots$ ①

且 $\dfrac{di}{dt}(0)=\dfrac{v_L(0)}{L}=\dfrac{1}{L}(-RI_{L0}-V_{C0})=\dfrac{1}{1}(-10\times2-2)=-22=-5A_1-0.025A_2\cdots\cdots$ ②

將①式乘以 5 加上②式可消去 A_1 項，可得 $A_2=-2.412$，將該值代入①式可得 $A_1=4.412$。故電流響應之答案為 $i(t)=4.412e^{-5t}-2.412e^{-0.025t}$ (A)

如圖 3–19 所示之無電源並聯 RLC 電路，已知 $R=2\,\Omega$、$L=0.4$ H、$C=0.025$ F，且電感器之初值電流為 $I_{L0}=0$ A、電容器之初值電壓為 $V_{C0}=3$ V，試求：(a)該電路之特性根；(b)該電路為那一種阻尼特性的電路；(c)該電路之電壓響應 $v(t)$。

(a) $s_{1,2}=-\dfrac{1}{2RC}\pm\sqrt{(\dfrac{1}{2RC})^2-\dfrac{1}{LC}}=-10\pm\sqrt{10^2-10^2}=-10,\ -10$

(b)由於特性根為二相同實根，故該電路為臨界阻尼特性。

(c)該電路之電壓響應型式為 $v(t)=(A_1t+A_2)e^{-10t}$ (A)

由初始條件知 $V_{C0}=3\text{ V}=v(0)=A_2\cdots\cdots$ ①

且 $\dfrac{dv}{dt}(0)=\dfrac{i_C(0)}{C}=\dfrac{1}{C}(-\dfrac{V_{C0}}{R}-I_{L0})=\dfrac{1}{0.025}(-\dfrac{3\text{ (V)}}{2\,\Omega}-0)=-60=A_1-10A_2\cdots\cdots$ ②

將①式代入②式可得 $A_1=-60+10A_2=-30$。故電壓響應為

$v(t)=(-30t+3)e^{-10t}$ (V)。

如圖 3–25 所示之電路，開關在位置 a 已經很長一段時間了，在 $t=0$ s 瞬間切換至位置 b，試求電容器二端之電壓 $v(t)$ 之響應。

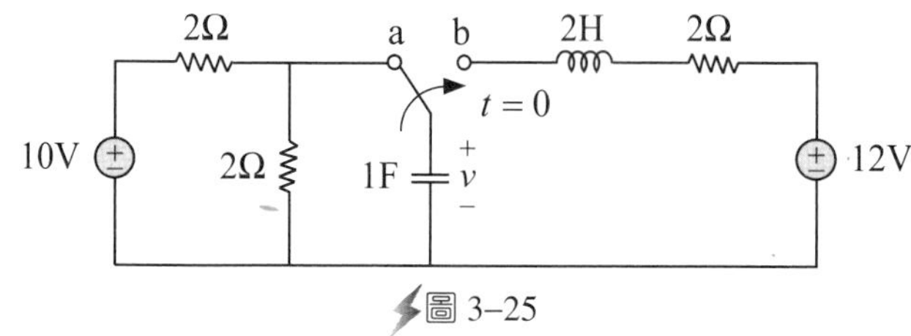

圖 3–25

解 (a)當 $t=0^+$ 時，可求出初值條件如下：

$$v(0^-)=v(0)=v(0^+)=10\text{ V}\frac{2\,\Omega}{2\,\Omega+2\,\Omega}=5\text{ (V)},\ \frac{dv}{dt}(0^+)=\frac{i_C(0^+)}{C}=\frac{i(0)}{C}=\frac{0\text{ A}}{1\text{ F}}=0\text{ (V/s)}$$

(b)最後電容器的電壓可將電容器視為斷路，故 $v(\infty)=v_p(t)=12\text{ (V)}$

(c)由串聯 RLC 電路之參數知 $s_{1,2}=-\dfrac{R}{2L}\pm\sqrt{(\dfrac{R}{2L})^2-\dfrac{1}{LC}}=-0.5\pm j0.5$

$\therefore v_n(t)=e^{-0.5t}(A_1\cos 0.5t+A_2\sin 0.5t)$

合併通解及特解可得 $v(t)=v_p(t)+v_n(t)=12+e^{-0.5t}(A_1\cos 0.5t+A_2\sin 0.5t)$ (V)

代入初值條件可得 $v(0)=5=12+A_1\cdots\cdots$ ①

$$\frac{dv}{dt}(0)=0=-0.5A_1+0.5A_2\cdots\cdots ②$$

由①式可得 $A_1=-7$，將其代入②式可得 $A_2=-7$。

故電壓響應之答案為 $v(t)=12-7e^{-0.5t}(\cos 0.5t+\sin 0.5t)$ (V)

範例 12 如圖 3–26 所示之電路，開關已經打開很長一段時間了，在 $t=0$ s 瞬間閉合，已知電容器之初值電壓為 $v(0)=10$ V，試求圖中的 $i(t)$、$i_R(t)$、$v(t)$ 之響應。

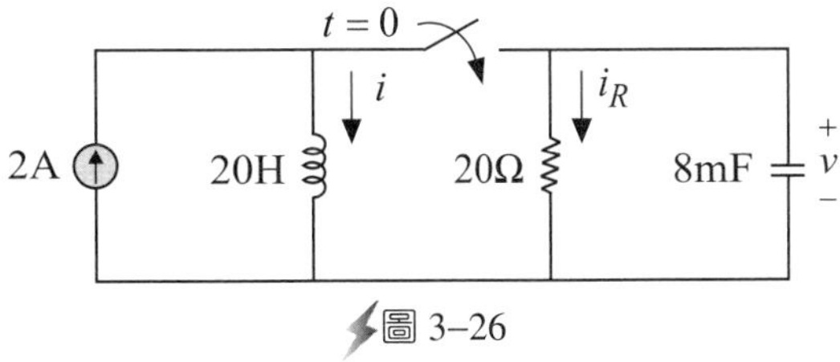

圖 3–26

解 (a)當 $t=0^+$ 時，可求出初值條件如下：

$$i(0^-)=i(0)=i(0^+)=2\text{ (A)},\ \frac{di}{dt}(0^+)=\frac{v_L(0^+)}{L}=\frac{v(0^+)}{L}=\frac{10\text{ V}}{20\text{ H}}=0.5\text{ (A/s)}$$

(b)最後電感器的電流可將電感器視為短路，故 $i(\infty)=i_p(t)=2\text{ (A)}$

(c)由並聯 RLC 電路之參數知 $s_{1,2}=-\dfrac{1}{2RC}\pm\sqrt{(\dfrac{1}{2RC})^2-\dfrac{1}{LC}}=-3.125\pm\sqrt{3.125^2-2.5^2}$

$=-3.125\pm1.875=-1.25,\ -5$，$\therefore i_n(t)=A_1e^{-1.25t}+A_2e^{-5t}$

合併通解及特解可得 $i(t)=i_p(t)+i_n(t)=2+A_1e^{-1.25t}+A_2e^{-5t}$ (A)

代入初值條件可得 $i(0)=2=2+A_1+A_2\cdots\cdots$ ①

$$\frac{di}{dt}(0)=0.5=-1.25A_1-5A_2\cdots\cdots ②$$

將①式乘以 5 加上②式，可得 $3.75A_1 = 0.5$ 或 $A_1 = \frac{2}{15}$，將其代入①式可得 $A_2 = -\frac{2}{15}$。

故 $i(t)$ 之解為 $i(t) = 2 + \frac{2}{15}(e^{-1.25t} - e^{-5t})$　(A)

$v(t)$ 之解為 $v(t) = 20\frac{di}{dt} = 20 \times \frac{2}{15}(-1.25e^{-1.25t} + 5e^{-5t}) = \frac{8}{3}(-1.25e^{-1.25t} + 5e^{-5t})$　(V)

$i_R(t)$ 之解為 $i_R(t) = \frac{v(t)}{20\ \Omega} = \frac{2}{15}(-1.25e^{-1.25t} + 5e^{-5t})$　(A)

3.6 響應與根在 s 平面中位置的關係

在 3.3 節中的圖 3–5 電阻一電感電路中，其微分方程式為 (3–12) 式所列，重寫如下：

$$L\frac{di_L}{dt} + Ri_L = 0 \tag{3–106}$$

若將 s 令為上式中的 $\frac{d}{dt}$，並於二項中同時消去 i_L 變數，則其特性方程式可表示為

$$Ls + R = 0 \tag{3–107}$$

其特性根之解恰為該電路時間常數倒數的負值，如下所列：

$$s = -\frac{R}{L} = -\frac{1}{(\frac{L}{R})} = -\frac{1}{\tau_{RL}} \tag{3–108}$$

此特性根在複數平面上的位置恰在負實軸之上，若 R 值愈大、L 值愈小或 τ_{RL} 愈小，則此特性根會朝遠離原點的方向移動，表示該電路愈穩定，其電路之暫態響應衰減將愈快，代表電路愈快到達其穩態的條件。反之，若 R 值愈小、L 值愈大或 τ_{RL} 愈大，則此特性根會朝原點的方向移動，表示該電路愈不穩定，其電路之暫態響應衰減將愈慢，代表電路愈慢到達其穩態的條件。

在 3.4 節的圖 3–11 電阻一電容電路中，其微分方程式為 (3–34) 式所列，重寫如下：

$$C\frac{dv_C}{dt} + \frac{v_C}{R} = 0 \tag{3–109}$$

若將 s 令為上式中的 $\frac{d}{dt}$，並於二項中同時消去 v_C 變數，則其特性方程式可表示為

$$Cs+\frac{1}{R}=0 \tag{3–110}$$

其特性根之解恰為該電路時間常數倒數的負值，如下所列：

$$s=-\frac{1}{RC}=-\frac{1}{\tau_{RC}} \tag{3–111}$$

此特性根在複數平面上的位置亦落在負實軸之上，若 R 值愈小、C 值愈小或 τ_{RC} 愈小，則此特性根會朝遠離原點的方向移動，表示該電路愈穩定，其電路之暫態響應衰減將愈快，代表電路愈快到達其穩態的條件。反之，若 R 值愈大、L 值愈大或 τ_{RC} 愈大，則此特性根會朝原點的方向移動，表示該電路愈不穩定，其電路之暫態響應衰減將愈慢，代表電路愈慢到達其穩態的條件。

在 3.5 節中圖 3–17 的無外加電源串聯電阻—電感—電容電路或圖 3–21 之含外加電源串聯電阻—電感—電容電路中，其微分方程式分別為 (3–57) 式及 (3–78) 式所列，重寫如下：

$$\frac{d^2i}{dt^2}+\frac{R}{L}\frac{di}{dt}+\frac{i}{LC}=0 \tag{3–112}$$

若將 s 令為上式中的 $\frac{d}{dt}$，並於三項中同時消去 i 變數，則其特性方程式可表示為

$$s^2+\frac{R}{L}s+\frac{1}{LC}=0 \tag{3–113}$$

其特性根之解為 (3–61) 式所列，重寫如下：

$$s_{1,2}=\frac{-\frac{R}{L}\pm\sqrt{(\frac{R}{L})^2-\frac{4}{LC}}}{2}=-\frac{R}{2L}\pm\sqrt{(\frac{R}{2L})^2-\frac{1}{LC}} \tag{3–114}$$

(1)當 $(\frac{R}{2L})^2>\frac{1}{LC}$ 時，其解 s_1、s_2 為二相異實根，受 R、L、C 均為正值影響，其根在複數平面的位置為負實軸上的相異點。當 R 值愈大或 L 值愈小但滿足 $(\frac{R}{2L})^2>\frac{1}{LC}$ 時，該二根會朝遠離虛軸方向前進。

(2)當 $(\frac{R}{2L})^2 = \frac{1}{LC}$ 時，其解 s_1、s_2 為二相同實根，即 $s = s_1 = s_2 = -\frac{R}{2L}$，在複數平面的位置為負實軸上的相同點，當 R 值愈大或 L 值愈小但滿足 $(\frac{R}{2L})^2 = \frac{1}{LC}$ 時，該二根亦會朝遠離虛軸方向前進。

(3)當 $(\frac{R}{2L})^2 < \frac{1}{LC}$ 時，其解 s_1、s_2 為二共軛複數根，即 $s_{1,2} = \sigma \pm j\omega_d$，在複數平面的位置為以負實軸為對稱面之相對點。當 R 值愈大或 L 值愈小但滿足 $(\frac{R}{2L})^2 < \frac{1}{LC}$ 時，該二根亦會朝遠離虛軸方向前進。

在 3.5 節中圖 3–19 的無外加電源並聯電阻一電感一電容電路或圖 3–23 之含外加電源並聯電阻一電感一電容電路中，其微分方程式分別為 (3–68) 式及 (3–93) 式所列，重寫如下：

$$\frac{d^2v}{dt^2} + \frac{1}{RC}\frac{dv}{dt} + \frac{v}{LC} = 0 \tag{3–115}$$

若將 s 令為上式中的 $\frac{d}{dt}$，並於三項中同時消去 v 變數，則其特性方程式可表示為

$$s^2 + \frac{1}{RC}s + \frac{1}{LC} = 0 \tag{3–116}$$

其特性根之解為 (3–72) 式所列，重寫如下：

$$s_{1,2} = \frac{-\frac{1}{RC} \pm \sqrt{(\frac{1}{RC})^2 - \frac{4}{LC}}}{2} = -\frac{1}{2RC} \pm \sqrt{(\frac{1}{2RC})^2 - \frac{1}{LC}} \tag{3–117}$$

(1)當 $(\frac{1}{2RC})^2 > \frac{1}{LC}$ 時，其解 s_1、s_2 為二相異實根，受 R、L、C 均為正值影響，其根在複數平面的位置為負實軸上的相異點。當 R 值愈小或 C 值愈小但滿足 $(\frac{1}{2RC})^2 > \frac{1}{LC}$ 時，該二根會朝遠離虛軸方向前進。

(2)當 $(\frac{1}{2RC})^2 = \frac{1}{LC}$ 時，其解 s_1、s_2 為二相同實根，即 $s = s_1 = s_2 = -\frac{1}{2RC}$，在複數平面的位置為負實軸上的相同點，當 R 值愈小或 C 值愈小但滿足 $(\frac{1}{2RC})^2 = \frac{1}{LC}$ 時，該二根亦會朝遠離虛軸方向前進。

(3)當 $(\frac{1}{2RC})^2 < \frac{1}{LC}$ 時，其解 s_1、s_2 為二共軛複數根，即 $s_{1,2} = \sigma \pm j\omega_d$，在複數平面的位置為以負實軸為對稱面之相對點。當 R 值愈小或 C 值愈小但滿足 $(\frac{1}{2RC})^2 < \frac{1}{LC}$ 時，該二根亦會朝遠離虛軸方向前進。

範例 13　若一無電源串聯 RL 電路之值為 $R = 10\ \Omega$、$L = 5$ mH，已知電感初值電流為 $i(0) = 5$ A，試求：(a)特性根及電流響應；(b)當 R 減少至 1 Ω 時，重做(a)。

解　(a) $\tau_{RL} = \frac{L}{R} = \frac{5\text{ mH}}{10\ \Omega} = 0.5\text{ (ms)}$，特性根為 $s = \frac{-1}{\tau_{RL}} = \frac{-1}{0.5\text{ ms}} = -2000$

$$i(t) = i(0)e^{\frac{-t}{\tau_{RL}}} = 5e^{-2000t} \quad \text{(A)}$$

(b) $\tau_{RL} = \frac{L}{R} = \frac{5\text{ mH}}{1\ \Omega} = 5\text{ (ms)}$，特性根為 $s = \frac{-1}{\tau_{RL}} = \frac{-1}{5\text{ ms}} = -200$

$$i(t) = i(0)e^{\frac{-t}{\tau_{RL}}} = 5e^{-200t} \quad \text{(A)}$$

範例 14　若一無電源並聯 RC 電路之值為 $R = 1\ \Omega$、$C = 1$ mF，已知電容初值電壓為 $v(0) = 20$ V，試求：(a)特性根及電壓響應；(b)當 R 提高至 100 Ω 時，重做(a)。

解　(a) $\tau_{RC} = RC = 1\ \Omega \cdot 1\text{ mF} = 1\text{ (ms)}$，特性根為 $s = \frac{-1}{\tau_{RC}} = \frac{-1}{1\text{ ms}} = -1000$

$$v(t) = v(0)e^{\frac{-t}{\tau_{RC}}} = 20e^{-1000t} \quad \text{(V)}$$

(b) $\tau_{RC} = RC = 100\ \Omega \cdot 1\text{ mF} = 0.1\text{ (s)}$，特性根為 $s = \frac{-1}{\tau_{RC}} = \frac{-1}{0.1\text{ s}} = -10$

$$v(t) = v(0)e^{\frac{-t}{\tau_{RC}}} = 20e^{-10t} \quad \text{(V)}$$

如圖 3–27 所示之電路，試求 R 之值及特性根的關係，可使該電路分別工作於：(a)過阻尼特性；(b)臨界阻尼特性；(c)欠阻尼特性。

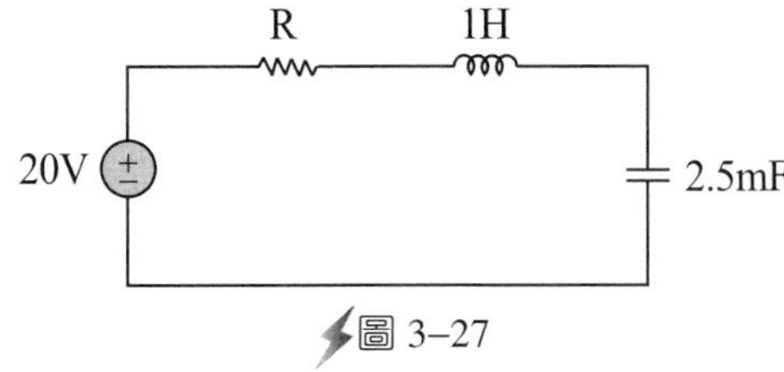

圖 3–27

解 $\frac{R}{2L}=\frac{R}{2\cdot 1\ \text{H}}=0.5R,\ \frac{1}{\sqrt{LC}}=\frac{1}{\sqrt{1\ \text{H}\cdot 2.5\ \text{mF}}}=20$

(a)當 $0.5R>20$ 或 $R>40\ \Omega$ 時，為過阻尼特性，其特性根與 R 之關係為

$$s_{1,2}=-\frac{R}{2}\pm\sqrt{(\frac{R}{2})^2-\frac{1}{2.5\times 10^{-3}}}$$

(b)當 $0.5R=20$ 或 $R=40\ \Omega$ 時，為臨界阻尼特性，其特性根與 R 之關係為

$$s_{1,2}=-\frac{40}{2}\pm\sqrt{(\frac{40}{2})^2-\frac{1}{2.5\times 10^{-3}}}=-20,-20$$

(c)當 $0.5R<20$ 或 $R<40\ \Omega$ 時，為欠阻尼特性，其特性根與 R 之關係為

$$s_{1,2}=-\frac{R}{2}\pm j\sqrt{\frac{1}{2.5\times 10^{-3}}-(\frac{R}{2})^2}$$

範例 16 如圖 3–28 所示之電路，(a)試求其特性根及阻尼特性；(b)若圖中 20 Ω 電阻器因接觸不良而斷路，重做(a)。

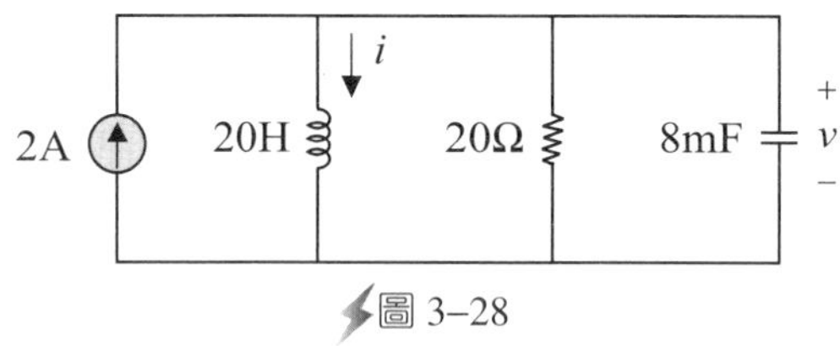

圖 3–28

解 (a) $\frac{1}{2RC}=\frac{1}{2\cdot 20\ \Omega\cdot 8\ \text{mF}}=3.125,\ \frac{1}{\sqrt{LC}}=\frac{1}{\sqrt{20\ \text{H}\cdot 8\ \text{mF}}}=2.5$，

其特性根為 $s_{1,2}=-\frac{1}{2RC}\pm\sqrt{(\frac{1}{2RC})^2-\frac{1}{LC}}=-3.125\pm\sqrt{3.125^2-2.5^2}=-3.125\pm 1.875$

$=-5,-1.25$，該電路為過阻尼特性。

(b)當 R 為斷路時，原電路只剩下 2 A 電流源、20 H 電感器及 8 mF 電容器，重新推導電壓電流方程式如下：

電流方程式：$C\frac{dv}{dt}+i=I_s$ …… ①

電壓方程式：$v=L\frac{di}{dt}$ …… ②

將②式代入①式可得 $C\frac{d}{dt}(L\frac{di}{dt})+i=I_s$ …… ③

整理後可得 $\frac{d^2i}{dt^2}+\frac{i}{LC}=\frac{I_s}{LC}$ …… ④

其特性方程式為 $s^2+\frac{1}{LC}=0$ …… ⑤

故其特性根為 $s_{1,2}=\pm j\frac{1}{\sqrt{LC}}=\pm j\omega_0$　(rad/s)

此情況為無阻尼特性下的弦式振盪波形，不屬於過阻尼、臨界阻尼或欠阻尼之中的任一種特性。

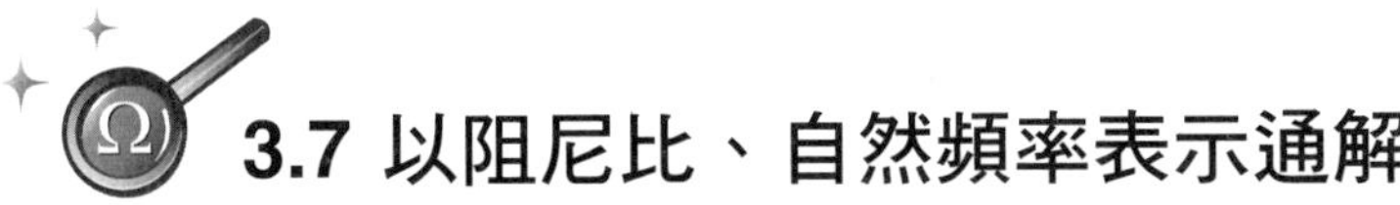

3.7 以阻尼比、自然頻率表示通解

在 3.5 節的無電源或有電源串聯電阻—電感—電容電路中，其特性根的表示式及通解表示式為 (3–61) 式，茲重寫如下：

$$s_{1,2}=-\frac{R}{2L}\pm\sqrt{(\frac{R}{2L})^2-\frac{1}{LC}} \tag{3–118}$$

茲定義該電路之阻尼係數 (damping coefficient) α、無阻尼之自然頻率 (natural frequency) ω_0、阻尼比 (damping ratio) ξ 分別為

$$\alpha=\frac{R}{2L} \quad (1/\text{s}) \tag{3–119}$$

$$\omega_0=\frac{1}{\sqrt{LC}} \quad (\text{rad/s}) \tag{3–120}$$

$$\xi=\frac{\alpha}{\omega_0} \tag{3–121}$$

則 (3–118) 式之二特性根可表示為

$$s_{1,2}=-\alpha\pm\sqrt{\alpha^2-\omega_0^2}=-\xi\omega_0\pm\sqrt{(\xi\omega_0)^2-\omega_0^2}=-\xi\omega_0\pm\omega_0\sqrt{\xi^2-1} \tag{3–122}$$

(1)當 $\xi>1$ 時，即為過阻尼特性，其二特性根分別為相異實根

$$s_{1,2}=-\xi\omega_0\pm\omega_0\sqrt{\xi^2-1}=\omega_0(-\xi\pm\sqrt{\xi^2-1}) \tag{3–123}$$

(2)當 $\xi=1$ 時，即為臨界阻尼特性，其二特性根分別為相同實根

$$s_{1,2}=-\xi\omega_0=-\alpha \tag{3–124}$$

(3)當 $\xi<1$ 時，即為欠阻尼特性，其二特性根分別為共軛複數根

$$s_{1,2} = -\xi\omega_0 \pm j\omega_0\sqrt{1-\xi^2} = \sigma \pm j\omega_d \tag{3–125}$$

式中

$$\sigma = -\xi\omega_0 = -\alpha \tag{3–126}$$

$$\omega_d = \omega_0\sqrt{1-\xi^2} \tag{3–127}$$

ω_d 稱為含阻尼之頻率 (damping frequency) 或含阻尼之自然頻率 (damped natural frequency)。則該電路電流通解之表示式 (3–62) 式～(3–64) 式可分別重新寫為

$$i_h(t) = A_1 e^{\omega_0(-\xi+\sqrt{\xi^2-1})t} + A_2 e^{\omega_0(-\xi-\sqrt{\xi^2-1})t} \tag{3–128}$$

$$i_h(t) = (A_1 t + A_2)e^{-\xi\omega_0 t} = (A_1 t + A_2)e^{-\alpha t} \tag{3–129}$$

$$\begin{aligned} i_h(t) &= e^{\sigma t}[A_1\cos(\omega_d t) + A_2\sin(\omega_d t)] \\ &= e^{-\xi\omega_0 t}[A_1\cos(\omega_0\sqrt{1-\xi^2}t) + A_2\sin(\omega_0\sqrt{1-\xi^2}t)] \end{aligned} \tag{3–130}$$

同理，在 3.5 節的無外加電源或有外加電源並聯電阻—電感—電容電路中，其特性根的表示式及通解表示式為 (3–71) 式，茲重寫如下：

$$s_{1,2} = -\frac{1}{2RC} \pm \sqrt{\left(\frac{1}{2RC}\right)^2 - \frac{1}{LC}} \tag{3–131}$$

茲定義該電路之阻尼係數 α、無阻尼之自然頻率 ω_0、阻尼比 ξ 分別為

$$\alpha = \frac{1}{2RC} \quad (1/\mathrm{s}) \tag{3–132}$$

$$\omega_0 = \frac{1}{\sqrt{LC}} \quad (\mathrm{rad/s}) \tag{3–133}$$

$$\xi = \frac{\alpha}{\omega_0} \tag{3–134}$$

則 (3–131) 式之二特性根可表示為

$$s_{1,2} = -\alpha \pm \sqrt{\alpha^2 - \omega_0^2} = -\xi\omega_0 \pm \sqrt{(\xi\omega_0)^2 - \omega_0^2} = -\xi\omega_0 \pm \omega_0\sqrt{\xi^2-1} \tag{3–135}$$

(1)當 $\xi > 1$ 時，即為過阻尼特性，其二特性根分別為相異實根

$$s_{1,2} = -\xi\omega_0 \pm \omega_0\sqrt{\xi^2 - 1} = \omega_0(-\xi \pm \sqrt{\xi^2 - 1}) \quad (3\text{–}136)$$

(2)當 $\xi = 1$ 時，即為臨界阻尼特性，其二特性根分別為相同實根

$$s_{1,2} = -\xi\omega_0 = -\alpha \quad (3\text{–}137)$$

(3)當 $\xi < 1$ 時，即為欠阻尼特性，其二特性根分別為共軛複數根

$$s_{1,2} = -\xi\omega_0 \pm j\omega_0\sqrt{1 - \xi^2} = \sigma \pm j\omega_d \quad (3\text{–}138)$$

式中

$$\sigma = -\xi\omega_0 = -\alpha \quad (3\text{–}139)$$

$$\omega_d = \omega_0\sqrt{1 - \xi^2} \quad (3\text{–}140)$$

ω_d 亦稱為該電路含阻尼之頻率或含阻尼之自然頻率。則該電路電壓通解之表示式 (3–73) 式～(3–75) 式可分別重新寫為

$$v_h(t) = B_1 e^{\omega_0(-\xi + \sqrt{\xi^2 - 1})t} + B_2 e^{\omega_0(-\xi - \sqrt{\xi^2 - 1})t} \quad (3\text{–}141)$$

$$v_h(t) = (B_1 t + B_2)e^{-\xi\omega_0 t} = (B_1 t + B_2)e^{-\alpha t} \quad (3\text{–}142)$$

$$\begin{aligned} v_h(t) &= e^{\sigma t}[B_1\cos(\omega_d t) + B_2\sin(\omega_d t)] \\ &= e^{-\xi\omega_0 t}[B_1\cos(\omega_0\sqrt{1-\xi^2}\,t) + B_2\sin(\omega_0\sqrt{1-\xi^2}\,t)] \end{aligned} \quad (3\text{–}143)$$

範例 17 一個無電源之串聯 RLC 電路，已知該電路之 $R = 10\ \Omega$、$L = 1\ \text{mH}$、$C = 0.4\ \text{F}$，試求：(a)該電路之特性根、阻尼係數 α、無阻尼之自然頻率 ω_0、阻尼比 ξ；(b)該電路為那一種阻尼特性的電路？

解 (a) $\alpha = \dfrac{R}{2L} = \dfrac{10\ \Omega}{2 \times 1\ \text{mH}} = 5000,\ \omega_0 = \dfrac{1}{\sqrt{LC}} = \dfrac{1}{\sqrt{1\ \text{mH} \cdot 0.4\ \text{F}}} = 50\ (\text{rad/s})$

$\xi = \dfrac{\alpha}{\omega_0} = \dfrac{5000}{50} = 100$

$s_{1,2} = -\alpha \pm \sqrt{\alpha^2 - \omega_0^2} = -5000 \pm \sqrt{5000^2 - 50^2} = -5000 \pm 4999.75 = -0.25,\ -9999.75$

(b)該電路具有相異實根且 $\xi > 1$，故為過阻尼特性之電路。

範例 18 一個無電源之並聯 RLC 電路，已知該電路之 $L = 1\ \text{H}$、$C = 10\ \text{mF}$，試求當 R 分別等於 $2\ \Omega$、$5\ \Omega$、$8\ \Omega$ 時之特性根、阻尼係數 α、無阻尼之自然頻率 ω_0、阻尼比 ξ 以及分別屬於那一種阻尼特性的電路？

解 因電阻值 R 與無阻尼之自然頻率 ω_0 無關，故不論 R 值為何，其 ω_0 值恆為

$$\omega_0 = \frac{1}{\sqrt{LC}} = \frac{1}{\sqrt{1\ \text{H} \cdot 10\ \text{mF}}} = 10\ (\text{rad/s})$$

(a)當 $R = 2\ \Omega$ 時，$\alpha = \dfrac{1}{2RC} = \dfrac{1}{2 \times 2\ \Omega \times 10\ \text{mF}} = 25,\ \xi = \dfrac{\alpha}{\omega_0} = \dfrac{25}{10} = 2.5$

$$s_{1,2} = -\alpha \pm \sqrt{\alpha^2 - \omega_0^2} = -25 \pm \sqrt{25^2 - 10^2} = -25 \pm 22.9129 = -2.0871,\ -47.9129$$

該電路具有相異實根且 $\xi > 1$，故為過阻尼特性之電路。

(b)當 $R = 5\ \Omega$ 時，$\alpha = \dfrac{1}{2RC} = \dfrac{1}{2 \times 5\ \Omega \times 10\ \text{mF}} = 10,\ \xi = \dfrac{\alpha}{\omega_0} = \dfrac{10}{10} = 1$

$$s_{1,2} = -\alpha \pm \sqrt{\alpha^2 - \omega_0^2} = -10 \pm \sqrt{10^2 - 10^2} = -10,\ -10$$

該電路具有相同實根且 $\xi = 1$，故為臨界阻尼特性之電路。

(c)當 $R = 8\ \Omega$ 時，$\alpha = \dfrac{1}{2RC} = \dfrac{1}{2 \times 8\ \Omega \times 10\ \text{mF}} = 6.25,\ \xi = \dfrac{\alpha}{\omega_0} = \dfrac{6.25}{10} = 0.625$

$$s_{1,2} = -\alpha \pm j\sqrt{\omega_0^2 - \alpha^2} = -6.25 \pm j\sqrt{10^2 - 6.25^2} = -6.25 \pm j7.80625$$

該電路具有共軛複數根且 $\xi < 1$，故為欠阻尼特性之電路。

3.1 時間常數與通解

1. 試求 $y''+2y'-3y=0,\ y(0)=6,\ y'(0)=-2$ 之通解。
2. 試求 $y''-6y'+9y=0$ 之通解。
3. 試求 $y''-5y'+12y=0$ 之通解。
4. 如圖 P3–1 所示之電路，開關在 $t=0$ 秒閉合後，試推導出 $V(t)$ 之通解與時間常數。

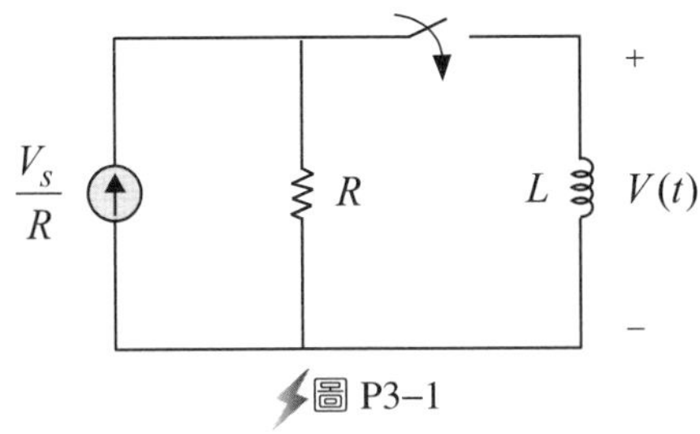

圖 P3–1

5. 如圖 P3–2 所示之電路，當開關在 $t=0$ 秒閉合後，試推導 $V(t)$ 之通解與該電路之時間常數。

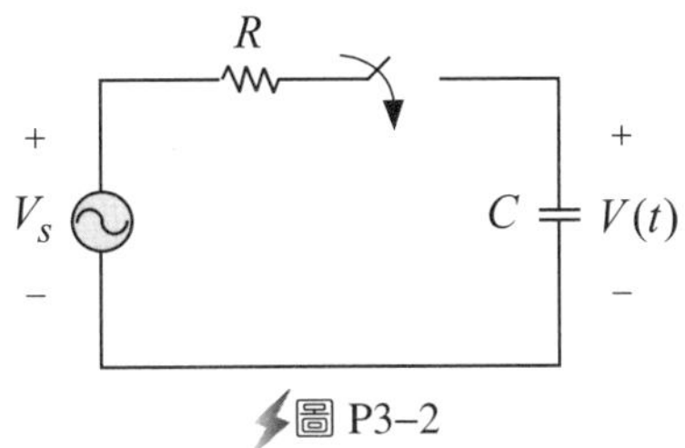

圖 P3–2

6. 如圖 P3–3 所示之電路，假設圖中的電壓 $V(t)=U(t)-U(t-0.3)$，試求該電路之時間常數以及當 $t=30$ s 時之電容電壓。

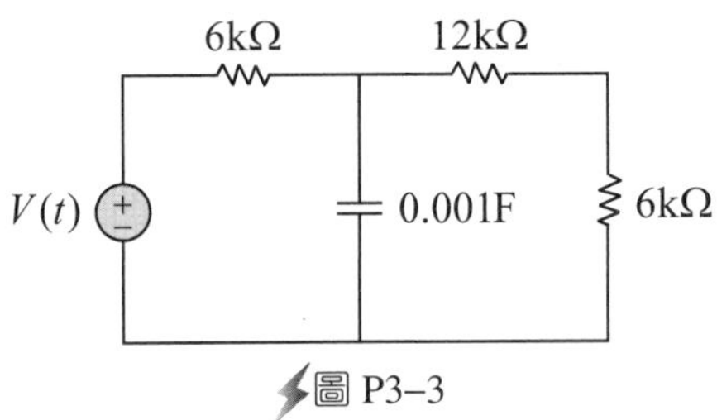

圖 P3–3

3.2 初始條件與特解

7. 試求 $y''-8y'+2y=e^{-x}$ 之特解。

8. 如圖 P3–4 所示之電路，已知 $V_s(t)=3e^{-t}+2,\ i_L(0)=0$ A，求 $i_L(t),\ t>0$。

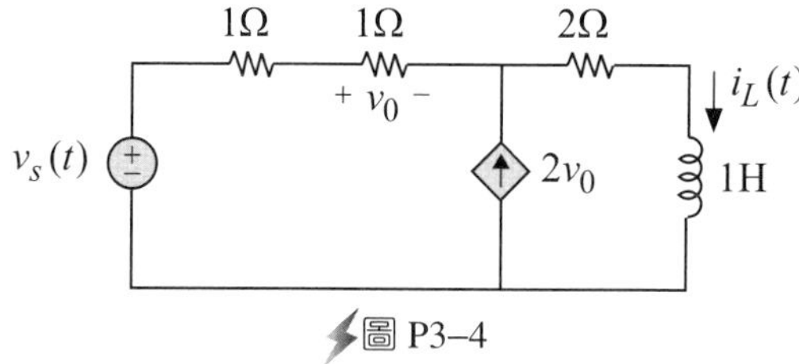

圖 P3–4

9. 如圖 P3–5 所示之電路，若 $v_s(t)=2\sin(2t)$ (V) 時，試求 $v_C(t),\ t\geq 0$。

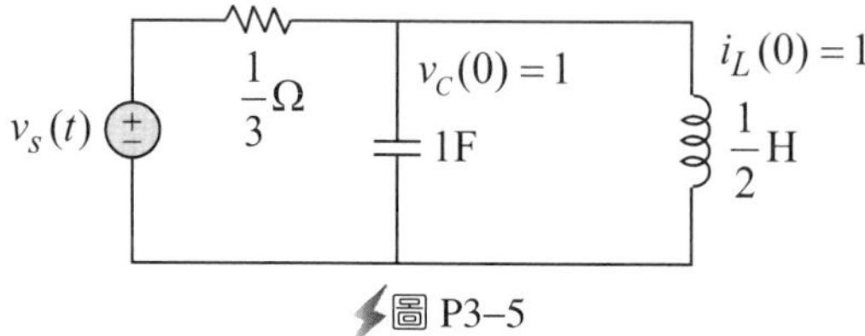

圖 P3–5

10. 如圖 P3–6 所示之電路，已知 $v_s(t)=3e^{-5t},\ v_c(0)=1$ V，試求 $v_c(t),\ t\geq 0$。

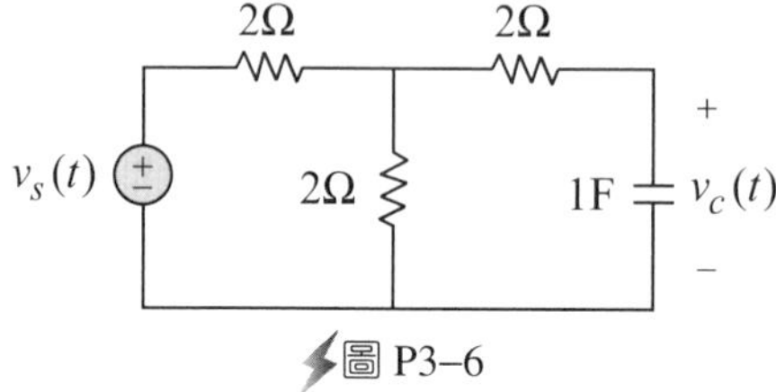

圖 P3–6

11. 如圖 P3–7 所示之電路，已知 $i_s(t)=e^{-1},\ i_L(0)=1$ A，試求 $i_L(t),\ t\geq 0$。

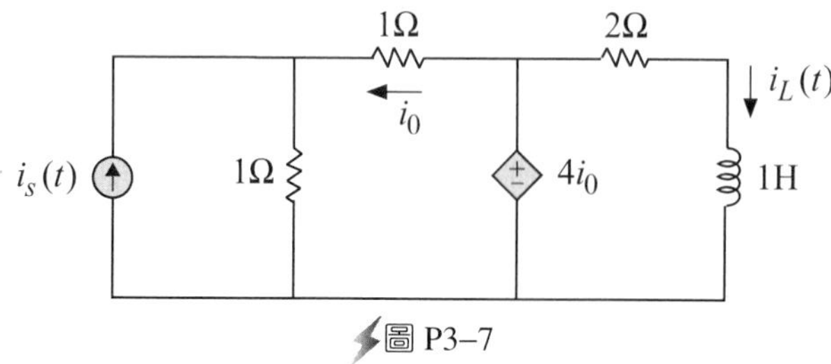

圖 P3–7

12. 如圖 P3–8 所示之電路，當 $t<0$ 時，$i_s=10$ A；當 $t\geq 0$ 時，$i_s=0$。試求 $V(t), t\geq 0$。

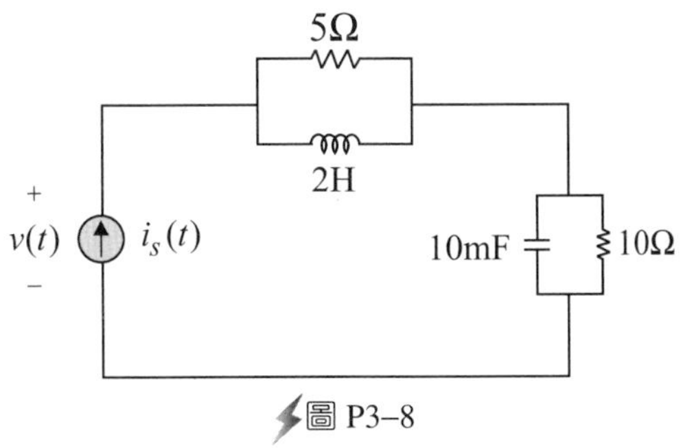

圖 P3–8

3.3 電阻—電感電路的暫態現象

13. 如圖 P3–9 所示之電路，開關在 a 的位置已有很長的一段時間了。在 $t=0$ s，開關從 a 切換到 b 的位置。試求：(a) $i(t), t\geq 0$；(b)當開關切換到 b 的位置瞬間，電感上的最初電壓；(c)當電感器上的電壓變為 24 V 時，所需的時間。

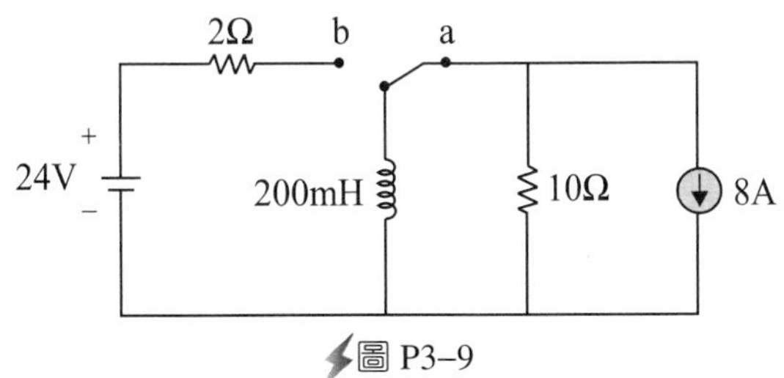

圖 P3–9

14. 如圖 P3–10 所示之電路，開關已經打開很長的時間並於 $t=0$ s 時閉合。試求：(a) $i(0^+)$；(b) $i(\infty)$；(c) $t\geq 0$ 之時間常數；(d) $i(t), t\geq 0$。

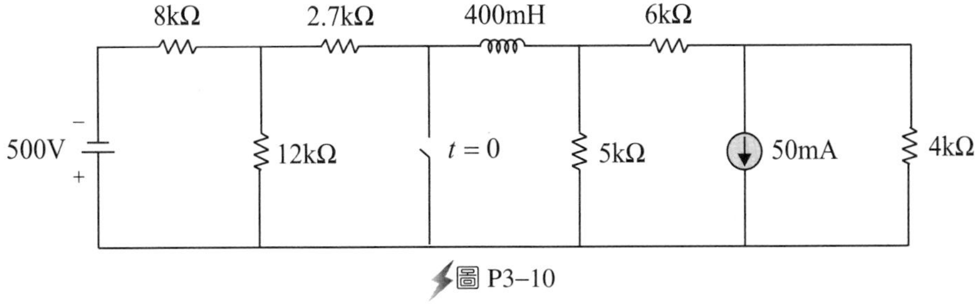

圖 P3–10

15.如圖 P3–11 所示之電路，開關在 $t = 0$ s 瞬間打開。試求輸出電壓 $v_0(t), t > 0$。

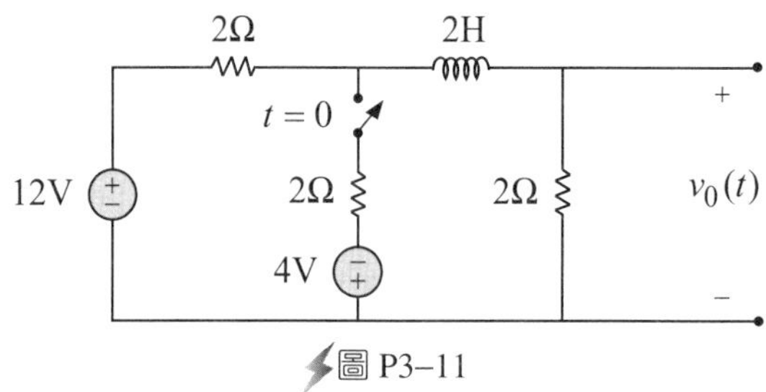

圖 P3–11

16.如圖 P3–12 所示之電路，開關在 $t = 0$ 閉合之前已達穩態條件。試求電壓 $v(t), t > 0$。

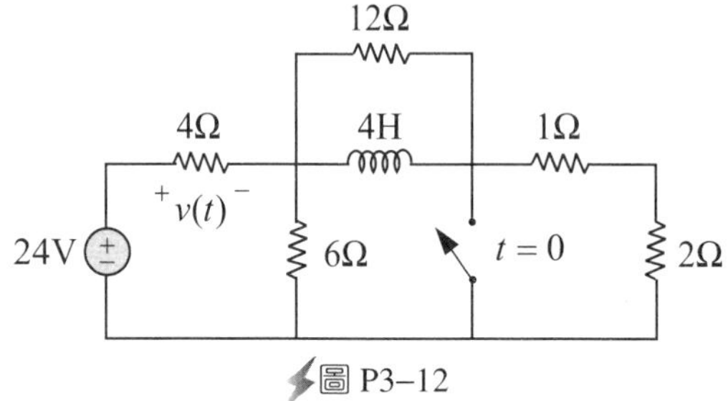

圖 P3–12

17.如圖 P3–13 所示之電路，試求 $v_L(t)$。

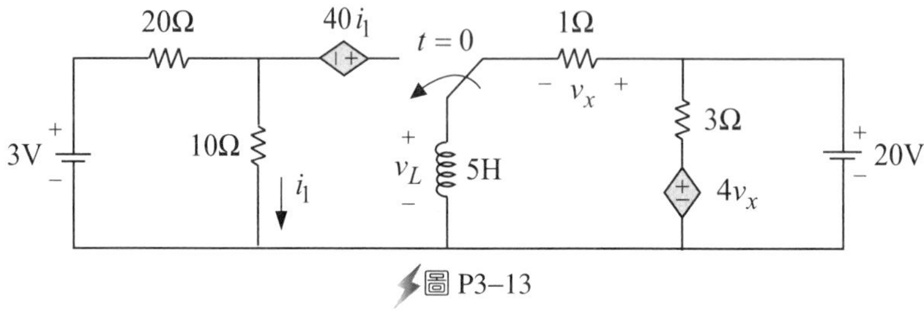

圖 P3–13

18.如圖 P3–14 所示之電路，開關在 $t = 0$ s 開啟，試求 $i(t)$、$v(t)$。

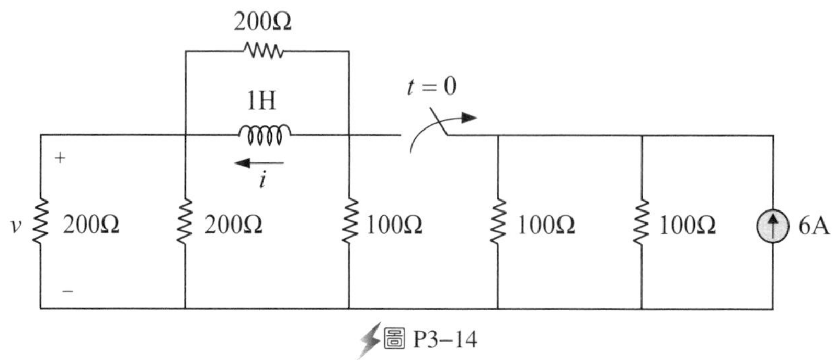

圖 P3–14

3.4 電阻一電容電路的暫態現象

19.如圖 P3−15 所示之電路，開關在 1 的位置已經很久了，然後於 $t = 0$ s 時切換到 2 的位置。試求：(a) $t \geq 0$ 時的 $V_0(t)$；(b) $t \geq 0^+$ 時的 $i_0(t)$。

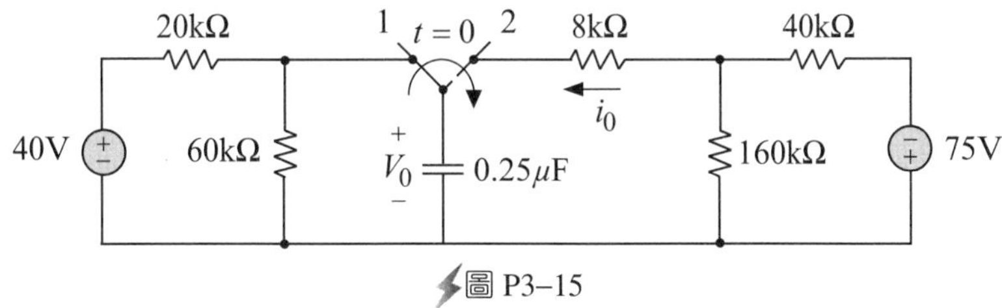

圖 P3−15

20.假設圖 P3−16 所示電路中的開關切在 a 的位置已經很久了，而且在 $t = 0$ 時切到 b 位置。試求：(a) $v_C(0^+)$；(b) $v_C(\infty)$；(c) $t > 0$ 時的 τ 值；(d) $i(0^+)$；(e) $t > 0$ 時的 $v_C(t)$；(f) $t \geq 0^+$ 時的 $i(t)$。

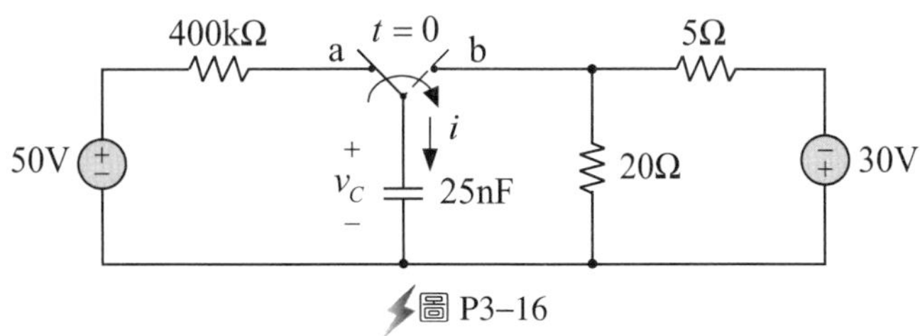

圖 P3−16

21.如圖 P3−17 所示之電路，開關切至 a 位置已經很久了，假定在 $t = 0$ 的瞬間開關切至 b 位置。試求：(a)電容器初始電壓；(b)電容器的最終電壓；(c) $t > 0$ 的時間常數（以 μs 表示）；(d)從開關切至 b 位置算起，電容器電壓為零所需的電壓（以 μs 表示）。

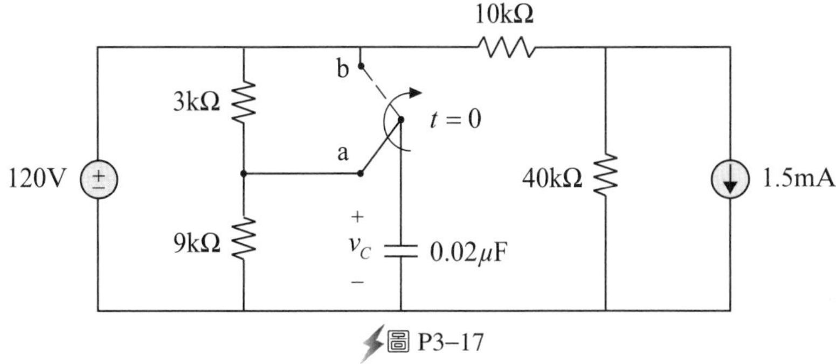

圖 P3−17

22. 如圖 P3–18 所示之電路，開關在 $t=0$ s 時切換到 2 的位置之前已經在 1 的位置很久了，試求 $t \geq 0^+$ 時的 $i_0(t)$。

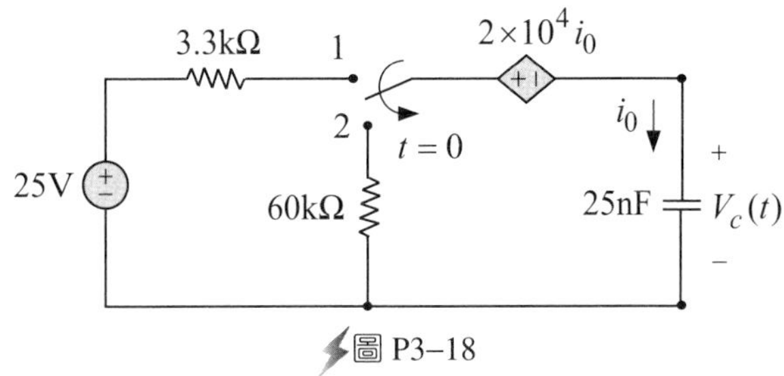

圖 P3–18

3.5 電阻－電感－電容電路的暫態現象

23. 如圖 P3–19 所示之電路，開關在 $t=0$ s 閉合。當 $t \geq 0$ 時，$v_C(0)=1$ V，且 $v_s(0)=0$ V 時，試求解 $v_s(t)$。

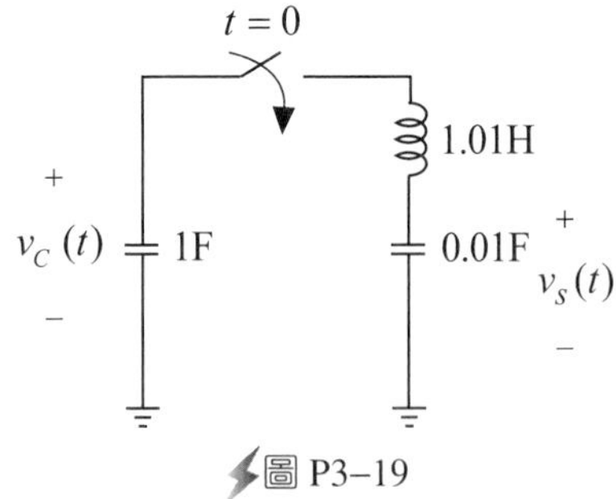

圖 P3–19

24. 如圖 P3–20 所示之電路，開關在 $t=0$ s 閉合。試求 $i_L(t)$ 之響應。

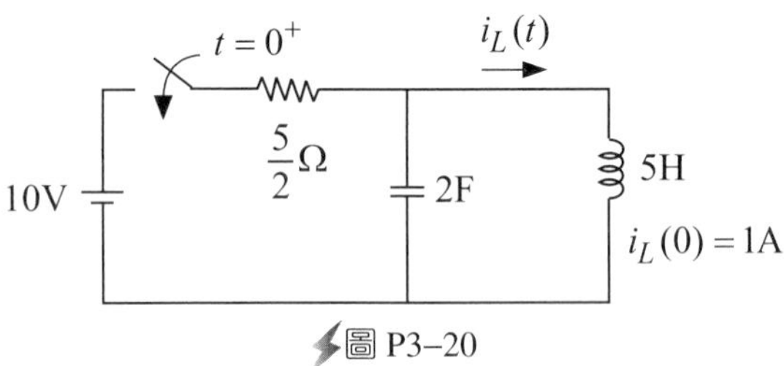

圖 P3–20

25. 如圖 P3–21 所示之電路，試求當 $t \geq 0$ 時，$v_c(t)$ 之完全響應。

已知 $v_s = 20$ V, $t < 0$；$v_s = -20$ V, $t \geq 0$。

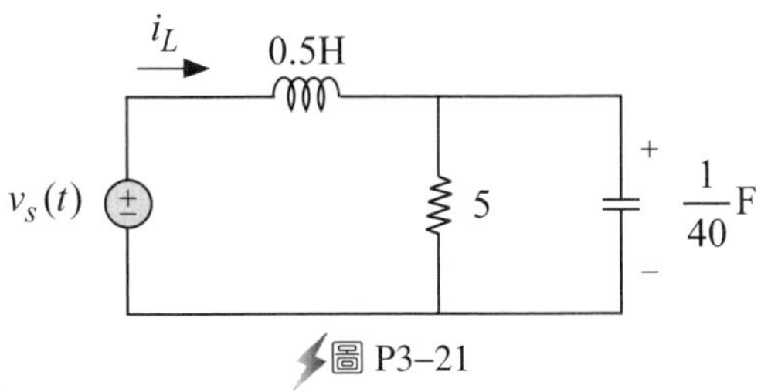

圖 P3–21

26. 如圖 P3–22 所示之電路，試求當 $t > 0$ 時之電感電流 $i_L(t)$ 響應。

已知 $i_L(0) = 1$ A, $v_C(0) = 1$ V。

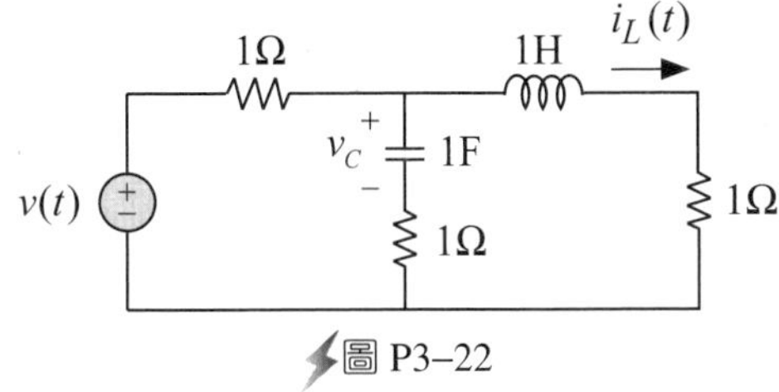

圖 P3–22

27. 如圖 P3–23 所示之電路，假設 1.25 F 電容器最初不含能量，試求 $i(t)$。

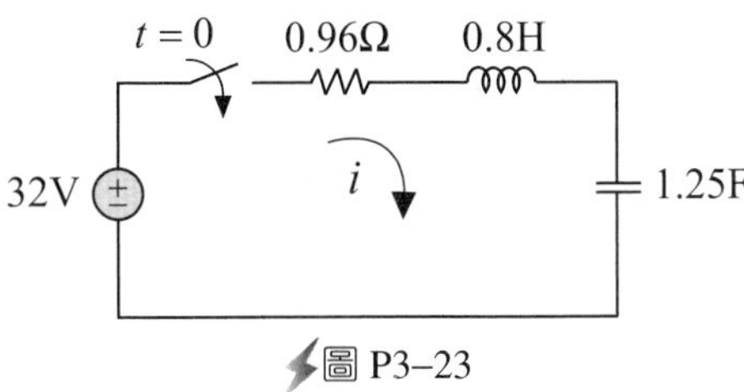

圖 P3–23

28. 如圖 P3–24 所示之電路，試求 $i(t)$。

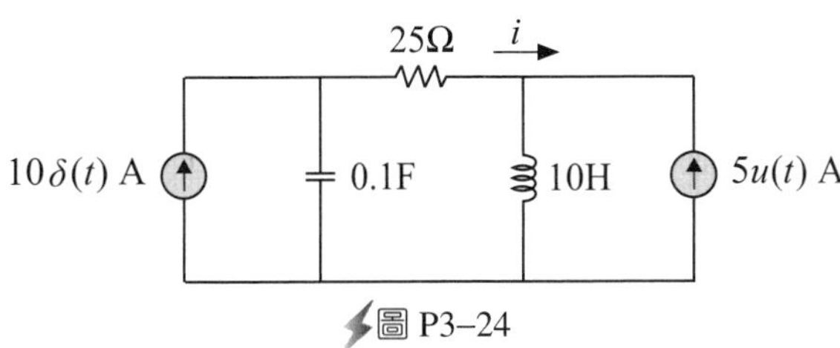

圖 P3–24

3.6 響應與根在 s 平面中位置的關係

29.有一個 100 Ω 電阻器、一個 16 mH 電感器、一個 25 nF 電容器並聯相接，試求：(a)將這些元件的並聯組合的導納表成 s 的有理函數；(b)分別求這期數的極點及零點數值。

30.已知圖 P3–25 所示電路中的電阻值 R 及電感值 L 分別為 200 Ω 及 10 mH，試求：(a)恰使電壓響應呈臨界阻尼的 C 值；(b)如果將 C 調整以便得到納頻率 (Neper frequency) 為 5 krad/s，則 C 值需要多大？另外並求特性方程式的解。

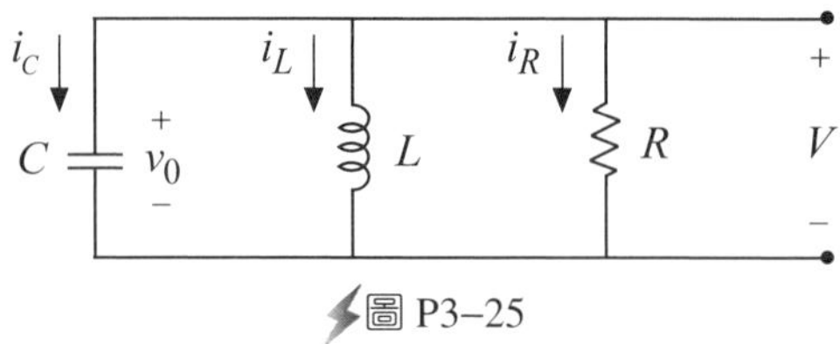

圖 P3–25

3.7 以阻尼比、自然頻率表示通解

31.如圖 P3–26 之電路，試求解 $v(t)$ 之自然頻率？

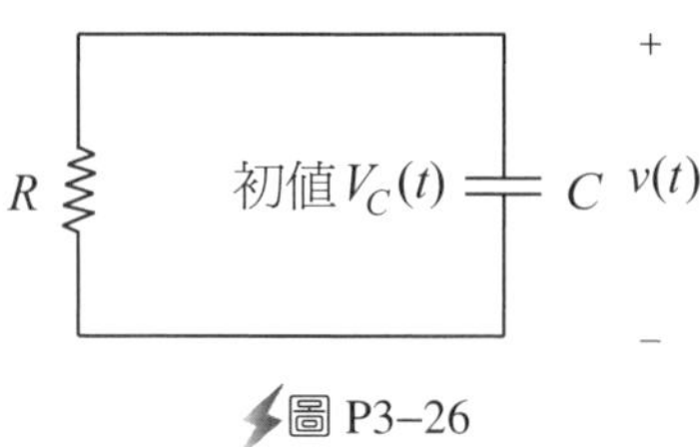

圖 P3–26

32.試求圖 P3–27 所示網路之自然頻率。

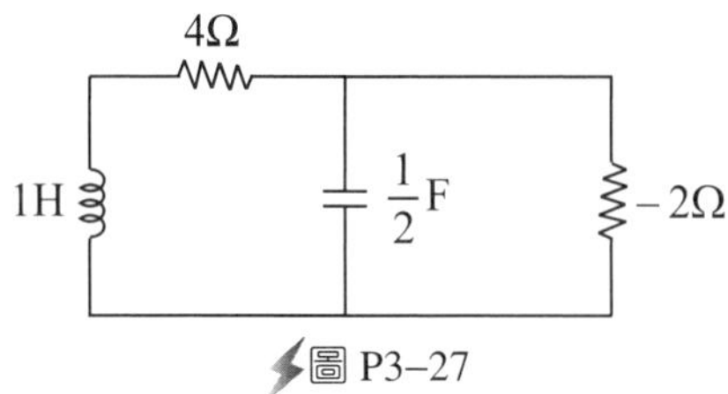

圖 P3–27

33. 如圖 P3–28 所示之電路，試求：(a)網絡之自然頻率；(b)僅使最小的自然頻率受激勵之初值條件；(c)如何加入（$t = 0$ s 時）網路 1 焦耳之能量，使產生的零輸入響應中只含最大自然頻率？

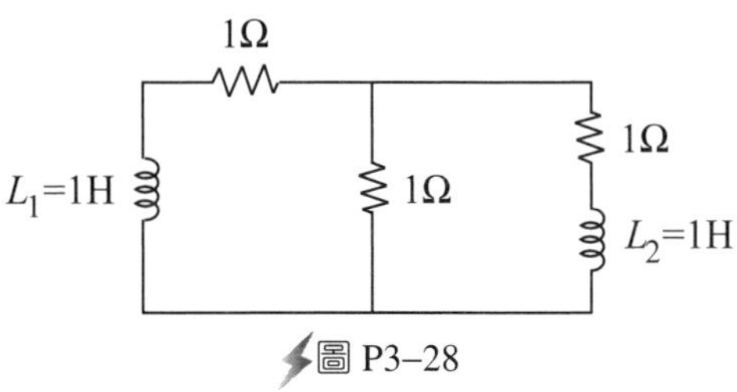

圖 P3–28

筆記欄

第 4 章　線性非時變系統

4.0 本章摘要

4.1 線性非時變系統

4.2 步階函數及其拉氏轉換

4.3 脈衝函數及斜坡函數

4.4 波形的合成

4.5 步階與脈衝響應

4.6 褶合積分 (convolution)

習　題

第四章　線性非時變系統

4.0 本章摘要

本章為介紹由線性電阻器、線性電容器、線性電感器等固定參數電路元件所組成的線性非時變系統及其特性分析，玆將各節內容摘要如下：

4.1 **線性非時變系統**：本節針對線性非時變系統作其基本定義及特性的說明，包含比例特性與加成特性。

4.2 **步階函數及其拉氏轉換**：本節說明最基本且相當重要的電路訊號——步階函數，以及該函數的拉氏轉換與應用。

4.3 **脈衝函數及斜坡函數**：本節說明步階函數外之二個最基本且重要的電路訊號——脈衝函數及斜坡函數，包含其特性以及其與步階函數間的關係。

4.4 **波形的合成**：本節說明如何利用步階函數及斜坡函數的不同組合與合成，來表達一個已知的波形。

4.5 **步階與脈衝響應**：本節說明利用步階函數及脈衝函數為電路輸入訊號，以求得該電路之重要的步階響應與脈衝響應。

4.6 **褶合積分 (convolution)**：本節利用 4.5 節的脈衝響應，搭配電路的時域輸入訊號，以求出一個電路的輸出響應。

4.1 線性非時變系統

一個電路在外部獨立電源的激勵 (excitation) 下，會在該電路特定元件的二端產生電壓的響應 (response) 或在特定元件通過電流的響應。一個電路若被稱為線性系統 (linear system)，必須同時具有以下二個特性：

(1)比例特性：當輸入激勵量加倍時，其輸出的響應量也會隨之加倍；同理，當輸入激勵量減半時，其輸出的響應量亦隨之減半。故該電路之輸出響應具有隨輸入激勵量呈現等比例變動的特性。如圖 4–1 (a)所示，原網路 Network 由一激勵訊號 $e(t)$ 由左方輸入，右方則產生相對應的響應輸出 $r(t)$；如圖 4–1 (b)所示，原網路 Network 改由激勵訊號 $e(t)$ 的 k 倍量 $\mathrm{k}e(t)$ 由左方輸入，右方則產生相對應的響應輸出，該值為原響應 $r(t)$ 之 k 倍量 $\mathrm{k}r(t)$。圖 4–1 (b)中的 k 值可以大於 1，代表比原輸入 $e(t)$ 及原輸出 $r(t)$ 大了 k 倍；k 值也可以小於 1，代表比原輸入 $e(t)$ 及原輸出 $r(t)$ 小了 k 倍。這些說明均表示：一個線性網路受不同輸入激勵量的影響下，其輸出響應量必與輸入量呈現等比例放大或等比例縮小的特性。

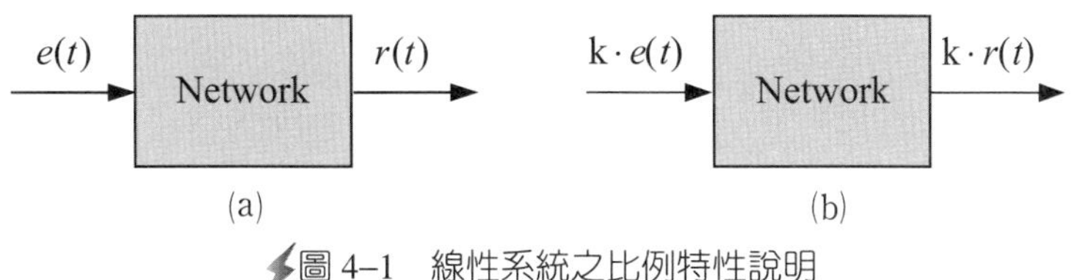

圖 4–1　線性系統之比例特性說明

例如：一個線性電阻器 R 在其輸入電流激勵為 $I=5$ A 時，其輸出電壓響應為 $V=5R$；現將輸入激勵電流改為 $I=10$ A，則其輸出電壓響應為 $V=10R$，由以上分析知：新輸入電流 10 A 為原輸入電流 5 A 的二倍，故新輸出電壓 $10R$ 為原輸出電壓 $5R$ 的二倍，滿足等比例放大或縮小的原則，此即為一個線性電阻器的特性。

(2)加成特性：一個電路若有二個輸入做激勵時，先由第一個輸入做激勵，產生第一個響應；再由第二個輸入做激勵，產生第二個響應。若這二個輸入同時對該電路做激勵時，則其輸出響應為第一個響應與第二個響應的加成之和。如圖 4–2 所示之線性網路 Network，當輸入網路之激勵為 $e_1(t)$ 時，其相對應的輸出響應為 $r_1(t)$；當輸入網路之激勵改為 $e_2(t)$ 時，其相對應的輸出響應改為 $r_2(t)$；當輸入網路之激勵為 $e_1(t)+e_2(t)$ 時，則其相對應的輸出響應必為 $r_1(t)+r_2(t)$。

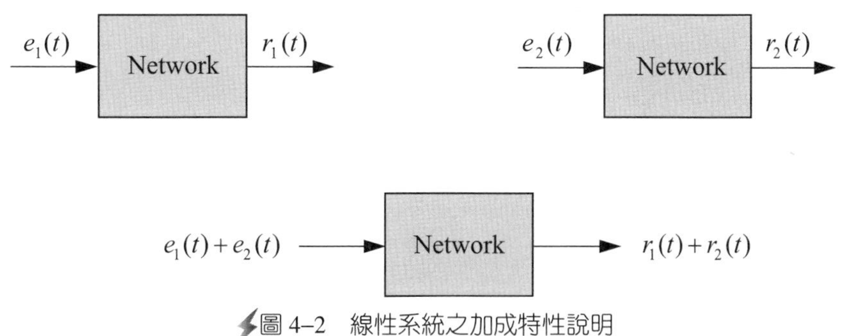

圖 4–2　線性系統之加成特性說明

例如：一個線性電阻器 R 在其輸入電流激勵為 I_1 時，其輸出電壓響應為 $V_1=RI_1$；

當輸入電流激勵改為 I_2 時，其輸出電壓響應改為 $V_2 = RI_2$。現將電流 $I_1 + I_2$ 同時通過該電阻器 R 時，則其輸出電壓響應為 $V = R(I_1 + I_2) = RI_1 + RI_2 = V_1 + V_2$，恰為第一輸出響應加上第二輸出響應的和，滿足加成的基本原則，此即為一個線性電阻器的特性。

當一個電路的所有電路元件參數，如電阻、電感、電容之值不隨時間做變動時，則稱該電路為非時變的電路 (time-invariant circuit)。

若一個電路同時滿足線性特性又滿足非時變特性時，則稱為線性非時變電路，由該電路所形成的系統稱為線性非時變系統 (linear time-variant system)。

如圖 4–3 所示之電路，(a)若電流源 $i = 10$ A，試求電壓 V 之值；(b)若 i 改為 100 A，試由(a)之結果直接求電壓 V 之值。

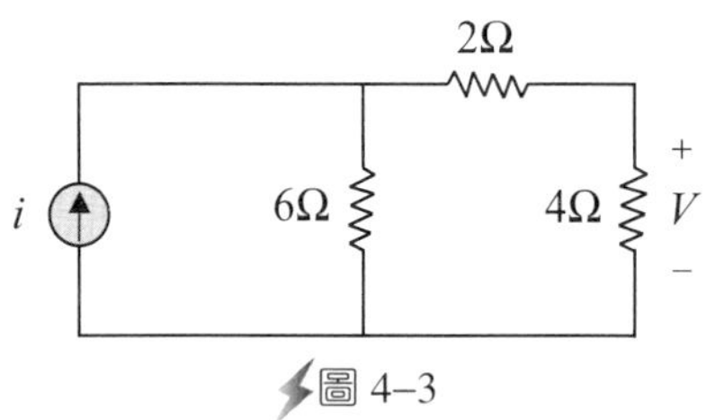

圖 4–3

解 (a)當 $i = 10$ A 時，$V = i\dfrac{6\ \Omega}{6\ \Omega + 6\ \Omega} \times 4\ \Omega = 5\ \text{A} \times 4\ \Omega = 20\ (\text{V})$

(b)由於該電路為線性，故當 $i = 100$ A 時，該電流值為原 10 A 的 10 倍，

故 $V = 20\ V \times 10 = 200\ (\text{V})$。

如圖 4–4 所示之電路，試利用線性網路加成的關係求出 v 之值。

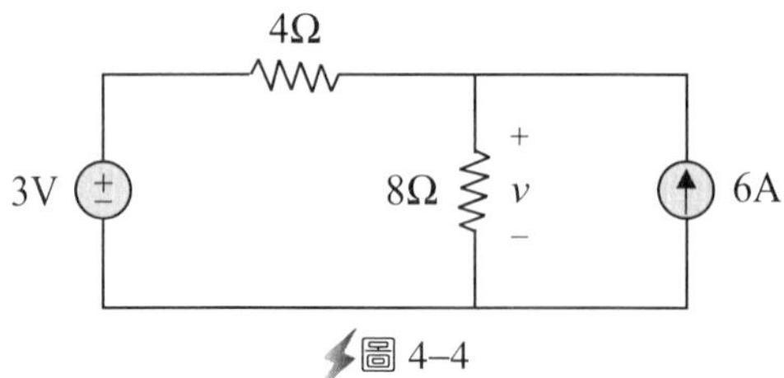

圖 4–4

解 (a)當 3 V 電壓源動作時，則 6 A 電流源關閉（開路），假設 8 Ω 二端電壓之值為 v_1，

$v_1 = 3\ \text{V} \times \dfrac{8\ \Omega}{4\ \Omega + 8\ \Omega} = \dfrac{24}{12} = 2\ (\text{V})$

(b)當 6 A 電流源動作時，則 3 V 電壓源關閉（短路），假設 8 Ω 二端電壓之值為 v_2，

$$v_2 = 6\text{ A} \times (8\ \Omega // 4\ \Omega) = 6\text{ A} \times \frac{8 \times 4}{8+4} = 16\text{ (V)}$$

(c)故 v 之值為 $v = v_1 + v_2 = 2\text{ V} + 16\text{ V} = 18\text{ (V)}$

4.2 步階函數及其拉氏轉換

步階函數 (step function) 或稱步級函數為電路響應中非常重要的一種測試訊號波形，該函數常用符號 $u(t)$ 來表示，其如對時間 t 的響應關係可如圖 4–5 所示。當函數 $u(t)$ 括號中的時間變數 t 小於 0 時，其值為 $u(t)=0$；當函數 $u(t)$ 括號中的時間變數 t 大於 0 時，其值為 $u(t)=1$。時間變數 t 的判斷方式，是以函數 $u(t)$ 括號中的變數為零值（即 $t=0$）的變動點來決定。故圖 4–5 之步階函數可用方程式表示為

$$u(t) = \begin{cases} 0 & t<0 \\ 1 & t>0 \end{cases} \tag{4–1}$$

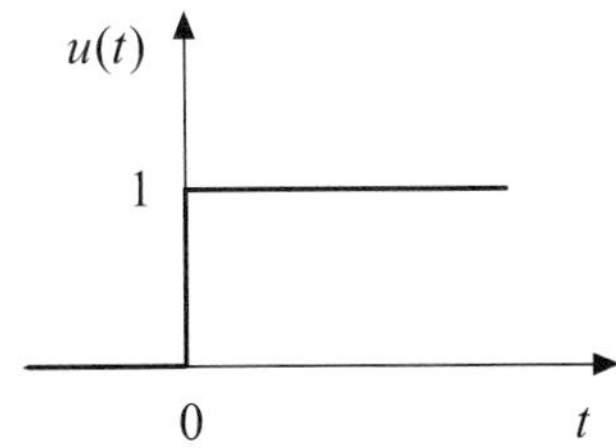

圖 4–5　步階函數 $u(t)$ 的時間響應波形

當步階函數的變動點右移至如圖 4–6 所示之 t_0 時 $(t_0>0)$，則其方程式可表示為

$$u(t-t_0) = \begin{cases} 0 & t<t_0 \\ 1 & t>t_0 \end{cases} \tag{4–2}$$

(4–2) 式及圖 4–6 表示：當 $(t-t_0)<0$ 或時間 t 小於 t_0 時，其值為 $u(t-t_0)=0$；當 $(t-t_0)>0$ 或時間 t 大於 t_0 時，其值 $u(t-t_0)=1$，其中的判斷是以函數 $u(t-t_0)$ 括號中的變數為零值（即 $t-t_0=0$ 或 $t=t_0$）的條件來決定。由圖 4–6 對照圖 4–5 得知：$u(t-t_0)$ 的波形比 $u(t)$ 的波形在時間上延遲了 t_0 秒。

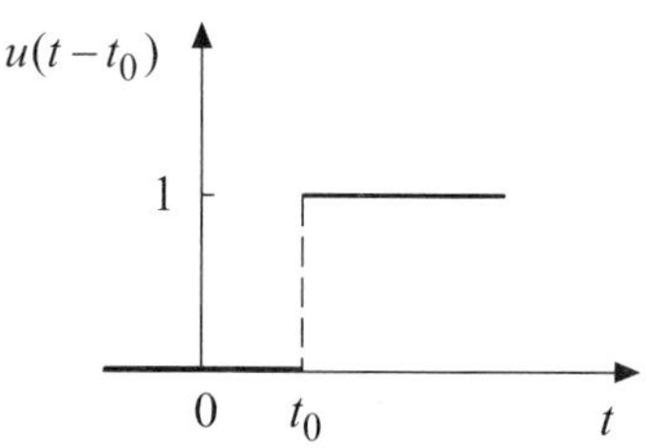

圖 4–6　步階函數 $u(t-t_0)$ 的時間響應波形

由 (4–2) 式知，當 t_0 為正值時，則 $u(t-t_0)$ 必比 $u(t)$ 在時間軸上落後，反之，當 (4–2) 式中的 t_0 為負值時，則 $u(t-t_0)$ 必比 $u(t)$ 在時間軸上超前，此時亦可用圖 4–7 及 (4–3) 式表示：

$$u(t+t_0)=\begin{cases}0 & t<-t_0\\ 1 & t>-t_0\end{cases} \tag{4–3}$$

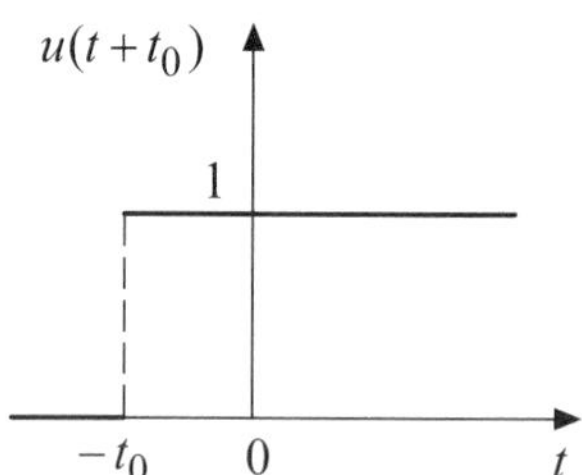

圖 4–7　步階函數 $u(t+t_0)$ 的時間響應波形

(4–3) 式及圖 4–7 表示：當 $t-t_0<0$ 或時間 t 小於 $(-t_0)$ 時，$u(t+t_0)=0$；當 $t-t_0>0$ 或時間 t 大於 $(-t_0)$ 時，$u(t+t_0)=1$，其中的判斷是以函數 $u(t+t_0)$ 括號中變數為零值（即 $t+t_0=0$ 或 $t=-t_0$）的條件來決定。由圖 4–7 對照圖 4–5 得知：$u(t+t_0)$ 的波形比 $u(t)$ 的波形在時間上超前了 t_0 秒。

由於拉氏轉換 (Laplace transformation) 在電路學的應用甚廣，以下將針對前述步階函數的三個方程式做其拉氏轉換說明。

(1)基本步階函數 $u(t)$ 之拉氏轉換

$$\mathcal{L}(u(t)) \Rightarrow \frac{1}{s} \tag{4–4}$$

(2)步階函數延遲 t_0 秒之 $u(t-t_0)$ 拉氏轉換

$$\mathcal{L}(u(t-t_0)) \Rightarrow \frac{e^{-t_0 s}}{s} \tag{4–5}$$

(3)步階函數超前 t_0 秒之 $u(t+t_0)$ 拉氏轉換

$$\mathcal{L}(u(t+t_0)) \Rightarrow \frac{e^{t_0 s}}{s} \tag{4–6}$$

其他相關的常用拉氏轉換請參考表 4–1 所列。

表 4–1　常用拉氏轉換對照表

$f(t)$	$F(s)$
$i(t)$	$I(s)$
$v(t)$	$V(s)$
克希荷夫電流定律：$\sum_{k=1}^{N} i_k(t)$	克希荷夫電流定律：$\sum_{k=1}^{N} I_k(s)$
克希荷夫電壓定律：$\sum_{k=1}^{M} v_k(t)$	克希荷夫電壓定律：$\sum_{k=1}^{M} V_k(s)$
K	$\frac{K}{s}$
e^{-at}	$\frac{1}{s+a}$
te^{-at}	$\frac{1}{(s+a)^2}$
$\frac{t^{N-1}e^{-at}}{(N-1)!}$	$\frac{1}{(s+a)^N}$
$\frac{df(t)}{dt}$	$sF(s)-f(0^+)$
$\int_0^t f(t)dt$	$\frac{F(s)}{s}$
$\cos(\omega t)$	$\frac{s}{s^2+\omega^2}$
$\sin(\omega t)$	$\frac{\omega}{s^2+\omega^2}$
$\cos(\omega t+\theta)$	$\frac{s\cdot\cos\theta-\omega\cdot\sin\theta}{s^2+\omega^2}$
$\sin(\omega t+\theta)$	$\frac{s\cdot\sin\theta+\omega\cdot\cos\theta}{s^2+\omega^2}$
$e^{-at}\cos(\omega t)$	$\frac{s+a}{(s+a)^2+\omega^2}$
$e^{-at}\sin(\omega t)$	$\frac{\omega}{(s+a)^2+\omega^2}$

如圖 4–8 所示之波形，試以步階函數表示該波形並求其拉氏轉換式。

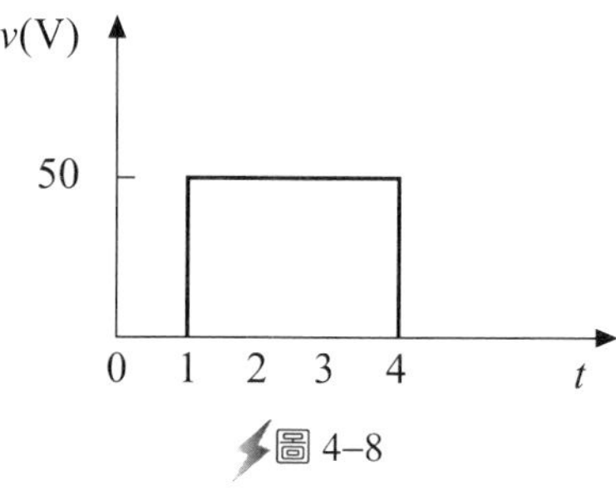

圖 4–8

解 (a)該波形可視為(1)在 $t=1$ s 由零值上升至 50 V 之步階函數加上(2)在 $t=4$ s 由零值下降至 −50 V 之波形，前者可表示為 $50u(t-1)$，後者可表示為 $-50u(t-4)$，故圖 4–8 之波形函數為 $50u(t-1)-50u(t-4)$ (V) 或 $50[u(t-1)-u(t-4)]$ (V)

(b) $50[u(t-1)-u(t-4)]$ 之拉氏轉換式為 $50(\frac{e^{-s}}{s}-\frac{e^{-4s}}{s})$

如圖 4–9 所示之波形，試以步階函數表示該波形並求其拉氏轉換式。

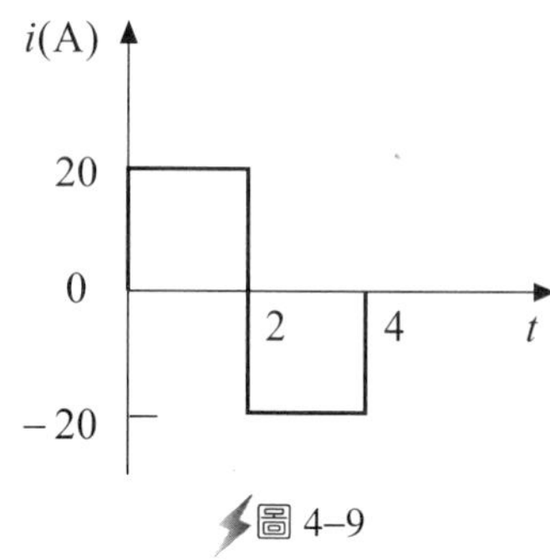

圖 4–9

解 (a)該波形可視為(1)在 $t=0$ s 由零值上升至 20 V 之步階函數加上(2)在 $t=2$ s 由零值下降至 −40 V 之波形加上(3)在 $t=4$ s 由零值上升至 20 V 之步階函數，(1)項可表示為 $20u(t)$，(2)項可表示為 $-40u(t-2)$，(3)項可表示為 $20u(t-4)$，故圖 4–9 之波形函數為 $20u(t)-40u(t-2)+20u(t-4)$ (A) 或 $20[u(t)-2u(t-2)+u(t-4)]$ (A)

(b) $20[u(t)-2u(t-2)+u(t-4)]$ 之拉氏轉換式為 $20(\frac{1}{s}-\frac{2e^{-2s}}{s}+\frac{e^{-4s}}{s})$

4.3 脈衝函數及斜坡函數

脈衝函數 (impulse function)、斜坡函數 (ramp function) 以及前一節的步階函數三者通稱為奇異函數 (singularity function)。脈衝函數是由步階函數 $u(t)$ 對時間變數 t 微分後所得的函數，常用 $\delta(t)$ 來表示，其波形如圖 4–10 所示。該脈衝函數除了在時間 $t=0$ 外，其餘時間的值均為零值，但在 $t=0$ 之處卻是未定義的量，其定義說明如下：

$$\delta(t)=\frac{du(t)}{dt}=\begin{cases}0 & t<0\\ \text{未定義} & t=0\\ 0 & t>0\end{cases} \tag{4–7}$$

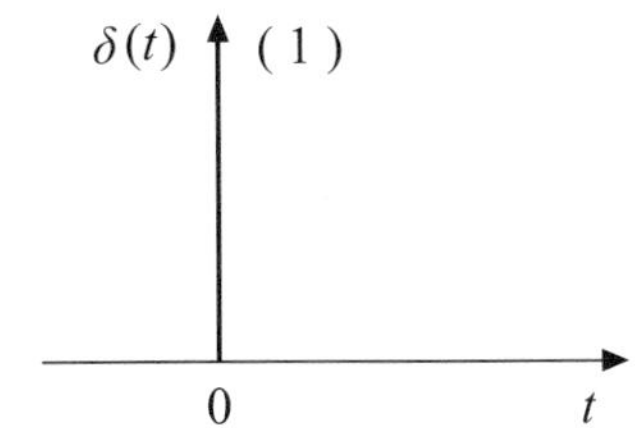

圖 4–10　脈衝函數對時間的波形

脈衝函數可看成電路中的一個短暫衝擊，其能量可視為時間非常短、但具有單位面積的一種能量，圖 4–10 中的 (1) 表示其面積的大小恰好為 1 (即其強度為一個基本單位)，可用方程式表示為

$$\int_{0^-}^{0^+}\delta(t)dt=1 \tag{4–8}$$

由於脈衝函數的特殊定義關係，可將該函數與任意波形函數 $f(t)$ 相乘再對時間 t 積分，則可根據脈衝函數 $\delta(t-t_d)$ 發生的特定時間點 t_d 來篩選出函數 $f(t)$ 在 t_d 時間的特定量，此稱為抽樣或篩選特性 (sampling or sifting characteristic)，可由以下方程式表示：

$$\int_a^b f(t)\delta(t-t_d)dt=\int_a^b f(t_d)\delta(t-t_d)dt=f(t_d)\int_a^b\delta(t-t_d)dt=f(t_d)\cdot 1=f(t_d) \tag{4–9}$$

斜坡函數 $r(t)$ 是由步階函數對時間的積分而來的，恰與脈衝函數是由步階函數對時間微分而來的情況相反。斜坡函數的特性是：對負值的時間 t 而言為零值，但對正值時間而言則為單位斜率的特性，其波形如圖 4–11 所示。斜坡函數的定義如下：

$$r(t)=\int_{-\infty}^{t}u(t)dt=tu(t)=\begin{cases}0 & t<0\\ t & t\geq 0\end{cases} \tag{4–10}$$

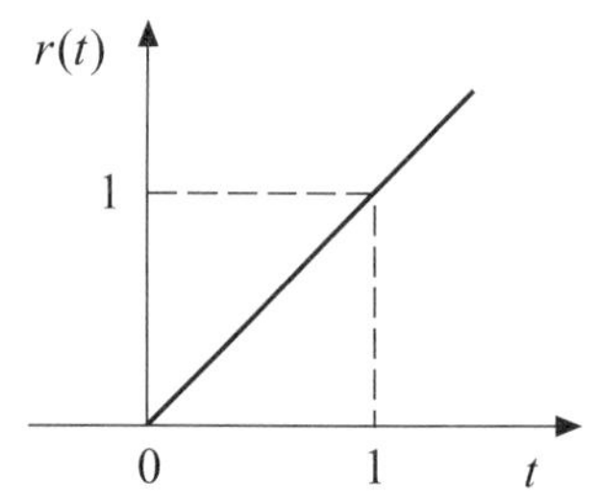

圖 4–11　斜坡函數對時間的波形

若比對步階函數 $u(t)$ 的延遲 t_0 秒的情況，圖 4–12 示出了比圖 4–11 延遲 t_0 秒的斜坡函數波形，其函數可定義為

$$r(t-t_0)=\begin{cases}0 & t<t_0\\ t-t_0 & t\geq t_0\end{cases} \tag{4–11}$$

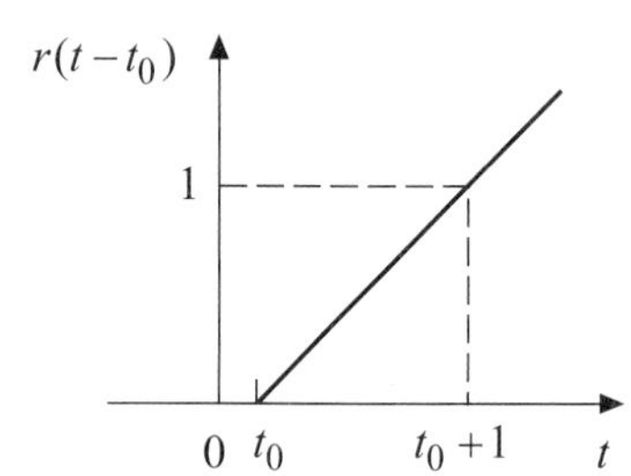

圖 4–12　斜坡函數延遲 t_0 秒對時間的波形

若比對步階函數 $u(t)$ 的超前 t_0 秒的情況，圖 4–13 示出了比圖 4–11 超前 t_0 秒的斜坡函數波形，其函數可定義為

$$r(t+t_0)=\begin{cases}0 & t<-t_0\\ t+t_0 & t\geq -t_0\end{cases} \tag{4–12}$$

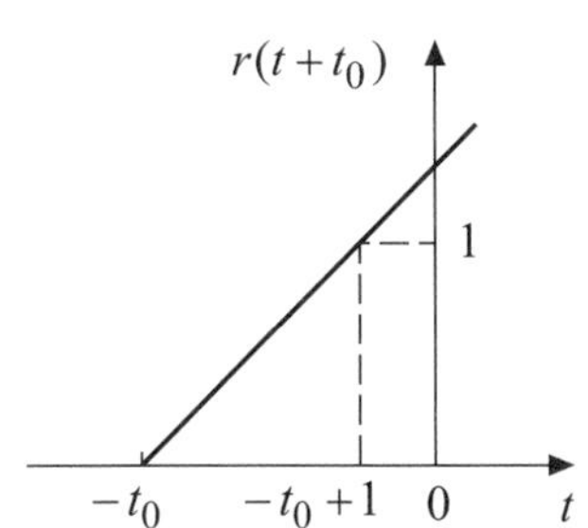

圖 4–13　斜坡函數超前 t_0 秒對時間的波形

範例 5 試求下面積分式之值：(a) $\int_{-\infty}^{\infty}(t^3+4t^2+5)\delta(t+1)dt$

(b) $\int_{-\infty}^{\infty}[\delta(t-1)e^{-t}\sin t+\delta(t+1)e^{-t}\cos t]dt$

解 (a) $\int_{-\infty}^{\infty}(t^3+4t^2+5)\delta(t+1)dt=t^3+4t^2+5\Big|_{t=-1}=(-1)^3+4(-1)^2+5=-1+4+5=8$

(b) $\int_{-\infty}^{\infty}[\delta(t-1)e^{-t}\sin t+\delta(t+1)e^{-t}\cos t]dt=e^{-t}\sin t\Big|_{t=1}+e^{-t}\cos t\Big|_{t=-1}=e^{-1}\sin(1)+e^{1}\cos(-1)$

$=(0.36788)\times(0.84147)+(2.71828)\times(0.540302)=1.778252$

範例 6 如圖 4–14 所示之電壓波形，試利用斜坡函數及步階函數來表達。

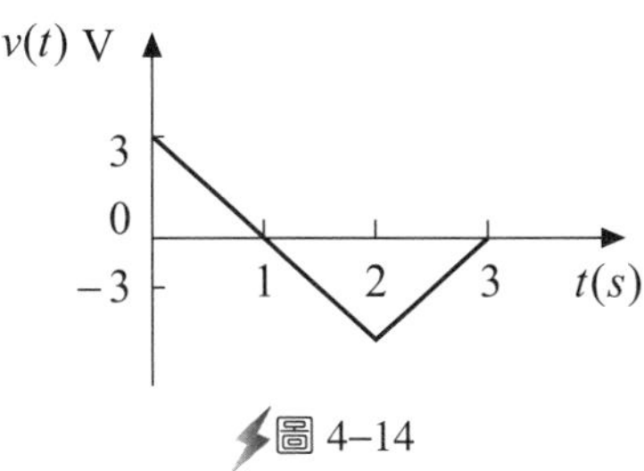

圖 4–14

解 本題可利用圖 4–13 所表達之數學函數式，將圖 4–14 分解為 $0\le t\le 2$ 及 $2\le t\le 3$ 之二區間，故電壓函數 $v(t)$ 可寫成

$v(t)=(3-3t)[u(t)-u(t-2)]+\{-[3-3(t-2)]\}[u(t-2)-u(t-3)]$

將上式分解如下：

$$v(t)=3[u(t)-u(t-2)-tu(t)+tu(t-2)]$$
$$-3[u(t-2)-u(t-3)-(t-2)u(t-2)+(t-2)u(t-3)]$$

$$
\begin{aligned}
&= 3[u(t) - u(t-2) - r(t) + (t-2+2)u(t-2)] \\
&\quad -3[u(t-2) - u(t-3) - r(t-2) + (t-3+1)u(t-3)] \\
&= [3u(t) - 3u(t-2) - 3r(t) + 3(t-2)u(t-2) + 6u(t-2)] \\
&\quad +[-3u(t-2) + 3u(t-3) + 3r(t-2) - 3(t-3)u(t-3) - 3u(t-3)] \\
&= 3u(t) - 3r(t) + 6r(t-2) - 3r(t-3)
\end{aligned}
$$

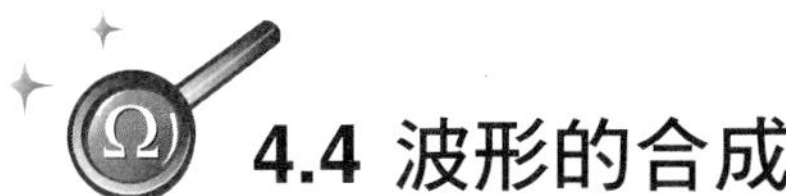

4.4 波形的合成

前面 4.2 節所述的步階函數 $u(t)$、脈衝函數 $\delta(t)$ 及斜坡函數 $r(t)$ 均是最基本的奇異函數，除了脈衝函數 $\delta(t)$ 使用於較特殊的短暫開關切換特性外，步階函數 $u(t)$ 及斜坡函數 $r(t)$ 可用於合成所期望的特定函數波形。

如圖 4–15 所示，為一個閘函數 (gate function) 波形，$v(t) = 5$ V 的電壓，其 $v(t)$ 只有出現在 t_1 與 t_2 之間的範圍，其餘時間為零。為了將 $v(t)$ 表達為函數關係，可以將原圖 4–15 分解為圖 4–16 (a)及圖 4–16 (b)二部分後，再以相加的方式合成原圖 4–15 的函數 $v(t)$。

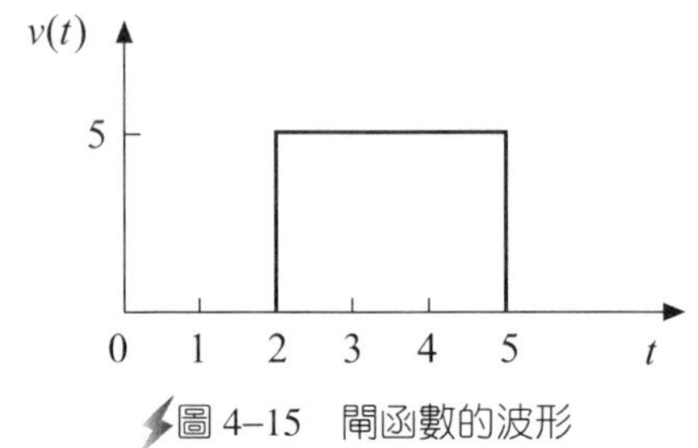

圖 4–15　閘函數的波形

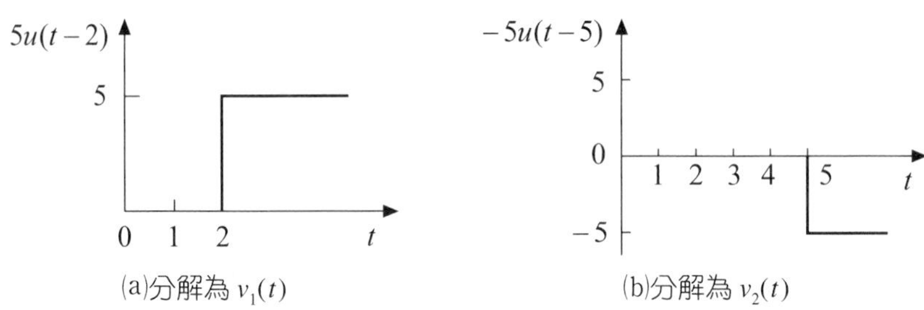

圖 4–16　將圖 4–15 之閘函數加以分解

圖 4–16 (a)可以表示為一個大小為 5 V 的步階函數但延遲了 t_1 的時間，故其表示式為

$$v_1(t) = 5\ \mathrm{V} \cdot u(t - t_1) \tag{4–13}$$

式中 $t_1 = 2$ s。圖 4–16 (b)可以用一個大小為 −5 V 的步階函數但延遲了 t_2 的時間，故其表示式為

$$v_2(t) = -5\ \mathrm{V} \cdot u(t - t_2) \tag{4–14}$$

式中 $t_2 = 5$ s。故圖 4–15 的函數 $v(t)$ 可以由 (4–13) 式及 (4–14) 二式相加來完成

$$v(t) = v_1(t) + v_2(t) = 5\ \mathrm{V} \cdot u(t - t_1) - 5\ \mathrm{V} \cdot u(t - t_2) = 5\ \mathrm{V} \cdot [u(t - t_1) - u(t - t_2)] \tag{4–15}$$

由 (4–15) 式得知，閘函數的表示式可由其振幅大小乘以二個步階函數區間的相減。

圖 4–17 所示為一個一半的三角波電壓波形 $v(t)$，最大值為 $V_T = 10$ V 電壓出現在 $t = 0$ 到 $t = t_T$ 之間（圖 4–17 中的 $t_T = 2$ s）。為了將該半個三角波表達為步階函數與斜坡函數的合成，茲將圖 4–17 分解為圖 4–18 (a)、(b)二圖，圖 4–18 (a)可表示為

$$v_1(t) = (\frac{V_T}{t_T})t \tag{4–16}$$

圖 4–18 (b)則可參考圖 4–15 的閘函數表示式，將其表示為

$$v_2(t) = [u(t) - u(t - t_T)] \tag{4–17}$$

故圖 4–17 的波形可由前面二式相乘結果求得如下：

$$v(t) = v_1(t) \cdot v_2(t) = (\frac{V_T}{t_T})t[u(t) - u(t - t_T)] \tag{4–18}$$

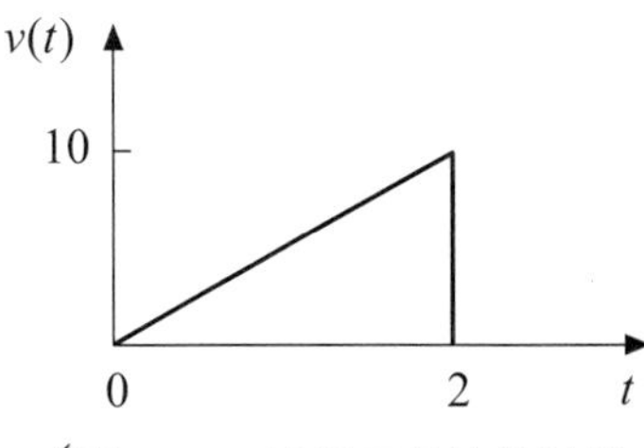

圖 4–17　半個三角波的波形

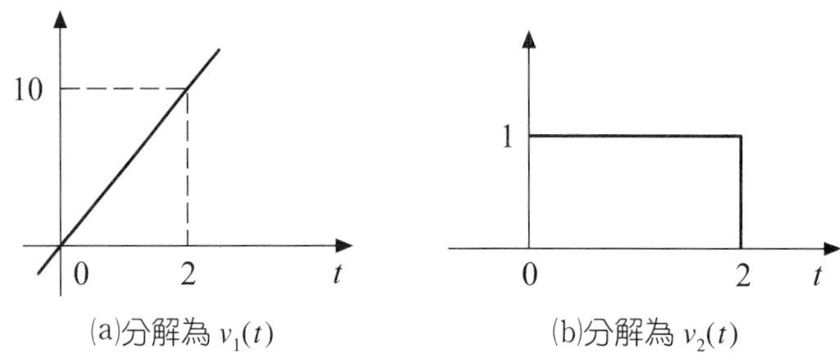

圖 4–18　將圖 4–17 之半個三角波函數加以分解

值得注意的是：(4–18) 式之做法並非唯一答案，可有多種不同組合來達成表達的結果。

範例 7 已知一函數 $g(t)$ 可表示為 $g(t)=\begin{cases}0 & t<0\\ 2 & 0<t<2\\ 4-t & 2<t<4\\ 0 & t>4\end{cases}$，試利用奇異函數的合成表示。

解 根據閘函數的基本關係式，可將 $g(t)$ 分解為四個區段之相加合成

$$\begin{aligned}g(t)&=2[u(t)-u(t-2)]+(4-t)[u(t-2)-u(t-4)]\\&=2u(t)-(t-2)u(t-2)+(t-4)u(t-4)\\&=2u(t)-r(t-2)+r(t-4)\end{aligned}$$

範例 8 如圖 4–19 所示之 $f(t)$ 波形，試求其利用奇異函數合成的表示式。

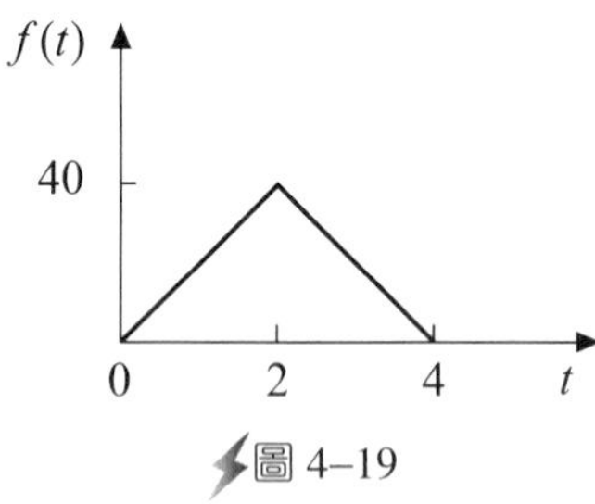

圖 4–19

解 根據閘函數的基本關係式，可將 $f(t)$ 分解為二個區段之相加合成

$$\begin{aligned}f(t)&=20t[u(t)-u(t-2)]-20(t-4)[u(t-2)-u(t-4)]\\&=20tu(t)-20tu(t-2)-20(t-4)u(t-2)+20(t-4)u(t-4)\\&=20tu(t)-40(t-2)u(t-2)+20(t-4)u(t-4)\\&=20tu(t)-40r(t-2)+20r(t-4)\end{aligned}$$

4.5 步階與脈衝響應

步階響應 (step response) $s(t)$ 是使用步階函數 $u(t)$ 為輸入訊號，在 $t=0$ 時送入一個線性非時變電路的輸入端，觀察該電路在特定元件二端的電壓或通過特定元件電流的零態響應 (zero-state response) 結果。脈衝響應 (impulse response) $h(t)$ 與步階響應類似，但是改用脈衝函數 $\delta(t)$ 在 $t=0$ 輸入一個線性非時變電路，觀察電路的零態響應結果。

這二種輸入訊號都是試驗一個電路暫態特性的最可靠方法，為電路在時域分析中精確且重要的特性。由於脈衝函數 $\delta(t)$ 為步階函數 $u(t)$ 對時間的微分，故在線性電路中的脈衝響應 $h(t)$ 為其步階響應 $s(t)$ 對時間 t 的微分，或步階響應 $s(t)$ 為其脈衝響應 $h(t)$ 對時間 t 的積分，其關係式分別如下面方程式所列：

$$h(t)=\frac{d}{dt}s(t) \tag{4–19}$$

$$s(t)=\int_{-\infty}^{t}h(\tau)d\tau \tag{4–20}$$

以上二式僅適用於線性非時變電路，對於線性時變電路則不適用。

範例 9　如圖 4–20 所示之電路，試求該電路之(a)步階響應 $s(t)$ 及(b)脈衝響應 $h(t)$。

圖 4–20

解　該電路輸出電壓比上輸入電壓之 s 域表示式為 $H(s)=\dfrac{V(s)}{E(s)}=\dfrac{\frac{1}{sC}}{R+\frac{1}{sC}}=\dfrac{1}{RsC+1}$

(a)當 $E(s)=\dfrac{1}{s}$ 時，$V(s)=\dfrac{1}{s(RsC+1)}=\dfrac{1}{s}-\dfrac{1}{s+\frac{1}{RC}}$

$\therefore$步階響應為 $s(t)=\mathcal{L}^{-1}\{\frac{1}{s}-\frac{1}{s+\frac{1}{RC}}\}=(1-e^{\frac{-t}{RC}})u(t)$

(b)當 $E(s)=1$ 時，$V(s)=\frac{1}{(RsC+1)}=\frac{\frac{1}{RC}}{s+\frac{1}{RC}}$

$\therefore$脈衝響應為 $h(t)=\mathcal{L}^{-1}\{\frac{\frac{1}{RC}}{s+\frac{1}{RC}}\}=\frac{1}{RC}e^{\frac{-t}{RC}}u(t)$

4.6 摺合積分 (convolution)

利用前一節的脈衝響應 $h(t)$，搭配電路的時域輸入訊號 $f_i(t)$，可以求出一個電路的輸出響應 $f_o(t)$ 如下所示：

$$f_o(t)=\int_{-\infty}^{t}f_i(\tau)h(t-\tau)d\tau=f_i(t)*h(t) \qquad (4\text{–}21)$$

此式即為施捲積分的運算式，而式中的符號 * 代表施捲積分的運算符號。

輸出訊號的施捲積分求法亦可由下式表達：

$$f_o(t)=\int_{-\infty}^{t}f_i(\tau)h(t-\tau)d\tau=h(t)*f_i(t)=\int_{-\infty}^{t}f_i(t-\tau)h(\tau)d\tau=f_i(t)*h(t) \qquad (4\text{–}22)$$

施捲積分做電路問題的求解時，特別要注意積分區間（即上限及下限）的範圍。

範例 10 已知某一電路之脈衝響應為 $h(t)=\begin{cases}\sin t & 0\le t\le\pi\\ 0 & \text{其他區間}\end{cases}$，試求在輸入為

$e(t)=\begin{cases}t & 0\le t\le\pi\\ 0 & \text{其他區間}\end{cases}$ 時之響應。

解 (a)當 $0\le t\le\pi$ 時

$$f_{o1}(t)=\int_0^t(\sin\tau)(t-\tau)d\tau=\int_0^t(\tau-t)d\cos\tau=(\tau-t)\cos\tau-\int_0^t\cos\tau d\tau$$

$$=(\tau-t)\cos\tau-\sin\tau\Big|_0^t=-\sin t+t=t-\sin t$$

(b)當 $\pi\le t\le 2\pi$ 時

$$f_{o2}(t)=\int_{t-\pi}^{\pi}(\sin\tau)(t-\tau)d\tau=\int_{t-\pi}^{\pi}(\tau-t)d\cos\tau$$

$$=\cos\tau(\tau-t)-\int_{t-\pi}^{\pi}\cos\tau d\tau=\cos\tau(\tau-t)-\sin\tau\Big|_{t-\pi}^{\pi}$$

$$=[\cos\pi(\pi-t)-\sin\pi]-[\cos(t-\pi)(t-\pi-t)-\sin(t-\pi)]$$

$$=-\pi+t-\pi\cos t-\sin t=(t-\sin t)-\pi(1+\cos t)$$

(c)當 $t<0$ 及 $t>2\pi$ 時

$$f_{o3}(t)=0$$

習題

4.1 線性非時變系統

1. 假設某一系統為線性，其輸入分別為 u_1、u_2，如圖 P4–1 左方波形所示，其輸出分別如圖 P4–1 右方波形所示。試問該系統是否為一非時變系統？

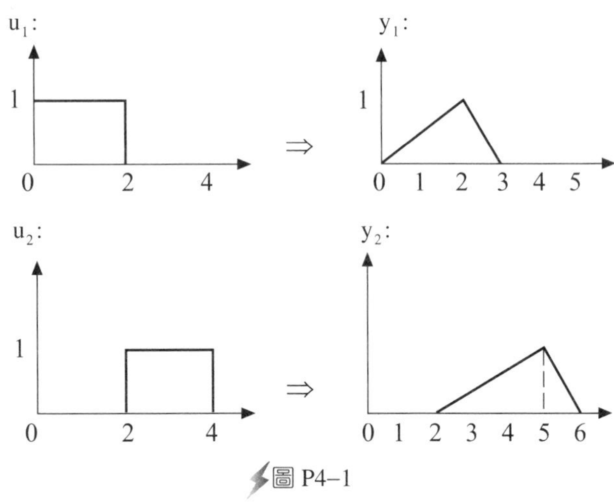

圖 P4–1

2. 若一系統之輸出 y 與輸入 u 之間的關係為 $y(t) = au(t) + b$，其中 a、b 均為常數。試問該系統是否為線性非時變系統？

3. 試問圖 P4–2 之電路系統是否為一線性非時變系統？（圖中的二極體為理想二極體）

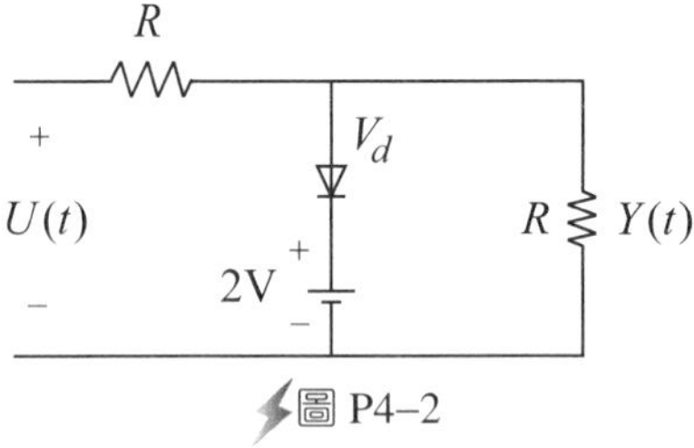

圖 P4–2

4. 試判斷 $y(t) = \sin(t) + u(t)$ 之系統是否為線性非時變系統？

5. 已知某離散系統輸入為 $x(n)$、輸出為 $y(n)$，該系統滿足：

$$\begin{cases} y(n) = ay(n-1) + x(n) \\ y(0) = 1 \end{cases}$$

(a)試判斷該系統是否為非時變系統？是否為線性系統？

(b)若其他條件不變，但 $y(0) = 0$，系統的非時變性與線性是否改變？

4.2 步階函數及其拉氏轉換

6. 試求下列二個指數函數的拉氏轉換：

(a) $f(t) = -10e^{-5(t-2)}u(t-2)$

(b) $f(t) = (8t-8)[u(t-1)-u(t-2)] + (24-8t)[u(t-2)-u(t-4)] + (8t-40)[u(t-4)-u(t-5)]$

7. 試利用斜坡函數表示圖 P4–3 所示圖形的函數。

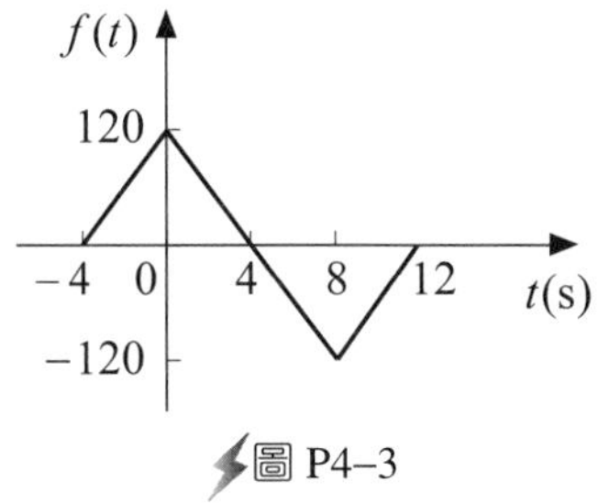

圖 P4–3

8. 求圖 P4–4 所示函數的拉氏轉換及其一次導數的拉氏轉換。

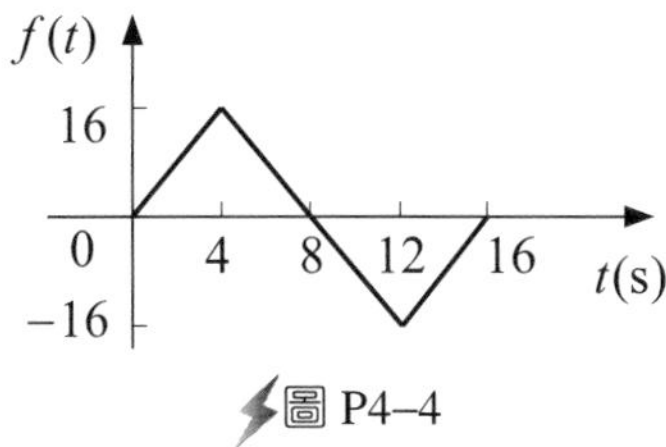

圖 P4–4

9. 如圖 P4–5 所示之函數，試求其拉氏轉換。

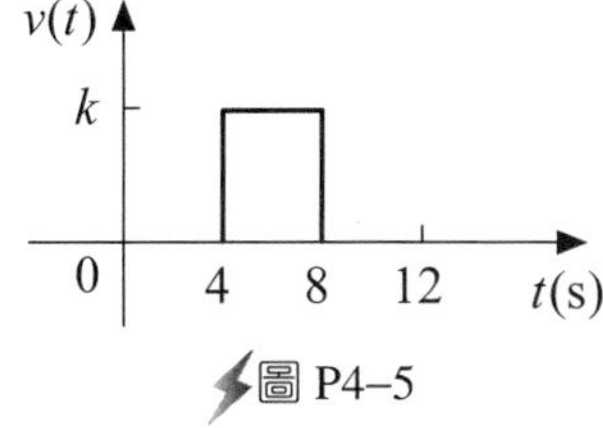

圖 P4–5

10.試求圖 P4–6 所示函數之拉氏轉換。

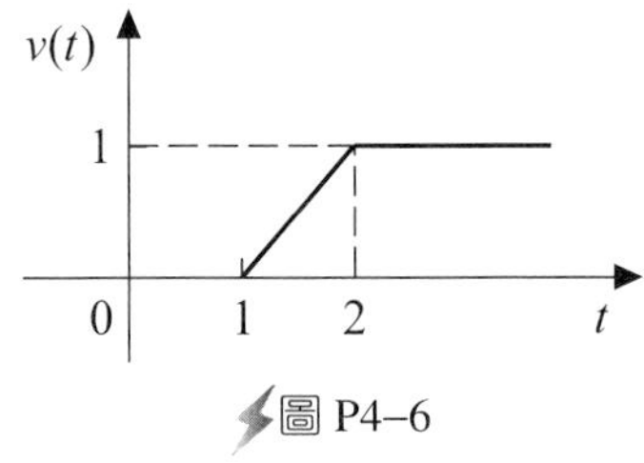

圖 P4–6

4.3 脈衝函數及斜坡函數

11.試將圖 P4–7 所示之訊號改用步階函數及斜坡函數表示。

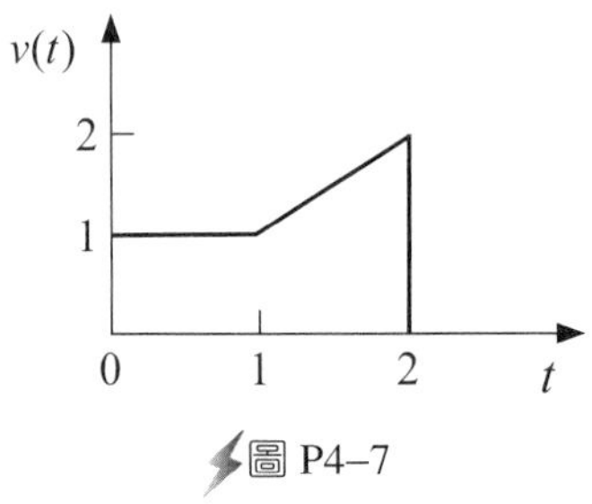

圖 P4–7

12.試計算下列脈衝函數的積分式：

(a) $\int_{-\infty}^{\infty} 4t^2\delta(t-1)dt$　(b) $\int_{-\infty}^{\infty} 4t^2\cos 2\pi t\delta(t-0.5)dt$

13.試繪出下列表示式之波形：

$i(t) = r(t) + r(t-1) - u(t-2) + r(t-2) + r(t-3) + u(t-4)$

4.4 波形的合成

14.試將圖 P4–8 之波形函數列出其方程式。

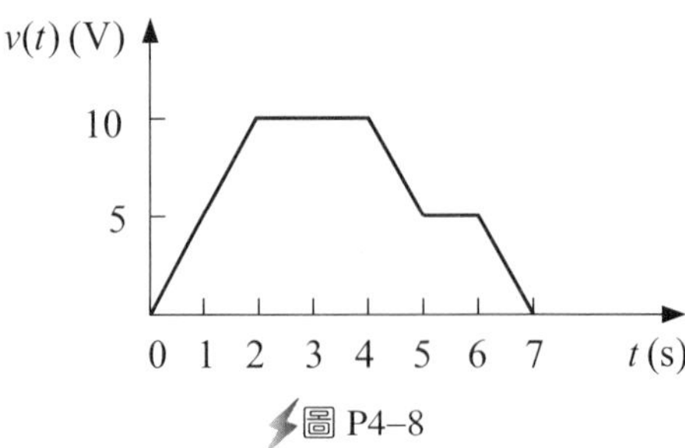

圖 P4–8

15.假設 $f(t)$ 可表示成：

$f(t)=(t-1)[u(t-1)-u(t-2)]+[u(t-2)-u(t-4)]-(0.5t-3)[u(t-4)-u(t-6)]$，

試畫出其圖形。

16.試將圖 P4–9 表示成單位步階函數。

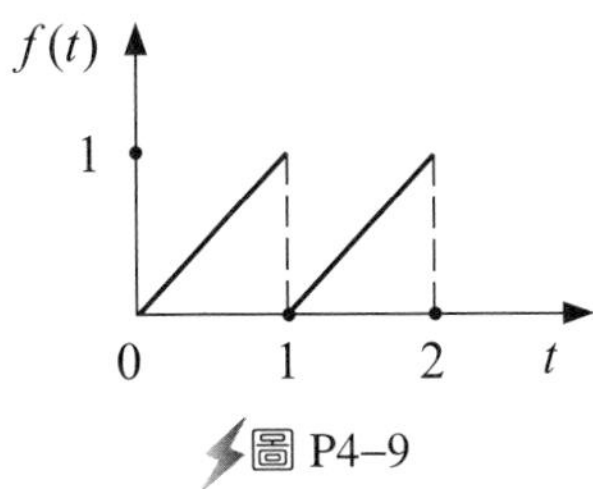

圖 P4–9

17.試將下列之方程式以函數波形表示之：

(a) $v(t)=\begin{cases}0 & t<0\\ -4 & t>0\end{cases}$　　(b) $v(t)=\begin{cases}0.5t & 0<t<2\\ 1 & 2<t<3\\ 4-t & 3<t<4\\ 0 & \text{otherwise}\end{cases}$

18.試將如圖 P4–10 所示之波形以單位步階函數及單位斜坡函數表示。

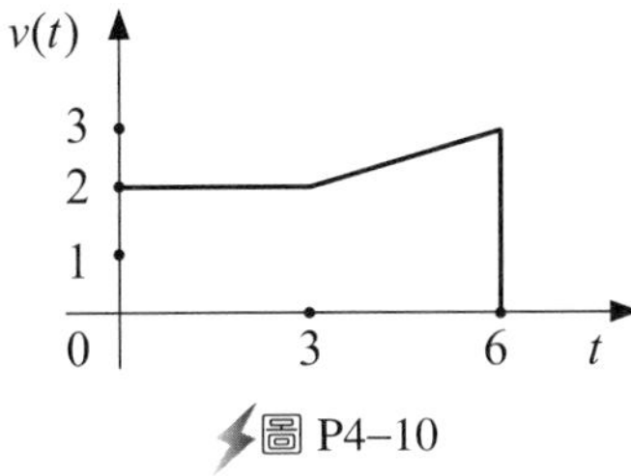

圖 P4–10

19.試將圖 P4–11 之波形函數列出方程式。

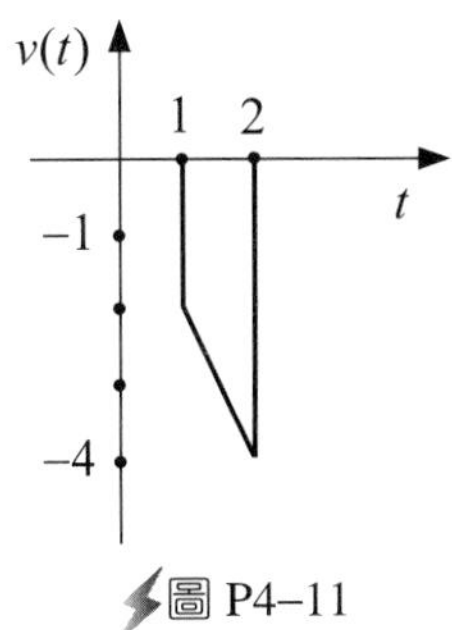

圖 P4–11

4.5 步階與脈衝響應

20.如圖 P4–12 所示之電路，試求 $v_c(t)=?$

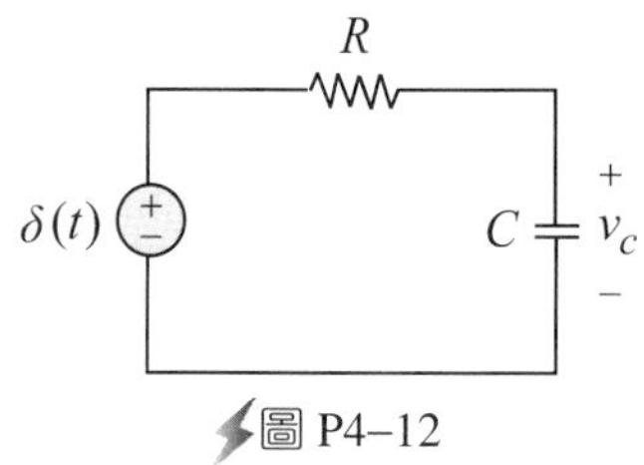

圖 P4–12

21.一個系統的方塊圖如圖 P4–13 所示，其單位脈衝響應為 $y(t)=e^{-t}-e^{-2t}, t\geq 0$，試求：(a)此系統的轉移函數 $G(s)$ 為何？(b)當輸入為單位步階函數時，則輸出 $y(t)=?$

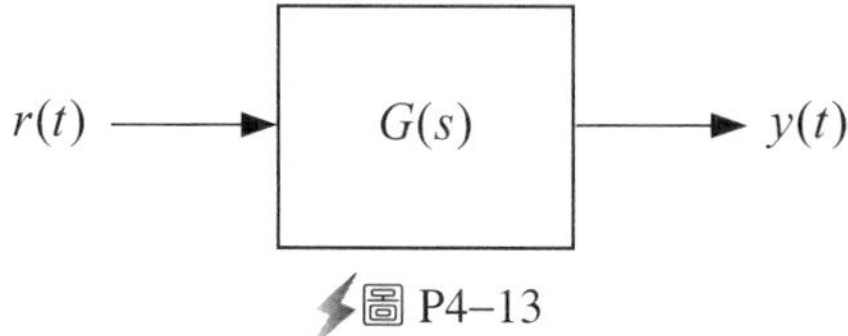

圖 P4–13

22.假設一線性非時變系統的脈衝響應為 $h(t)=e^{-t}\sin t, t\geq 0$，則其步階響應 $y(t)$ 為何？

23.如圖 P4–14 所示之電路，無能量儲存在 0.1 H 電感器及 0.4 μF 電容器，試求 $v_c(t), t\geq 0$。

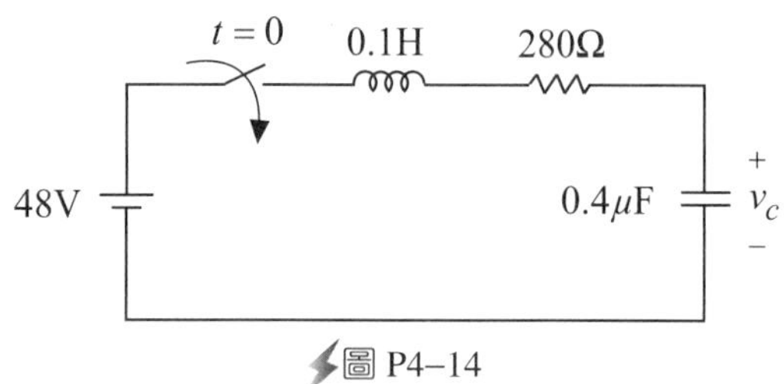

圖 P4–14

4.6 褶合積分 (convolution)

24.一個網路的轉移函數已知為 $H(s)=\dfrac{V_o(s)}{V_s(s)}=\dfrac{2}{s+4}$，當輸入一個單位步階函數 $V_s(s)=\dfrac{1}{s}$ 時，試使用褶合積分求其輸出電壓 $v_o(t)$。

25.已知 $f_1(t)=e^{-t}, f_2(t)=t$，試求 $f_1(t)\times f_2(t)$。

26.如圖 P4–15 所示之電路，當其輸入端接上一個 $v_i = [u(t) - u(t-1)]$ (V) 的矩形電壓脈波時，試利用褶合積分法求 v_0。

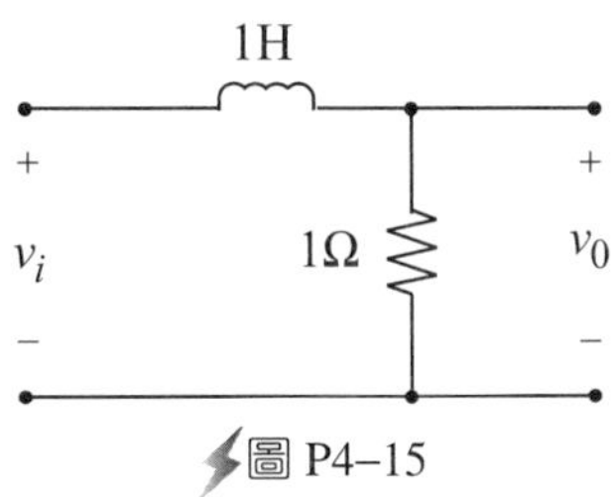

圖 P4–15

27.某線性、非時變電路，其脈衝響應 $h(t)$ 如圖 P4–16(a)所示。現有輸入信號 $i_s(t)$ 如圖 P4–16(b)所示，將 $i_s(t)$ 輸入此電路，試求此電路之零態輸出響應 $v(t)$。

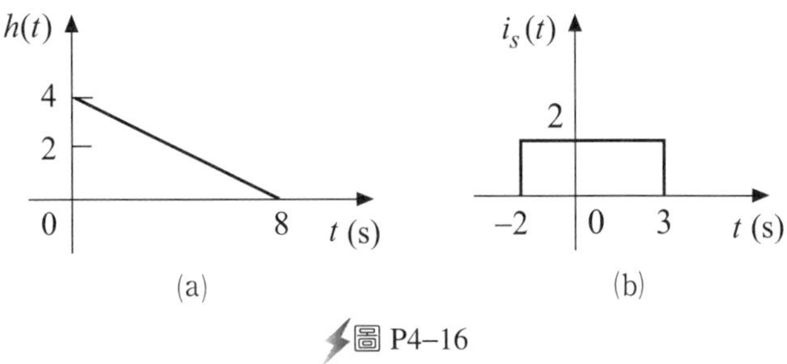

圖 P4–16

28.設有某個電路的電壓脈衝響應為 $h(t)=\begin{cases}0 & t<0\text{ s}\\ 10(1-2t) & 0\le t\le 0.5\text{ s}\\ 0 & t\ge 0.5\text{ s}\end{cases}$，

如果輸入訊號為 $10u(t)$ (V)，利用褶合積分求出輸出電壓。

29.設 $x(t)$ 及 $h(t)$ 分別如圖 P4–17(a)、(b)所示的矩形脈波，試求 $h(t)\cdot x(t)$。

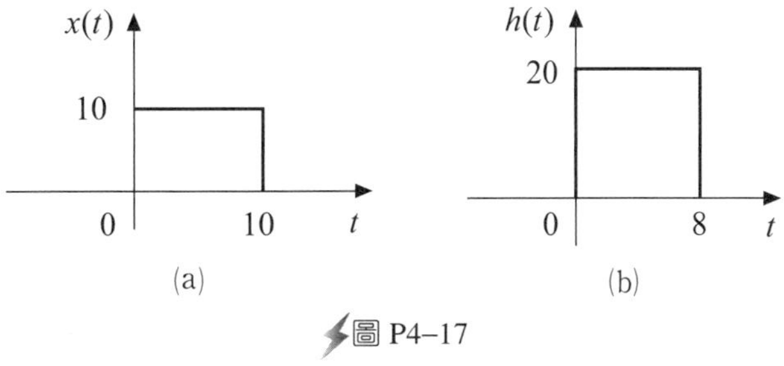

圖 P4–17

30. 假設某電路的電壓脈衝響應如圖 P4–18 的三角波所示，這電路的電壓輸入訊號是一個步階函數 $4u(t)$ (V)，試利用褶合積分推導出輸出電壓的方程式。

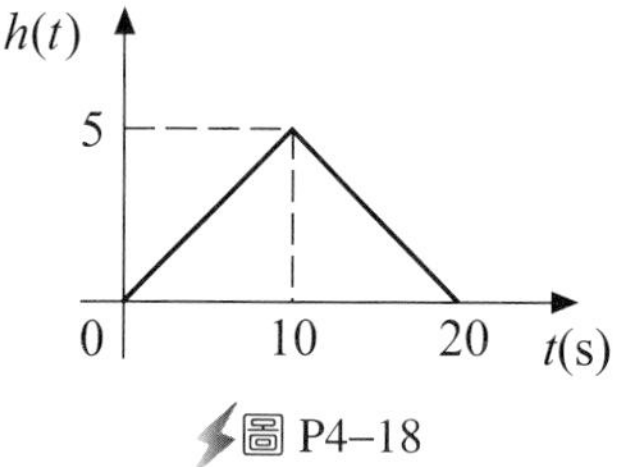

圖 P4–18

第5章　弦波穩態響應

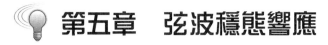

第五章　弦波穩態響應

5.0 本章摘要

本章為介紹交流電路之最基本觀念與交流電路分析，茲將各節內容摘要如下：

5.1 **弦波穩態**：本節定義交流電路分析之最基本觀念，包含「弦波」及「穩態」之基本說明。

5.2 **相量與相角**：本節介紹如何將一個弦式穩態波形轉換為相量的格式，對於二相量間的超前、落後關係與相角間的影響作分析。

5.3 **能量及功率**：本節說明一個交流電路以弦波穩態表示之能量及瞬時功率的重要關係。

5.4 **平均功率與複功率**：本節整理一個交流電路重要的平均功率、實功、虛功、功因、複功率等觀念及彼此間的重要關係。

5.5 **最大功率傳輸**：本節說明交流電路中將交流電源傳送給負載的平均功率或有效功率值作最大化的最大功率傳輸定理應用。

5.6 **平衡三相系統**：本節由基本的單相系統擴展為三相系統，定義平衡三相系統的特性，並將四種三相平衡系統 (Y–Y、Y–Δ、Δ–Y、Δ–Δ) 的特性加以討論。

5.1 弦波穩態

由本章開始將進入電路學中的交流電路分析，由於交流電路多為弦式時變 (time-varying) 的電源，因此分析交流電路時，多以外加獨立的交流弦式電壓源或交流弦式電流源做為電路之激勵，傳統的電阻器、電感器、電容器、相依電源等仍保留在電路中，此類電路通稱為交流電路 (AC circuit)。

弦波穩態 (sinusoidal steady state) 為電路學中探討使用交流電源下之電路分析基礎觀念，其中，「弦波」表示電路之電壓及電流波形為純正弦 (sin) 或純餘弦 (cos) 波形；「穩態」則表示忽略或沒有第三章中所列之任何電容器初始電壓或電感器初始電流對電路所造成的暫態響應，使整個電路呈現穩定狀態。

例如：一個電路中的任意二端點之電壓及通過某一元件之電流波形函數分別為

$$v(t) = 172\cos(377t + 10°) \quad \text{(V)}$$
$$i(t) = 25\sin(128t - 50°) \quad \text{(A)}$$

上面二個表示式均代表以基本純正弦 (sin) 或純餘弦 (cos) 表示之弦式穩態下的電壓及電流型式。

如圖 5–1 所示之電壓 v 的波形，在 $0\text{ s} < t < 1\text{ s}$ 區間中的電壓受電路暫態影響（儲能元件的充放電）呈現較高的電壓，當暫態消失後 ($t > 1$ s)，電壓 v 才變成弦式穩態的電壓，故該波形不能稱為弦式穩態電壓，因該波形僅在 $t > 1$ s 後才變成弦式穩態波形。如圖 5–2 所示之電壓 v 的波形，不論時間 t 如何變動，該電壓的大小總是以正弦函數變動，最大及最小值總是落在 $\pm V_m$ 之間，其週期性重複變動的時間總是固定為 2π，故該電壓為一弦式穩態電壓波形。

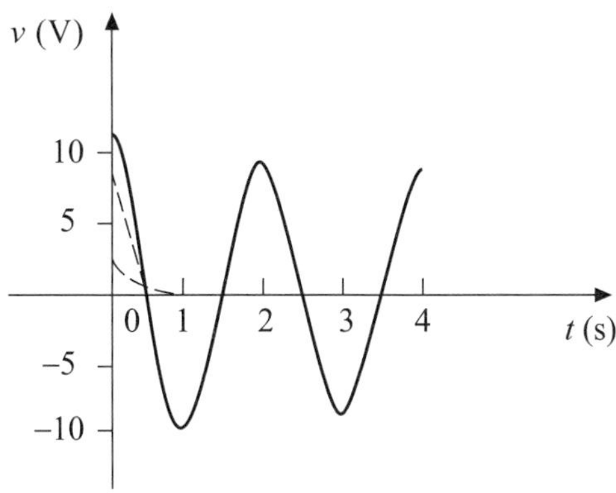

圖 5–1　非弦波穩態電壓波形的說明

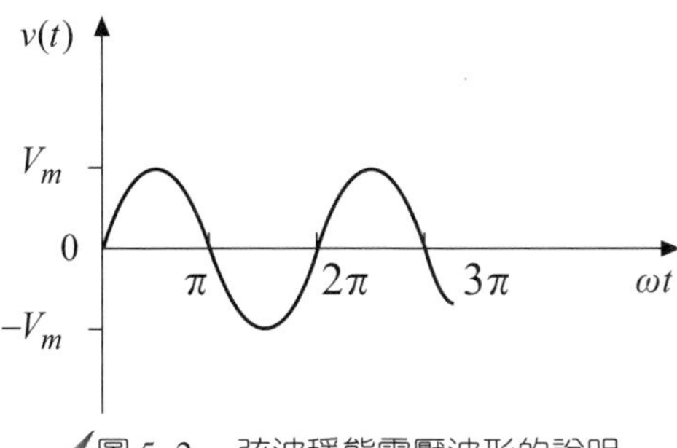

圖 5–2　弦波穩態電壓波形的說明

試將電壓 $v(t)=172\cos(377t+10^\circ)$ (V) 表達為正弦函數。

$v(t)=172\cos(377t+10^\circ)=172\sin(377t+10^\circ+90^\circ)=172\sin(377t+100^\circ)$ (V)

試將電流 $i(t)=25\sin(128t-50^\circ)$ (A) 表達為餘弦函數。

解 $i(t)=25\sin(128t-50^\circ)=25\cos(128t-50^\circ-90^\circ)=25\cos(128t-140^\circ)$ (A)

5.2 相量與相角

一個純正弦穩態電壓 $v_1(t)$ 可表示為如下之基本式：

$$v_1(t)=V_m\sin(\omega t) \quad \text{(V)} \tag{5–1}$$

式中 V_m 為電壓的峰值 (peak value) 或振幅 (amplitude)，是由零電壓開始量起至該電壓最高點的量；sin 為正弦函數；ω 為角頻率 (angular frequency) 以 rad/s 為單位。角頻率 ω 與週期 T 以及每秒鐘變化次數的頻率 f 間的關係如下：

$$\omega=2\pi\cdot f=2\pi\cdot\frac{1}{T}=\frac{2\pi}{T} \tag{5–2}$$

若將 (5–1) 式改為如下式所示之 $v_2(t)$：

$$v_2(t)=V_m\sin(\omega t+\theta) \quad \text{(V)} \tag{5–3}$$

式中 θ 為相角 (phase angle)。圖 5–3 示出了 v_1 及 v_2 二個電壓波形的比較，其中相角 θ 為大於零的正值，故 $v_2(t)$ 電壓波形在時間軸上領先 $v_1(t)$ 電壓波形相角 θ，換言之，$v_2(t)$ 波形比 $v_1(t)$ 的波形更快達到峰值電壓。

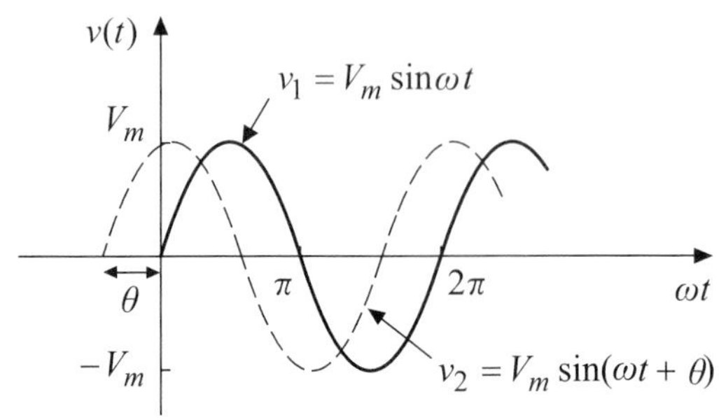

圖 5–3　二個弦式電壓波形的比較

若 (5–3) 式之相角 θ 為負值時，則 $v_2(t)$ 之電壓波形在時間軸上落後 $v_1(t)$ 電壓波形相角 θ，換言之，$v_2(t)$ 波形比 $v_1(t)$ 波形較慢達到峰值電壓，圖 5–3 中的二個電壓波形的順序則對調。由此可知當二個波形的角頻率為相同時，二波形的相角決定了同一波形的領先或落後。

由於交流電的電壓或電流多以時域下的純正弦或純餘弦表示，對於交流量的運算則以相量 (phasor) 表示較為方便，通常又以餘弦的表示式做為基本參考。如下面所示為時域餘弦式之電壓及電流波形表示式：

$$v(t) = V_m\cos(\omega t + \theta_V) \quad \text{(V)} \qquad i(t) = I_m\cos(\omega t + \theta_I) \quad \text{(A)} \qquad (5\text{–}4)$$

其中 V_m 及 I_m 分別為該電壓及電流波形的振幅，其正確的值必須表達為正值；θ_V 及 θ_I 則分別為該電壓及電流波形的相角，其值可正、可負、亦可為零。當要表達為相量時，可以直接取用振幅及相角放入一般複數的極座標型式中，其中極座標的大小量放入振幅值、極座標的相位則放入相角，故 (5–4) 式之相量表示如下：

$$\boldsymbol{V} = V_m\angle\theta_V \quad \text{(V)} \qquad \boldsymbol{I} = I_m\angle\theta_I \quad \text{(A)} \qquad (5\text{–}5)$$

或

$$\bar{V} = V_m\angle\theta_V \quad \text{(V)} \qquad \bar{I} = I_m\angle\theta_I \quad \text{(A)} \qquad (5\text{–}6)$$

式中以粗體字符號表示的量 (如 $\boldsymbol{V}$、$\boldsymbol{I}$) 或以符號上方一個橫槓所表示的量 (如 $\bar{V}$、$\bar{I}$)，即代表相量。

有些教科書中的相量大小是以均方根值 (root-mean-square value or rms value) 或有效值 (effective value) 表示，在純弦波的波形中，峰值的量為均方值的量之 $\sqrt{2}$ 倍，故 (5–4) 式可重新表示為

$$v(t) = \sqrt{2}V_{\text{rms}}\cos(\omega t + \theta_V) \quad \text{(V)} \qquad i(t) = \sqrt{2}I_{\text{rms}}\cos(\omega t + \theta_I) \quad \text{(A)} \qquad (5\text{–}7)$$

其相量表示式為

$$\boldsymbol{V}_{\text{rms}} = V_{\text{rms}}\angle\theta_V \quad \text{(V)} \qquad \boldsymbol{I}_{\text{rms}} = I_{\text{rms}}\angle\theta_I \quad \text{(A)} \qquad (5\text{–}8)$$

或

$$\overline{V}_{rms} = V_{\text{rms}}\angle\theta_V \quad \text{(V)} \qquad \overline{I}_{rms} = I_{\text{rms}}\angle\theta_I \quad \text{(A)} \tag{5–9}$$

式中仍以粗體字符號及上方一個橫槓的符號來代表相量，但多了下標的 rms 符號，以與 (5–5) 式、(5–6) 式以峰值表示之相量做區別。

試比較二電壓 $v_1(t) = -10\cos(\omega t + 60°)$ (V) 及 $v_2(t) = 12\sin(\omega t - 20°)$ (V) 之相角，以判定二電壓超前或落後多少相角的情況。

解 (a)方法一：將二電壓表達為基本餘弦式波形之表示式

$\therefore v_1 = 10\cos(\omega t - 120°)$ 或 $v_1 = 10\cos(\omega t + 240°)$

$v_2(t) = 12\sin(\omega t - 20°) = 12\cos(\omega t - 20° - 90°) = 12\cos(\omega t - 110°)$

故知 $v_2(t)$ 超前 $v_1(t)$ 為 10°。

(b)方法二：將二電壓表達為基本正弦式波形之表示式

$v_1 = -10\cos(\omega t + 60°) = 10\sin(\omega t + 60° - 90°) = 10\sin(\omega t - 30°)$

$v_2(t) = 12\sin(\omega t - 20°)$

故知 $v_2(t)$ 超前 $v_1(t)$ 為 10°。

(c)方法三：利用繪圖方式，將 $\cos\omega t$ 置於正實軸、$\sin\omega t$ 置於負虛軸，如圖 5–4 所示，則 $v_1(t) = -10\cos(\omega t + 60°)$ 必在負實軸處逆時鐘方向前移 60°，$v_2(t) = 12\sin(\omega t - 20°)$ 必在正虛軸處順時鐘方向前移 20°，故知 $v_2(t)$ 超前 $v_1(t)$ 為 $90° - 60° - 20° = 10°$。

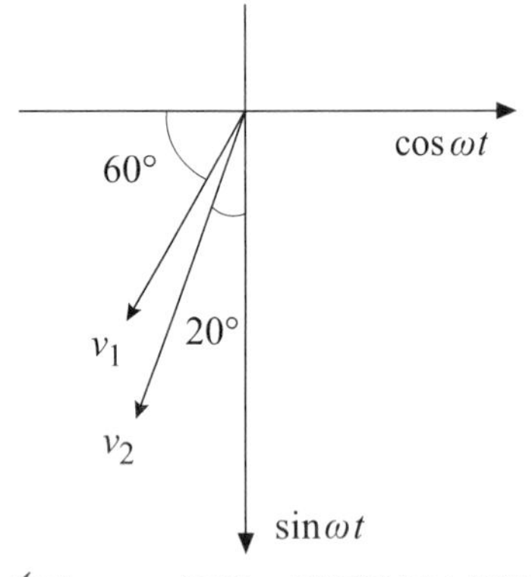

圖 5–4　範例 3 利用繪圖之解答

 試將(a) $v(t) = -7\cos(20t + 50°)$ (V)、(b) $i(t) = 4\sin(15t + 20°)$ (A) 表達為相量。

解 (a) $v(t) = -7\cos(20t + 50°) = 7\cos(20t + 50° \pm 180°)$

$= 7\cos(20t + 230°)$ 或 $7\cos(20t - 130°)$ (V)

故其相量為 $\boldsymbol{V} = 7\angle(230°)$ 或 $7\angle(-130°)$ (V)

(b) $i(t) = 4\sin(15t + 20°) = 4\cos(15t + 20° - 90°) = 4\cos(15t - 70°)$ (A)

故其相量為 $\boldsymbol{I} = 4\angle(-70°)$ (A)

 試將(a) $\boldsymbol{V} = -20\angle(30°)$ (V)、(b) $\boldsymbol{I} = j(50 - j120)$ (A) 表達為時域之表示式。

解 (a) $\boldsymbol{V} = -20\angle(30°) = 20\angle(30° \pm 180°) = 20\angle(210°)$ 或 $20\angle(-150°)$ (V)

$\therefore v(t) = 20\cos(\omega t + 210°)$ 或 $20\cos(\omega t - 150°)$ (V)

(b) $\boldsymbol{I} = j(50 - j120) = j50 + 120 = 130\angle(22.62°)$ (A)

$\therefore i = 130\cos(\omega t + 22.62°)$ (A)

5.3 能量及功率

如圖 5–5 所示之架構，代表一個交流弦式電源供應被動線性負載的情況，圖中的 $v(t)$ 及 $i(t)$ 均為弦式穩態下的量。負載瞬間所吸收的功率稱為瞬時功率 (instantaneous power)，可由電壓 $v(t)$ 與電流 $i(t)$ 的乘積或能量對時間的微分求得如下：

$$p(t) = v(t)\cdot i(t) = \frac{dw(t)}{dt} \quad \text{(W)} \tag{5–10}$$

式中的瞬間電流 $i(t)$ 可表示為

$$i(t) = I_m\cos(\omega t + \theta_I) \quad \text{(A)} \tag{5–11}$$

瞬間電壓 $v(t)$ 可表示為

$$v(t) = V_m\cos(\omega t + \theta_V) \quad \text{(V)} \tag{5–12}$$

值得注意的是：$i(t)$ 是由 $v(t)$ 之正極性端流入。$w(t)$ 則代表負載瞬間的吸收能量，可表示為

$$w(t)=\int_0^t p(\tau)d\tau \quad \text{(J)} \tag{5–13}$$

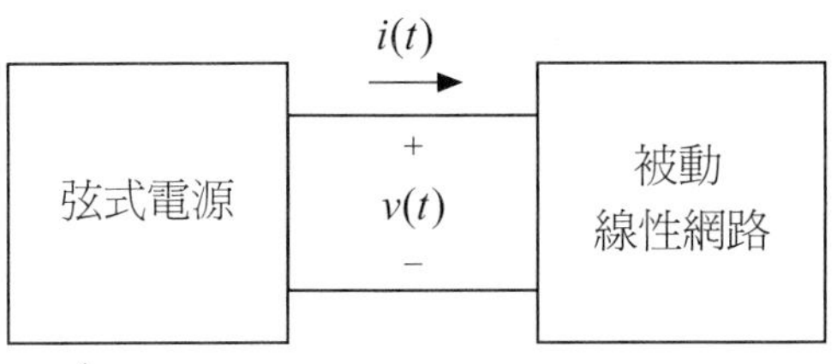

圖 5–5　一個交流電源供應負載的電路

若將 (5–11) 式及 (5–12) 式代入 (5–10) 式，則瞬時功率的表示式為

$$p(t)=\frac{1}{2}V_mI_m\cos(\theta_V-\theta_I)+\frac{1}{2}V_mI_m\cos(2\omega t+\theta_V+\theta_I) \quad \text{(W)} \tag{5–14}$$

式中等號右側第一項為常數，第二項則以二倍角頻率變動，二項所合成的瞬時功率如圖 5–6 所示。由圖 5–6 中的波形得知：瞬時功率 $p(t)$ 之值可正、可負，當 $p(t)$ 為正值時，代表負載瞬間正在吸收功率或能量；反之，當 $p(t)$ 為負值時，代表負載瞬間正在放出功率或能量。值得注意的是：

(1)圖 5–6 中的虛線到時間軸之距離恰為 (5–14) 式等號右側之第一項之量，代表平均功率值，將在下一節再作說明。

(2)瞬時功率 $p(t)$ 之波形變動一個完整波形的時間恰為電壓或電流波形週期之一半，代表 $p(t)$ 波形之角頻率為電壓或電流角頻率的二倍，與 (5–14) 式中的 2ω 吻合，請參考下一節的說明。

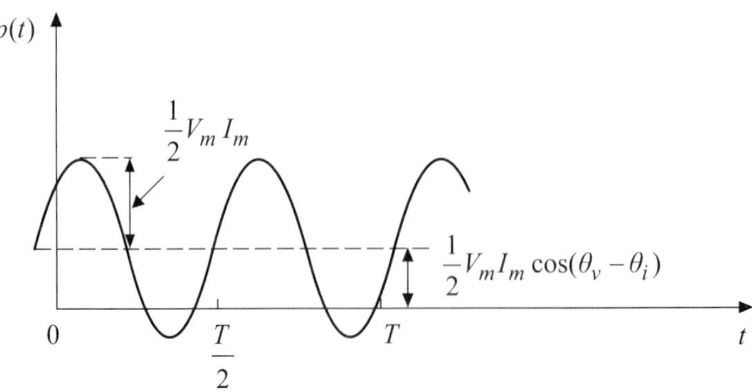

圖 5–6　圖 5–5 之瞬時功率 $p(t)$ 對時間 t 的變動波形

已知一被動線性網路之電壓及電流分別為 $v(t)=80\cos(10t+20°)$ (V)、$i(t)=15\sin(10t+60°)$ (A)，試求該網路之吸收瞬時功率及平均功率。

解 先將電流改為餘弦函數

$i(t)=15\sin(10t+60°)=15\cos(10t+60°-90°)=15\cos(10t-30°)$　(A)

(a)瞬時功率為 $p(t)=v(t)\cdot i(t)=1200\cos(10t+20°)\cos(10t-30°)$　(W) 或

$$p(t)=\frac{1}{2}1200\{\cos[20°-(-30°)]+\cos(10\times 2t+20°-30°)\}$$
$$=385.673+600\cos(20t-10°)\quad (W)$$

(b)平均功率為 $P=\frac{1}{2}1200\cos[20°-(-30°)]=385.673$　(W)

已知一被動線性網路之電壓為 $v(t)=100\cos(20t+50°)$ (V)，若該網路吸收之平均功率為 100 W、電流峰值為 5 A，試求：(a)電流之表示式及(b)瞬時功率之表示式。

(a) $P_{avg}=\frac{1}{2}V_mI_m\cos(\theta_V-\theta_I)=\frac{1}{2}100\times 5\cos(50°-\theta_I)=100$

$\therefore \cos(50°-\theta_I)=\frac{2}{5}=0.4 \Rightarrow \theta_I=50°-\cos^{-1}(0.4)=-16.422°$

$\therefore i(t)=5\cos(20t-16.422°)$　(A)

(b) $p(t)=P_{avg}+\frac{1}{2}V_mI_m\cos(2\omega t+\theta_V+\theta_I)$

$$=100+\frac{1}{2}100\times 5\cos(40t+50°-16.422°)=100+250\cos(40t+33.578°)\quad (W)$$

5.4 平均功率與複功率

前一節 (5–14) 式已經得知一個電路的瞬時功率表示為下式所列：

$$p(t)=\frac{1}{2}V_mI_m\cos(\theta_V-\theta_I)+\frac{1}{2}V_mI_m\cos(2\omega t+\theta_V+\theta_I)\quad (W)$$

將上式做一個週期 T 的時間積分再除以週期 T，可得到該電路所吸收的平均功率 (average power) 為

$$P=\frac{1}{T}\int_0^T p(t)dt=\frac{1}{T}\int_0^T v(t)\cdot i(t)dt \tag{5–15}$$

將 (5–14) 式等號右側第一項之常數值代入 (5–15) 式，可得

$$P_1=\frac{1}{T}\int_0^T[\frac{1}{2}V_mI_m\cos(\theta_V-\theta_I)]dt=\frac{1}{2}V_mI_m\cos(\theta_V-\theta_I)\quad\text{(W)}\tag{5–16}$$

其結果與第一項本身完全相同，故該項為一常數。再將 (5–14) 式等號右側第二項之函數代入 (5–15) 式，可得

$$P_2=\frac{1}{T}\int_0^T\frac{1}{2}V_mI_m\cos(2\omega t+\theta_V+\theta_I)dt=0\quad\text{(W)}\tag{5–17}$$

該值為零代表第二項不會產生平均功率的消耗。故知一個被動線性網路之平均功率值為 (5–16) 式及 (5–17) 式之和：

$$P=P_1+P_2=\frac{1}{2}V_mI_m\cos(\theta_V-\theta_I)\quad\text{(W)}\tag{5–18}$$

此式代表原 (5–14) 式等號右側第一項的常數即為電路的平均功率，該值是由電壓峰值 V_m、電流峰值 I_m、電壓與電流相角差的餘弦 $\cos(\theta_V-\theta_I)$，以及 $\frac{1}{2}$ 等量之值的乘積結果。

當一個電路阻抗 (impedance) **Z** 必須求出其負載的複功率 (complex power) 時，可如圖 5–7 所示，將電壓相量與電流相量表示在電路上，其中電流相量是由電壓相量的正端流入負載，二者間的關係可由歐姆定律得知為

$$\mathbf{V}=\mathbf{ZI}\text{ 或 }\mathbf{I}=\mathbf{YV}\tag{5–19}$$

式中

$$\mathbf{Y}=\frac{1}{\mathbf{Z}}\tag{5–20}$$

為負載之導納 (admittance)，恰為阻抗 **Z** 的倒數。

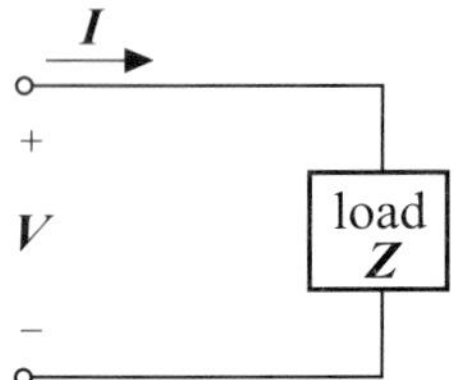

圖 5–7　電流相量是由電壓相量的正端流入負載之表示

在弦式穩態下，複數功率的表達方式可利用電壓相量及電流相量寫成如下的表示式：

$$\boldsymbol{S} = \frac{1}{2}\boldsymbol{V}\boldsymbol{I}^* = \boldsymbol{V}_{\text{rms}}\boldsymbol{I}^*_{\text{rms}} = \boldsymbol{Z}I^2_{\text{rms}} = \frac{V^2_{\text{rms}}}{\boldsymbol{Z}^*}\ (\text{VA}) = \boldsymbol{Y}^*V^2_{\text{rms}} \qquad (5\text{–}21)$$

式中 $\mathbf{Z}^*$ 為阻抗 $\mathbf{Z}$ 之共軛複數。將上式代入電壓相量及電流相量之關係並展開後，可得

$$\begin{aligned}\boldsymbol{S} &= \frac{1}{2}V_m I_m\angle(\theta_V - \theta_I) = \frac{1}{2}V_m I_m\cos(\theta_V - \theta_I) + j\frac{1}{2}V_m I_m\sin(\theta_V - \theta_I)\\ &= V_{\text{rms}}I_{\text{rms}}\angle(\theta_V - \theta_I) = V_{\text{rms}}I_{\text{rms}}\cos(\theta_V - \theta_I) + jV_{\text{rms}}I_{\text{rms}}\sin(\theta_V - \theta_I)\\ &= S\angle\theta_Z = P + jQ \qquad (\text{VA})\end{aligned} \qquad (5\text{–}22)$$

式中

$$S = \frac{1}{2}V_m I_m = V_{\text{rms}}I_{\text{rms}} = \sqrt{P^2 + Q^2} = \frac{P}{\cos(\theta_V - \theta_I)} \qquad (\text{VA}) \qquad (5\text{–}23)$$

稱為視在功率 (apparent power)，可直接由電壓峰值、電流峰值及 $\frac{1}{2}$ 之乘積而得，或由電壓均方根值、電流均方根值之乘積而得。

$$P = \frac{1}{2}V_m I_m\cos(\theta_V - \theta_I) = V_{\text{rms}}I_{\text{rms}}\cos(\theta_V - \theta_I) = \sqrt{S^2 - Q^2} \qquad (\text{W}) \qquad (5\text{–}24)$$

稱為實功 (real power)、主動功率 (active power) 或電阻性功率 (resistive power)，與 (5–18) 式之平均功率表示式相同，均代表電路中會作功的成分。

$$Q = \frac{1}{2}V_m I_m\sin(\theta_V - \theta_I) = V_{\text{rms}}I_{\text{rms}}\sin(\theta_V - \theta_I) = \sqrt{S^2 - P^2} \qquad (\text{VAR}) \qquad (5\text{–}25)$$

稱為虛功或無效功率 (imaginary power) 或電抗功率 (reactive power)，其單位為乏 (volt-ampere-reactive, VAR)，此成分僅代表能量之吸收、放出特性，交替變換於電源與負載間的現象。

電壓與電流相角差的餘弦 $\cos(\theta_V - \theta_I)$ 也稱為功率因數 (power factor) 或簡稱功因 PF：

$$PF = \cos(\theta_V - \theta_I) = \frac{P}{S} = \frac{P}{\sqrt{P^2 + Q^2}} \qquad (5\text{–}26)$$

其值最小為 0、最大為 1，該值為表示電壓相角 θ_V 與電流相角 θ_I 間的差量餘弦關係，在功因之後多會加入超前（或引前）leading、落後（或滯後）lagging、單位 (unity) 等不同字眼做特性區別，這些量多以電壓的相量做參考：

(1)當電流相量超前電壓相量時：此時 $\theta_V < \theta_I$ 或 $0° < (\theta_V - \theta_I) < -90°$，但 $\cos(\theta_V - \theta_I)$ 仍保持正值，即 $1 > \cos(\theta_V - \theta_I) > 0$，此負載具有等效電容性負載的超前功因特性。

(2)當電流相量等於電壓相量時：此時 $\theta_V = \theta_I$ 或 $(\theta_V - \theta_I) = 0°$，故 $\cos(\theta_V - \theta_I) = 1$，此負載為具有等效電阻性負載的單位功因特性。

(3)當電流相量落後電壓相量時：此時 $\theta_V > \theta_I$ 或 $0° < (\theta_V - \theta_I) < 90°$，$\cos(\theta_V - \theta_I)$ 仍保持正值，即 $1 > \cos(\theta_V - \theta_I) > 0$，此負載具有等效電感性負載的落後功因特性。

由 (5–21) 式得知，複功率是一種含有實部及虛部的功率，實部代表會作功的成分，與電路中的電阻器特性有關；虛部則代表不會作功，屬於能量交替變換的特性，與電抗性元件（電容器及電感器）有關。

範例 8 已知一被動線性網路之電壓及電流分別為 $v(t) = 100\cos(10t + 10°)$ (V)、$i(t) = 20\cos(10t + 70°)$ (A)，試求該網路之瞬時功率、實功、虛功、功因、視在功率，以及等效阻抗及導納之值。

解 (a) $p(t) = \frac{1}{2}V_m I_m \cos(\theta_V - \theta_I) + \frac{1}{2}V_m I_m \cos(2\omega t + \theta_V + \theta_I)$

$$= \frac{1}{2}100 \times 20\cos(10° - 70°) + \frac{1}{2}100 \times 20\cos(20t + 10° + 70°)$$

$$= 500 + 1000\cos(20t + 80°) \quad \text{(W)}$$

$$P = 500 \text{ (W)}$$

$$Q = \frac{1}{2}V_m I_m \sin(\theta_V - \theta_I) = \frac{1}{2}100 \times 20\sin(10° - 70°) = -866.0254 \text{ (VAR)}$$

$$PF = \cos(\theta_V - \theta_I) = \cos(10° - 70°) = 0.5 \text{ leading}$$

$$S = \frac{1}{2}V_m I_m = \frac{1}{2}100 \times 20 = 1000 \text{ (VA)}$$

(b) $\boldsymbol{V} = 100\angle 10°$ (V), $\boldsymbol{I} = 20\angle 70°$ (A)

$$\boldsymbol{Z} = \frac{\boldsymbol{V}}{\boldsymbol{I}} = \frac{100\angle 10°}{20\angle 70°} = 5\angle(-60°) = 2.5 - j4.3301 \quad (\Omega)$$

$$\boldsymbol{Y} = \frac{1}{\boldsymbol{Z}} = 0.2\angle 60° = 0.1 + j0.1732 \quad \text{(S)}$$

範例 9 一個弦式電源提供 20 kVAR 至一個阻抗為 $\mathbf{Z}=25\angle(-45^\circ)$ (Ω) 之負載，試求該負載之功因、視在功率以及負載二端之峰值電壓。

解 (a) $PF=\cos(-45^\circ)=0.707$ leading

(b) $S=\dfrac{Q}{\sin\theta}=\dfrac{-20}{\sin(-45^\circ)}=28.2843\ (\text{kVA})$

(c) $\because\ \mathbf{S}=\mathbf{Y}^* V_{\text{rms}}^2$

$\therefore\ V_{\text{rms}}=\sqrt{\dfrac{\mathbf{S}}{\mathbf{Y}^*}}=\sqrt{\mathbf{S}\mathbf{Z}^*}=\sqrt{28.2843\times10^3\angle(-45^\circ)\cdot25\angle45^\circ}=840.8968\ (\text{V})$

$\therefore\ V_m=\sqrt{2}V_{\text{rms}}=\sqrt{2}(840.8968\ \text{V})=1189.2\ (\text{V})$

5.5 最大功率傳輸

最大功率傳輸定理 (maximum power transfer theorem) 為將交流電源傳送給負載的平均功率或有效功率值做最大化的應用。如圖 5–8 (a)所示的電路為一個線性交流電路連接一個負載阻抗 Z_L，為得到最大功率傳送至負載之目標，茲以圖 5–8 (b)之戴維寧等效電路 (即戴維寧等效電壓源 $\mathbf{V}_{\text{Th}}$ 串聯戴維寧等效阻抗 $\mathbf{Z}_{\text{Th}}$) 取代原(a)圖之線性電路。

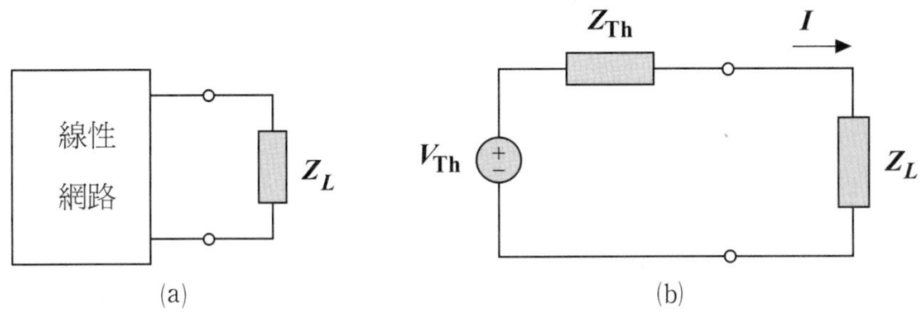

圖 5–8　最大功率傳輸的電路說明

假設戴維寧等效阻抗 $\mathbf{Z}_{\text{Th}}=R_{\text{Th}}+jX_{\text{Th}}$，負載等效阻抗 $\mathbf{Z}_L=R_L+jX_L$，則圖 5–8 (b)之負載電流相量 $\mathbf{I}$ 可表示為

$$\mathbf{I}=\frac{\mathbf{V}_{\text{Th}}}{\mathbf{Z}_{\text{Th}}+\mathbf{Z}_L}=\frac{\mathbf{V}_{\text{Th}}}{(R_{\text{Th}}+R_L)+j(X_{\text{Th}}+X_L)} \tag{5–27}$$

則負載所吸收的平均功率可表示為

$$P_L = \frac{1}{2}|\boldsymbol{I}|^2 R_L = \frac{|\boldsymbol{V}_{\mathbf{Th}}|^2(\frac{R_L}{2})}{(R_{\mathrm{Th}}+R_L)^2+(X_{\mathrm{Th}}+X_L)^2} \tag{5–28}$$

式中的戴維寧等效電壓源之電壓相量大小是以峰值表示，故有 $\frac{1}{2}$ 之值置於等號右側，若該電壓相量大小是以均方根值表示時，則 (5–28) 式中無 $(\frac{1}{2})$ 項的存在。

為求出可使 (5–28) 式之 P_L 為最大值，且式中僅有負載等效電阻值 R_L 及負載等效電抗值 X_L 為可變時，則可令

$$\frac{\partial P_L}{\partial R_L} = 0 \tag{5–29}$$

$$\frac{\partial P_L}{\partial X_L} = 0 \tag{5–30}$$

將 (5–28) 式代入 (5–30) 式，其計算之結果為

$$\frac{\partial P_L}{\partial X_L} = \frac{\frac{|\hat{V}_{\mathrm{Th}}|^2[0-2R_L(X_{\mathrm{Th}}+X_L)]}{2}}{[(R_{\mathrm{Th}}+R_L)^2+(X_{\mathrm{Th}}+X_L)^2]^2} = \frac{-|\hat{V}_{\mathrm{Th}}|^2 R_L(X_{\mathrm{Th}}+X_L)}{[(R_{\mathrm{Th}}+R_L)^2+(X_{\mathrm{Th}}+X_L)^2]^2} = 0 \tag{5–31}$$

由 (5–31) 式可得其解為

$$X_L = -X_{\mathrm{Th}} \tag{5–32}$$

將 (5–28) 式代入 (5–29) 式，其計算之結果為

$$\frac{\partial P_L}{\partial R_L} = \frac{\frac{|\hat{V}_{\mathrm{Th}}|^2[(R_{\mathrm{Th}}+R_L)^2+(X_{\mathrm{Th}}+X_L)^2-2R_L(R_{\mathrm{Th}}+R_L)]}{2}}{[(R_{\mathrm{Th}}+R_L)^2+(X_{\mathrm{Th}}+X_L)^2]^2} = 0 \tag{5–33}$$

由 (5–32) 式搭配 (5–33) 式之結果，可推導求得

$$R_L = \sqrt{R_{\mathrm{Th}}^2+(X_{\mathrm{Th}}+X_L)^2} = R_{\mathrm{Th}} \tag{5–34}$$

將 (5–34) 式及 (5–32) 式加以合併，可歸納最大功率傳輸的條件為當負載阻抗恰為戴維寧等效阻抗之共軛複數值，即

$$\boldsymbol{Z}_L = R_L + jX_L = R_{\text{Th}} - jX_{\text{Th}} = \boldsymbol{Z}_{\text{Th}}^* \qquad (5\text{–}35)$$

當滿足 (5–35) 式之條件時，由等效電路的串聯得知：圖 5–8 (b)中的戴維寧等效電抗值與負載等效電抗值完全抵銷，只剩下純電阻成分在電路中，故其負載吸收之最大平均功率值為

$$P_{L,\max} = \frac{|\boldsymbol{V}_{\text{Th}}|^2}{8R_{\text{Th}}} \quad (\text{W}) \qquad (5\text{–}36)$$

若改以電壓均方根值表示時，則負載吸收之最大平均功率值為

$$P_{L,\max} = \frac{|\boldsymbol{V}_{\textbf{Th,rms}}|^2}{4R_{\text{Th}}} \qquad (5\text{–}37)$$

當負載阻抗無法完全滿足 (5–35) 式之條件時，則有以下二種修正模式：

(1)當負載電抗無法滿足 (5–32) 式之完全抵銷條件且負載電抗值 X_L 為固定時，則負載可吸收之最大平均功率值之負載阻抗條件應為

$$\boldsymbol{Z}_L = R_L + jX_L = \sqrt{R_{\text{Th}}^2 + (X_{\text{Th}} + X_L)^2} + jX_L \qquad (5\text{–}38)$$

(2)當負載電抗值 X_L 為零，即負載為純電阻特性時，則負載可吸收之最大平均功率值之負載阻抗條件應等於戴維寧等效阻抗之大小值，此即阻抗大小匹配的條件

$$\boldsymbol{Z}_L = R_L + j0 = \sqrt{R_{\text{Th}}^2 + X_{\text{Th}}^2} = |\boldsymbol{Z}_{\textbf{Th}}| \qquad (5\text{–}39)$$

如圖 5–9 所示之電路，試求可使負載阻抗獲得最大平均功率之 $\boldsymbol{Z}_L$ 值，並求出該值下之最大平均功率。

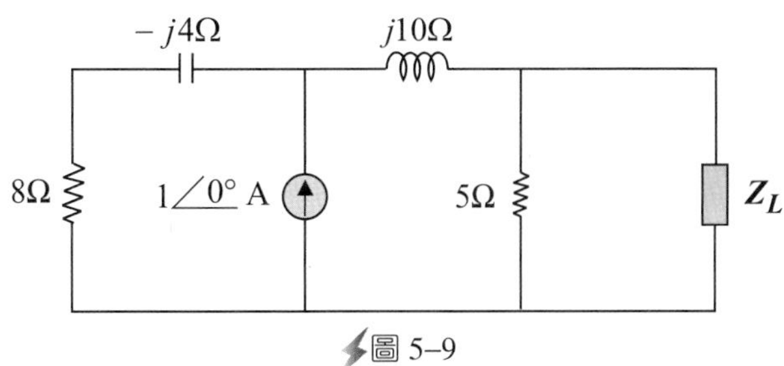

圖 5–9

解 (a)將原電路之負載切離，並將 1 A 電流源斷路，可得如圖 5–10 所示之電路。由圖 5–10 可得戴維寧等效阻抗為

$$\mathbf{Z}_{\mathrm{Th}} = (5) /\!/ (8 - j4 + j10) = \frac{5(8 + j6)}{13 + j6} = 3.4146 + j0.7317 \quad (\Omega)$$

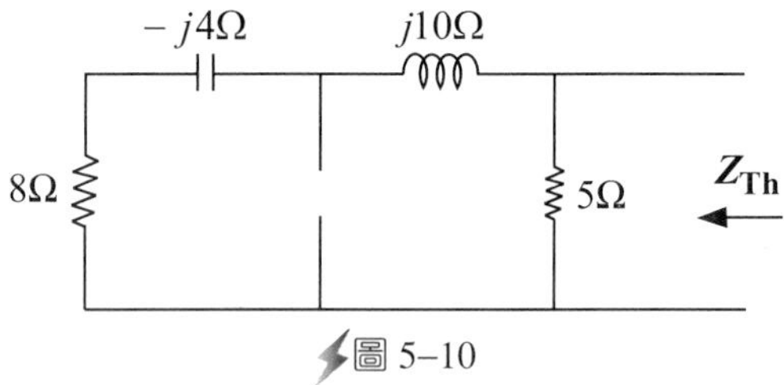

圖 5–10

(b)將原電路之負載切離，可得如圖 5–11 所示之電路。由圖 5–11 可求得戴維寧等效電壓為

$$\mathbf{V}_{\mathrm{Th}} = 1\ \mathrm{A} \cdot \frac{(8 - j4)5}{(8 - j4) + (5 + j10)} = \frac{40 - j20}{13 + j6} = \frac{44.72136\angle(-26.565^\circ)}{14.3178\angle 24.775^\circ}$$

$$= 3.12348\angle(-51.34^\circ) \quad (\mathrm{V})$$

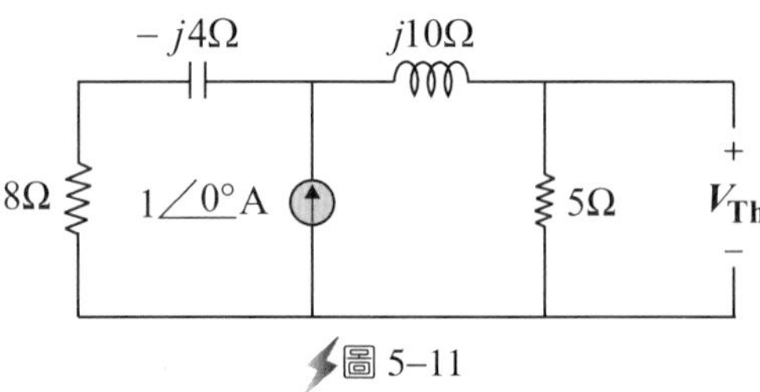

圖 5–11

$$\therefore \mathbf{Z}_L = \mathbf{Z}_{\mathrm{Th}}^* = 3.4146 - j0.7317 \quad (\Omega)$$

$$\therefore P_{\max} = \frac{|\mathbf{V}_{\mathrm{Th}}|^2}{8R_{\mathrm{Th}}} = \frac{3.12348^2}{8(3.4146)} = 0.35715\ (\mathrm{W})$$

如圖 5–12 所示之電路，試求可使負載電阻獲得最大平均功率之 R_L 值，並求出該值下之最大平均功率。

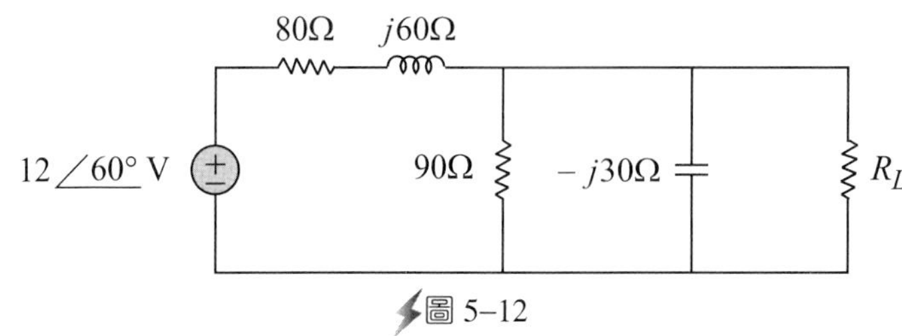

圖 5–12

解 (a)將原電路之負載 R_L 切離，並將 12 V 電壓源短路，可得如圖 5–13 所示之電路。先求圖中 90 Ω 與 $-j30$ Ω 並聯等效阻抗值為 $(90)/\!/(-j30)=\dfrac{-j2700}{90-j30}=9-j27$，再由圖 5–13 可得戴維寧等效阻抗為

$$\mathbf{Z}_{\mathbf{Th}}=(80+j60)/\!/(9-j27)=\frac{2340-j1620}{89+j33}=17.181-j24.573 \quad (\Omega)$$

$$=30\angle(-55.039^\circ) \quad (\Omega)$$

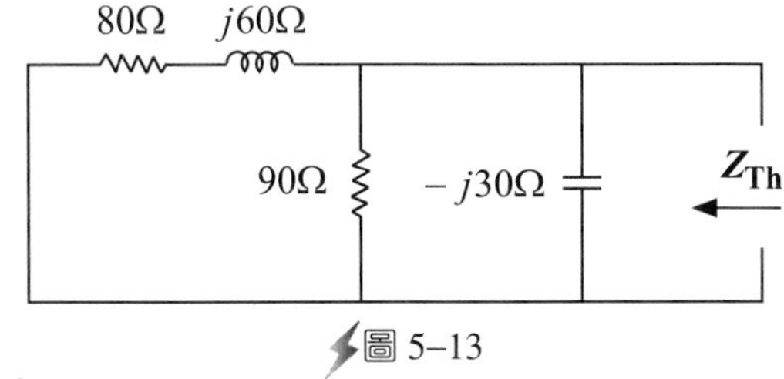

圖 5–13

(b)將原電路之負載切離，可得如圖 5–14 所示之電路。由圖 5–14 可求得戴維寧等效電壓為

$$\mathbf{V}_{\mathbf{Th}}=12\angle 60^\circ\frac{9-j27}{(80+j60)+(9-j27)}=\frac{341.526\angle(-11.565^\circ)}{94.92\angle 20.344^\circ}$$

$$=3.598\angle(-31.909^\circ) \quad (\text{V})$$

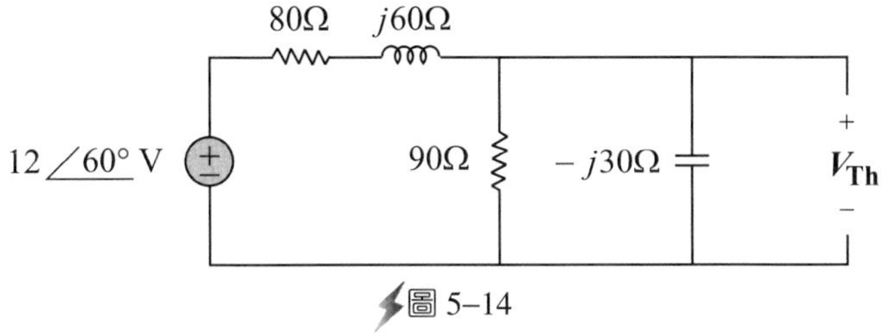

圖 5–14

$$\therefore \mathbf{Z}_L=R_L=|\mathbf{Z}_{\mathbf{Th}}|=30\ (\Omega)$$

$$\boldsymbol{I}=\frac{\mathbf{V}_{\mathbf{Th}}}{\mathbf{Z}_{\mathbf{Th}}+R_L}=\frac{3.598\angle(-31.909^\circ)}{(17.181-j24.573)+30}=0.0676\angle 59.42^\circ \quad (\text{A})$$

$$\therefore P_{\max}=\frac{1}{2}|\boldsymbol{I}|^2R_L=\frac{1}{2}(0.0676\ \text{A})^2(30\ \Omega)=0.06854\ (\text{W})$$

5.6 平衡三相系統

本小節之前的弦式穩態電路分析均是以單一電壓源連接單一交流負載的情況來考量的，此情況類似如圖 5–15 所示之單相電源供應單相負載的等效電路，此即為通用的單相二線式系統 (single-phase two-wire system, 1ϕ2W)，如家用的單相 110 V 插座即是此類系統。

一般家用的系統也可採用如圖 5–16 所示的單相三線式系統 (single-phase three-wire system, 1ϕ3W)，此類系統可同時具有雙重電壓供電，如家用的單相 110 V 插座的地線即是接在圖中具有中性線 n–N 的點，單相 110 V 插座的另一條火線可接在圖中的 a–A 線或 b–B 線上，此為小型負載使用。當用電負載之容量增加時，則可將該類負載連接在圖中的 a–A 線及 b–B 線上，其電壓大小為 220 V，恰為 110 V 電壓的二倍。家中常用的冷氣機或電熱水器等高用電負載，即是使用單相 220 V 電壓，以減少線路的電流。

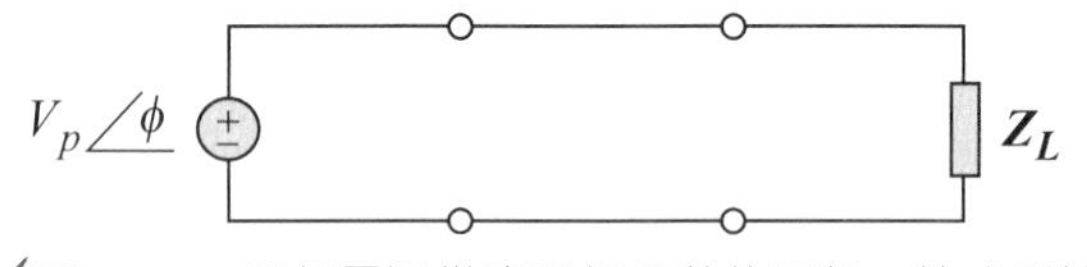

圖 5–15　單相電源供應單相負載的單相二線式系統

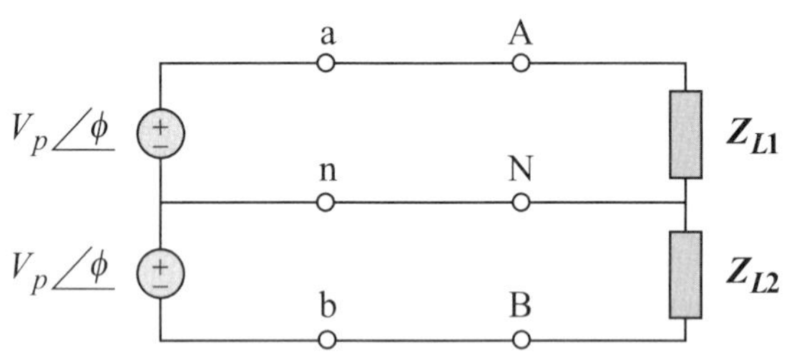

圖 5–16　單相電源供應單相負載的單相三線式系統

三相系統是目前使用最多、最高效率的供電系統，如圖 5–17 所示的電路為三相三線式系統 (three-phase three-wire system, 3ϕ3W)，圖中的三個電源電壓大小值均相同但相角分別相差 120°，其電壓負極性端共同連接在一起，經過三條線連接到三個負載，此即三相負載，三個負載的另一端共同連接在一起。圖 5–18 所示為另一種三相系統，稱為三相四線式系統 (three-phase four-wire system, 3ϕ4W)，圖中的接線僅比圖 5–17 中的接線多一條中性線 n–N，是將三個電源之電壓負極性端共同連接至三個負載的另一共同連接端。

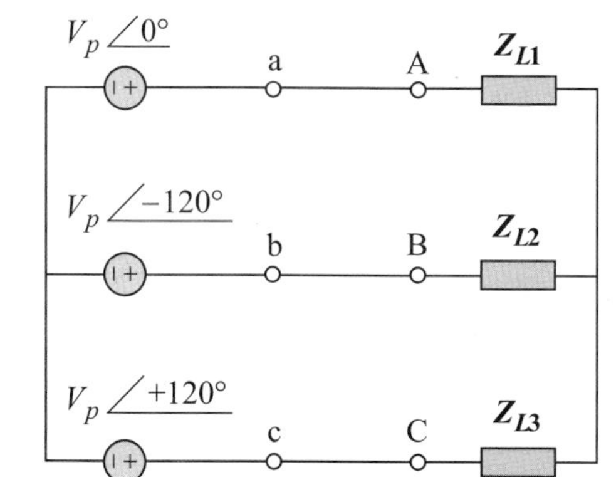

圖 5–17　三相電源供應三相負載的三相三線式系統

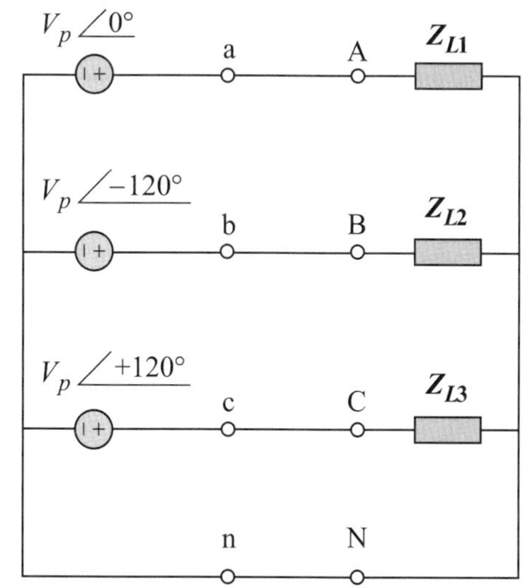

圖 5–18　三相電源供應三相負載的三相四線式系統

根據三相系統之三相電源連接三相負載的模式，基本上又可分為 Y–Y、Y–Δ、Δ–Y、Δ–Δ 等四種，其連接圖分別如圖 5–19 (a)、(b)、(c)、(d)所示。圖 5–19 (a)示出了最詳細的圖形結構，其中 $\boldsymbol{Z}_s$ 代表三相電源的阻抗，$\boldsymbol{Z}_l$ 代表三相電源與負載間的連接線路阻抗，$\boldsymbol{Z}_n$ 代表三相電源中性點與三相負載中性點間的連接線路阻抗，$\boldsymbol{Z}_L$ 則代表三相負載的阻抗。三相電源中性點與三相負載中性點間的連接線路阻抗 $\boldsymbol{Z}_n$ 只存在 Y–Y 連接的模式中，其餘的電源阻抗、線路阻抗等均會存在於不同的模式中，但在圖 5–19 (b)、(c)、(d)中均予以忽略。

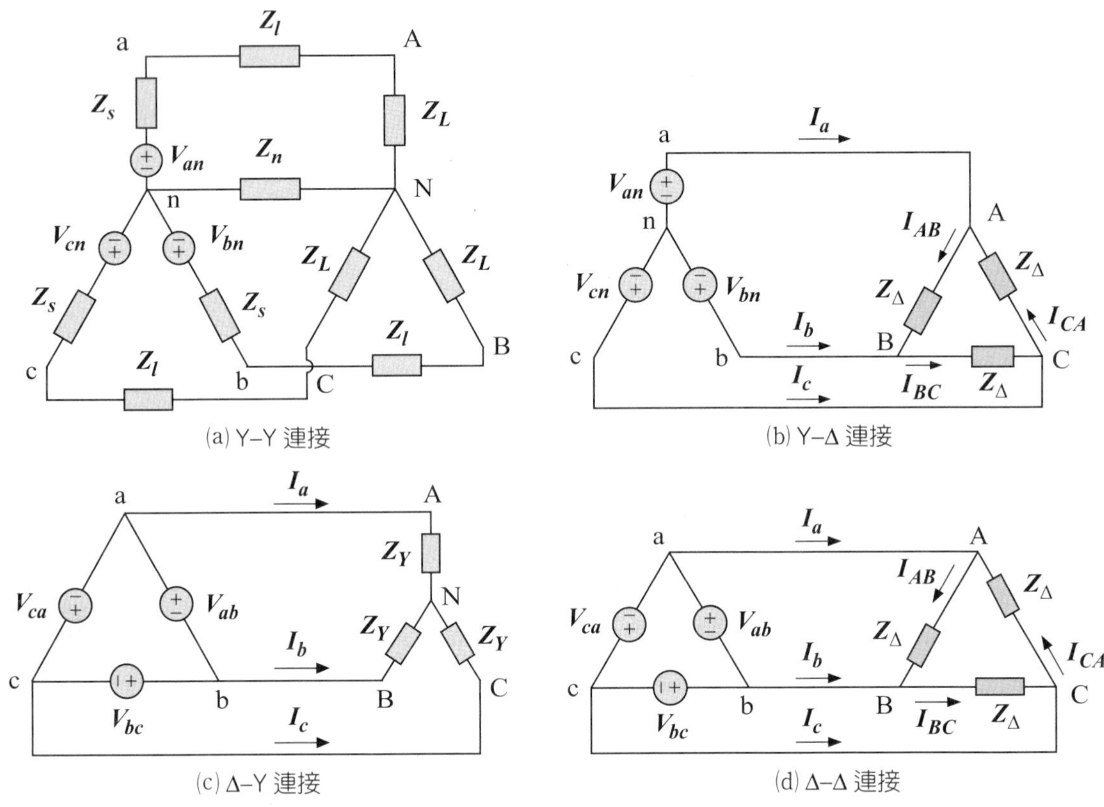

(a) Y–Y 連接　(b) Y–Δ 連接　(c) Δ–Y 連接　(d) Δ–Δ 連接

圖 5–19　三相系統之三相電源連接三相負載的四種模式

一個三相系統為平衡時，必須同時滿足以下的所有條件：

(1)三相電源電壓之大小相同

(2)三相電源電壓之頻率相同

(3)三相電源電壓相角分別相差 120°

(4)三相電源電壓之電源阻抗相同

(5)三相電源電壓連接負載之線路阻抗相同

(6)三相負載之阻抗相同

當一個三相系統是平衡時，則在 Y 連接的電源或負載部分具有以下的重要結果：「線電壓相量 $\boldsymbol{V}_L$ 必為相電壓相量 $\boldsymbol{V}_\phi$ 的 $\sqrt{3}$ 倍並具有 30° 相移（正相序下之線電壓相量必超前相電壓相量 30°，負相序下之線電壓相量必落後相電壓相量 30°），且線電流相量 $\boldsymbol{I}_L$ 必等於相電流相量 $\boldsymbol{I}_\phi$」，以方程式表示如下：

$$\boldsymbol{V}_L = \sqrt{3}\angle(\pm 30°)\cdot \boldsymbol{V}_\phi \tag{5–40}$$

$$\boldsymbol{I}_L = \boldsymbol{I}_\phi \qquad (5\text{–}41)$$

當一個三相系統是平衡時，則在 Δ 連接的電源或負載部分具有以下的重要結果：「線電流相量 $\boldsymbol{I}_L$ 必為相電流相量 $\boldsymbol{I}_\phi$ 的 $\sqrt{3}$ 倍並具有 30° 相移（正相序下之線電流相量必落後相電流相量 30°，負相序下之線電流相量必超前相電流相量 30°），且線電壓相量 $\boldsymbol{V}_L$ 必等於相電壓相量 $\boldsymbol{V}_\phi$」，以方程式表示如下：

$$\boldsymbol{I}_L = \sqrt{3}\boldsymbol{I}_\phi\angle(\mp 30^\circ) \qquad (5\text{–}42)$$

$$\boldsymbol{V}_L = \boldsymbol{V}_\phi \qquad (5\text{–}43)$$

當一個三相系統是平衡時，則其負載所吸收的總瞬時功率必等於三相總平均功率之值，其三相之總實功、總虛功及總複數功率分別以方程式表示如下：

$$P_{3\phi} = 3V_pI_p\cos\theta = \sqrt{3}V_LI_L\cos\theta \quad \text{(W)} \qquad (5\text{–}44)$$

$$Q_{3\phi} = 3V_pI_p\sin\theta = \sqrt{3}V_LI_L\sin\theta \quad \text{(VAR)} \qquad (5\text{–}45)$$

$$S_{3\phi} = P_{3\phi} + jQ_{3\phi} = \sqrt{3}V_LI_L\angle\theta = S_{3\phi}\angle\theta \quad \text{(VA)} \qquad (5\text{–}46)$$

式中 V_p、I_p 分別為負載相電壓及相電流的大小，V_L、I_L 分別為負載線電壓及線電流的大小，θ 為負載阻抗角或功因角。

範例 12　一個三相平衡 Y 連接的正相序電源，其每相之內阻抗為 $0.4 + j0.3$ (Ω)，該電源經過每相阻抗為 $0.6 + j0.7$ (Ω) 之輸電線後，供應給一個每相阻抗為 $24 + j19$ (Ω) 的三相 Y 連接平衡的負載，假設電源內部之 a 相電壓為 $\boldsymbol{V}_{an} = 120\angle 30^\circ$ (V_{rms})，試求負載端之線電壓、線電流、總實功及總虛功。

解

$$\boldsymbol{Z}_Y = \boldsymbol{Z}_s + \boldsymbol{Z}_l + \boldsymbol{Z}_L = (0.4 + j0.3) + (0.6 + j0.7) + (24 + j19)$$

$$= 25 + j20 = 32.0156\angle 38.66^\circ \quad (\Omega)$$

$$\boldsymbol{Z}_L = 24 + j19 = 30.61\angle 38.367^\circ \quad (\Omega)$$

(a)負載端之三相線電流

$$\boldsymbol{I}_a = \frac{\boldsymbol{V}_{an}}{\boldsymbol{Z}_Y} = \frac{120\angle 30^\circ}{32.0156\angle 38.66^\circ} = 3.748\angle(-8.66^\circ) \quad (A_{rms})$$

$$\boldsymbol{I}_b = \boldsymbol{I}_a\angle(-120^\circ) = 3.748\angle(-128.66^\circ) \quad (A_{rms})$$

$$\boldsymbol{I}_c = \boldsymbol{I}_a\angle(-240^\circ) = 3.748\angle(-248.66^\circ) \quad (A_{rms})$$

(b)負載端之三相線電壓

$$\boldsymbol{V}_{La}=\boldsymbol{Z}_L\boldsymbol{I}_{La}=30.61\angle(38.367^\circ)\cdot 3.748\angle(-8.66^\circ)=114.726\angle 29.707^\circ \quad (\mathrm{V_{rms}})$$

$$\boldsymbol{V}_{Lab}=\sqrt{3}\angle(30^\circ)\boldsymbol{V}_{La}=198.711\angle 59.707^\circ \quad (\mathrm{V_{rms}})$$

$$\boldsymbol{V}_{Lbc}=\boldsymbol{V}_{Lab}\angle(-120^\circ)=198.711\angle(-60.293^\circ) \quad (\mathrm{V_{rms}})$$

$$\boldsymbol{V}_{Lca}=\boldsymbol{V}_{Lab}\angle(+120^\circ)=198.711\angle 179.707^\circ \quad (\mathrm{V_{rms}})$$

(c)負載端之三相總實功

$$P_{3\phi}=3(I_L)^2\mathrm{R_e}[Z_L]=3\times(3.748)^2\times 24=1011.42\ (\mathrm{W})$$

(d)負載端之三相總虛功

$$Q_{3\phi}=3(I_L)^2\mathrm{I_m}[Z_L]=3\times(3.748)^2\times 19=800.708\ (\mathrm{VAR})$$

範例 13 一個Δ連接之三相發電機，其供應一平衡三相Δ連接電感性負載時，該負載所吸收之實功為 45 kW，若其線電流為 138 A，試求：(a)負載之功因；(b)負載之相電流大小；(c)負載每相之實功及虛功。

解 (a) $PF=\dfrac{P}{S}=\dfrac{45\times 10^3}{\sqrt{3}\times 230\times 138}=0.8185$ lagging

(b) $\boldsymbol{I}_p=\dfrac{\boldsymbol{I}_L}{\sqrt{3}}=\dfrac{138}{\sqrt{3}}=79.674\ (\mathrm{A})$

(c) $P_p=\dfrac{45\ \mathrm{kW}}{3}=15000\ (\mathrm{W})$

$$Q_p=\frac{Q_{3\phi}}{3}=\frac{1}{3}\sqrt{3}\times 230\times 138\sin[\cos^{-1}(0.8185)]=10527.888\ (\mathrm{VAR})$$

一臺三相 Y 連接 50 HP 之感應電動機連接至三相、440 V、60 Hz、正相序電源，該馬達以 72% 之效率、0.76 lagging 之功因、80% 之額定輸出運轉。若電力公司要求在電壓大小不變下，將該馬達的功因提高至 0.92 lagging，試求所需Δ連接電容器之每相電容值。

解

$$S=\frac{\dfrac{P_{\text{out}}}{\eta_{FL}}}{PF}=\frac{(50\times 746\ \mathrm{W})\times\dfrac{0.8}{0.72}}{0.76}=54532.164\ (\mathrm{VA})$$

$$\boldsymbol{S}=S\angle\cos^{-1}(0.76)=54532.164\angle 40.5358^\circ=41433.4457+j35454.5693 \quad (\mathrm{VA})$$

$$\theta_{\text{old}}=40.5358^\circ,\ \theta_{\text{new}}=\cos^{-1}(0.92)=23.0739^\circ$$

$$Q_{C(3\phi)}=P(\tan\theta_{\text{old}}-\tan\theta_{\text{new}})=41433.4457(\tan 40.5358^\circ-\tan 23.0739^\circ)$$

$$=17781.74453\ (\mathrm{VAR})$$

$$\therefore C_\Delta=\frac{\dfrac{Q_{C(3\phi)}}{3}}{(2\pi f)V_{LL\mathrm{rms}}^2}=\frac{\dfrac{17781.74453}{3}}{2\pi(60)(440)^2}=81.211\ (\mu\mathrm{F})$$

習題

5.1 弦波穩態

1. 如圖 P5–1 所示之電路，若 $v_i = 50\sin 5t$ (V)，試計算可獲得最大功率 $P_{L(\max)}$ 之負載 $\bar{z}_L$ 之值？$P_{L(\max)}$ 之值為何？

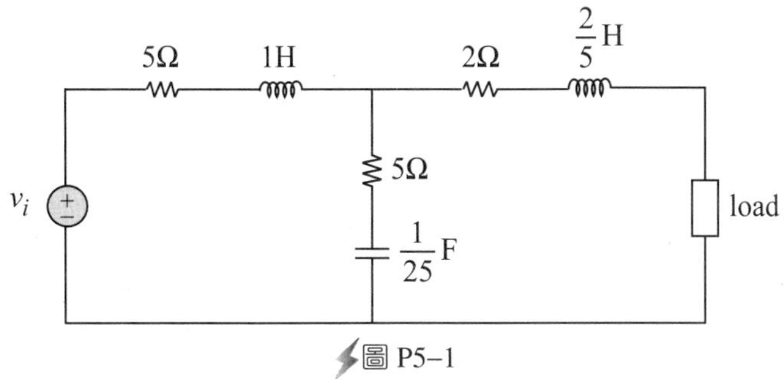

圖 P5–1

2. 如圖 P5–2 所示之電路，試求可獲得最大功率轉移之理想變壓器匝數比 $\frac{n_1}{n_2} = ?$

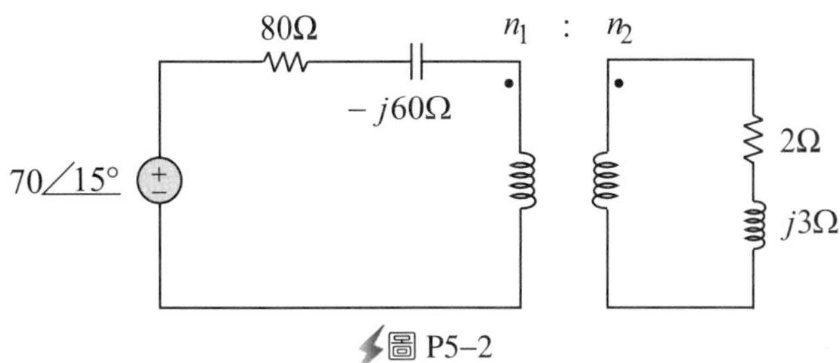

圖 P5–2

3. 如圖 P5–3 所示之電路，若 $v_{s1}(t) = 10\sin(t + 30°)$, $v_{s2}(t) = 5\sin(\beta t + 60°)$，試分別求出 10 Ω 電阻器之消耗功率 $P_{10\,\Omega}$。

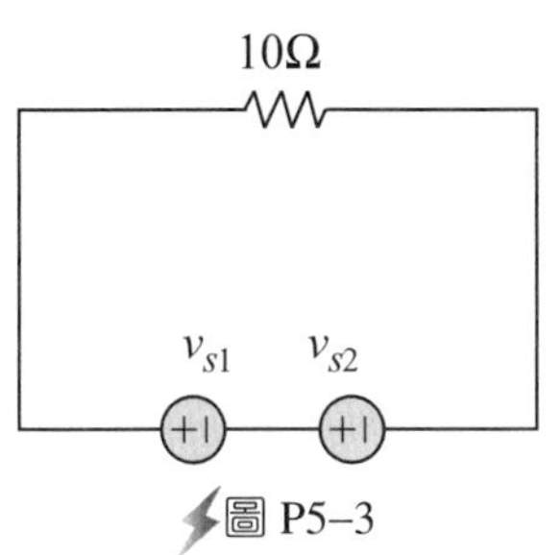

圖 P5–3

4. 如圖 P5–4 所示之電路，若電壓輸入是：(a) $v(t) = 6\cos(377t - 22°)$ (V)；(b) $v(t) = 4\sin(377t + 64°)$ (V)，試求出圖中電容器之時域及頻域電流。

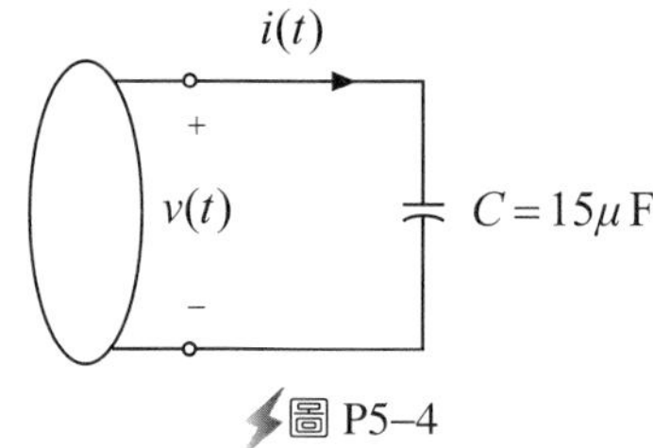

圖 P5–4

5.2 相量與相角

5. 如圖 P5–5 所示之電路，已知電源頻率 f 為 60 Hz，當該電路操作在穩態時，其 $|V_s| = 145$ V、$|V_1| = 50$ V、$|V_0| = 110$ V，試求其 L 及 R 之值。

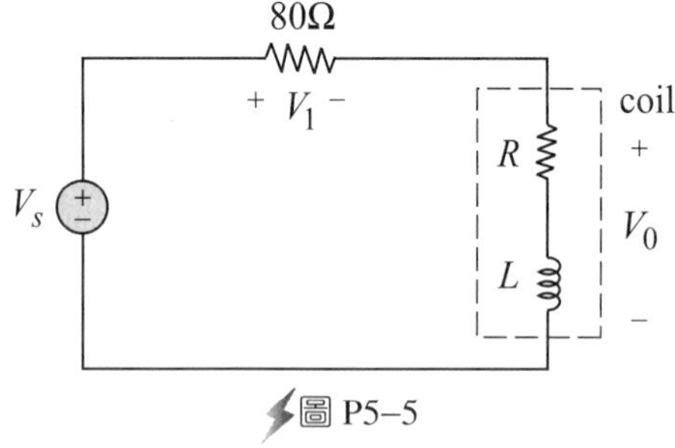

圖 P5–5

6. 試求圖 P5–6 所示電路中的 $\boldsymbol{Z_T}$ 與 $\boldsymbol{V_{ab}}$。

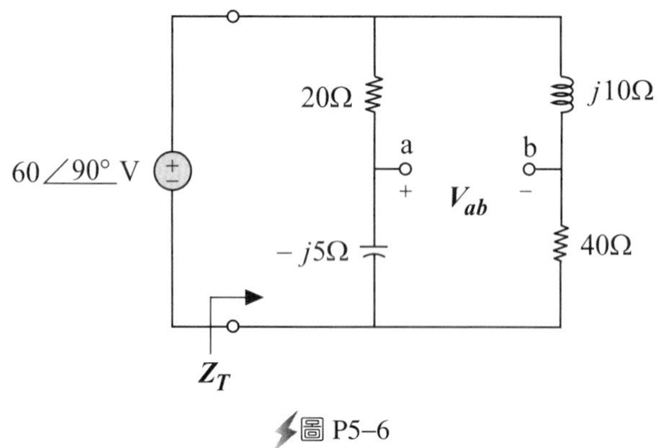

圖 P5–6

7. 如圖 P5–7 所示之電路，試使用節點電壓分析法求出該電路中的電流 $\boldsymbol{I}$。

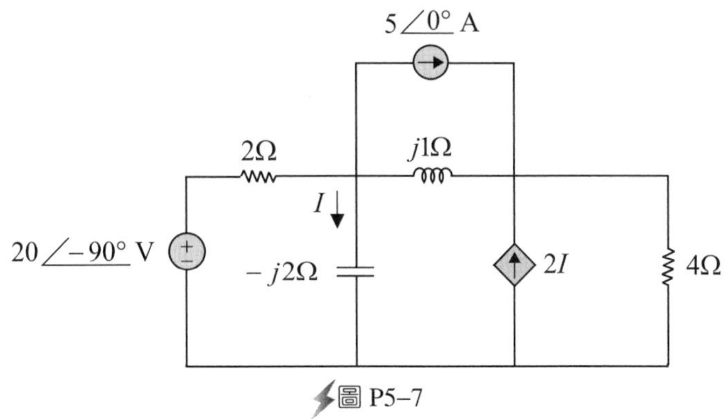

圖 P5–7

8. 試使用迴路電壓分析法求出如圖 P5–8 所示電路中的 $\boldsymbol{I_0}$。

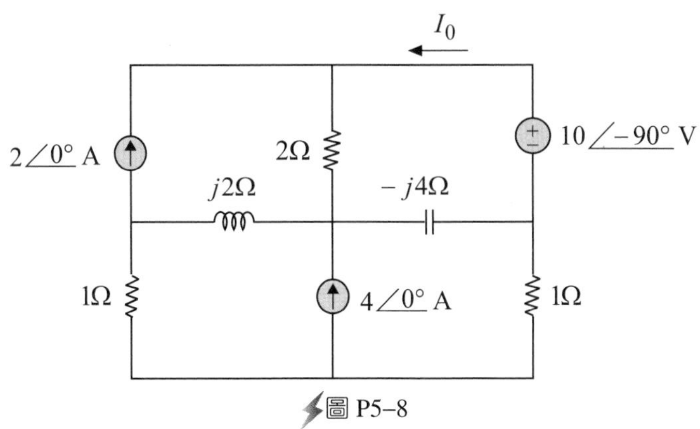

圖 P5–8

5.3 能量及功率

9. 某一單相線路連接一個單相負載，假設相電壓有效值為 100 V，該負載吸收之瞬時功率最大值為 1700 W，最小值為 −300 W，則負載所消耗之實功率為何？

10. 某工廠使用之單相電源為 $f = 50$ Hz、$V_{rms} = 2300$ V，且 $P_{av} = 100$ kW, $PF = 0.707$ lagging，若欲將功率因數提升為 1，則所需之並聯電容值 C 為多少？

11. 某一工業用戶在 0.8 lagging 功因下，操作一部 50 kW 之單相感應電動機，其電源電壓為 $200V_{rms}$、$f = 60$ Hz，用戶欲將功因提升至 0.95 lagging 以減少電費，試求所需並聯的電容值 C。

5.4 平均功率與複功率

12. 假設 $v(t) = 160\cos 50t$ (V) 且 $i(t) = -30\sin(50t - 30°)$ (A)，試計算其平均功率。

13. 如圖 P5–9 所示之電路，試求各元件消耗之平均功率。

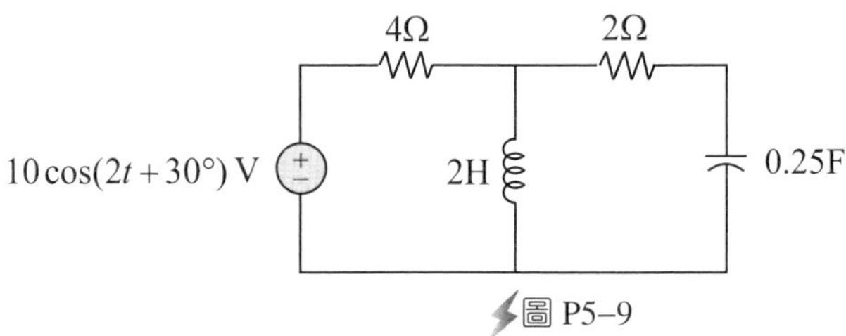

圖 P5–9

14. 如圖 P5–10 所示之電路，試計算圖中 4 Ω 電阻器所消耗的平均功率。

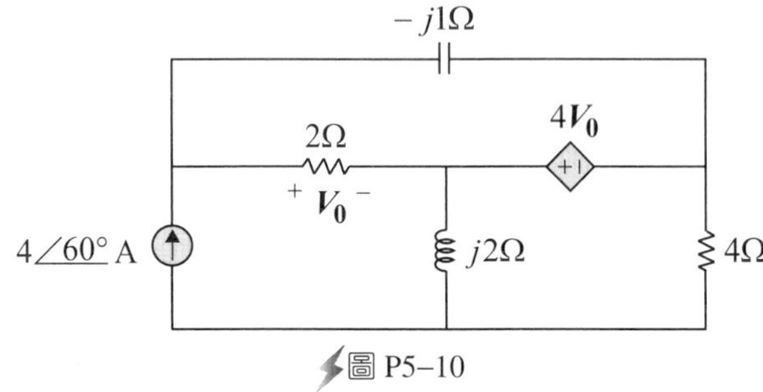

圖 P5–10

15. 如圖 P5–11 所示之電路，電流源大小 6 A 為有效值，試決定 40 Ω 電阻器所消耗之平均功率。

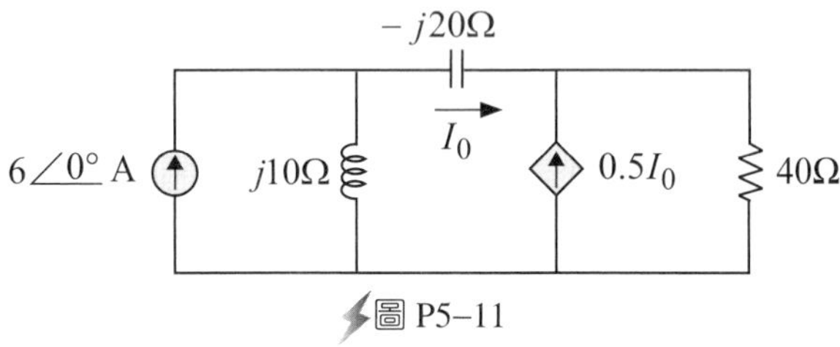

圖 P5–11

16. 一個負載為 5 kVAR，功率因數為 0.92 leading，電源為 220 V_{rms}，試計算此負載之電流及視在功率。

17. 一個電壓 $V(t) = 5 + 4\cos(t + 10°) + 2\cos(2t + 30°)$ (V) 供應 10 Ω 電阻器，試決定 10 Ω 電阻器所消耗之平均功率。

18. 試求下列之複功率：(a) $P = 4$ kW, $PF = 0.86$ lagging；
(b) $S = 2$ kVA, $P = 1.6$ kW（電容性）。

19. 已知一個負載之電壓與電流為 $V(t) = 20 + 60\cos 100t$ (V)、$I(t) = 1 - 0.5\sin 100t$ (A)，試求：(a)電壓及電流之有效值；(b)負載消耗之平均功率。

20.如圖 P5–12 所示之電路，試計算其功率因數及電源提供之複功率。

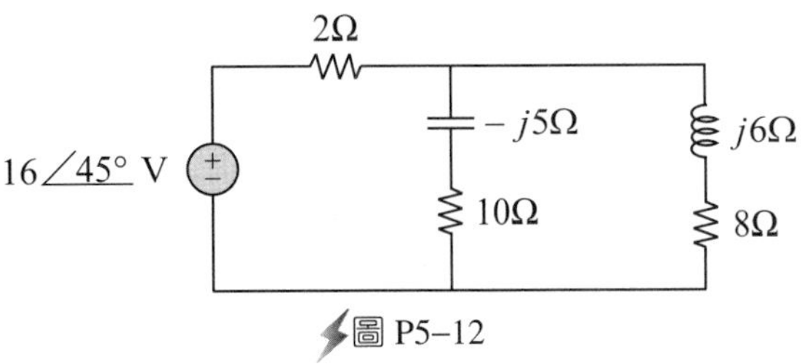

圖 P5–12

5.5 最大功率傳輸

21.試求如圖 P5–13 所示電路之最大功率轉移阻抗。

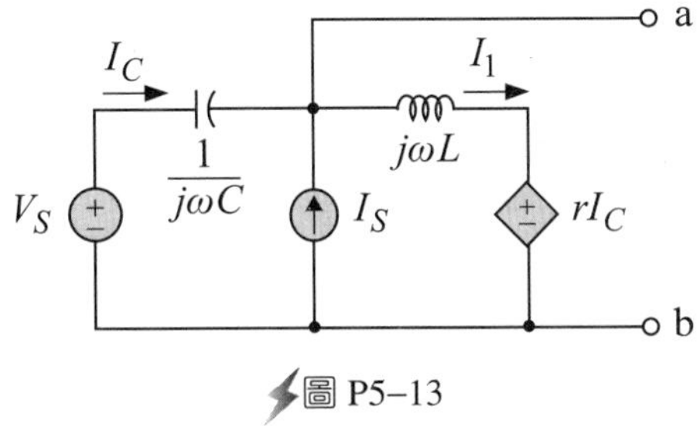

圖 P5–13

22.如圖 P5–14 所示之電路，試求：(a)從 R 看入的戴維寧和諾頓等效電路；(b)當 $R = 8\ \Omega$ 所消耗的功率。

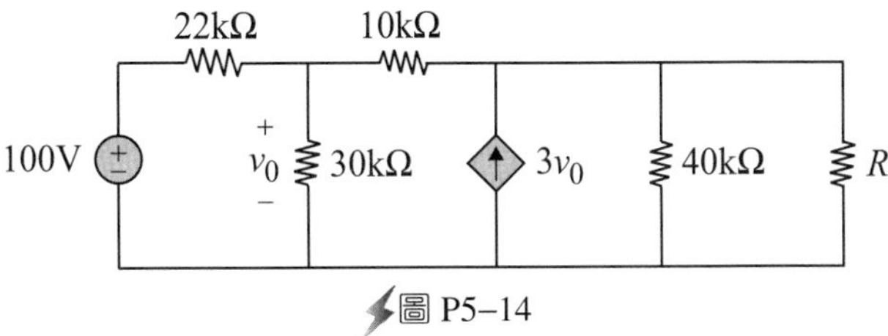

圖 P5–14

23.如圖 P5–15 所示之電路，試求當 load 為多少 Ω 值時可得最大功率轉移？

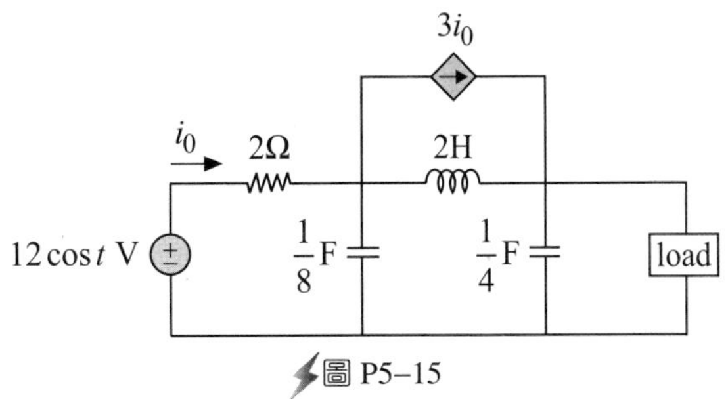

圖 P5–15

24. 如圖 P5–16 所示之電路，試求當 R_L 之值為多少時，可得最大功率轉移？

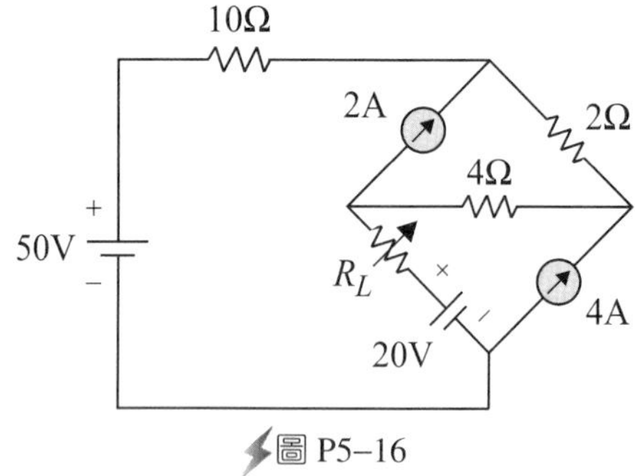

圖 P5–16

25. 如圖 P5–17 所示之電路，試求當 Z 為多少值時，可得最大功率？

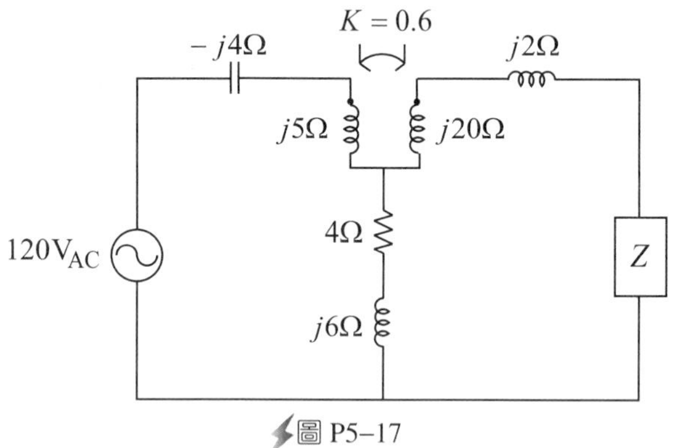

圖 P5–17

5.6 平衡三相系統

26. 考慮如圖 P5–18 所示之網路，試求線電流及負載處之線電壓振幅。

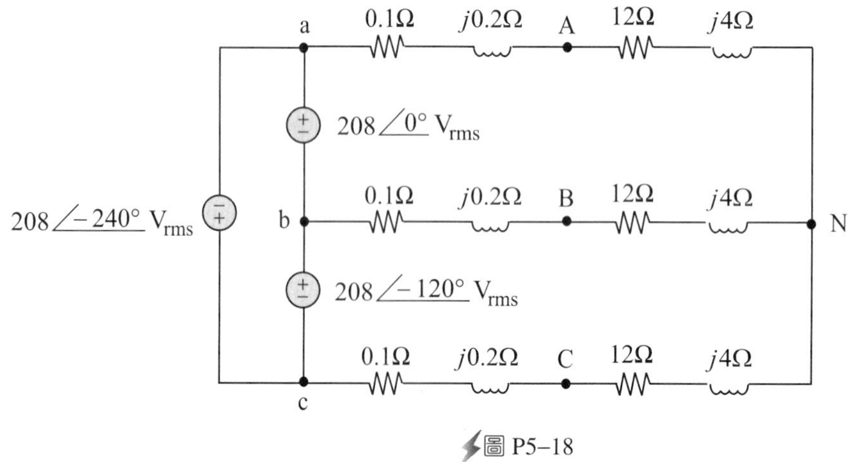

圖 P5–18

27. 一個三相平衡 Δ–連接負載，每相由 10 Ω 電阻器串聯 20 mH 電感器所組成。電壓源是 abc 相序、三相、60 Hz，平衡 Y–連接，其電壓為 $\boldsymbol{V}_{an} = 120\angle 30^\circ$ (V_{rms})。試求出所有的 Δ–連接負載之電流及線電流。

28. 考慮如圖 P5–19 所示之電路，試求出所有的負載電流。

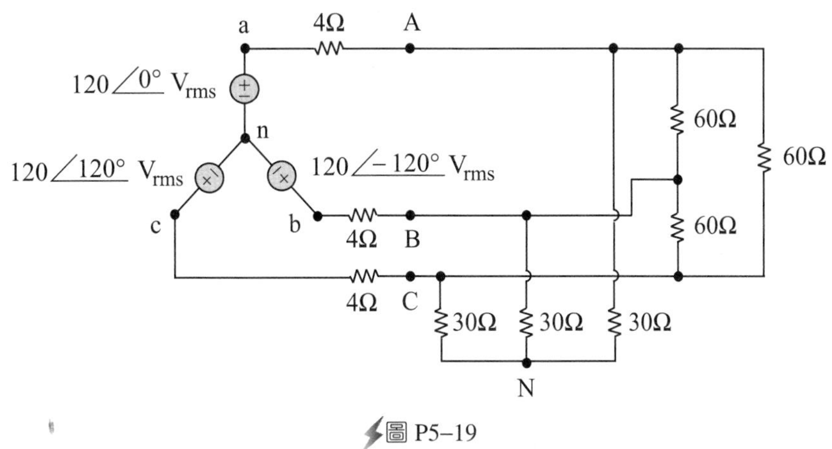

圖 P5–19

29. 一個三相平衡 Y–Δ 系統有 200 V_{rms} 之線電壓。負載吸收之總實功率是 1200 W。若負載之功因角是滯後 20°，試求線電流之振幅及 Δ 每相之負載阻抗值。

30. 一個平衡三相電源供電給三個負載：負載 1 為 24 kW，0.6 滯後功因；負載 2 為 10 kW，功因為 1；負載 3 為 12 kVA，0.8 超前功因。若負載之線電壓是 200 V_{rms}，60 Hz，試求出負載之線電流及組合功因。

筆記欄

電路學分析

第6章 雙埠網路

第六章　雙埠網路

6.0 本章摘要

本章為介紹雙埠網路之最基本觀念與六種網路參數特性及應用，各節內容摘要如下：

6.1 **雙埠參數間的關係**：本節定義雙埠網路的輸入與輸出特性關係。

6.2 **斷路阻抗參數**：本節介紹第一種基本的雙埠網路參數，由輸入端的斷路特性決定阻抗的參數，包含網路具有對稱性及互易性的關係。

6.3 **短路導納參數**：本節介紹第二種基本的雙埠網路參數，由輸入端的短路特性決定導納的參數，包含網路具有對稱性及互易性的關係。

6.4 **混合參數**：本節介紹第三、四種基本的雙埠網路參數，由輸入端的混合斷路與短路特性決定參數，包含網路具有對稱性及互易性的關係。

6.5 **傳輸參數**：本節介紹第五、六種基本的雙埠網路參數，由輸入端的電壓電流以輸出端的電壓電流特性決定參數，包含網路具有對稱性及互易性的關係。

6.6 **各組參數間的關係**：本節將前面六種參數的轉換關係加以說明及整理為表格。

6.7 **雙埠網路間的連接**：本節擴展單一雙埠網路為多個雙埠網路的串聯、並聯及串接組合，以形成大型複雜的網路。

6.1 雙埠參數間的關係

在電路中所謂的「埠」(port) 係指可供電流流入或流出之一對端點，如圖 6–1 所示之一對端點，電壓相量 $\boldsymbol{V}$ 跨在二端點之間，電流相量 $\boldsymbol{I}$ 由其中一個端點流入，亦由另一個端點流出。

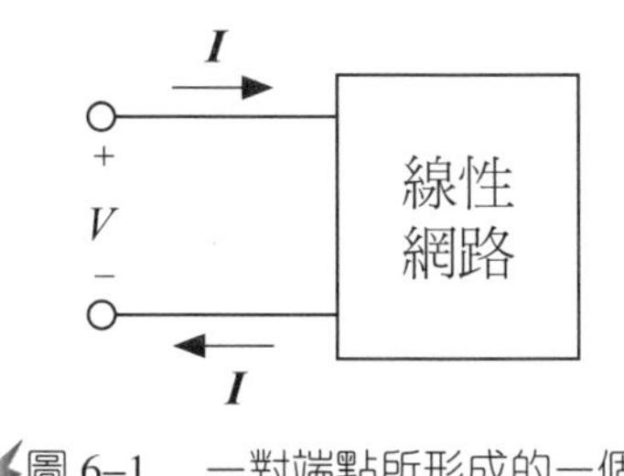

圖 6–1　一對端點所形成的一個埠

若將圖 6–1 的單一埠擴展為四個端點的雙埠，則形成如圖 6–2 所示之雙埠電路，圖中的二對端點分別有電壓相量 V_1 及 V_2，電流相量 I_1 由左側上方端點流入又由左側下方端點流出，電流相量 I_2 則由右側上方端點流入又由右側下方端點流出，故左側及右側的二對端子分別形成二個埠。圖 6–2 方塊中的電路元件有可能包含類比的電子元件如雙載子接面電晶體 (BJT)、運算放大器 (OPA) 等。

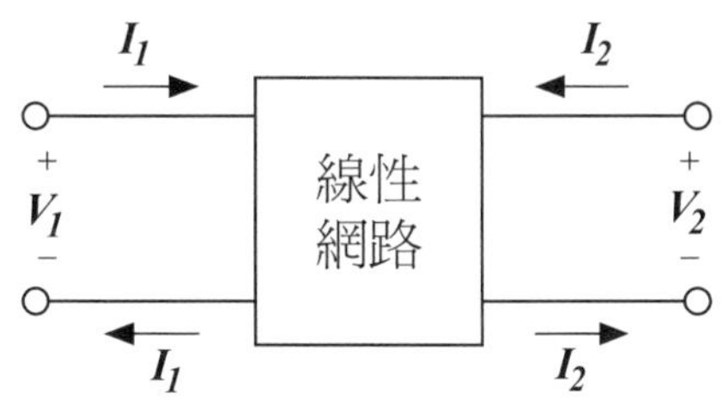

圖 6–2　二對端點所形成的雙埠電路

一個電路可能具有 n 個埠，但以雙埠網路為最通用，其中形成雙埠網路的條件必須是：在一對端點中，流入其中一個端點的電流必須恆等於流出另一個端點的電流，故該對端點的電流淨值為零。

如圖 6–2 所示的雙埠網路中，其二個電壓變數 V_1、V_2 及二個電流變數 I_1、I_2 等共四個變數，可選擇其中二個做為輸入端的獨立變數，另二個變數則必須做為輸出端的因變數。此種雙埠網路變數的應用，在雙載子接面電晶體 (BJT) 或場效應電晶體 (FET) 等類比電子元件的輸出對輸入控制中特別適用。

本章即根據二個輸入獨立變數與二個輸出因變數間的關係，導出六種基本雙埠網路參數，這些參數雖然均以弦式穩態下的阻抗或導納關係表示，但只要將電源角頻率 ω 設為零值，則電感器之電感抗為零變成短路、電容器之電容抗為無限大變成開路，而各種雙埠網路參數亦可適用在直流穩態之下作分析，這些將在以下各節中分別說明。

6.2 斷路阻抗參數

本節的斷路阻抗參數與下一節的短路導納參數均為第九章之電路濾波器合成之通同設計方式，它們可以適用於阻抗匹配的電路，也可以如 6.5 節的傳輸參數適同電力配電網路分析中。

如圖 6–3 所示之雙埠網路，由二個獨立電流相量 $\boldsymbol{I}_1$ 及 $\boldsymbol{I}_2$ 分別注入到雙埠網路之輸入端，二個電壓相量 $\boldsymbol{V}_1$ 及 $\boldsymbol{V}_2$ 分別出現在雙埠的端電壓上。若以 $\boldsymbol{I}_1$ 及 $\boldsymbol{I}_2$ 為輸入獨立變數，$\boldsymbol{V}_1$ 及 $\boldsymbol{V}_2$ 為輸出變數，則斷路阻抗參數之關係式可表達如下：

$$\begin{aligned}\boldsymbol{V}_1 &= z_{11}\boldsymbol{I}_1 + z_{12}\boldsymbol{I}_2\\ \boldsymbol{V}_2 &= z_{21}\boldsymbol{I}_1 + z_{22}\boldsymbol{I}_2\end{aligned} \tag{6–1}$$

若將 (6–1) 式改以矩陣表示，則為

$$\begin{bmatrix}\boldsymbol{V}_1\\ \boldsymbol{V}_2\end{bmatrix} = \begin{bmatrix} z_{11} & z_{12}\\ z_{21} & z_{22}\end{bmatrix}\begin{bmatrix}\boldsymbol{I}_1\\ \boldsymbol{I}_2\end{bmatrix} = [z]\begin{bmatrix}\boldsymbol{I}_1\\ \boldsymbol{I}_2\end{bmatrix} \tag{6–2}$$

式中

$$[z] = \begin{bmatrix} z_{11} & z_{12}\\ z_{21} & z_{22}\end{bmatrix} \quad (\Omega) \tag{6–3}$$

稱為斷路阻抗參數 (open-circuit impedance parameter)。

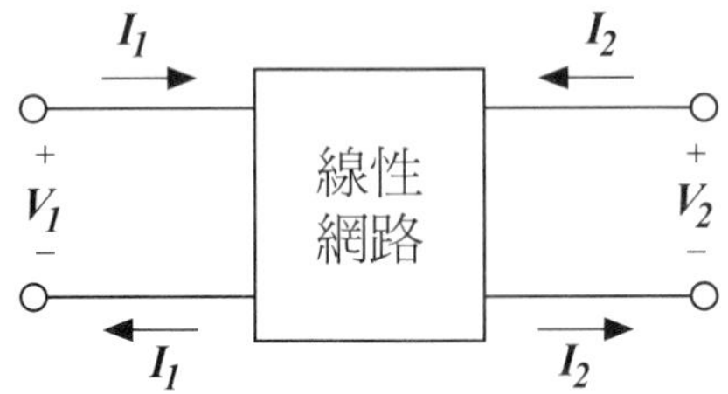

圖 6–3　計算斷路阻抗參數之雙埠網路

為求出 (6–3) 式中的四個阻抗參數，可先將電流相量 $\boldsymbol{I}_1$ 令為零值或斷路，則 z_{12} 及

z_{22} 可分別求出為

$$z_{12} = \left. \frac{V_1}{I_2} \right|_{I_1=0} \tag{6–4}$$

$$z_{22} = \left. \frac{V_2}{I_2} \right|_{I_1=0} \tag{6–5}$$

再將電流相量 I_2 令為零值或斷路，則 z_{11} 及 z_{21} 可分別求出為

$$z_{11} = \left. \frac{V_1}{I_1} \right|_{I_2=0} \tag{6–6}$$

$$z_{21} = \left. \frac{V_2}{I_1} \right|_{I_2=0} \tag{6–7}$$

其中

(1) z_{11} 及 z_{22} 分別稱為「斷路輸入阻抗」(open-circuit input impedance) 及「斷路輸出阻抗」(open-circuit output impedance)，其條件分別是在輸入端為斷路時 ($I_1 = 0$) 及輸出端為斷路時 ($I_2 = 0$)。

(2) z_{12} 及 z_{21} 分別稱為「由第一埠到第二埠之斷路轉移阻抗」(open-circuit transfer impedance from port 1 to port 2) 及「由第二埠到第一埠之斷路轉移阻抗」(open-circuit transfer impedance from port 2 to port 1)，其條件分別是在輸入端為斷路時 ($I_1 = 0$) 及輸出端為斷路時 ($I_2 = 0$)。

(3) z_{11} 及 z_{22} 有時也稱為「驅動點阻抗」(driving-point impedance)，z_{12} 及 z_{21} 則有時稱為「轉移阻抗」(transfer impedance)。

當 (6–3) 式之斷路阻抗矩陣的參數滿足 $z_{11} = z_{22}$ 時或二埠的驅動點阻抗相同時，則稱該雙埠網路為「對稱網路」(symmetric network)，類似以圖 6–3 中之方塊垂直中心線為鏡面，將該網路分割為對稱的二半。

當 (6–3) 式斷路阻抗矩陣的參數滿足 $z_{12} = z_{21}$ 時或二埠的轉移阻抗相同時，則稱該雙埠網路為「互易網路」(reciprocal network)，此表示該網路的輸入激勵訊號與輸出的響應可以互換，其結果保持不變。

對於一個具有互易特性的斷路阻抗參數網路，則 (6–1) 式或 (6–2) 式之斷路阻抗參數關係可用圖 6–4 之 T 型或 Y 型等效電路表示。但若該斷路阻抗參數網路不為互易網路時，則要改用如圖 6–5 所示之含有相依電源之一般等效電路模型來表示。

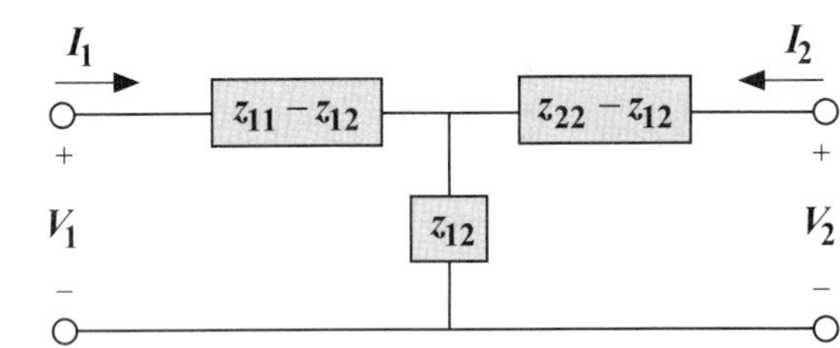

圖 6–4　斷路阻抗參數之具有互易特性的 T 型或 Y 型等效電路

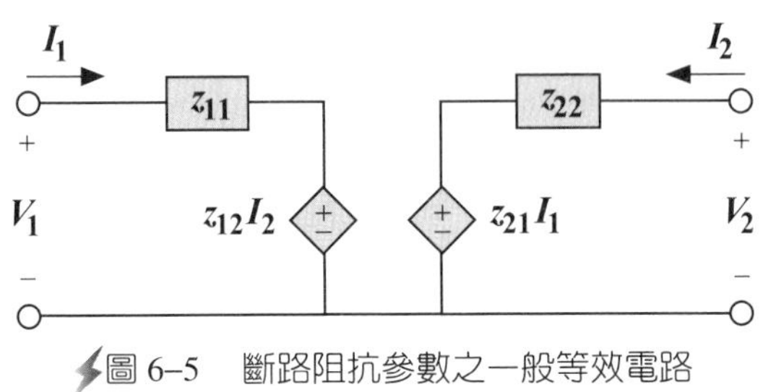

圖 6–5　斷路阻抗參數之一般等效電路

 試求如圖 6–6 所示電路之 z 參數。

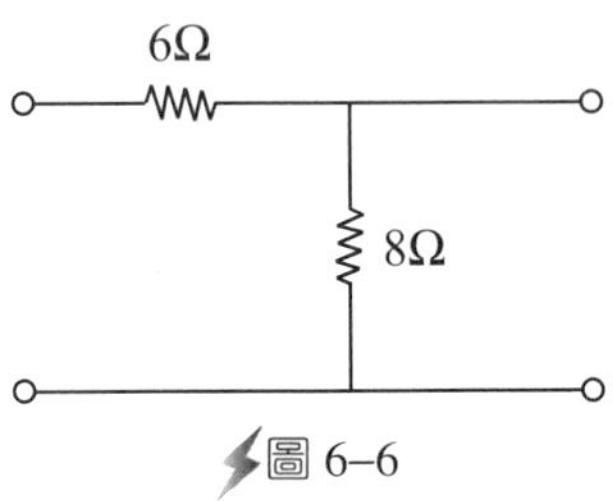

圖 6–6

解　將原圖 6–6 之電路加入電壓源，形成如圖 6–7 所示之電路，則該電路之電壓—電流關係式可寫為

$$\begin{cases} \boldsymbol{V}_1 = 6\boldsymbol{I}_1 + 8(\boldsymbol{I}_1 + \boldsymbol{I}_2) = 14\boldsymbol{I}_1 + 8\boldsymbol{I}_2 \\ \boldsymbol{V}_2 = 8(\boldsymbol{I}_1 + \boldsymbol{I}_2) = 8\boldsymbol{I}_1 + 8\boldsymbol{I}_2 \end{cases}$$

$$\therefore [z] = \begin{bmatrix} 14 & 8 \\ 8 & 8 \end{bmatrix} \quad (\Omega)$$

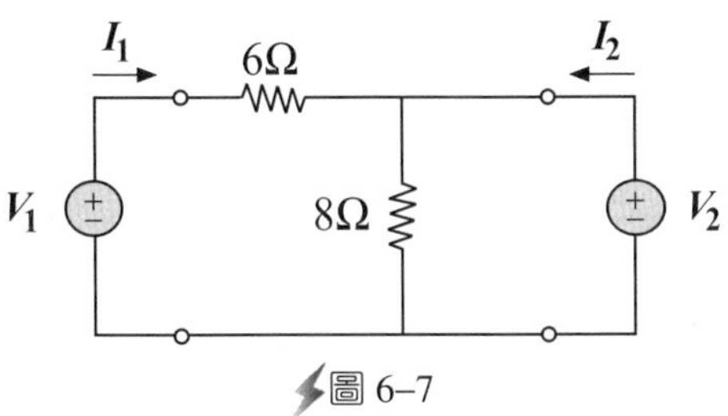

圖 6–7

試求如圖 6–8 所示電路之電壓相量 $\boldsymbol{V}_1$ 及電流相量 $\boldsymbol{I}_1$、$\boldsymbol{I}_2$。

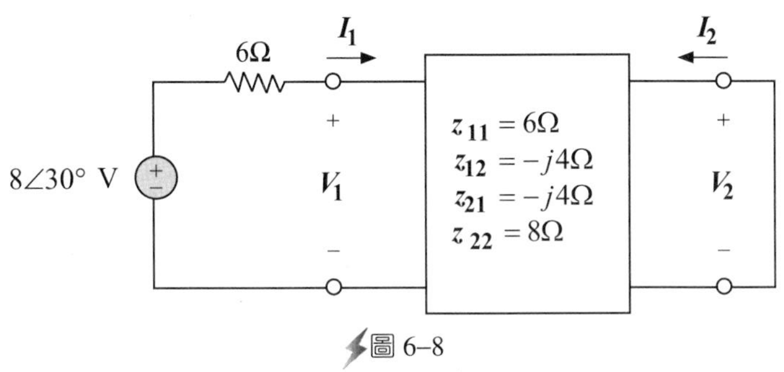

圖 6–8

解　由圖 6–8 之 z 參數，可得 $\begin{cases} \boldsymbol{V}_1 = 6\boldsymbol{I}_1 - j4\boldsymbol{I}_2 \cdots\cdots ① \\ \boldsymbol{V}_2 = -j4\boldsymbol{I}_1 + 8\boldsymbol{I}_2 \cdots\cdots ② \end{cases}$

由圖 6–8 之邊界條件，可得 $\boldsymbol{V}_1 = 8\angle 30^\circ - 6\boldsymbol{I}_1$ (V)、$\boldsymbol{V}_2 = 0$ (V)

將 $\boldsymbol{V}_2 = 0$ V 代入②式可得 $\boldsymbol{V}_2 = 0 = -j4\boldsymbol{I}_1 + 8\boldsymbol{I}_2$

$\therefore \boldsymbol{I}_2 = \dfrac{j4}{8}\boldsymbol{I}_1 = j0.5\boldsymbol{I}_1 \cdots\cdots ③$

將③式及 $\boldsymbol{V}_1 = 8\angle 30^\circ - 6\boldsymbol{I}_1$ (V) 代入①式可得

$\boldsymbol{V}_1 = 8\angle 30^\circ - 6\boldsymbol{I}_1 = 6\boldsymbol{I}_1 - j4\boldsymbol{I}_2 = 6\boldsymbol{I}_1 - j4(j0.5\boldsymbol{I}_1)$

$\therefore \boldsymbol{I}_1 = \dfrac{8\angle 30^\circ}{14} = \dfrac{4}{7}\angle 30^\circ$　(A)

$\boldsymbol{I}_2 = j0.5\boldsymbol{I}_1 = (j0.5)\dfrac{4}{7}\angle 30^\circ = \dfrac{2}{7}\angle 120^\circ$　(A)

$\boldsymbol{V}_1 = 8\angle 30^\circ - 6\boldsymbol{I}_1 = 8\angle 30^\circ - 6\cdot\dfrac{4}{7}\angle 30^\circ$

$= (6.9282 + j4) - (2.969 + j1.7143)$

$= 3.9592 + j2.2857 = 4.5716\angle 30^\circ$　(V)

6.3 短路導納參數

本節的短路導納參數與前一節的斷路阻抗參數均為六種基本雙埠網路參數中的最基本參數，故讀者必須先熟悉二種參數後再進入其他不同參數做研讀。

如圖 6–9 所示之雙埠網路，由二個獨立電壓相量 $\boldsymbol{V}_1$ 及 $\boldsymbol{V}_2$ 分別跨接到雙埠網路之輸入端，二個電流相量 $\boldsymbol{I}_1$ 及 $\boldsymbol{I}_2$ 分別由雙埠網路端點流入。若以 $\boldsymbol{V}_1$ 及 $\boldsymbol{V}_2$ 為輸入獨立變數，$\boldsymbol{I}_1$ 及 $\boldsymbol{I}_2$ 為輸出變數，則短路導納參數之關係式可表達如下：

$$\begin{aligned} \boldsymbol{I}_1 &= y_{11}\boldsymbol{V}_1 + y_{12}\boldsymbol{V}_2 \\ \boldsymbol{I}_2 &= y_{21}\boldsymbol{V}_1 + y_{22}\boldsymbol{V}_2 \end{aligned} \tag{6–8}$$

若將 (6–8) 式改以矩陣表示，則為

$$\begin{bmatrix} \boldsymbol{I}_1 \\ \boldsymbol{I}_2 \end{bmatrix} = \begin{bmatrix} y_{11} & y_{12} \\ y_{21} & y_{22} \end{bmatrix} \begin{bmatrix} \boldsymbol{V}_1 \\ \boldsymbol{V}_2 \end{bmatrix} = [y] \begin{bmatrix} \boldsymbol{V}_1 \\ \boldsymbol{V}_2 \end{bmatrix} \tag{6–9}$$

式中

$$[y] = \begin{bmatrix} y_{11} & y_{12} \\ y_{21} & y_{22} \end{bmatrix} \quad (\mathrm{S}) \tag{6–10}$$

稱為短路導納參數 (short-circuit admittance parameter)。

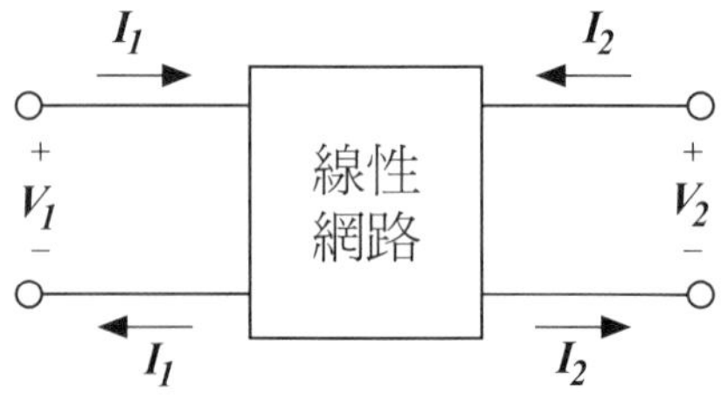

圖 6–9　計算短路導納參數之雙埠網路

為求出 (6–10) 式中的四個導納參數，可先將電壓相量 $\boldsymbol{V}_1$ 令為零值或短路，則 $\boldsymbol{y}_{12}$ 及 $\boldsymbol{y}_{22}$ 可分別求出為

$$\boldsymbol{y}_{12}=\left.\frac{\boldsymbol{I}_1}{\boldsymbol{V}_2}\right|_{V_1=0} \tag{6–11}$$

$$\boldsymbol{y}_{22}=\left.\frac{\boldsymbol{I}_2}{\boldsymbol{V}_2}\right|_{V_1=0} \tag{6–12}$$

再將電壓相量 $\boldsymbol{V}_2$ 令為零值或短路，則 $\boldsymbol{y}_{11}$ 及 $\boldsymbol{y}_{21}$ 可分別求出為

$$\boldsymbol{y}_{11}=\left.\frac{\boldsymbol{I}_1}{\boldsymbol{V}_1}\right|_{V_2=0} \tag{6–13}$$

$$\boldsymbol{y}_{21}=\left.\frac{\boldsymbol{I}_2}{\boldsymbol{V}_1}\right|_{V_2=0} \tag{6–14}$$

其中

⑴ $\boldsymbol{y}_{11}$ 及 $\boldsymbol{y}_{22}$ 分別稱為「短路輸入導納」(short-circuit input admittance) 及「短路輸出導納」(short-circuit output admittance)，其條件分別是在輸入端為短路時 ($\boldsymbol{V}_1=0$) 及輸出端為短路時 ($\boldsymbol{V}_2=0$)。

⑵ $\boldsymbol{y}_{12}$ 及 $\boldsymbol{y}_{21}$ 分別稱為「由第一埠到第二埠之短路轉移導納」(short-circuit transfer admittance from port 1 to port 2) 及「由第二埠到第一埠之短路轉移導納」(short-circuit transfer admittance from port 2 to port 1)，其條件分別是在輸入端為短路時 ($\boldsymbol{V}_1=0$) 及輸出端為短路時 ($\boldsymbol{V}_2=0$)。

⑶ $\boldsymbol{y}_{11}$ 及 $\boldsymbol{y}_{22}$ 有時也稱為「驅動點導納」(driving-point admittance)，$\boldsymbol{y}_{12}$ 及 $\boldsymbol{y}_{21}$ 則有時稱為「轉移導納」(transfer admittance)。

參考前一節的對稱網路說明，當 (6–10) 式短路導納矩陣的參數滿足 $\boldsymbol{y}_{11}=\boldsymbol{y}_{22}$ 時或二埠的驅動點導納相同時，則稱該雙埠網路為「對稱網路」，類似以圖 6–9 中之方塊垂直中心線為鏡面，將該網路分割為對稱的二半。

當 (6–10) 式短路導納矩陣的參數滿足 $\boldsymbol{y}_{12}=\boldsymbol{y}_{21}$ 時或二埠的轉移導納相同時，則稱該雙埠網路為「互易網路」，此表示該網路的輸入激勵訊號與輸出的響應可以互換，其結果保持不變。

對於一個具有互易特性的短路導納參數網路，則 (6–8) 式或 (6–9) 式之短路導納參數關係可用圖 6–10 之 Π 型或 Δ 型等效電路表示。但若該短路導納參數網路不為互易網路時，則要改用如圖 6–11 所示之含有相依電源之一般等效電路模型來表示。

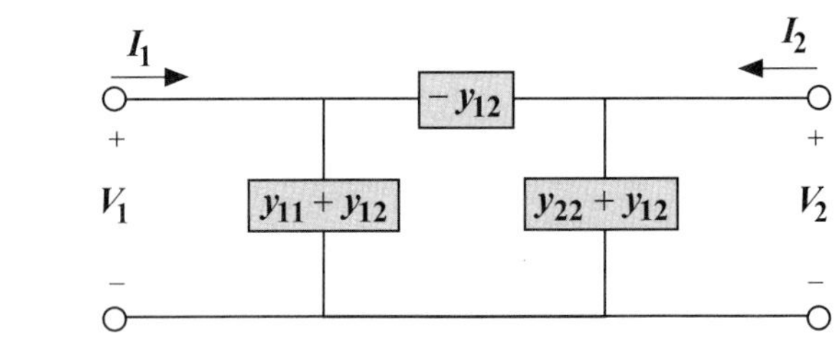

圖 6–10　短路導納參數之具有互易特性的 Π 型或 Δ 型等效電路

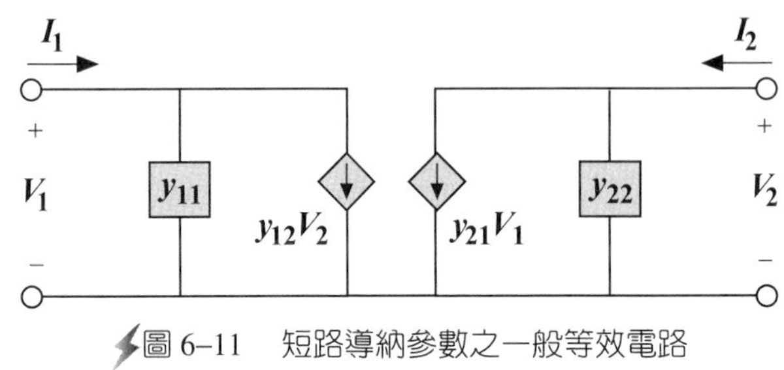

圖 6–11　短路導納參數之一般等效電路

範例 3 如圖 6–12 所示之電路，試求該電路之 y 參數。

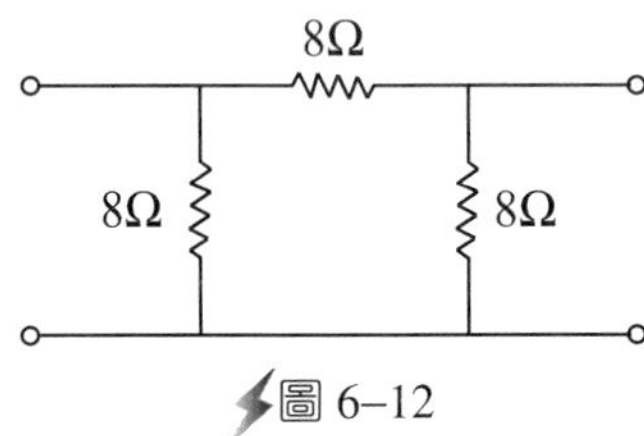

圖 6–12

解 將原圖 6–12 加入電流源，如圖 6–13 所示，可直接利用 KVL 及 KCL 求出下列方程式：

$$\begin{cases} I_1 = \dfrac{1}{8\,\Omega}V_1 + \dfrac{1}{8\,\Omega}(V_1 - V_2) = (\dfrac{1}{8} + \dfrac{1}{8})V_1 - \dfrac{1}{8}V_2 = \dfrac{1}{4}V_1 - \dfrac{1}{8}V_2 \\ I_2 = \dfrac{1}{8\,\Omega}V_2 + \dfrac{1}{8\,\Omega}(V_2 - V_1) = (\dfrac{1}{8} + \dfrac{1}{8})V_2 - \dfrac{1}{8}V_1 = -\dfrac{1}{8}V_1 + \dfrac{1}{4}V_2 \end{cases}$$

$$\therefore [y] = \begin{bmatrix} \dfrac{1}{4} & -\dfrac{1}{8} \\ -\dfrac{1}{8} & \dfrac{1}{4} \end{bmatrix} \quad (\mathrm{S})$$

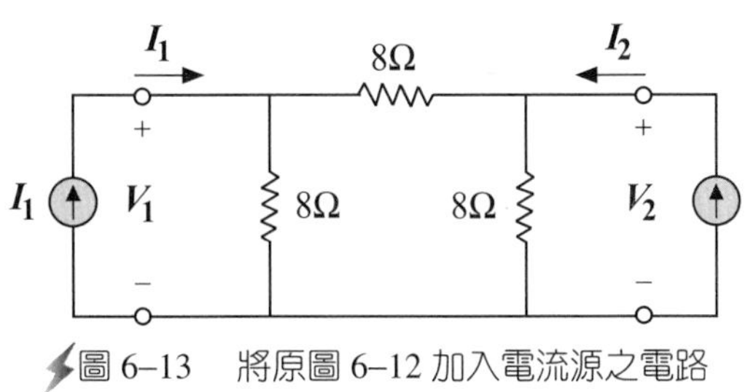

圖 6–13 將原圖 6–12 加入電流源之電路

範例 4 如圖 6–14 所示之電路，試求該電路之 y 參數。

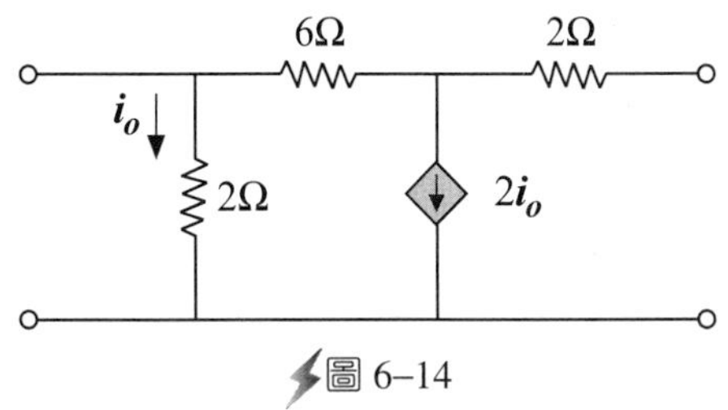

圖 6–14

解 將原圖 6–14 加入電流源，如圖 6–15 所示，列出 KCL 方程式在節點 V_o 可得

$$\frac{V_o-V_1}{6}+\frac{V_o-V_2}{2}=-2i_o=-2(\frac{V_1}{2})=-V_1$$

$$\Rightarrow\ \frac{4}{6}V_o=-\frac{5V_1}{6}+\frac{V_2}{2}$$

$$\Rightarrow\ V_o=-\frac{5V_1}{4}+\frac{3V_2}{4}$$

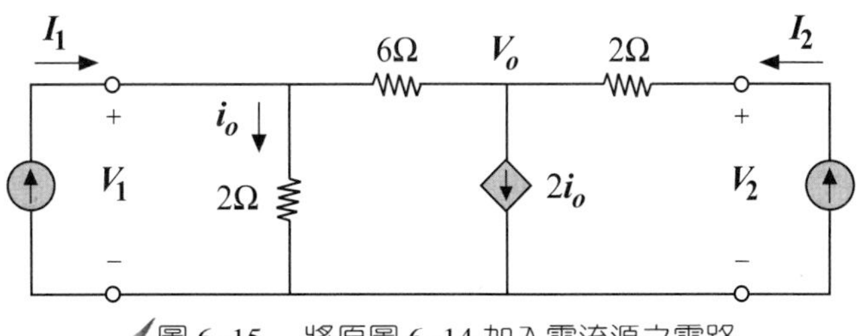

圖 6–15 將原圖 6–14 加入電流源之電路

於左側節點求 KCL 方程式

$$I_1=\frac{V_1}{2}+\frac{V_1-V_o}{6}=\frac{V_1}{2}+\frac{V_1}{6}-\frac{1}{6}(-\frac{5V_1}{4}+\frac{3V_2}{4})$$

$$=\frac{12+4+5}{24}V_1-\frac{3}{24}V_2$$

$= 0.875V_1 - 0.125V_2 \cdots\cdots$ ①

於右側節點求 KCL 方程式

$$I_2 = 2i_o + \frac{V_o - V_1}{6} = 2(\frac{V_1}{2}) + \frac{V_o - V_1}{6} = \frac{5}{6}V_1 + \frac{1}{6}V_o$$

$$= \frac{5}{6}V_1 + \frac{1}{6}(-\frac{5}{4}V_1 + \frac{3}{4}V_2)$$

$= 0.625V_1 + 0.125V_2 \cdots\cdots$ ②

$$\therefore [y] = \begin{bmatrix} 0.875 & -0.125 \\ 0.625 & 0.125 \end{bmatrix} \quad (S)$$

6.4 混合參數

由於斷路阻抗參數 $[z]$ 及短路導納參數 $[y]$ 並不一定會存在於任何雙埠網路中，故採用另一種輸出變數及輸入變數的組合則有必要。

如圖 6–16 所示之雙埠網路，由二個獨立電壓相量 V_1 及 V_2 分別跨接到雙埠網路之輸入端，二個電流相量 I_1 及 I_2 分別由雙埠網路端點流入。若以 I_1 及 V_2 為輸入獨立變數，V_1 及 I_2 為輸出因變數，則混合參數之關係式可表達如下：

$$\begin{aligned} V_1 &= h_{11}I_1 + h_{12}V_2 \\ I_2 &= h_{21}I_1 + h_{22}V_2 \end{aligned} \tag{6–15}$$

將 (6–15) 式改以矩陣表示，則變為

$$\begin{bmatrix} V_1 \\ I_2 \end{bmatrix} = \begin{bmatrix} h_{11} & h_{12} \\ h_{21} & h_{22} \end{bmatrix} \begin{bmatrix} I_1 \\ V_2 \end{bmatrix} = [h] \begin{bmatrix} I_1 \\ V_2 \end{bmatrix} \tag{6–16}$$

式中

$$[h] = \begin{bmatrix} h_{11} & h_{12} \\ h_{21} & h_{22} \end{bmatrix} \tag{6–17}$$

稱為混合參數 (hybrid parameter)。

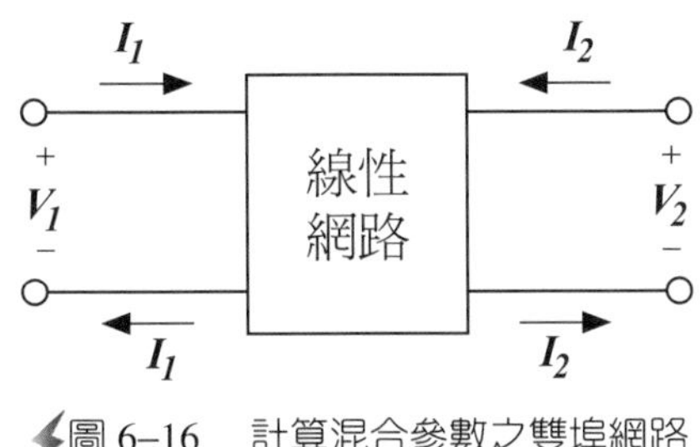

圖 6–16　計算混合參數之雙埠網路

為求出 (6–17) 式中的四個混合參數，可先將電壓相量 $\boldsymbol{V}_2$ 令為零值或短路，則 $\boldsymbol{h}_{11}$ 及 $\boldsymbol{h}_{21}$ 可分別求出為

$$\boldsymbol{h}_{11} = \left.\frac{\boldsymbol{V}_1}{\boldsymbol{I}_1}\right|_{V_2=0} \tag{6–18}$$

$$\boldsymbol{h}_{21} = \left.\frac{\boldsymbol{I}_2}{\boldsymbol{I}_1}\right|_{V_2=0} \tag{6–19}$$

再將電流相量 $\boldsymbol{I}_1$ 令為零值或斷路，則 $\boldsymbol{h}_{12}$ 及 $\boldsymbol{h}_{22}$ 可分別求出為

$$\boldsymbol{h}_{12} = \left.\frac{\boldsymbol{V}_1}{\boldsymbol{V}_2}\right|_{I_1=0} \tag{6–20}$$

$$\boldsymbol{h}_{22} = \left.\frac{\boldsymbol{I}_2}{\boldsymbol{V}_2}\right|_{I_1=0} \tag{6–21}$$

其中

(1) $\boldsymbol{h}_{11}$ 稱為「短路輸入阻抗」(short-circuit input impedance)，單位為 Ω，其條件是在輸出端為短路時 ($\boldsymbol{V}_2 = 0$)。

(2) $\boldsymbol{h}_{12}$ 稱為「斷路反向電壓增益」(open-circuit reverse voltage gain)，沒有單位，其條件是在輸入端為斷路時 ($\boldsymbol{I}_1 = 0$)。

(3) $\boldsymbol{h}_{21}$ 稱為「短路順向電流增益」(short-circuit forward current gain)，沒有單位，其條件是在輸出端為短路時 ($\boldsymbol{V}_2 = 0$)。

(4) $\boldsymbol{h}_{22}$ 稱為「斷路輸出導納」(open-circuit output admittance)，單位為 S，其條件是在輸入端為斷路時 ($\boldsymbol{I}_1 = 0$)。

當 (6–17) 式混合參數矩陣中的參數滿足 $h_{12}=-h_{21}$ 時，則稱該雙埠網路為「互易網路」，此表示該網路的輸入激勵訊號與輸出的響應可以互換，其結果保持不變。如圖 6–17 所示為參考 (6–15) 式之含有相依電源之混合參數之等效電路模型。

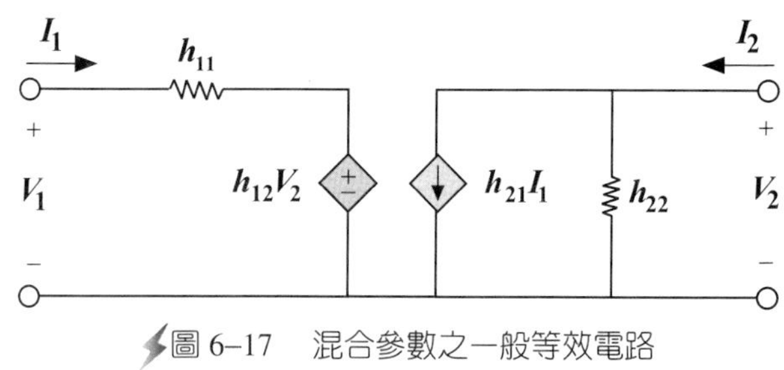

圖 6–17　混合參數之一般等效電路

參考如圖 6–16 所示之雙埠網路，若改以 V_1 及 I_2 為輸入獨立變數，I_1 及 V_2 為輸出因變數，則反混合參數之關係式可表達如下：

$$\begin{aligned} I_1 &= g_{11}V_1 + g_{12}I_2 \\ V_2 &= g_{21}V_1 + g_{22}I_2 \end{aligned} \tag{6–22}$$

將 (6–22) 式改以矩陣表示，則變為

$$\begin{bmatrix} I_1 \\ V_2 \end{bmatrix} = \begin{bmatrix} g_{11} & g_{12} \\ g_{21} & g_{22} \end{bmatrix}\begin{bmatrix} V_1 \\ I_2 \end{bmatrix} = [g]\begin{bmatrix} V_1 \\ I_2 \end{bmatrix} \tag{6–23}$$

式中

$$[g] = \begin{bmatrix} g_{11} & g_{12} \\ g_{21} & g_{22} \end{bmatrix} \tag{6–24}$$

稱為反混合參數 (inverse hybrid parameter)。

為求出 (6–24) 式中的四個反混合參數，可先將電流相量 I_2 令為零值或開路，則 g_{11} 及 g_{21} 可分別求出為

$$g_{11} = \left.\frac{I_1}{V_1}\right|_{I_2=0} \tag{6–25}$$

$$g_{21} = \left.\frac{V_2}{V_1}\right|_{I_2=0} \tag{6–26}$$

再將電壓相量 V_1 令為零值或短路，則 g_{12} 及 g_{22} 可分別求出為

$$g_{12} = \left.\frac{I_1}{I_2}\right|_{V_1=0} \tag{6–27}$$

$$g_{22} = \left.\frac{V_2}{I_2}\right|_{V_1=0} \tag{6–28}$$

其中

(1) g_{11} 稱為「斷路輸入導納」(open-circuit input admittance)，單位為 S，其條件是在輸出端為斷路時 ($I_2 = 0$)。

(2) g_{12} 稱為「短路反向電流增益」(short-circuit reverse current gain)，沒有單位，其條件是在輸入端為短路時 ($V_1 = 0$)。

(3) g_{21} 稱為「斷路順向電壓增益」(open-circuit forward voltage gain)，沒有單位，其條件是在輸出端為斷路時 ($I_2 = 0$)。

(4) g_{22} 稱為「短路輸出阻抗」(short-circuit output impedance)，單位為 Ω，其條件是在輸入端為短路時 ($V_1 = 0$)。

當 (6–24) 式反混合參數矩陣中的參數滿足 $g_{12} = -g_{21}$ 時，則稱該雙埠網路為「互易網路」，此表示該網路的輸入激勵訊號與輸出的響應可以互換，其結果保持不變。如圖 6–18 所示為參考 (6–22) 式之含有相依電源之反混合參數之等效電路模型。

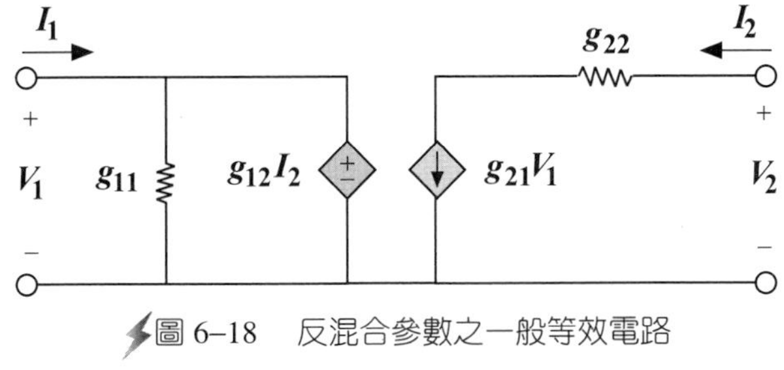

圖 6–18　反混合參數之一般等效電路

如圖 6–19 所示之雙埠網路，試求其混合參數 $[\boldsymbol{h}]$。

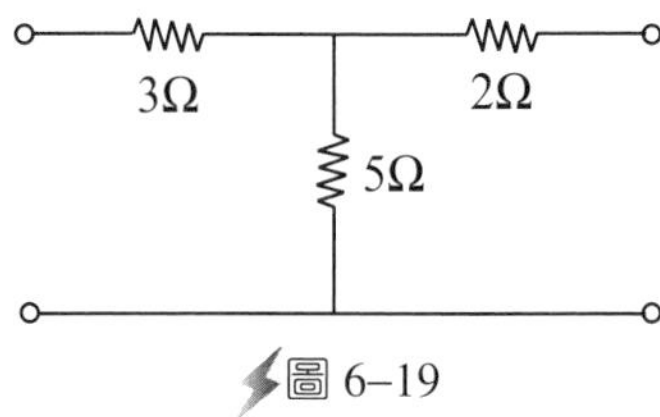

圖 6–19

解 (a)令 $V_2=0$（短路），加入一電流源 I_1，可得如圖 6–20 所示之電路。

$$V_1=I_1(3+2/\!/5)=I_1\cdot(3+\frac{2\times5}{2+5})=\frac{31}{7}I_1 \Rightarrow h_{11}=\frac{V_1}{I_1}=\frac{31}{7}\ (\Omega)$$

$$I_2=-I_1\frac{5}{2+5} \Rightarrow h_{21}=\frac{I_2}{I_1}=-\frac{5}{7}$$

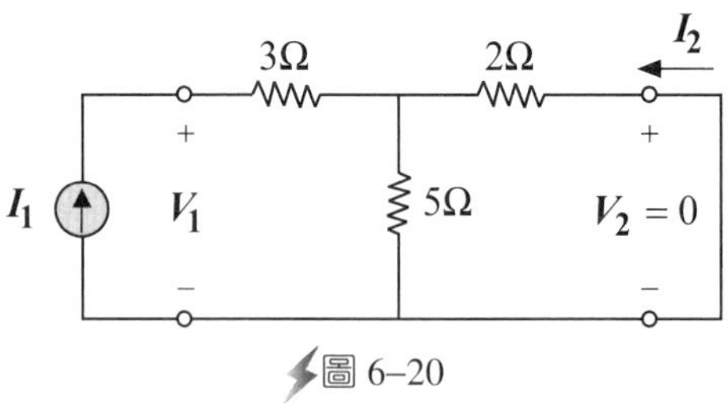

圖 6–20

(b)令 $I_1=0$（開路），加入一電壓源 V_2，可得如圖 6–21 所示之電路。

$$V_1=V_2\frac{5}{2+5} \Rightarrow h_{12}=\frac{V_1}{V_2}=\frac{5}{7}=-h_{21}$$

$$V_2=I_2(2+5) \Rightarrow h_{22}=\frac{I_2}{V_2}=\frac{1}{7}\ (\mathrm{S})$$

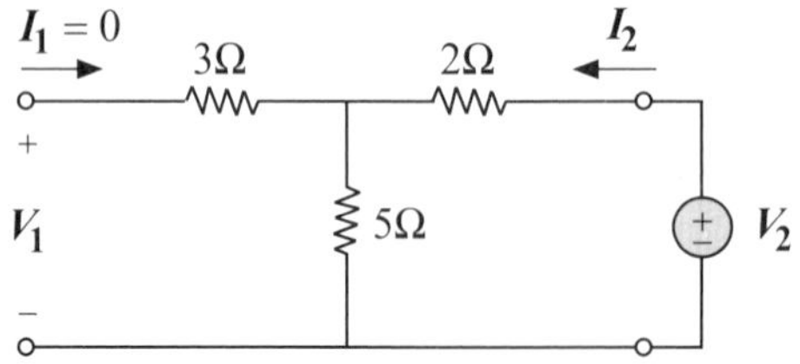

圖 6–21

故該電路之混合參數為 $[\boldsymbol{h}]=\begin{bmatrix}\frac{31}{7} & \frac{5}{7}\\ -\frac{5}{7} & \frac{1}{7}\end{bmatrix}$

如圖 6–22 所示之雙埠網路，試求其反混合參數 $[\boldsymbol{g}]$。

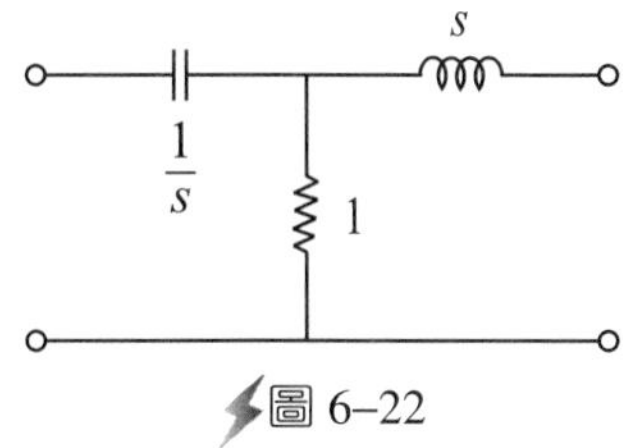

圖 6–22

解 (a)令 $I_2=0$（斷路），加入一電壓源 V_1，可得如圖 6–23 所示之電路。

$$I_1=\frac{V_1}{\frac{1}{s}+1}\Rightarrow g_{11}=\frac{I_1}{V_1}=\frac{1}{\frac{1}{s}+1}=\frac{s}{1+s}\qquad V_2=\frac{1}{\frac{1}{s}+1}V_1\Rightarrow g_{21}=\frac{V_2}{V_1}=\frac{1}{\frac{1}{s}+1}=\frac{s}{1+s}$$

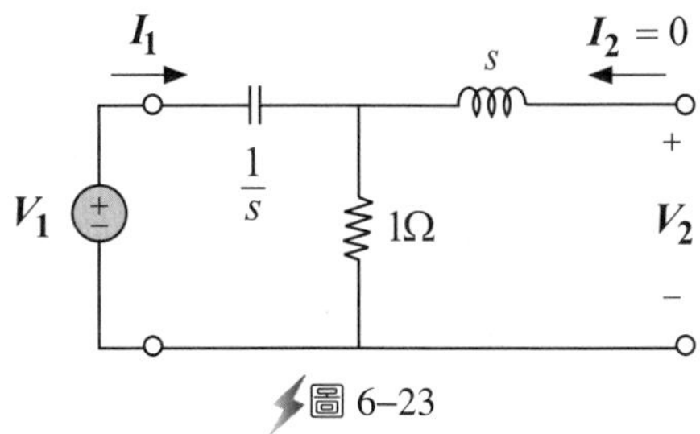

圖 6–23

(b)令 $V_1=0$（短路），加入一電流源 I_2，可得如圖 6–24 所示之電路。

$$I_1=-\frac{1}{\frac{1}{s}+1}I_2\Rightarrow g_{12}=\frac{I_1}{I_2}=-\frac{1}{\frac{1}{s}+1}=-\frac{s}{1+s}$$

$$V_2=(s+\frac{1}{s}/\!/1)I_2\Rightarrow g_{22}=\frac{V_2}{I_2}=s+\frac{\frac{1}{s}}{\frac{1}{s}+1}=s+\frac{1}{1+s}=\frac{s^2+s+1}{1+s}$$

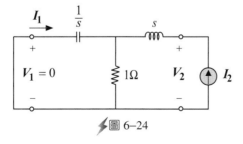

圖 6–24

故該電路之反混合參數為 $[\boldsymbol{g}]=\begin{bmatrix}\frac{s}{1+s} & -\frac{s}{1+s}\\ \frac{s}{1+s} & \frac{s^2+s+1}{1+s}\end{bmatrix}$

6.5 傳輸參數

此組參數是要將輸入參數以輸出參數來表示，適用於電力系統傳輸線的模型上。

如圖 6–25 所示之雙埠網路，由二個電壓相量 $\boldsymbol{V}_1$ 及 $\boldsymbol{V}_2$ 分別跨接到雙埠網路之輸入端，電流相量 $\boldsymbol{I}_1$ 由雙埠網路輸入端點流入，電流相量 $-\boldsymbol{I}_2$ 由雙埠網路輸出端點流出。值得注意的是，前面數節的電流相量 $\boldsymbol{I}_2$ 是由雙埠網路之端點流入，與本節之 $-\boldsymbol{I}_2$ 由雙埠網路輸出端點流出意義相同。若以 $\boldsymbol{V}_2$ 及 $-\boldsymbol{I}_2$ 為輸入獨立變數，$\boldsymbol{V}_1$ 及 $\boldsymbol{I}_1$ 為輸出因變數，則傳輸參數之關係式可表達如下：

$$\begin{aligned} \boldsymbol{V}_1 &= \boldsymbol{A}\boldsymbol{V}_2 - \boldsymbol{B}\boldsymbol{I}_2 \\ \boldsymbol{I}_1 &= \boldsymbol{C}\boldsymbol{V}_2 - \boldsymbol{D}\boldsymbol{I}_2 \end{aligned} \tag{6–29}$$

若將 (6–29) 式改以矩陣表示，則變為

$$\begin{bmatrix} \boldsymbol{V}_1 \\ \boldsymbol{I}_1 \end{bmatrix} = \begin{bmatrix} \boldsymbol{A} & \boldsymbol{B} \\ \boldsymbol{C} & \boldsymbol{D} \end{bmatrix} \begin{bmatrix} \boldsymbol{V}_2 \\ -\boldsymbol{I}_2 \end{bmatrix} = [\boldsymbol{T}] \begin{bmatrix} \boldsymbol{V}_2 \\ -\boldsymbol{I}_2 \end{bmatrix} \tag{6–30}$$

式中

$$[\boldsymbol{T}] = \begin{bmatrix} \boldsymbol{A} & \boldsymbol{B} \\ \boldsymbol{C} & \boldsymbol{D} \end{bmatrix} \tag{6–31}$$

稱為傳輸參數 (transmission parameter)。

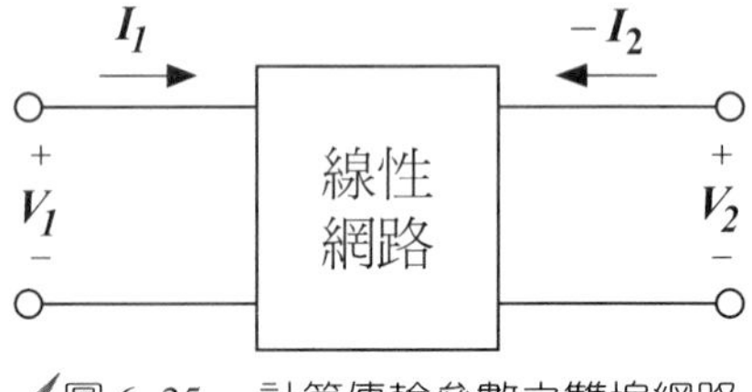

圖 6–25　計算傳輸參數之雙埠網路

為求出 (6–31) 式中的四個傳輸參數，可先將電壓相量 $\boldsymbol{V_2}$ 令為零值或短路，則 $\boldsymbol{B}$ 及 $\boldsymbol{D}$ 可分別求出為

$$\boldsymbol{B} = -\left.\frac{\boldsymbol{V_1}}{\boldsymbol{I_2}}\right|_{V_2=0} \tag{6–32}$$

$$\boldsymbol{D} = -\left.\frac{\boldsymbol{I_1}}{\boldsymbol{I_2}}\right|_{V_2=0} \tag{6–33}$$

再將電流相量 $\boldsymbol{I_2}$ 令為零值或斷路，則 $\boldsymbol{A}$ 及 $\boldsymbol{C}$ 可分別求出為

$$\boldsymbol{A} = \left.\frac{\boldsymbol{V_1}}{\boldsymbol{V_2}}\right|_{I_2=0} \tag{6–34}$$

$$\boldsymbol{C} = \left.\frac{\boldsymbol{I_1}}{\boldsymbol{V_2}}\right|_{I_2=0} \tag{6–35}$$

其中

(1) $\boldsymbol{A}$ 稱為「斷路電壓比」(open-circuit voltage ratio)，沒有單位，其條件是在輸出端為斷路時 ($\boldsymbol{I_2} = 0$)。

(2) $\boldsymbol{B}$ 稱為「負值短路轉移阻抗」(negative short-circuit transfer impedance)，單位為 Ω，其條件是在輸出端為短路時 ($\boldsymbol{V_2} = 0$)。

(3) $\boldsymbol{C}$ 稱為「斷路轉移導納」(open-circuit transfer impedance)，單位為 S，其條件是在輸出端為斷路時 ($\boldsymbol{I_2} = 0$)。

(4) $\boldsymbol{D}$ 稱為「負值短路電流比」(negative short-circuit current ratio)，沒有單位，其條件是在輸出端為短路時 ($\boldsymbol{V_2} = 0$)。

當 (6–31) 式之傳輸參數矩陣中的參數滿足 $\boldsymbol{AD} - \boldsymbol{BC} = 1$ 時，則稱該雙埠網路為「互易網路」，此表示該網路的輸入激勵訊號與輸出的響應可以互換，其結果保持不變。

參考如圖 6–25 所示之雙埠網路，若以 V_1 及 $-I_1$ 為輸入獨立變數，V_2 及 I_2 為輸出因變數，則反傳輸參數之關係式可表達如下：

$$\begin{aligned} V_2 &= aV_1 - bI_1 \\ I_2 &= cV_1 - dI_1 \end{aligned} \tag{6–36}$$

若將 (6–36) 式改以矩陣表示，則變為

$$\begin{bmatrix} V_2 \\ I_2 \end{bmatrix} = \begin{bmatrix} a & b \\ c & d \end{bmatrix} \begin{bmatrix} V_1 \\ -I_1 \end{bmatrix} = [t] \begin{bmatrix} V_1 \\ -I_1 \end{bmatrix} \tag{6–37}$$

式中

$$[t] = \begin{bmatrix} a & b \\ c & d \end{bmatrix} \tag{6–38}$$

稱為反傳輸參數 (inverse transmission parameter)。

為求出 (6–38) 式中的四個反傳輸參數，可先將電壓相量 V_1 令為零值或短路，則 b 及 d 可分別求出為

$$b = -\left.\frac{V_2}{I_1}\right|_{V_1=0} \tag{6–39}$$

$$d = -\left.\frac{I_2}{I_1}\right|_{V_1=0} \tag{6–40}$$

再將電流相量 I_1 令為零值或斷路，則 a 及 c 可分別求出為

$$a = \left.\frac{V_2}{V_1}\right|_{I_1=0} \tag{6–41}$$

$$c = \left.\frac{I_2}{V_1}\right|_{I_1=0} \tag{6–42}$$

其中

(1) a 稱為「斷路電壓增益」(open-circuit voltage gain)，沒有單位，其條件是在輸入端為斷路時 ($I_1 = 0$)。

(2) b 稱為「負值短路轉移阻抗」(negative short-circuit transfer impedance)，單位為 Ω，其條件是在輸入端為短路時 ($V_1 = 0$)。

(3) c 稱為「斷路轉移導納」(open-circuit transfer impedance)，單位為 S，其條件是在輸入端為斷路時 ($I_1 = 0$)。

(4) d 稱為「負值短路電流增益」(negative short-circuit current gain)，沒有單位，其條件是在輸入端為短路時 ($V_1 = 0$)。

當 (6–38) 式之傳輸參數矩陣中的參數滿足 $ad - bc = 1$ 時，則稱該雙埠網路為「互易網路」，此表示該網路的輸入激勵訊號與輸出的響應可以互換，其結果保持不變。

如圖 6–26 所示之雙埠網路，試求其傳輸參數 $[T]$。

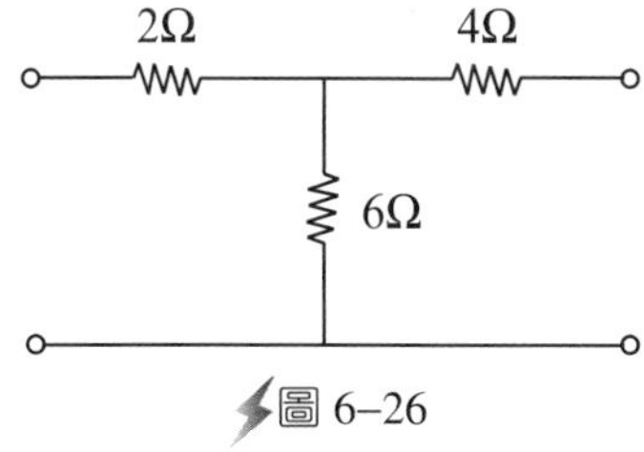

圖 6–26

解 (a)令 $I_2 = 0$（斷路），加入一電壓源 V_1，可得如圖 6–27 所示之電路。由圖 6–27 可得

$V_1 = (2+6)I_1 = 8I_1,\ V_2 = 6I_1$，故知

$$A = \frac{V_1}{V_2} = \frac{8I_1}{6I_1} = \frac{4}{3}$$

$$C = \frac{I_1}{V_2} = \frac{I_1}{6I_1} = \frac{1}{6}\ (\mathrm{S})$$

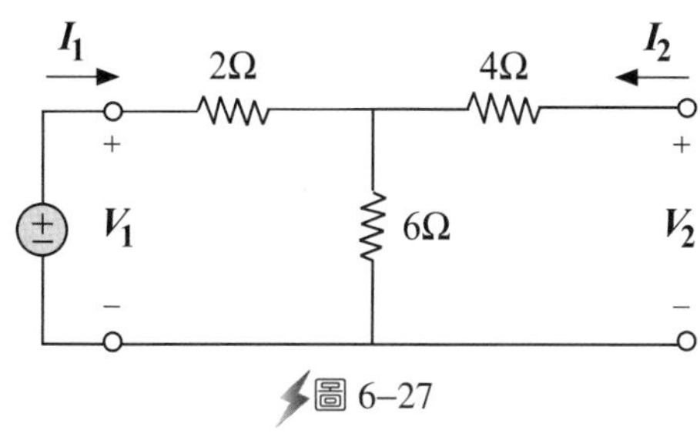

圖 6–27

(b)令 $V_2=0$（短路），加入一電壓源 V_1，可得如圖 6–28 所示之電路。由圖 6–28 可得

$I_2=-\frac{6}{6+4}I_1=-\frac{3}{5}I_1, V_1=(2+6/\!/4)I_1=(2+\frac{24}{10})I_1=\frac{22}{5}I_1$，故知

$$B=-\frac{V_1}{I_2}=-\frac{(\frac{22}{5})I_1}{(-\frac{3}{5})I_1}=\frac{22}{3}\ (\Omega),\ D=-\frac{I_1}{I_2}=-\frac{I_1}{(-\frac{3}{5})I_1}=\frac{5}{3}$$

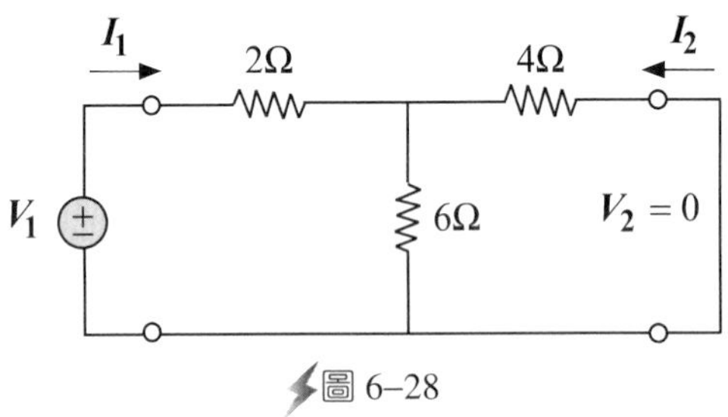

圖 6–28

故該電路之傳輸參數為 $[T]=\begin{bmatrix}\frac{4}{3} & \frac{22}{3}\\ \frac{1}{6} & \frac{5}{3}\end{bmatrix}$

如圖 6–29 所示之雙埠網路，試求其反傳輸參數 $[t]$。

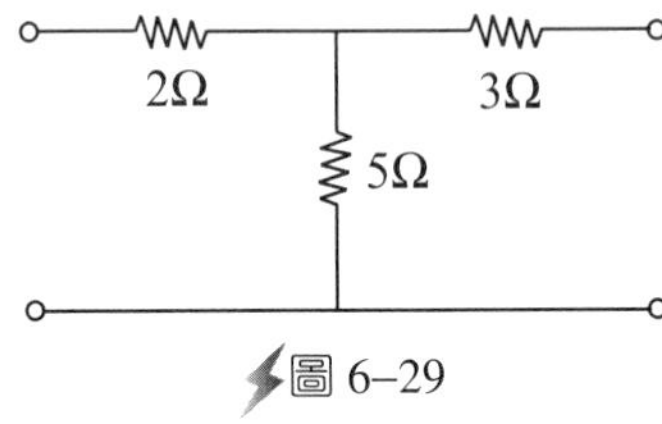

圖 6–29

解 (a)令 $I_1=0$（斷路），加入一電壓源 V_2，可得如圖 6–30 所示之電路。由圖 6–30 可得

$V_2=(3+5)I_2=8I_2, V_1=5I_2$，故知

$$a=\frac{V_2}{V_1}=\frac{8I_2}{5I_2}=\frac{8}{5},\ c=\frac{I_2}{V_1}=\frac{I_2}{5I_2}=\frac{1}{5}\ (\mathrm{S})$$

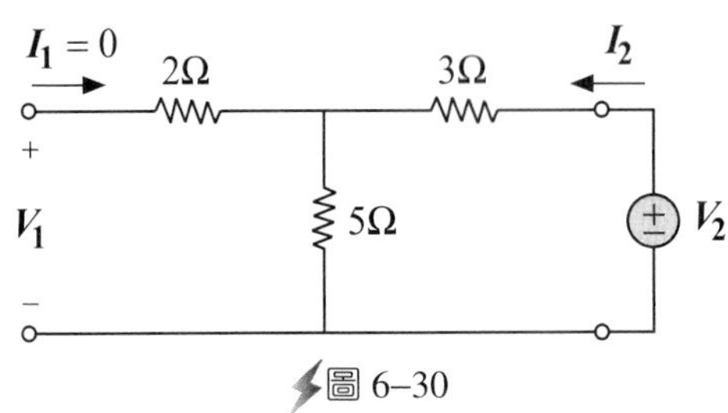

圖 6–30

(b)令 $V_1 = 0$（短路），加入一電壓源 V_2，可得如圖 6–31 所示之電路。由圖 6–31 可得

$$I_1 = -\frac{5}{2+5}I_2 = -\frac{5}{7}I_2,\ V_2 = (3 + 2/\!/5)I_2 = (3 + \frac{10}{7})I_2 = \frac{31}{7}I_2$$，故知

$$b = -\frac{V_2}{I_1} = -\frac{(\frac{31}{7})I_2}{(-\frac{5}{7})I_2} = \frac{31}{5}\ (\Omega),\ d = -\frac{I_2}{I_1} = -\frac{I_2}{(-\frac{5}{7})I_2} = \frac{7}{5}$$

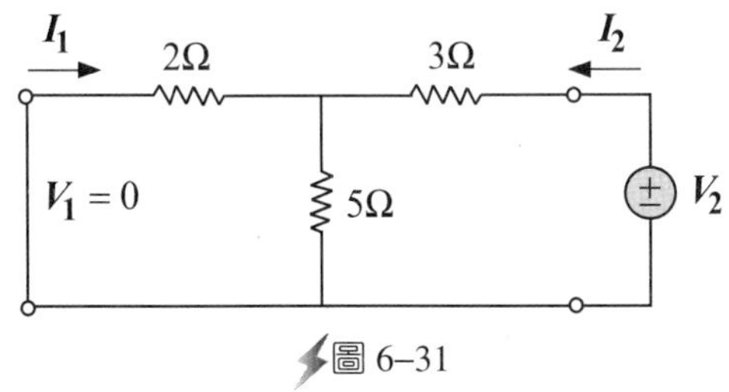

圖 6–31

故該電路之反傳輸參數為 $[t] = \begin{bmatrix} \frac{8}{5} & \frac{31}{5} \\ \frac{1}{5} & \frac{7}{5} \end{bmatrix}$

6.6 各組參數間的關係

前面已經介紹了六組雙埠網路參數，包含斷路阻抗參數 $[z]$、短路導納參數 $[y]$、混合參數 $[h]$、反混合參數 $[g]$、傳輸參數 $[T]$ 及反傳輸參數 $[t]$ 等，它們均以相同一個雙埠網路的二個電壓相量 V_1、V_2 及二個電流相量 I_1、I_2 做參考，僅差別在每一組參數所選取的輸入獨立變數與輸出因變數的不同而已，因此這六組參數間彼此相關。值得注意的是並非所有六組參數均存在，但當有任二組參數存在時，它們之間可以用相關的方程式表達出來。

6.6.1 斷路阻抗參數 $[z]$ 與短路導納參數 $[y]$ 間的關係

茲將原斷路阻抗參數以矩陣方式表示之方程式 (6–2) 式重寫如下：

$$\begin{bmatrix} V_1 \\ V_2 \end{bmatrix} = \begin{bmatrix} z_{11} & z_{12} \\ z_{21} & z_{22} \end{bmatrix} \begin{bmatrix} I_1 \\ I_2 \end{bmatrix} = [z] \begin{bmatrix} I_1 \\ I_2 \end{bmatrix} \tag{6–43}$$

假設 $[z]$ 的反矩陣 $[z]^{-1}$ 存在，將上式之等號二側同時乘以 $[z]^{-1}$，可得

$$\begin{bmatrix} \boldsymbol{I}_1 \\ \boldsymbol{I}_2 \end{bmatrix} = \begin{bmatrix} z_{11} & z_{12} \\ z_{21} & z_{22} \end{bmatrix}^{-1} \begin{bmatrix} \boldsymbol{V}_1 \\ \boldsymbol{V}_2 \end{bmatrix} = [z]^{-1} \begin{bmatrix} \boldsymbol{V}_1 \\ \boldsymbol{V}_2 \end{bmatrix} \tag{6–44}$$

比較以矩陣方式表示之原短路導納參數方程式 (6–9) 式

$$\begin{bmatrix} \boldsymbol{I}_1 \\ \boldsymbol{I}_2 \end{bmatrix} = \begin{bmatrix} y_{11} & y_{12} \\ y_{21} & y_{22} \end{bmatrix} \begin{bmatrix} \boldsymbol{V}_1 \\ \boldsymbol{V}_2 \end{bmatrix} = [y] \begin{bmatrix} \boldsymbol{V}_1 \\ \boldsymbol{V}_2 \end{bmatrix} \tag{6–45}$$

得知斷路阻抗參數 $[z]$ 與短路導納參數 $[y]$ 間的關係應互為反矩陣的關係，即

$$[y] = [z]^{-1} \qquad [z] = [y]^{-1} \tag{6–46}$$

此種互為反矩陣的關係亦可擴展至混合參數 $[\boldsymbol{h}]$ 及反混合參數 $[\boldsymbol{g}]$ 間的關係

$$[\boldsymbol{g}] = [\boldsymbol{h}]^{-1} \qquad [\boldsymbol{h}] = [\boldsymbol{g}]^{-1} \tag{6–47}$$

但傳輸參數 $[\boldsymbol{T}]$ 及反傳輸參數 $[\boldsymbol{t}]$ 間的關係並無互為反矩陣的關係

$$[\boldsymbol{t}] \neq [\boldsymbol{T}]^{-1} \qquad [\boldsymbol{T}] \neq [\boldsymbol{t}]^{-1} \tag{6–48}$$

由 (6–47) 式及 (6–48) 式可以得知：斷路阻抗參數 $[z]$ 之存在與否必須由短路導納參數 $[\boldsymbol{y}]$ 之行列式值是否為零決定，反之亦然；混合參數 $[\boldsymbol{h}]$ 之存在與否必須由反混合參數 $[\boldsymbol{g}]$ 之行列式值是否為零決定，反之亦然。

6.6.2 斷路阻抗參數 $[z]$ 與混合參數 $[h]$ 間的關係

為將混合參數 $[\boldsymbol{h}]$ 與斷路阻抗參數 $[z]$ 間的關係做推導，先將以 (6–1) 式表示之斷路阻抗參數 $[z]$ 重寫如下：

$$\boldsymbol{V}_1 = z_{11}\boldsymbol{I}_1 + z_{12}\boldsymbol{I}_2 \tag{6–49}$$

$$\boldsymbol{V}_2 = z_{21}\boldsymbol{I}_1 + z_{22}\boldsymbol{I}_2 \tag{6–50}$$

(6–50) 式中的電流 $\boldsymbol{I}_2$ 可表達為 $\boldsymbol{V}_2$ 及 $\boldsymbol{I}_1$ 的關係如下：

$$I_2 = -\frac{z_{21}}{z_{22}} I_1 + \frac{1}{z_{22}} V_2 \tag{6–51}$$

將上式代回 (6–49) 式展開後可得

$$\begin{aligned} V_1 &= z_{11} I_1 + z_{12} I_2 = z_{11} I_1 + z_{12}(-\frac{z_{21}}{z_{22}} I_1 + \frac{1}{z_{22}} V_2) \\ &= (\frac{z_{11}z_{22} - z_{21}z_{12}}{z_{22}}) I_1 + \frac{z_{12}}{z_{22}} V_2 = \frac{\Delta_z}{z_{22}} I_1 + \frac{z_{12}}{z_{22}} V_2 \end{aligned} \tag{6–52}$$

將 (6–52) 式及 (6–51) 式整理後變成

$$V_1 = \frac{\Delta_z}{z_{22}} I_1 + \frac{z_{12}}{z_{22}} V_2 \tag{6–53}$$

$$I_2 = -\frac{z_{21}}{z_{22}} I_1 + \frac{1}{z_{22}} V_2 \tag{6–54}$$

對照原混合參數之 (6–15) 式，重寫如下：

$$\begin{aligned} V_1 &= h_{11} I_1 + h_{12} V_2 \\ I_2 &= h_{21} I_1 + h_{22} V_2 \end{aligned} \tag{6–55}$$

則可以發現混合參數 $[h]$ 以斷路阻抗參數 $[z]$ 所表達的結果為

$$h_{11} = \frac{\Delta_z}{z_{22}} \qquad h_{12} = \frac{z_{12}}{z_{22}} \qquad h_{21} = -\frac{z_{21}}{z_{22}} \qquad h_{22} = \frac{1}{z_{22}} \tag{6–56}$$

6.6.3 各組雙埠網路參數間的轉換關係

六組雙埠網路的參數關係，可參考表 6–1 所列，表中的符號 Δ 對應到六組參數之行列式之值。

表 6–1　雙埠網路的六組參數間的關係

	z		y		h		g		T		t	
z	z_{11}	z_{12}	$\frac{y_{22}}{\Delta_y}$	$-\frac{y_{12}}{\Delta_y}$	$\frac{\Delta_h}{h_{22}}$	$\frac{h_{12}}{h_{22}}$	$\frac{1}{g_{11}}$	$-\frac{g_{12}}{g_{11}}$	$\frac{A}{C}$	$\frac{\Delta_T}{C}$	$\frac{d}{c}$	$\frac{1}{c}$
	z_{21}	z_{22}	$-\frac{y_{21}}{\Delta_y}$	$\frac{y_{11}}{\Delta_y}$	$-\frac{h_{21}}{h_{22}}$	$\frac{1}{h_{22}}$	$\frac{g_{21}}{g_{11}}$	$\frac{\Delta_g}{g_{11}}$	$\frac{1}{C}$	$\frac{D}{C}$	$\frac{\Delta_t}{c}$	$\frac{a}{c}$
y	$\frac{z_{22}}{\Delta_z}$	$-\frac{z_{12}}{\Delta_z}$	y_{11}	y_{12}	$\frac{1}{h_{11}}$	$-\frac{h_{12}}{h_{11}}$	$\frac{\Delta_g}{g_{22}}$	$\frac{g_{12}}{g_{22}}$	$\frac{D}{B}$	$-\frac{\Delta_T}{B}$	$\frac{a}{b}$	$-\frac{1}{b}$
	$-\frac{z_{21}}{\Delta_z}$	$\frac{z_{11}}{\Delta_z}$	y_{21}	y_{22}	$\frac{h_{21}}{h_{11}}$	$\frac{\Delta_h}{h_{11}}$	$-\frac{g_{21}}{g_{22}}$	$\frac{1}{g_{22}}$	$-\frac{1}{B}$	$\frac{A}{B}$	$-\frac{\Delta_t}{b}$	$\frac{d}{b}$
h	$\frac{\Delta_z}{z_{22}}$	$\frac{z_{12}}{z_{22}}$	$\frac{1}{y_{11}}$	$-\frac{y_{12}}{y_{11}}$	h_{11}	h_{12}	$\frac{g_{22}}{\Delta_g}$	$-\frac{g_{12}}{\Delta_g}$	$\frac{B}{D}$	$\frac{\Delta_T}{D}$	$\frac{b}{a}$	$\frac{1}{a}$
	$-\frac{z_{21}}{z_{22}}$	$\frac{1}{z_{22}}$	$\frac{y_{21}}{y_{11}}$	$\frac{\Delta_y}{y_{11}}$	h_{21}	h_{22}	$-\frac{g_{21}}{\Delta_g}$	$\frac{g_{11}}{\Delta_g}$	$-\frac{1}{D}$	$\frac{C}{D}$	$\frac{\Delta_t}{a}$	$\frac{c}{a}$
g	$\frac{1}{z_{11}}$	$-\frac{z_{12}}{z_{11}}$	$\frac{\Delta_y}{y_{22}}$	$\frac{y_{12}}{y_{22}}$	$\frac{h_{22}}{\Delta_h}$	$-\frac{h_{12}}{\Delta_h}$	g_{11}	g_{12}	$\frac{C}{A}$	$-\frac{\Delta_T}{A}$	$\frac{c}{d}$	$-\frac{1}{d}$
	$\frac{z_{21}}{z_{11}}$	$\frac{\Delta_z}{z_{11}}$	$-\frac{y_{21}}{y_{22}}$	$\frac{1}{y_{22}}$	$-\frac{h_{21}}{\Delta_h}$	$\frac{h_{11}}{\Delta_h}$	g_{21}	g_{22}	$\frac{1}{A}$	$\frac{B}{A}$	$\frac{\Delta_t}{d}$	$-\frac{b}{d}$
T	$\frac{z_{11}}{z_{21}}$	$\frac{\Delta_z}{z_{21}}$	$-\frac{y_{22}}{y_{21}}$	$-\frac{1}{y_{21}}$	$-\frac{\Delta_h}{h_{21}}$	$-\frac{h_{11}}{h_{21}}$	$\frac{1}{g_{21}}$	$\frac{g_{22}}{g_{21}}$	A	B	$\frac{d}{\Delta_t}$	$\frac{b}{\Delta_t}$
	$\frac{1}{z_{21}}$	$\frac{z_{22}}{z_{21}}$	$-\frac{\Delta_y}{y_{21}}$	$-\frac{y_{11}}{y_{21}}$	$-\frac{h_{22}}{h_{21}}$	$-\frac{1}{h_{21}}$	$\frac{g_{11}}{g_{21}}$	$\frac{\Delta_g}{g_{21}}$	C	D	$\frac{c}{\Delta_t}$	$\frac{a}{\Delta_t}$
t	$\frac{z_{22}}{z_{12}}$	$\frac{\Delta_z}{z_{12}}$	$-\frac{y_{11}}{y_{12}}$	$-\frac{1}{y_{12}}$	$\frac{1}{h_{12}}$	$\frac{h_{11}}{h_{12}}$	$-\frac{\Delta_g}{g_{12}}$	$-\frac{g_{22}}{g_{12}}$	$\frac{D}{\Delta_T}$	$\frac{B}{\Delta_T}$	a	b
	$\frac{1}{z_{12}}$	$\frac{z_{11}}{z_{12}}$	$-\frac{\Delta_y}{y_{12}}$	$-\frac{y_{22}}{y_{12}}$	$\frac{h_{22}}{h_{12}}$	$\frac{\Delta_h}{h_{12}}$	$-\frac{g_{11}}{g_{12}}$	$-\frac{1}{g_{12}}$	$\frac{C}{\Delta_T}$	$\frac{A}{\Delta_T}$	c	d

已知一雙埠網路之斷路阻抗參數為 $[z]=\begin{bmatrix}1 & 2\\ 3 & 4\end{bmatrix}$ (Ω)，試求其 $[h]$ 及 $[T]$ 參數。

解 (a)根據表 6–1 可查出 $[h]$ 參數以 $[z]$ 參數表達之關係式為

$$\Delta_z = z_{11}z_{22} - z_{21}z_{12} = 1\times 4 - 2\times 3 = -2$$

$$h_{11} = \frac{\Delta_z}{z_{22}} = \frac{-2}{4} = -\frac{1}{2},\ h_{12} = \frac{z_{12}}{z_{22}} = \frac{2}{4} = \frac{1}{2}$$

$$h_{21} = \frac{-z_{21}}{z_{22}} = \frac{-3}{4},\ h_{22} = \frac{1}{z_{22}} = \frac{1}{4}$$

$$\therefore [h]=\begin{bmatrix} -\frac{1}{2} & \frac{1}{2} \\ -\frac{3}{4} & \frac{1}{4} \end{bmatrix}$$

(b)根據表 6–1 可查出 $[T]$ 參數以 $[z]$ 參數表達之關係式為

$$A=\frac{z_{11}}{z_{21}}=\frac{1}{3},\ B=\frac{\Delta_z}{z_{21}}=\frac{-2}{3}$$

$$C=\frac{1}{z_{21}}=\frac{1}{3},\ D=\frac{z_{22}}{z_{21}}=\frac{4}{3}$$

$$\therefore [T]=\begin{bmatrix} \frac{1}{3} & -\frac{2}{3} \\ \frac{1}{3} & \frac{4}{3} \end{bmatrix}$$

範例10 已知一雙埠網路之傳輸參數為 $[T]=\begin{bmatrix} 10 & 20\ \Omega \\ 30\ \text{S} & 40 \end{bmatrix}$，試求其 $[y]$ 及 $[g]$ 參數。

解 (a)根據表 6–1 可查出 $[y]$ 參數以 $[T]$ 參數表達之關係式為

$$\Delta_T = AD-BC=10\times 40-20\times 30=-200$$

$$y_{11}=\frac{D}{B}=\frac{40}{20}=2,\ y_{12}=-\frac{\Delta_T}{B}=-\frac{(-200)}{20}=10$$

$$y_{21}=\frac{-1}{B}=\frac{-1}{20},\ y_{22}=\frac{A}{B}=\frac{10}{20}=\frac{1}{2}$$

$$\therefore [y]=\begin{bmatrix} 2 & 10 \\ -\frac{1}{20} & \frac{1}{2} \end{bmatrix}$$

(b)根據表 6–1 可查出 $[g]$ 參數以 $[T]$ 參數表達之關係式為

$$g_{11}=\frac{C}{A}=\frac{30}{10}=3,\ g_{12}=-\frac{\Delta_T}{A}=-\frac{(-200)}{10}=20$$

$$g_{21}=\frac{1}{A}=\frac{1}{10},\ g_{22}=\frac{B}{A}=\frac{20}{10}=2$$

$$\therefore [g]=\begin{bmatrix} 3 & 20 \\ \frac{1}{10} & 2 \end{bmatrix}$$

6.7 雙埠網路間的連接

在大型、複雜的網路中，通常不容易直接求出網路的參數，因此需要將大型網路適當分割為數個較小的次網路 (subnetwork)，以利大型網路的分析及設計。前面各節所說明的雙埠網路參數可做為大型網路中各個次網路的建構單元方塊，將這些小型方塊加以組合及連接後，則可形成原來的大型網路架構。茲將網路連接的方式分為串聯、並聯及串接 (cascade) 三種模式，分別說明如下。

6.7.1 雙埠網路的串聯

當數個雙埠網路以如圖 6–32 所示之串聯方式連接時，可將個別網路的斷路阻抗參數 [z] 做相加，以合成為整體的雙埠網路參數。

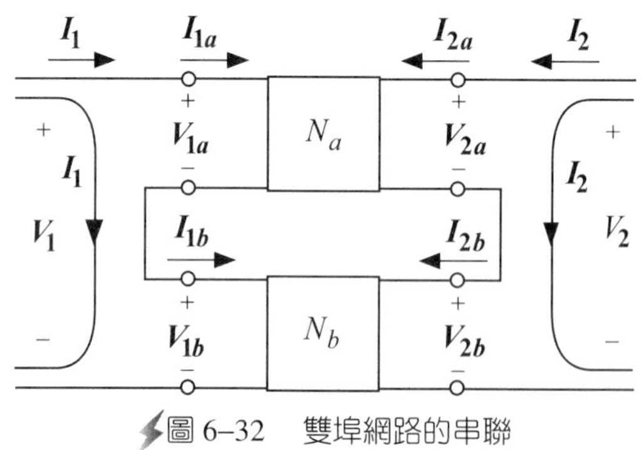

圖 6–32　雙埠網路的串聯

如圖 6–32 所示，網路 N_a 及 N_b 之斷路阻抗參數方程式分別為

$$\begin{aligned} \boldsymbol{V}_{1a} &= z_{11a}\boldsymbol{I}_{1a} + z_{12a}\boldsymbol{I}_{2a} \\ \boldsymbol{V}_{2a} &= z_{21a}\boldsymbol{I}_{1a} + z_{22a}\boldsymbol{I}_{2a} \end{aligned} \tag{6–57}$$

$$\begin{aligned} \boldsymbol{V}_{1b} &= z_{11b}\boldsymbol{I}_{1b} + z_{12b}\boldsymbol{I}_{2b} \\ \boldsymbol{V}_{2b} &= z_{21b}\boldsymbol{I}_{1b} + z_{22b}\boldsymbol{I}_{2b} \end{aligned} \tag{6–58}$$

由於二網路之輸入端做串聯連接、輸出端亦做串聯連接，故二網路之輸入端及輸出端的電流相同

$$\boldsymbol{I}_1 = \boldsymbol{I}_{1a} = \boldsymbol{I}_{1b} \qquad \boldsymbol{I}_2 = \boldsymbol{I}_{2a} = \boldsymbol{I}_{2b} \tag{6–59}$$

故合成的網路輸入電壓及輸出電壓方程式可寫成

$$\begin{aligned} \boldsymbol{V}_1 &= \boldsymbol{V}_{1a} + \boldsymbol{V}_{1b} = (z_{11a} + z_{11b})\boldsymbol{I}_1 + (z_{12a} + z_{12b})\boldsymbol{I}_2 \\ \boldsymbol{V}_2 &= \boldsymbol{V}_{2a} + \boldsymbol{V}_{2b} = (z_{21a} + z_{21b})\boldsymbol{I}_1 + (z_{22a} + z_{22b})\boldsymbol{I}_2 \end{aligned} \tag{6–60}$$

此合成的斷路阻抗參數可寫成二個別網路斷路阻抗參數之相加和

$$[z] = \begin{bmatrix} z_{11} & z_{12} \\ z_{21} & z_{22} \end{bmatrix} = \begin{bmatrix} z_{11a} + z_{11b} & z_{12a} + z_{12b} \\ z_{21a} + z_{21b} & z_{22a} + z_{22b} \end{bmatrix} = [z_a] + [z_b] \tag{6–61}$$

將上式擴展為 N 個雙埠網路的串聯連接，則合成的新斷路阻抗參數可寫成

$$[z] = [z_1] + [z_2] + \cdots + [z_N] = \sum_{k=1}^{N} [z_k] \tag{6–62}$$

若原雙埠網路並非以斷路阻抗參數 $[z]$ 來表示時，可應用表 6–1 之網路參數轉換關係，將原參數轉換為 $[z]$ 參數來合成多個網路的串聯連接。

6.7.2 雙埠網路的並聯

當數個雙埠網路以如圖 6–33 所示之並聯方式連接時，可將個別網路的短路導納參數 $[\boldsymbol{y}]$ 做相加，以合成為整體的雙埠網路參數。

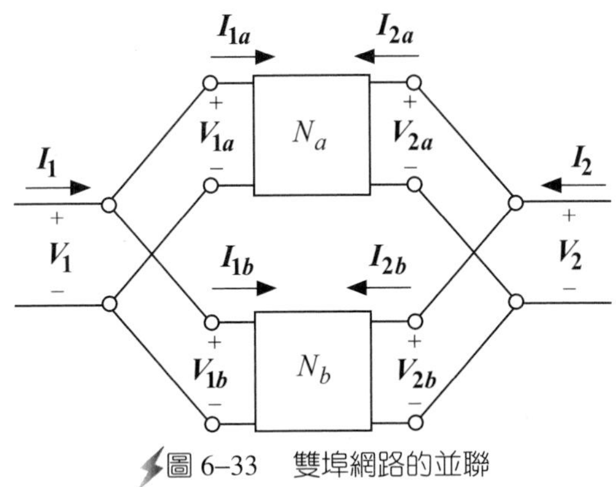

圖 6–33　雙埠網路的並聯

如圖 6–33 所示，網路 N_a 及 N_b 之短路導納參數方程式分別為

$$\begin{aligned} I_{1a} &= y_{11a}V_{1a} + y_{12a}V_{2a} \\ I_{2a} &= y_{21a}V_{1a} + y_{22a}V_{2a} \end{aligned} \tag{6–63}$$

$$\begin{aligned} I_{1b} &= y_{11b}V_{1b} + y_{12b}V_{2b} \\ I_{2b} &= y_{21b}V_{1b} + y_{22b}V_{2b} \end{aligned} \tag{6–64}$$

由於二網路之輸入端做並聯連接、輸出端亦做並聯連接，故二網路之輸入端及輸出端的電壓相同

$$V_1 = V_{1a} = V_{1b} \qquad V_2 = V_{2a} = V_{2b} \tag{6–65}$$

故合成的網路輸入電流及輸出電流方程式可寫成

$$\begin{aligned} I_1 &= I_{1a} + I_{1b} = (y_{11a} + y_{11b})V_1 + (y_{12a} + y_{12b})V_2 \\ I_2 &= I_{2a} + I_{2b} = (y_{21a} + y_{21b})V_1 + (y_{22a} + y_{22b})V_2 \end{aligned} \tag{6–66}$$

此合成的短路導納參數可寫成二個別網路短路導納參數之相加和

$$[y] = \begin{bmatrix} y_{11} & y_{12} \\ y_{21} & y_{22} \end{bmatrix} = \begin{bmatrix} y_{11a} + y_{11b} & y_{12a} + y_{12b} \\ y_{21a} + y_{21b} & y_{22a} + y_{22b} \end{bmatrix} = [y_a] + [y_b] \tag{6–67}$$

將上式擴展為 N 個雙埠網路的並聯連接，則合成的新短路導納參數可寫成

$$[y] = [y_1] + [y_2] + \cdots + [y_N] = \sum_{k=1}^{N} [y_k] \tag{6–68}$$

若原雙埠網路並非以短路導納參數 $[y]$ 來表示時，可應用表 6–1 之網路參數轉換關係，將原參數轉換為 $[y]$ 參數來合成多個網路的並聯連接。

6.7.3 雙埠網路的串接

當數個雙埠網路以如圖 6–34 所示之串接方式連接時，可將個別網路的傳輸參數 $[T]$ 做相乘，以合成為整體的雙埠網路參數。

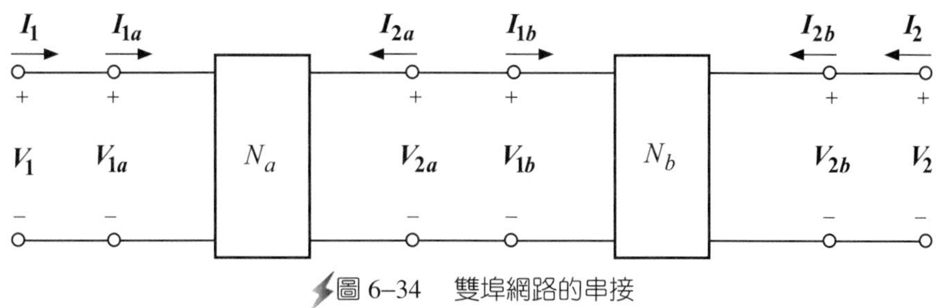

圖 6–34　雙埠網路的串接

如圖 6–34 所示，網路 N_a 及 N_b 之傳輸參數方程式分別為

$$\begin{bmatrix} V_{1a} \\ I_{1a} \end{bmatrix} = \begin{bmatrix} A_a & B_a \\ C_a & D_a \end{bmatrix} \begin{bmatrix} V_{2a} \\ -I_{2a} \end{bmatrix} \tag{6–69}$$

$$\begin{bmatrix} V_{1b} \\ I_{1b} \end{bmatrix} = \begin{bmatrix} A_b & B_b \\ C_b & D_b \end{bmatrix} \begin{bmatrix} V_{2b} \\ -I_{2b} \end{bmatrix} \tag{6–70}$$

由於網路 N_a 之輸出端與網路 N_b 的輸入端直接做連接，故二網路共同連接處的電壓及電流相同，網路 N_a 的輸入端即為合成網路的輸入端，網路 N_b 的輸出端即為合成網路的輸出端，方程式可表示為

$$\begin{bmatrix} V_1 \\ I_1 \end{bmatrix} = \begin{bmatrix} V_{1a} \\ I_{1a} \end{bmatrix} \qquad \begin{bmatrix} V_{2a} \\ -I_{2a} \end{bmatrix} = \begin{bmatrix} V_{1b} \\ I_{1b} \end{bmatrix} \qquad \begin{bmatrix} V_{2b} \\ -I_{2b} \end{bmatrix} = \begin{bmatrix} V_2 \\ -I_2 \end{bmatrix} \tag{6–71}$$

故合成網路的輸出一輸入電壓電流方程式可寫成

$$\begin{bmatrix} V_1 \\ I_1 \end{bmatrix} = \begin{bmatrix} A_a & B_a \\ C_a & D_a \end{bmatrix} \begin{bmatrix} V_{2a} \\ -I_{2a} \end{bmatrix} = \begin{bmatrix} A_a & B_a \\ C_a & D_a \end{bmatrix} \begin{bmatrix} A_b & B_b \\ C_b & D_b \end{bmatrix} \begin{bmatrix} V_2 \\ -I_2 \end{bmatrix} \tag{6–72}$$

此合成的傳輸參數可寫成二個別網路傳輸參數之乘積

$$\begin{bmatrix} A & B \\ C & D \end{bmatrix} = \begin{bmatrix} A_a & B_a \\ C_a & D_a \end{bmatrix} \begin{bmatrix} A_b & B_b \\ C_b & D_b \end{bmatrix} = [T_a][T_b] \tag{6–73}$$

將上式擴展為 N 個雙埠網路的串接連接，則合成的新傳輸參數可寫成

$$[\boldsymbol{T}]=[\boldsymbol{T}_1]\times[\boldsymbol{T}_2]\times\cdots\times[\boldsymbol{T}_N]=\prod_{k=1}^{N}[\boldsymbol{T}_k] \tag{6–74}$$

若原雙埠網路並非以傳輸參數 $[\boldsymbol{T}]$ 來表示時，可應用表 6–1 之網路參數轉換關係，將原參數轉換為 $[\boldsymbol{T}]$ 參數來合成多個網路的串接連接。

如圖 6–35 所示之電路，試求其等效之 $[z]$ 參數。

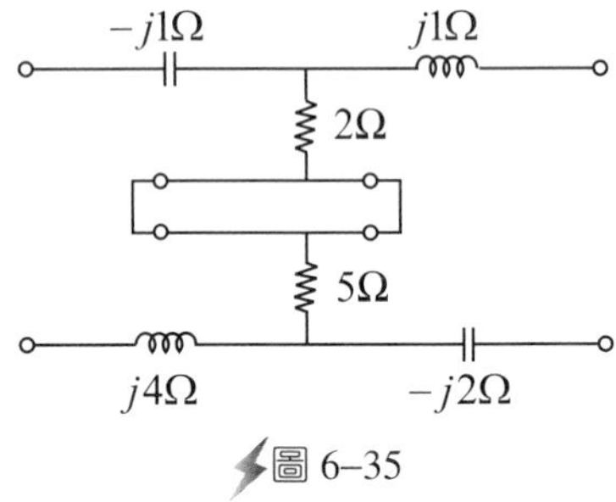

圖 6–35

解 原圖 6–35 可分解為二個 T 型電路的串聯，可先利用圖 6–36 之 T 型電路推導其斷路阻抗參數如下：

$$[z]=\begin{bmatrix} z_1+z_3 & z_3 \\ z_3 & z_2+z_3 \end{bmatrix} \quad (\Omega)$$

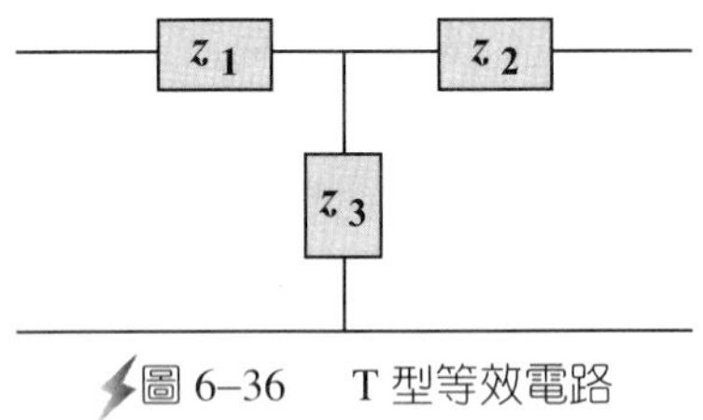

圖 6–36　T 型等效電路

故圖 6–35 上方的斷路阻抗參數為 $[z_1]=\begin{bmatrix} 2-j1 & 2 \\ 2 & 2+j1 \end{bmatrix}$ (Ω)，圖 6–35 下方的斷路阻抗參數為 $[z_2]=\begin{bmatrix} 5+j4 & 5 \\ 5 & 5-j2 \end{bmatrix}$ (Ω)。故圖 6–35 之合併之斷路阻抗參數為

$$[z_1]+[z_2]=\begin{bmatrix} 2-j1 & 2 \\ 2 & 2+j1 \end{bmatrix}+\begin{bmatrix} 5+j4 & 5 \\ 5 & 5-j2 \end{bmatrix}=\begin{bmatrix} 7+j3 & 7 \\ 7 & 7-j1 \end{bmatrix} \quad (\Omega)。$$

如圖 6–37 所示之電路，試求其等效之 $[y]$ 參數。

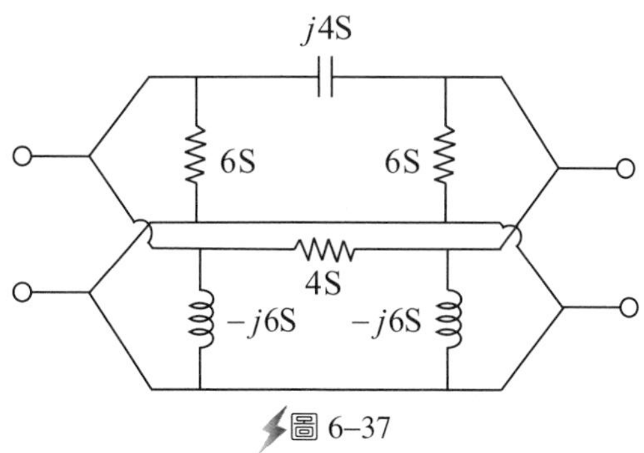

圖 6–37

解　原圖 6–37 可分解為二個 π 型電路的並聯，可先利用圖 6–38 之 π 型電路推導其短路導納參數如下：

$$[y]=\begin{bmatrix} y_1+y_3 & -y_3 \\ -y_3 & y_2+y_3 \end{bmatrix} \quad (\text{S})$$

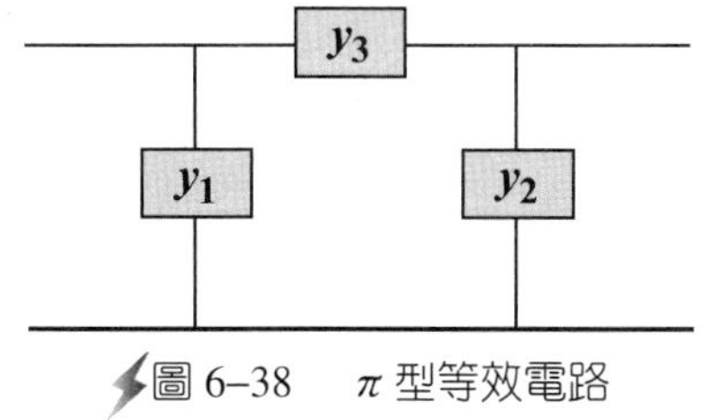

圖 6–38　π 型等效電路

故圖 6–37 上方的短路導納參數為 $[y_1]=\begin{bmatrix} 6-j4 & -j4 \\ -j4 & 6-j4 \end{bmatrix}$ (S)，圖 6–37 下方的短路導納參數為 $[y_2]=\begin{bmatrix} 4-j6 & -4 \\ -4 & 4-j6 \end{bmatrix}$ (S)。故圖 6–37 之合併之短路導納參數為

$$[y_1]+[y_2]=\begin{bmatrix} 6-j4 & -j4 \\ -j4 & 6-j4 \end{bmatrix}+\begin{bmatrix} 4-j6 & -4 \\ -4 & 4-j6 \end{bmatrix}=\begin{bmatrix} 10-j10 & -(4+j4) \\ -(4+j4) & 10-j10 \end{bmatrix} \quad (\text{S})。$$

如圖 6–39 所示之電路，試求其等效之 [$\boldsymbol{T}$] 參數。

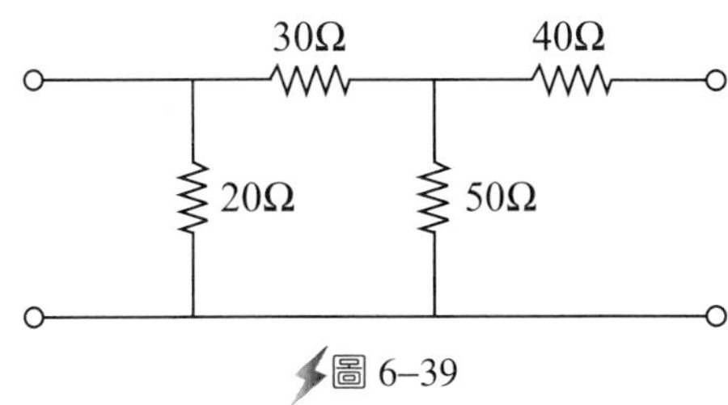

圖 6–39

解 原圖 6–39 可分解為二個 T 型電路的串接，可先利用圖 6–40 之 T 型電路推導其 [$\boldsymbol{T}$] 參數如下：

(a)當 $\boldsymbol{I_2}=0$ 時

$$\because \boldsymbol{V_2}=\boldsymbol{V_1}\frac{R_2}{R_1+R_2}，\therefore \boldsymbol{A}=\frac{\boldsymbol{V_1}}{\boldsymbol{V_2}}=\frac{R_1+R_2}{R_2}=1+\frac{R_1}{R_2}$$

$$\because \boldsymbol{V_2}=\boldsymbol{I_1}R_2，\therefore \boldsymbol{C}=\frac{\boldsymbol{I_1}}{\boldsymbol{V_2}}=\frac{1}{R_2}$$

(b)當 $\boldsymbol{V_2}=0$ 時

$$\because \boldsymbol{I_2}=-\boldsymbol{V_1}\frac{1}{R_1+R_2/\!/R_3}\cdot\frac{R_2}{R_2+R_3}，\therefore \boldsymbol{B}=-\frac{\boldsymbol{V_1}}{\boldsymbol{I_2}}=(R_1+\frac{R_2R_3}{R_2+R_3})\frac{R_2+R_3}{R_2}=R_3+\frac{R_1(R_2+R_3)}{R_2}$$

$$\because \boldsymbol{I_2}=-\boldsymbol{I_1}\frac{R_2}{R_2+R_3}，\therefore \boldsymbol{D}=-\frac{\boldsymbol{I_1}}{\boldsymbol{I_2}}=\frac{R_2+R_3}{R_2}=1+\frac{R_3}{R_2}$$

$$\therefore [\boldsymbol{T}]=\begin{bmatrix} 1+\frac{R_1}{R_2} & R_3+\frac{R_1(R_2+R_3)}{R_2} \\ \frac{1}{R_2} & 1+\frac{R_3}{R_2} \end{bmatrix}$$

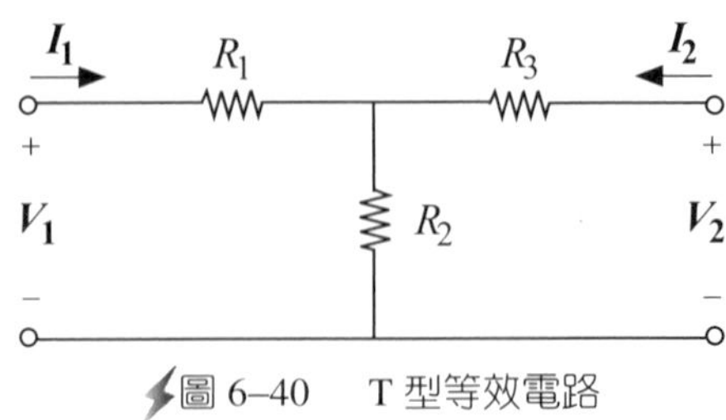

圖 6–40　T 型等效電路

將原圖 6–39 之電路分解為二個等效的 Γ 電路（20 Ω、30 Ω 為第 1 組；40 Ω、50 Ω 為第 2 組），故對應至圖 6–40 的 R_1 為零值，分別計算 [$\boldsymbol{T}$] 參數如下：

$$[\boldsymbol{T_1}] = \begin{bmatrix} 1 & R_3 = 30 \\ \dfrac{1}{R_2} = \dfrac{1}{20} & 1 + \dfrac{R_3}{R_2} = 1 + \dfrac{30}{20} \end{bmatrix} = \begin{bmatrix} 1 & 30 \\ 0.05 & 2.5 \end{bmatrix}$$

$$[\boldsymbol{T_2}] = \begin{bmatrix} 1 & R_3 = 50 \\ \dfrac{1}{R_2} = \dfrac{1}{40} & 1 + \dfrac{R_3}{R_2} = 1 + \dfrac{50}{40} \end{bmatrix} = \begin{bmatrix} 1 & 50 \\ 0.025 & 2.25 \end{bmatrix}$$

故合併之等效 [T] 參數為

$$[\boldsymbol{T}] = [\boldsymbol{T_1}][\boldsymbol{T_2}] = \begin{bmatrix} 1 & 30 \\ 0.05 & 2.5 \end{bmatrix}\begin{bmatrix} 1 & 50 \\ 0.025 & 2.25 \end{bmatrix} = \begin{bmatrix} 1.75 & 117.5\ \Omega \\ 0.1125\ \text{S} & 8.125 \end{bmatrix}$$

習題

6.1 雙埠參數間的關係

1. 試求將 z 參數轉換成 h 參數的表示方式。
2. 試將 z 參數轉換成傳輸參數 T 的表示方式。
3. 試求圖 P6–1 所示電路的 $H(s)$ 參數。

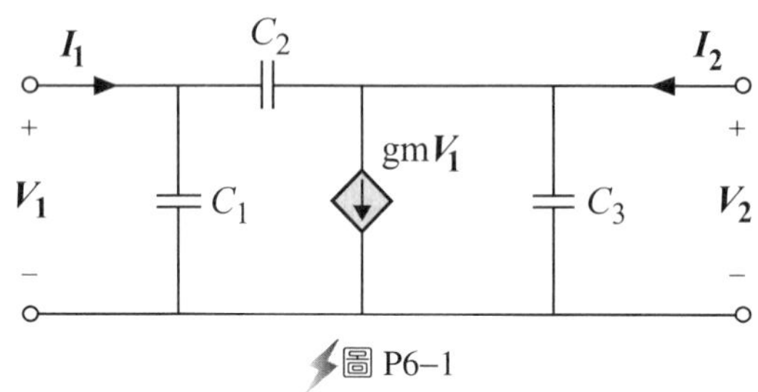

圖 P6–1

4. 試求如圖 P6–2 所示電路由右側看入之戴維寧等效電路之電壓及電阻。

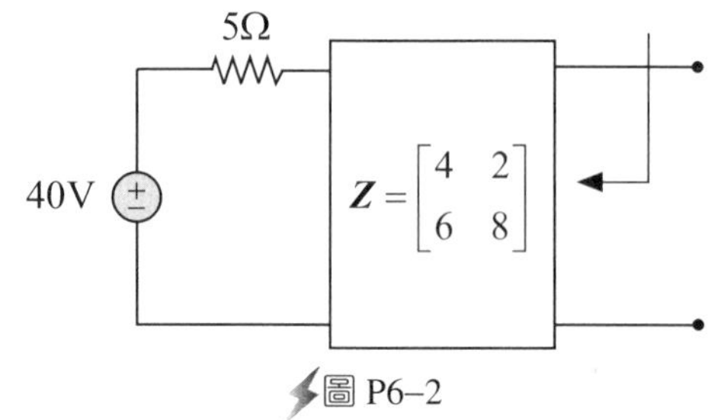

圖 P6–2

6.2 斷路阻抗參數

5. 已知 $\boldsymbol{y} = \begin{bmatrix} 0.2 & -0.3 \\ -0.1 & 0.4 \end{bmatrix}$ (S)，試求其 z 參數？
6. 下列數據是由一個雙埠電阻電路量得：第 1 埠開路時，$\boldsymbol{V}_2 = 15$ V, $\boldsymbol{V}_1 = 10$ V, $\boldsymbol{I}_2 = 30$ A；第 1 埠短路時，$\boldsymbol{V}_2 = 10$ V, $\boldsymbol{I}_2 = 4$ A, $\boldsymbol{I}_1 = -5$ A。試求該雙埠電阻電路之 z 參數。
7. 下列數據是由一個對稱兼互易的電阻雙埠網路量得：第 2 埠開路時，$\boldsymbol{V}_1 = 95$ V, $\boldsymbol{I}_1 = 5$ A；第 2 埠短路時，$\boldsymbol{V}_1 = 11.52$ V, $\boldsymbol{I}_2 = -2.72$ A。試求該雙埠網路的 z 參數值。

8. 試求如圖 P6–3 所示電路的 z 參數。

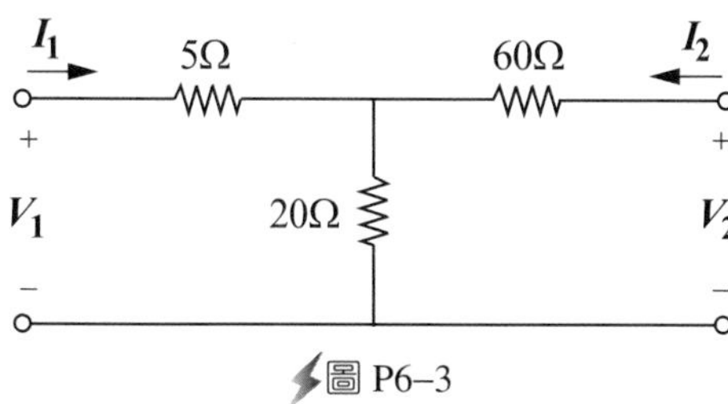

圖 P6–3

9. 如圖 P6–4 所示之電路，試求其 z 參數。

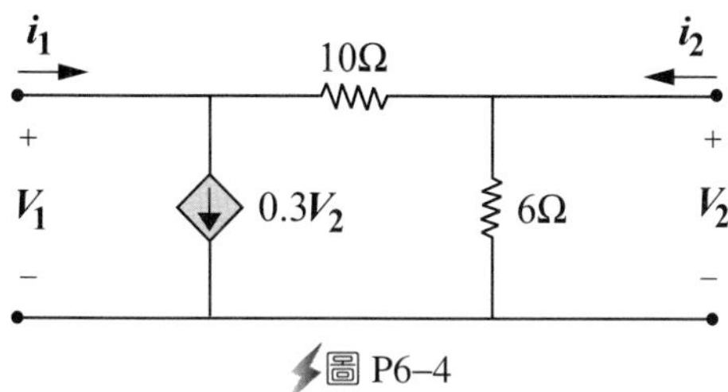

圖 P6–4

6.3 短路導納參數

10. 試求如圖 P6–5 所示電路的 y 參數。

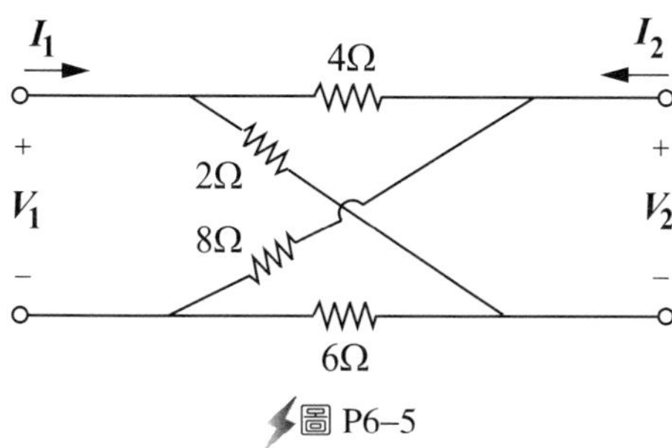

圖 P6–5

11. 試求如圖 P6–6 所示電路之導納參數。

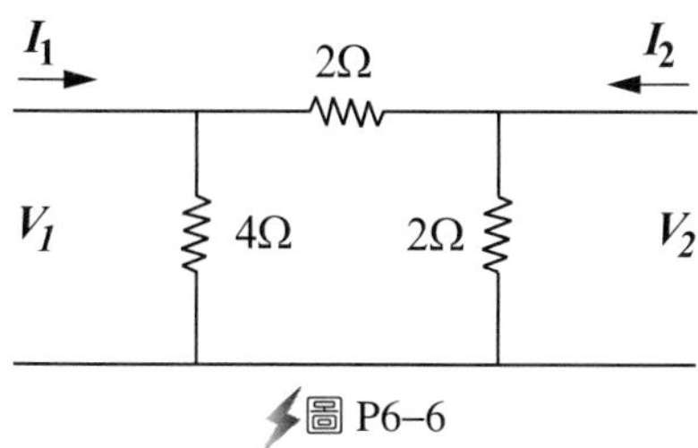

圖 P6–6

12.試求如圖 P6–7 所示電路之導納參數。

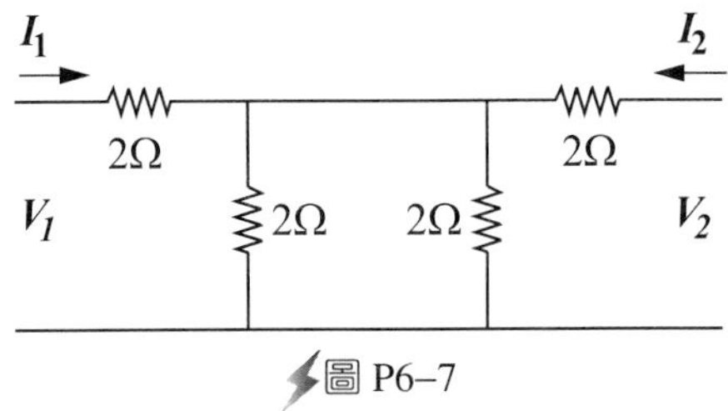

圖 P6–7

13.試求如圖 P6–8 所示電路之導納參數。

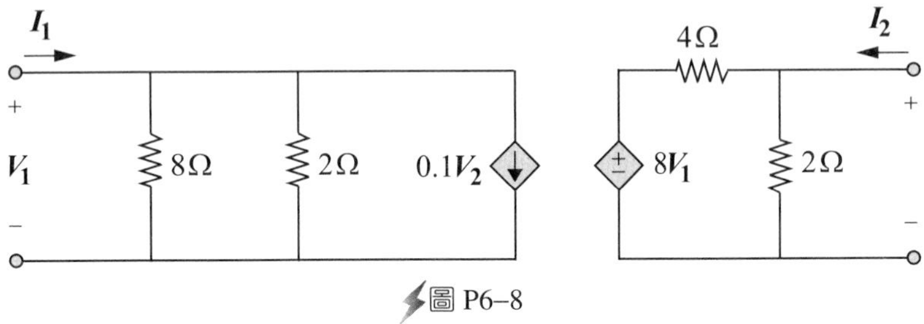

圖 P6–8

14.試求出如圖 P6–9 所示電路之 s 導納參數。

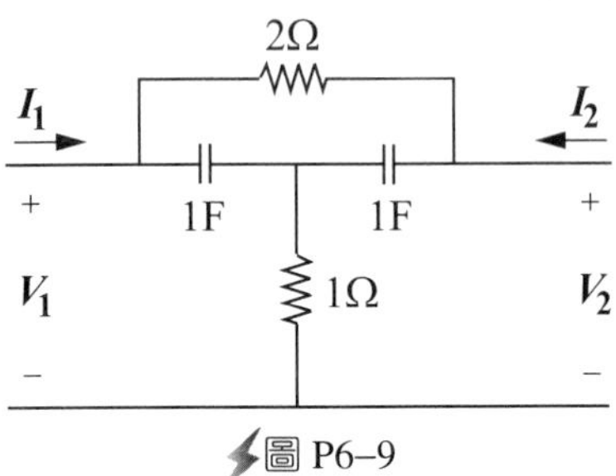

圖 P6–9

15.試求如圖 P6–10 所示電路之 **y** 參數。

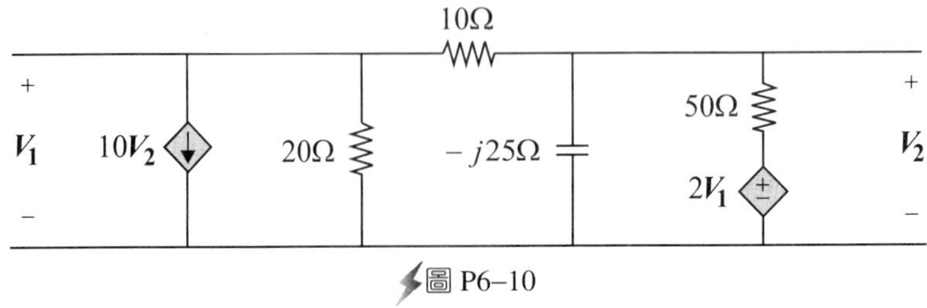

圖 P6–10

6.4 混合參數

16.如圖 P6–11 所示之電路，試求其混合參數。

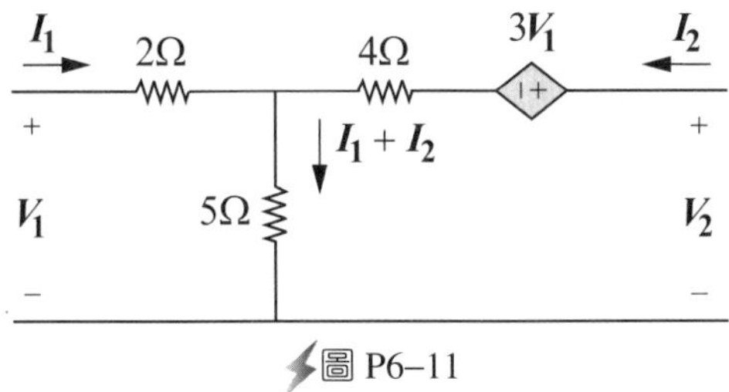

圖 P6–11

17.如圖 P6–12 所示之電路，試求其混合參數。

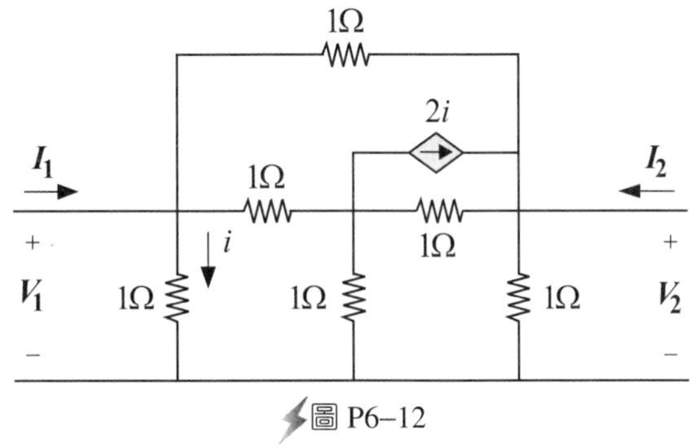

圖 P6–12

18.如圖 P6–13 所示之電路，試求其混合參數。

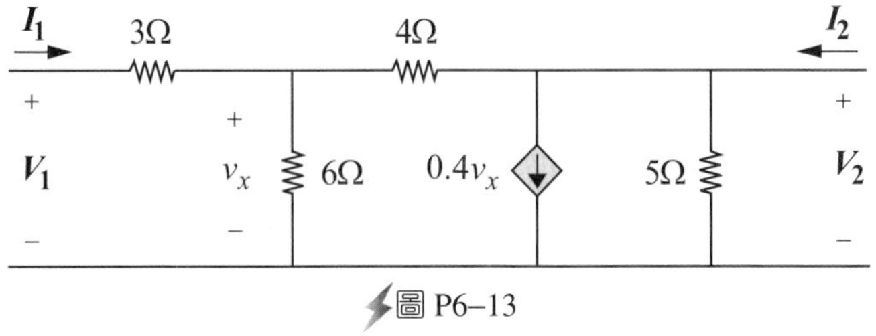

圖 P6–13

19.如圖 P6–14 所示之電路，試求其混合參數。

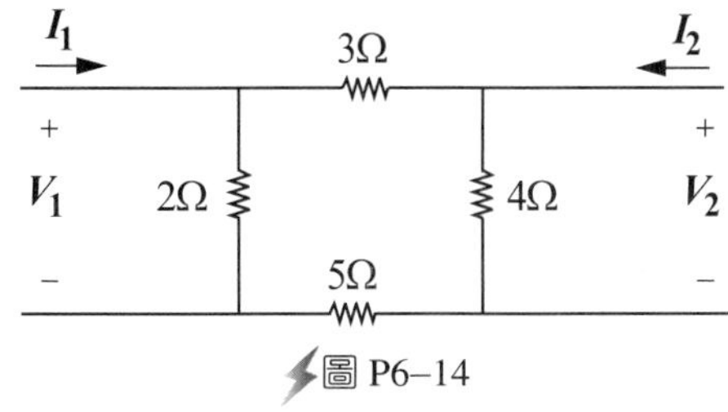

圖 P6–14

20.如圖 P6–15 所示之電路，試求其混合參數。

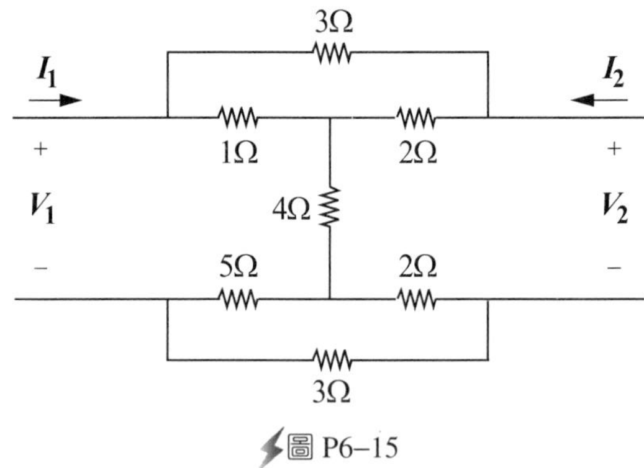

圖 P6–15

6.5 傳輸參數

21.如圖 P6–16 所示之雙埠網路，試求其 ***T*** 參數。

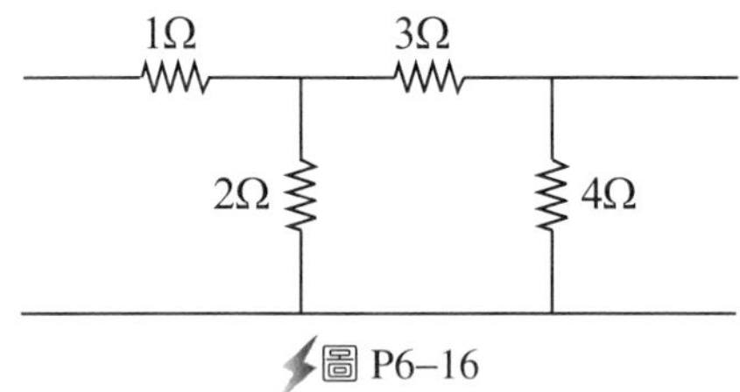

圖 P6–16

22.如圖 P6–17 所示之雙埠網路，試求其 ***ABCD*** 參數。

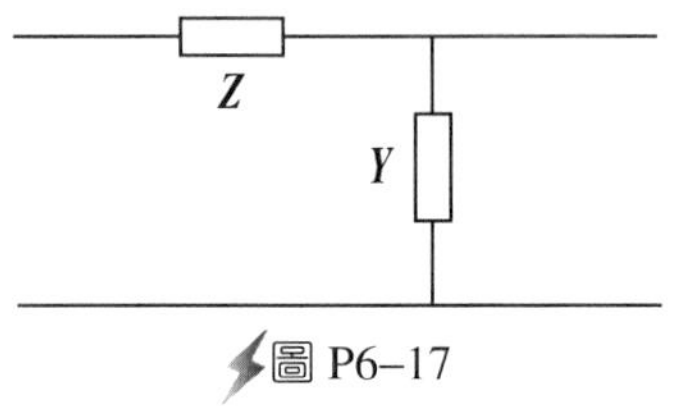

圖 P6–17

23.如圖 P6–18 所示之雙埠網路，試求其 ***T*** 參數。

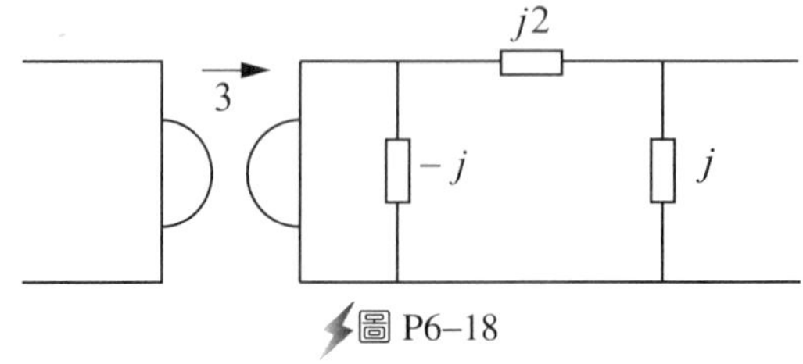

圖 P6–18

24. 如圖 P6–19 所示之電路，其中 n 之傳輸參數為 $\begin{bmatrix} 3 & 1 \\ 1 & 1 \end{bmatrix}$，試求其 $\boldsymbol{T}$ 參數。

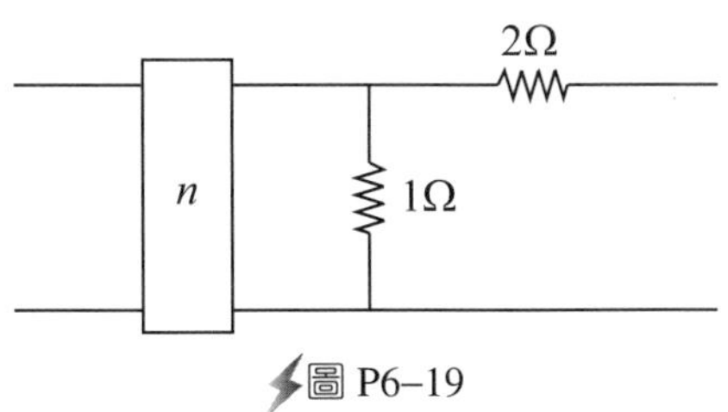

圖 P6–19

25. 如圖 P6–20 所示之雙埠網路，試求其 $\boldsymbol{T}$ 參數。

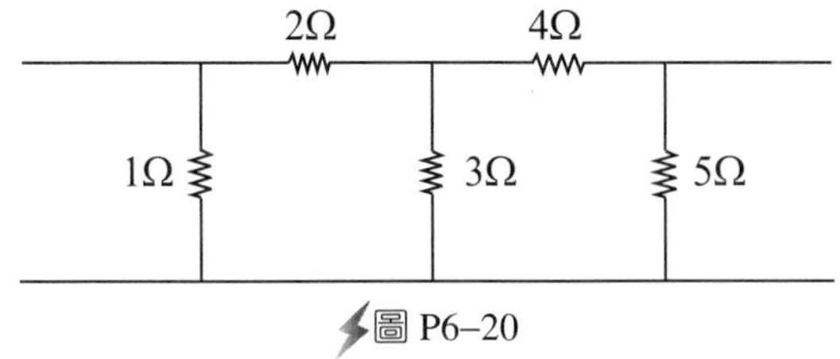

圖 P6–20

6.6 各組參數間的關係

26. 請用 z 參數 $(z_{11}, z_{12}, z_{22}, z_{21})$ 表達 $\boldsymbol{h}$ 參數。

27. 請用 z 參數 $(z_{11}, z_{12}, z_{22}, z_{21})$ 表達 $\boldsymbol{T}$ 參數。

28. 以 $\boldsymbol{T}$ 參數來表示 $\boldsymbol{h}$ 參數。

29. 試以 $\boldsymbol{t}$ 參數來表示 $\boldsymbol{y}$ 參數。

30. 以 z 參數來表示 $\boldsymbol{g}$ 參數。

6.7 雙埠網路間的連接

31. 如圖 P6–21 所示之電路，試以矩陣表示其 $\boldsymbol{T}$ 參數。

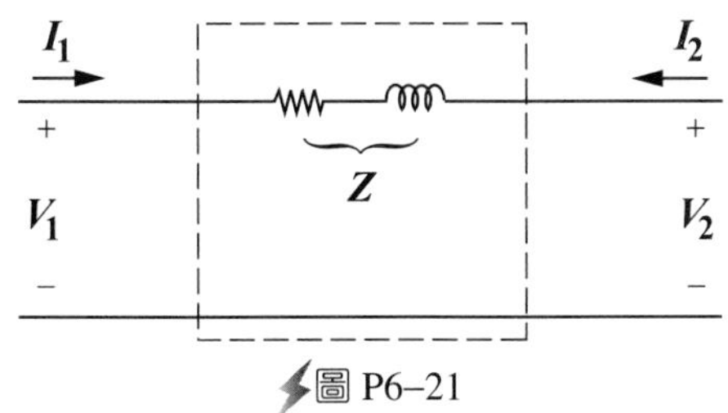

圖 P6–21

32. 如圖 P6–22 所示之電路，試以矩陣表示其 ***T*** 參數。

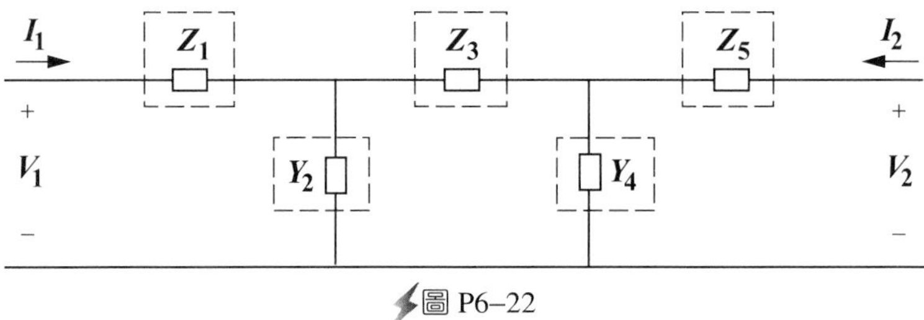

圖 P6–22

33. 如圖 P6–23 所示之電路，試以矩陣表示其 ***y*** 參數。

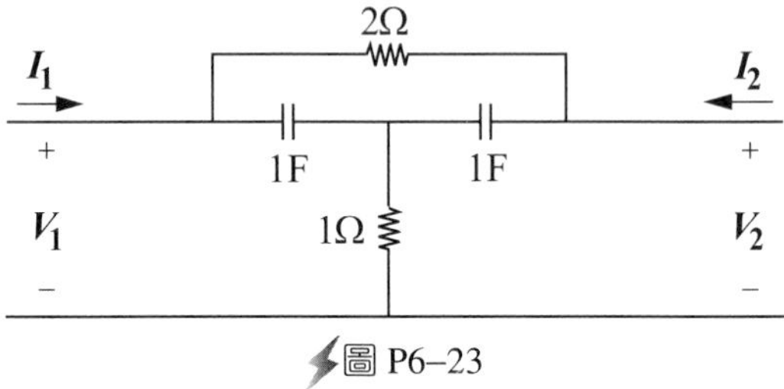

圖 P6–23

34. 如圖 P6–24 所示之電路，試以矩陣表示其 ***y*** 參數。

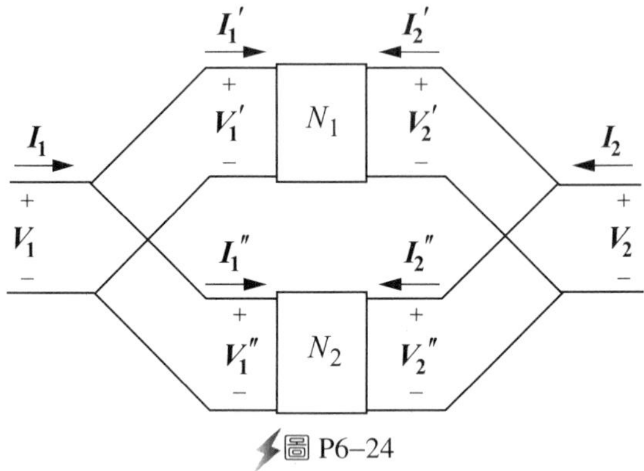

圖 P6–24

35. 如圖 P6–25 所示之電路，試以矩陣表示其 $\boldsymbol{h}$ 參數。

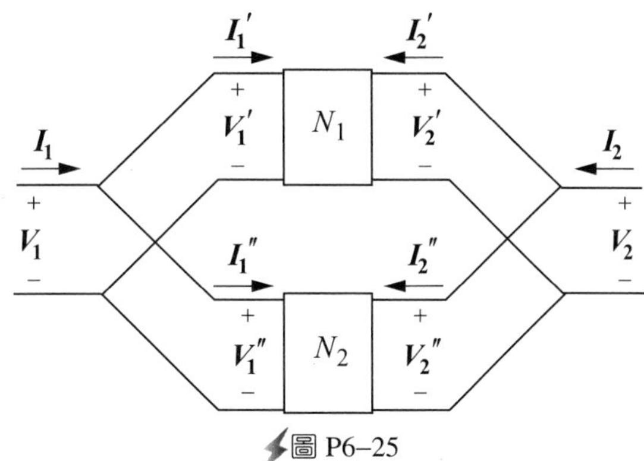

圖 P6–25

筆記欄

電路學分析

第7章 頻率響應

7.0 本章摘要

7.1 網路函數

7.2 波幅與相角的曲線

7.3 複數軌跡

7.4 波德 (Bode) 圖

7.5 耐奎斯 (Nyquist) 準則

習　題

第七章　頻率響應

7.0 本章摘要

本章介紹一個網路在變動輸入頻率時的重要特性，各節內容摘要如下：

7.1 **網路函數**：本節定義一個網路輸出訊號對輸入訊號的重要網路函數或轉移函數。

7.2 **波幅與相角的曲線**：本節由網路函數的關係，分解為波幅與相角兩部分，藉以描繪波幅對頻率以及相角對頻率變動之特性軌跡圖。

7.3 **複數軌跡**：本節將網路函數之分母及分子多項式分別求解網路的極點與零點，將它們以頻率為變數描繪在複數平面上，形成複數的軌跡。

7.4 **波德 (Bode) 圖**：本節對波德圖的二個重要特性曲線作說明，一個以網路函數波幅（以分貝為單位）之縱座標（線性刻度）對應以角頻率 ω（以對數刻度描繪）為橫座標的特性曲線；一個以網路函數相角（以度為單位）之縱座標（線性刻度）對應以角頻率 ω（以對數刻度描繪）為橫座標的特性曲線。

7.5 **耐奎斯 (Nyquist) 準則**：本節說明該重要準則之特性，其不僅可測試系統或網路的穩定性，也可用於改良網路或系統的設計，另一方面穩定度的測試可簡單地由弦式穩態下的實驗來獲得數據。

7.1 網路函數

在第五章中的弦式穩態分析，其電壓及電流響應都是基於單一的固定電源頻率下所計算的結果。為了瞭解電源頻率對網路特性的影響，可將電源之電壓大小或電流之大小固定，然後改變其角頻率 ω，則角頻率對網路的電壓、電流、阻抗、導納等電氣量所產生的結果，通稱為頻率響應 (frequency response)，此頻率響應才可視為對第五章之弦式穩態響應做完整的描述。除本章各節的說明外，第九章的濾波器也是頻率響應的重要應用之一，其他領域如控制系統及通訊系統均是頻率響應的重要應用設備。在分析頻率響應時，「網路函數」之定義與特性必須先加以說明。

「網路函數」(network function) 又稱「轉移函數」(transfer function)，是一種有利於分析網路頻率響應的重要工具之一。簡單來說，要描述一個網路的頻率響應就是將角頻率由零值變化到無限大，然後將網路函數對角頻率的變化以圖形描繪出來。「網路函數」就是一個網路之輸出響應對輸入激勵的比值，該比值是與角頻率之變化有關的。一個線性網路的「網路函數」$\boldsymbol{H}(\omega)$ 可以參考圖 7–1 之方塊圖，用以下的方程式表示：

$$\boldsymbol{H}(\omega)=\frac{\boldsymbol{R}(\omega)}{\boldsymbol{E}(\omega)} \tag{7–1}$$

式中 $\boldsymbol{R}(\omega)$ 及 $\boldsymbol{E}(\omega)$ 分別為線性網路之輸出響應相量及輸入激勵相量，這些相量可能是電壓相量或電流相量。

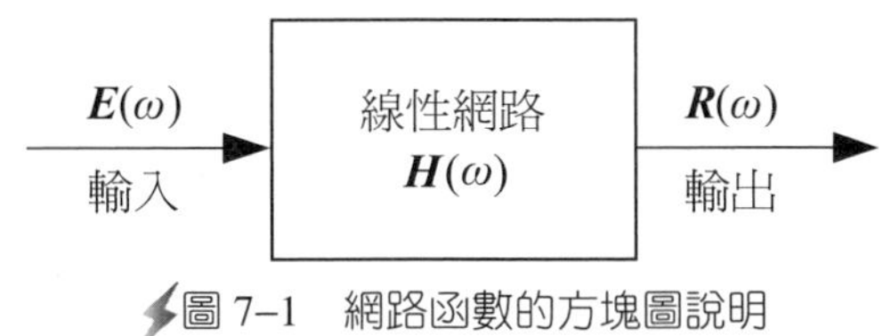

圖 7–1 網路函數的方塊圖說明

假設圖 7–1 之線性網路中無初始能量存在，根據輸入激勵相量 $\boldsymbol{E}(\omega)$ 及輸出響應相量 $\boldsymbol{R}(\omega)$ 是電壓相量或電流相量的不同組合，則四種可能的網路函數將會出現如下：

(1)電壓增益 (voltage gain)

$$\boldsymbol{H}_{VG}(\omega)=\frac{\boldsymbol{V}_o(\omega)}{\boldsymbol{V}_i(\omega)} \tag{7–2}$$

(2)電流增益 (current gain)

$$\boldsymbol{H}_{CG}(\omega)=\frac{\boldsymbol{I}_o(\omega)}{\boldsymbol{I}_i(\omega)} \tag{7–3}$$

(3)轉移阻抗 (transfer impedance)

$$\boldsymbol{H}_{TZ}(\omega)=\frac{\boldsymbol{V}_o(\omega)}{\boldsymbol{I}_i(\omega)} \tag{7–4}$$

(4)轉移導納 (transfer admittance)

$$\boldsymbol{H}_{TY}(\omega)=\frac{\boldsymbol{I}_o(\omega)}{\boldsymbol{V}_i(\omega)} \tag{7–5}$$

範例 1 如圖 7–2 所示之電路，若輸入電壓為 $v_s(t) = V_m\cos(\omega t)$ (V)，試求該電路之網路函數 $\dfrac{\boldsymbol{V_o}}{\boldsymbol{V_s}}$。

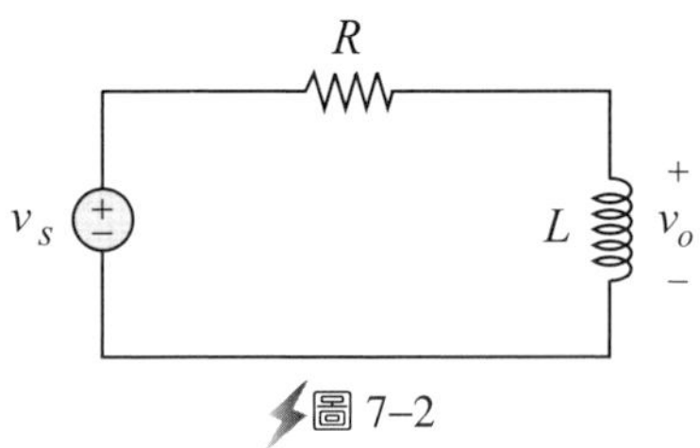

圖 7–2

解 利用分壓定理可得

$$\boldsymbol{H}(\omega) = \frac{\boldsymbol{V_o}}{\boldsymbol{V_i}} = \frac{j\omega L}{R + j\omega L} = \frac{\dfrac{j\omega}{(\dfrac{R}{L})}}{1 + \dfrac{j\omega}{(\dfrac{R}{L})}} = \frac{\dfrac{j\omega}{\omega_0}}{1 + \dfrac{j\omega}{\omega_0}}$$，式中 $\omega_0 = \dfrac{R}{L}$ (rad/s)。

如圖 7–3 所示之電路，若輸入電壓為 $v(t) = V_m\cos(\omega t)$ (V)，試求該電路之網路函數 $\dfrac{\boldsymbol{I}}{\boldsymbol{V}}$。

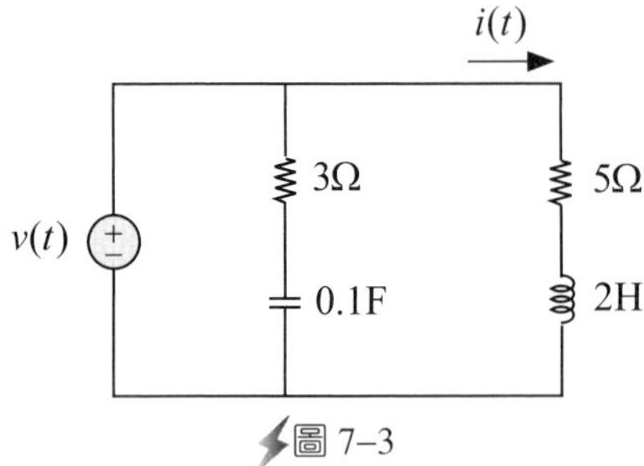

圖 7–3

解 利用歐姆定律可得

$$\boldsymbol{H}(\omega) = \frac{\boldsymbol{I}}{\boldsymbol{V}} = \frac{1}{5 + j2\omega} = \frac{\dfrac{1}{5}}{1 + \dfrac{j\omega}{(\dfrac{5}{2})}} = \frac{\dfrac{1}{5}}{1 + \dfrac{j\omega}{\omega_0}}$$，式中 $\omega_0 = \dfrac{5}{2} = 2.5$ (rad/s)。

7.2 波幅與相角的曲線

前一節所說的網路函數，為隨角頻率 ω 變動之量，基本上為一個複數的量，可以寫成下面的極座標型式

$$\boldsymbol{H}(\omega)=H(\omega)\angle\phi(\omega) \tag{7–6}$$

式中

$$H(\omega)=|\boldsymbol{H}(\omega)| \tag{7–7}$$

稱為網路函數的波幅、振幅或大小，而

$$\phi(\omega)=\angle\boldsymbol{H}(\omega) \tag{7–8}$$

稱為網路函數的相角。由 (7–7) 式及 (7–8) 式得知，網路函數的波幅及相角均為角頻率 ω 之函數。

為了求出網路函數的波幅及相角隨角頻率 ω 變化的特性曲線，建議採用以下三個基本步驟：

(1)將電路元件電阻器 R、電感器 L、電容器 C 分別以 R、$j\omega L$ 及 $\dfrac{1}{(j\omega C)}$ 的阻抗值做取代。

(2)再使用基本電路分析方法（克希荷夫電壓及電流定律、網目電流分析法或節點電壓分析法等），求出該電路指定的輸出相量對指定的輸入相量的比例關係式，以求出其網路函數 $\boldsymbol{H}(\omega)$。

(3)分離網路函數的波幅及相角關係式，再將角頻率 ω 值由零值變化到無限大，以繪出波幅及相角對角頻率 ω 變動的特性曲線。

範例 3 如圖 7–4 所示之電路，若輸入電壓為 $v_s(t) = V_m\cos(\omega t)$ (V)，試求該電路之網路函數 $\frac{\boldsymbol{V_o}}{\boldsymbol{V_s}}$ 及該網路函數的波幅與相角的表示式和其對頻率變動的曲線。

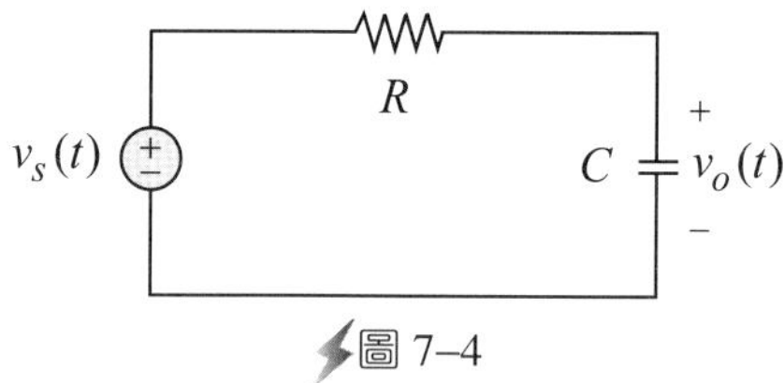

圖 7–4

解 將原圖 7–4 之時域電路改繪成如圖 7–5 所示之頻域電路，則其網路函數可利用分壓定律表示為

$$\boldsymbol{H}(\omega) = \frac{\boldsymbol{V_o}}{\boldsymbol{V_s}} = \frac{\frac{1}{j\omega C}}{R + \frac{1}{j\omega C}} = \frac{1}{1 + j\omega RC} = \frac{1}{1 + \frac{j\omega}{(\frac{1}{RC})}} = \frac{1}{1 + \frac{j\omega}{\omega_0}}$$，式中 $\omega_0 = \frac{1}{RC}$ (rad/s)。

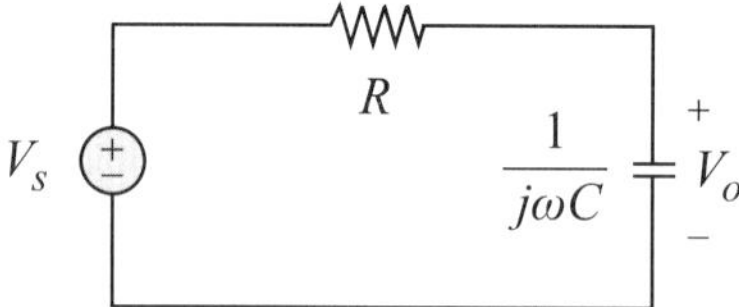

圖 7–5　將原圖 7–4 之時域電路改繪成頻域電路

網路函數之波幅大小可表示為 $\boldsymbol{H}(\omega) = \frac{1}{\sqrt{1 + (\frac{\omega}{\omega_0})^2}}$

網路函數之相角可表示為 $\phi(\omega) = -\tan^{-1}(\frac{\omega}{\omega_0})$

將網路函數之波幅大小及相角對頻率的關係可分別繪成如圖 7–6 (a)、(b)所示之曲線。

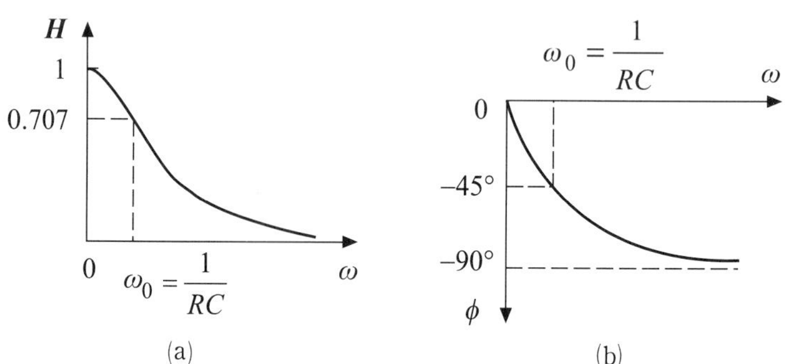

圖 7–6　電路之波幅大小及相角對頻率的關係

續前面的範例，將原圖 7–4 之電容器改為電感器 L，如圖 7–7 所示，重做之。

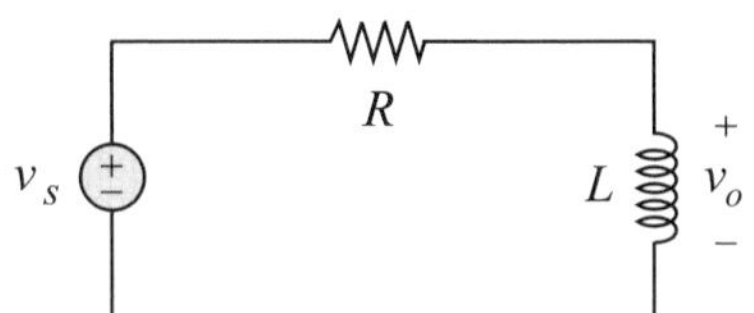

圖 7–7 將原圖 7–4 之電容器改為電感器 L 之電路

解 將原圖 7–7 之時域電路改繪成如圖 7–8 所示之頻域電路，則其網路函數可利用分壓定律表示為

$$\boldsymbol{H}(\omega)=\frac{\boldsymbol{V}_o}{\boldsymbol{V}_s}=\frac{j\omega L}{R+j\omega L}=\frac{\dfrac{j\omega}{(\frac{R}{L})}}{1+\dfrac{j\omega}{(\frac{R}{L})}}=\frac{\dfrac{j\omega}{\omega_0}}{1+\dfrac{j\omega}{\omega_0}}$$，式中 $\omega_0=\frac{R}{L}$ (rad/s)。

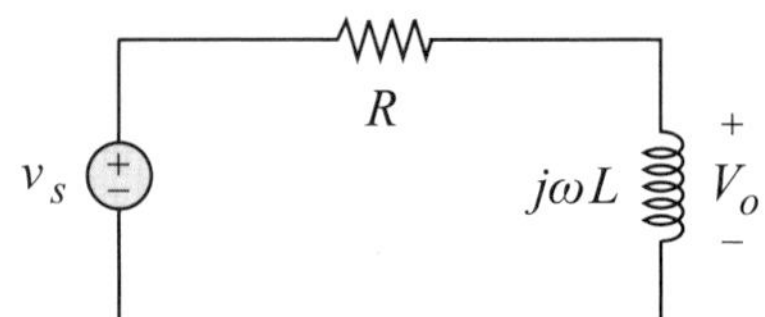

圖 7–8 將原圖 7–7 之時域電路改繪成頻域電路

網路函數之波幅大小可表示為 $\boldsymbol{H}(\omega)=\dfrac{(\frac{\omega}{\omega_0})}{\sqrt{1+(\frac{\omega}{\omega_0})^2}}$

網路函數之相角可表示為 $\phi(\omega)=90°-\tan^{-1}(\frac{\omega}{\omega_0})$

將網路函數之波幅大小及相角對頻率的關係可分別繪成如圖 7–9 (a)、(b)所示之曲線。

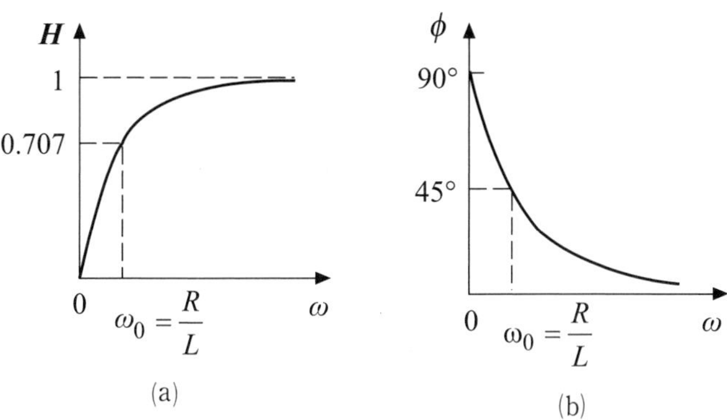

圖 7–9 電路之波幅大小及相角對頻率的關係

7.3 複數軌跡

網路函數除了可以採用前一節所說的波幅及相角隨角頻率 ω 變動的特性曲線描繪外，也可以將網路函數表示為多項式的比值關係，如下式所示：

$$\boldsymbol{H}(\omega)=\frac{\boldsymbol{N}(\omega)}{\boldsymbol{D}(\omega)} \tag{7–9}$$

式中 $\boldsymbol{N}(\omega)$ 及 $\boldsymbol{D}(\omega)$ 分別為網路函數的分子多項式及分母多項式，這二個多項式沒有必要一定要與原電路之輸出對輸入的比例型式完全相同。(7–9) 式假設在 $\boldsymbol{N}(\omega)$ 及 $\boldsymbol{D}(\omega)$ 中之共同項已經予以消去，故網路函數所得的表示式應為最簡單的型式。

若令 (7–9) 式之

$$\boldsymbol{N}(\omega)=0 \tag{7–10}$$

則其解為使 $\boldsymbol{H}(\omega)$ 變為零值的特定頻率，稱為零點 (zero)，即 $j\omega=z_1, z_2, \cdots$ 等，這些零點個數必與 $\boldsymbol{N}(\omega)$ 之階數相同。若令 (7–9) 式之

$$\boldsymbol{D}(\omega)=0 \tag{7–11}$$

則其解為使 $\boldsymbol{H}(\omega)$ 變為無限大值的特定頻率，稱為極點 (pole)，即 $j\omega=p_1, p_2, \cdots$ 等，這些極點個數必與 $\boldsymbol{D}(\omega)$ 之階數相同。為了免除 (7–9) 式之複雜代數式運算，可以先將網路函數中所有的 $j\omega$ 先以 s 變數取代，等到運算完成後再將 s 符號恢復為 $j\omega$ 即可。

將 (7–10) 式及 (7–11) 式隨角頻率 ω 變動所繪出的軌跡，即為該網路函數所有複數極點與零點之軌跡變化，換言之，當角頻率 ω 變動時，網路函數的所有零點與極點也會發生變動，這些零點與極點逐漸隨角頻率變動的情況即為複數軌跡。

如圖 7–10 所示之電路，試求其網路函數 $\dfrac{\boldsymbol{I}(\omega)}{\boldsymbol{V}(\omega)}$ 之極點與零點。

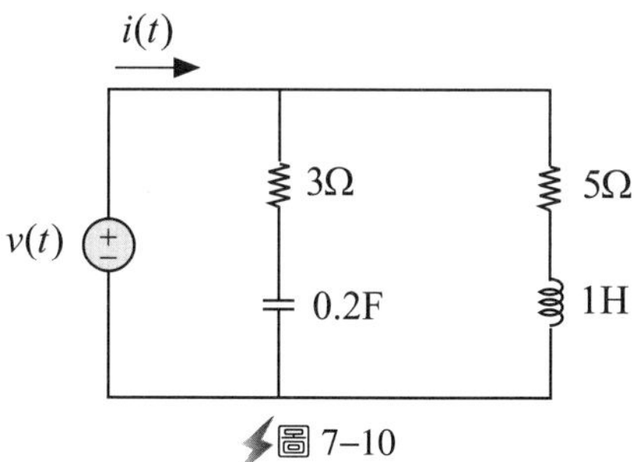

圖 7–10

解 $Y_1(s)=\dfrac{1}{3+\dfrac{1}{0.2s}}=\dfrac{0.2s}{1+0.6s}$　　$Y_2(s)=\dfrac{1}{5+s}$

$$\therefore\ \frac{\boldsymbol{I}(s)}{\boldsymbol{V}(s)}=Y_1(s)+Y_2(s)=\frac{0.2s}{1+0.6s}+\frac{1}{5+s}=\frac{0.2s^2+1.6s+1}{(1+0.6s)(5+s)}$$

極點：$p_1=-5,\ p_2=\dfrac{-1}{0.6}=-1.6667$

零點：$\dfrac{-1.6\pm\sqrt{1.6^2-4\times0.2}}{2\times0.2}=\dfrac{-1.6\pm1.3266}{0.4}=-0.6835,\ -7.3165$

若一電路之網路函數為 $\dfrac{s^2+s+1}{(s+1)(s^2+5s+7)}$，試求該電路之極點與零點。

解 零點：$z_{1,2}=\dfrac{-1\pm\sqrt{1^2-4\times1}}{2\times1}=\dfrac{-1\pm j\sqrt{3}}{2}=-0.5\pm j0.866$

極點：$p_1=-1,\ p_{1,2}=\dfrac{-5\pm\sqrt{5^2-4\times1\times7}}{2\times1}=\dfrac{-5\pm j\sqrt{3}}{2}=-2.5\pm j0.866$

7.4 波德 (Bode) 圖

在 7.2 節中，頻率響應是要描繪網路函數的波幅及相角對角頻率 ω 變化的特性曲線。但由於角頻率由零值變化至無限大的範圍太廣，若利用線性的刻度來表示角頻率的變動將非常不方便。

在標準的系統化繪出網路函數的波幅及相角對角頻率 ω 變化圖形是將角頻率的值取其對數刻度 (logarithmic scale)，對網路函數的波幅則採用分貝 (dB) 為單位的計算

式，即先取出網路函數波幅的大小值後，再取其以 10 為底的對數，再乘以 20

$$H_{dB} = 20\log_{10}|\boldsymbol{H}(\omega)| \tag{7-12}$$

對網路函數的相角則採用以度 (degree) 為單位的值，可利用網路函數的虛部除以其實部後再取反正切 (arctangent) 來完成

$$\angle\boldsymbol{H}(\omega) = \tan^{-1}\left(\frac{\mathrm{I_m}[\boldsymbol{H}(\omega)]}{\mathrm{R_e}[\boldsymbol{H}(\omega)]}\right) \tag{7-13}$$

波德圖即是繪出網路函數的二個重要特性曲線：

(1)以網路函數波幅（以分貝為單位）之縱座標（線性刻度）對應以角頻率 ω（以對數刻度描繪）為橫座標的特性曲線。

(2)以網路函數相角（以度為單位）之縱座標（線性刻度）對應以角頻率 ω（以對數刻度描繪）為橫座標的特性曲線。

由於波德圖的二圖中之橫座標均為對數刻度表示，而縱座標則均為線性刻度，故波德圖為一個半對數刻度之圖形 (semilogarithmic plot)，此類頻率響應的圖形已經成為目前工業界的標準分析模式。

基本上，一個網路函數可以寫成如下之標準化的一般格式：

$$\boldsymbol{H}(\omega) = \frac{\boldsymbol{N}(\omega)}{\boldsymbol{D}(\omega)} = \frac{K(j\omega)^{N_{zo}}\left(1+\frac{j\omega}{z}\right)^{N_z}\left[1+\frac{j2\zeta_1\omega}{\omega_k}+\left(\frac{j\omega}{\omega_k}\right)^2\right]^{N_{zq}}}{(j\omega)^{N_{po}}\left(1+\frac{j\omega}{p}\right)^{N_p}\left[1+\frac{j2\zeta_2\omega}{\omega_n}+\left(\frac{j\omega}{\omega_n}\right)^2\right]^{N_{pq}}} \tag{7-14}$$

式中 K 為常數，N_{zo} 代表位在原點之零點個數，N_{po} 代表位在原點之極點個數，N_z 代表位在 z 之零點個數，N_p 代表位在 p 之極點個數，N_{zq} 代表 $[1+\frac{j2\zeta_1\omega}{\omega_k}+(\frac{j\omega}{\omega_k})^2]$ 之二次式零點個數，N_{pq} 代表 $\frac{1}{[1+\frac{j2\zeta_2\omega}{\omega_k}+(\frac{j\omega}{\omega_n})^2]}$ 之二次式極點個數，可以得知共有七種可能的項將會出現於網路函數的標準型式中。

將 (7–14) 式代入 (7–12) 式求出以分貝為單位所表示之網路函數波幅表示式為

$$
\begin{aligned}
H_{dB} &= 20\log_{10}|\boldsymbol{H}(\omega)| = 20\log_{10}|\boldsymbol{N}(\omega)| - 20\log_{10}|\boldsymbol{D}(\omega)| \\
&= 20\log_{10}|K| + N_{zo}20\log_{10}|\omega| + N_{z1}20\log_{10}\left|(1+\frac{j\omega}{z_1})\right| \\
&\quad + N_{zq}20\log_{10}\left|1+\frac{j2\xi_1\omega}{\omega_k}+(\frac{j\omega}{\omega_k})^2\right| - N_{po}20\log_{10}|\omega| \\
&\quad - N_{p1}20\log_{10}\left|(1+\frac{j\omega}{p_1})\right| - N_{pq}20\log_{10}\left|1+\frac{j2\xi_2\omega}{\omega_n}+(\frac{j\omega}{\omega_n})^2\right|
\end{aligned} \tag{7–15}
$$

由上式得知，只要將各項的波幅近似曲線繪出後，再利用曲線的圖形做相加，則可求出網路函數的近似波幅特性曲線。同理，將 (7–14) 式代入 (7–13) 式求出以度為單位所表示之網路函數相角表示式為

$$
\begin{aligned}
\angle\boldsymbol{H}(\omega) &= \angle\boldsymbol{N}(\omega) - \angle\boldsymbol{D}(\omega) \\
&= \pm 180^\circ \cdot sign(K) + N_{zo}\cdot 90^\circ + N_{z1}\cdot\tan^{-1}(\frac{\omega}{z_1}) + N_{zq}\cdot\tan^{-1}(\frac{\frac{2\xi_1\omega}{\omega_k}}{1-\frac{\omega^2}{\omega_k^2}}) \\
&\quad - N_{po}\cdot 90^\circ - N_{p1}\cdot\tan^{-1}(\frac{\omega}{p_1}) - N_{pq}\cdot\tan^{-1}(\frac{\frac{2\xi_2\omega}{\omega_n}}{1-\frac{\omega^2}{\omega_n^2}})
\end{aligned} \tag{7–16}
$$

式中當 $K<0$ 時則 $sign(K)=1$，表示角度要修正 180 °；當 $K>0$ 時則 $sign(K)=0$，角度修正 180° 的部分則移除。由 (7–15) 式及 (7–16) 式二式得知，只要將各項的相角近似曲線繪出後，再利用曲線的圖形做相加，則可求出網路函數的近似相角特性曲線。這種波幅及相角由原 (7–14) 式之複雜的相乘及相除的函數表示方式轉換為各項波幅及相角簡單的相加及相減的結果，就是利用波德圖計算上的一大優點。

以下玆分別說明 (7–14) 式各項的波德圖漸近線的基本計算方法及相關的圖形：

⑴常數項：K

$$H_{dB} = 20\log_{10}|K| \tag{7–17}$$

$$\angle \boldsymbol{H}(\omega) = \pm 180° \cdot sign(K) \tag{7–18}$$

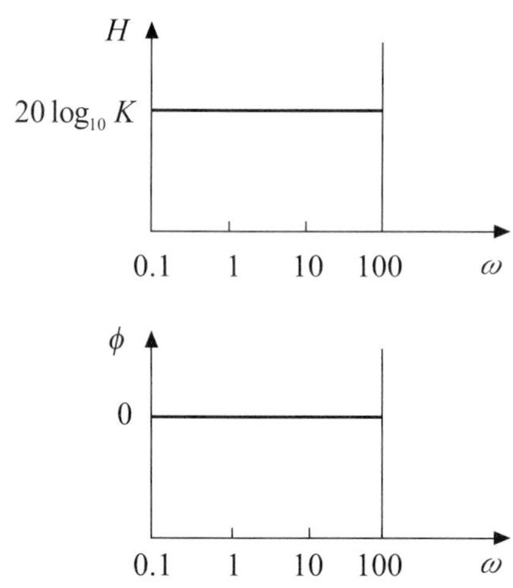

圖 7–11　常數項 $K > 0$ 時之波德圖漸近線

⑵在原點的 N_{zo} 個零點：$(j\omega)^{N_{zo}}$

$$H_{dB} = N_{zo} 20\log_{10}|\omega| \tag{7–19}$$

$$\angle \boldsymbol{H}(\omega) = N_{zo} \cdot 90° \tag{7–20}$$

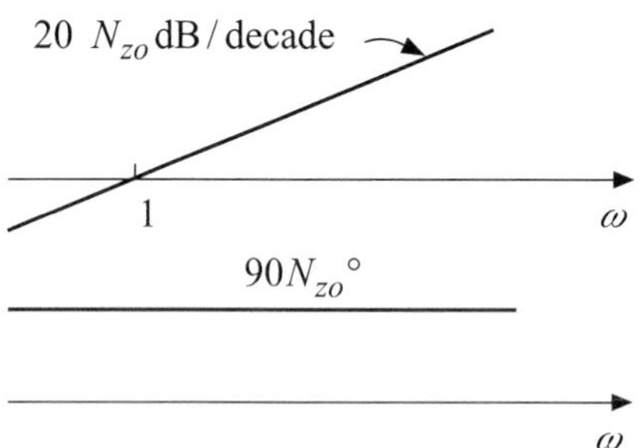

圖 7–12　在原點的 N_{zo} 個零點之波德圖漸近線

(3)在原點的 N_{po} 個極點：$\frac{1}{(j\omega)^{N_{po}}}$

$$H_{dB} = -N_{po} 20 \log_{10} |\omega| \tag{7–21}$$

$$\angle \boldsymbol{H}(\omega) = -N_{po} \cdot 90° \tag{7–22}$$

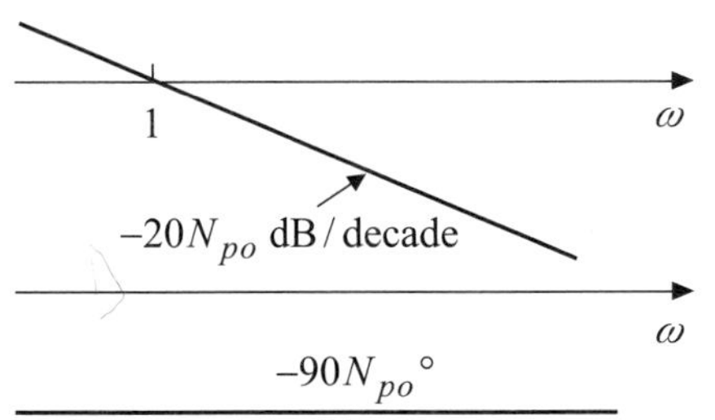

圖 7–13　在原點的 N_{po} 個極點之波德圖漸近線

(4)位在 z 之 N_z 個零點：$(1+\frac{j\omega}{z})^{N_z}$

$$H_{dB} = N_z \cdot 20 \log_{10} \sqrt{1+(\frac{\omega}{z})^2} = \begin{cases} 20N_z \log_{10}(\frac{\omega}{z}) & 1 \ll (\frac{\omega}{z}) \\ 0 & 1 \gg (\frac{\omega}{z}) \end{cases} \tag{7–23}$$

$$\angle \boldsymbol{H}(\omega) = N_z \tan^{-1}(\frac{\omega}{z}) \quad \begin{cases} \approx 0° & \omega \le (\frac{z}{10}) \\ = N_z 45° & \omega = z \\ \approx N_z 90° & \omega \ge (10z) \end{cases} \tag{7–24}$$

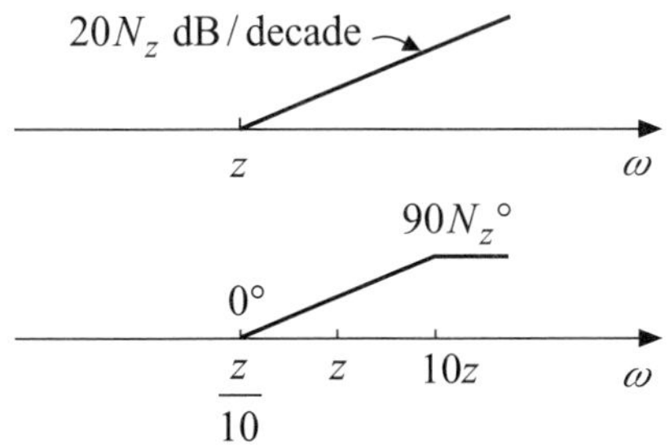

圖 7–14　位在 z 的 N_z 個零點之波德圖漸近線

(5)位在 p 之 N_p 個極點：$\dfrac{1}{(1+\frac{j\omega}{p})^{N_p}}$

$$H_{dB}=-N_p 20\log_{10}\sqrt{1+(\frac{\omega}{p})^2}=\begin{cases}-N_p 20\log_{10}(\frac{\omega}{p}) & 1\ll(\frac{\omega}{p})\\ 0 & 1\gg(\frac{\omega}{p})\end{cases}\tag{7–25}$$

$$\angle \boldsymbol{H}(\omega)=-N_p\tan^{-1}(\frac{\omega}{p})\begin{cases}\approx 0^\circ & \omega\le(\frac{p}{10})\\ =-N_p 45^\circ & \omega=p\\ \approx -N_p 90^\circ & \omega\ge(10p)\end{cases}\tag{7–26}$$

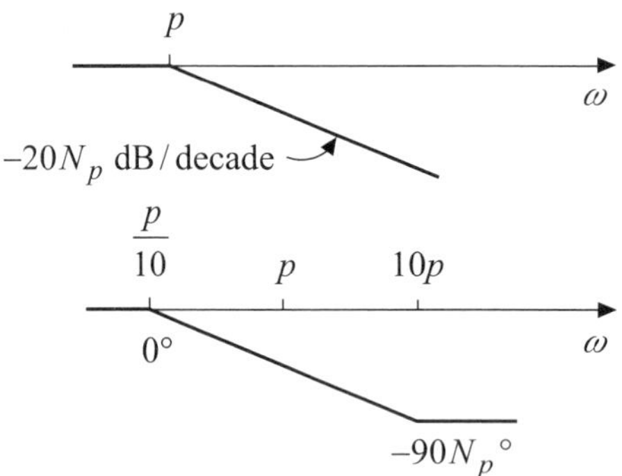

圖 7–15　位在 p 的 N_p 個極點之波德圖漸近線

(6) N_{zq} 個二次式零點：$[1+\frac{j2\zeta_1\omega}{\omega_k}+(\frac{j\omega}{\omega_k})^2]^{N_{zq}}$

$$H_{dB}=20\log_{10}\left|1+\frac{j2\zeta_1\omega}{\omega_k}+(\frac{j\omega}{\omega_k})^2\right|^{N_{zq}}=\begin{cases}N_{zq}40\log_{10}(\frac{\omega}{\omega_k}) & \omega_k\ll\omega\\ 0 & \omega_k\gg\omega\end{cases}\tag{7–27}$$

$$\angle H(\omega)=N_{zq}\tan^{-1}\left(\frac{\frac{2\zeta_1\omega}{\omega_k}}{1-\frac{\omega^2}{\omega_k^2}}\right)\begin{cases}\approx 0^\circ & \omega\le(\frac{\omega_k}{10})\\ =N_{zq}90^\circ & \omega=\omega_k\\ \approx N_{zq}180^\circ & \omega\ge(10\omega_k)\end{cases}\tag{7–28}$$

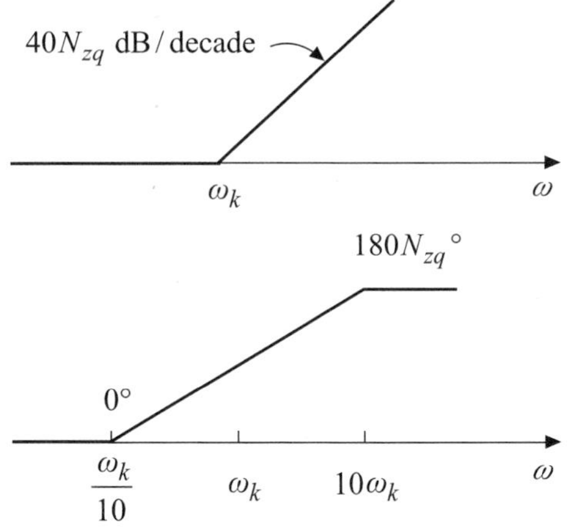

圖 7–16 N_{zq} 個二次式零點之波德圖漸近線

(7) N_{pq} 個二次式極點：$\dfrac{1}{[1+\frac{j2\zeta_2\omega}{\omega_n}+(\frac{j\omega}{\omega_n})^2]^{N_{pq}}}$

$$H_{dB}=-20\log_{10}\left|1+\frac{j2\zeta_2\omega}{\omega_n}+(\frac{j\omega}{\omega_n})^2\right|^{N_{pq}}=\begin{cases}-N_{pq}40\log_{10}(\frac{\omega}{\omega_n}) & \omega_n\ll\omega\\ 0 & \omega_n\gg\omega\end{cases}\quad(7\text{–}29)$$

$$\angle H(\omega)=-N_{pq}\tan^{-1}(\frac{\frac{2\zeta_2\omega}{\omega_n}}{1-\frac{\omega^2}{\omega_n^2}})\quad\begin{cases}\approx 0° & \omega\le(\frac{\omega_n}{10})\\ =-N_{pq}90° & \omega=\omega_n\\ \approx -N_{pq}180° & \omega\ge(10\omega_n)\end{cases}\quad(7\text{–}30)$$

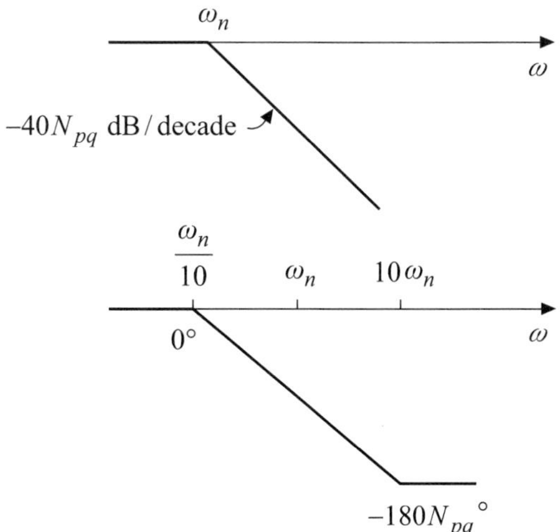

圖 7–17 N_{pq} 個二次式極點之波德圖漸近線

範例 7 試求 $\boldsymbol{H}(\omega)=\dfrac{5(j\omega+2)}{j\omega(j\omega+10)}$ 之波德圖。

解 $$\boldsymbol{H}(\omega)=\frac{(1+\frac{j\omega}{2})}{j\omega(1+\frac{j\omega}{10})}=\frac{\left|1+\frac{j\omega}{2}\right|}{|j\omega|\left|1+\frac{j\omega}{10}\right|}\angle(\tan^{-1}\frac{\omega}{2}-90^\circ-\tan^{-1}\frac{\omega}{10})$$

$$H_{dB}=20\log_{10}\left|1+\frac{j\omega}{2}\right|-20\log_{10}|j\omega|-20\log_{10}\left|1+\frac{j\omega}{10}\right|$$

$$\phi=\tan^{-1}(\frac{\omega}{2})-90^\circ-\tan^{-1}(\frac{\omega}{10})$$

本題之波德圖如圖 7–18 所示。

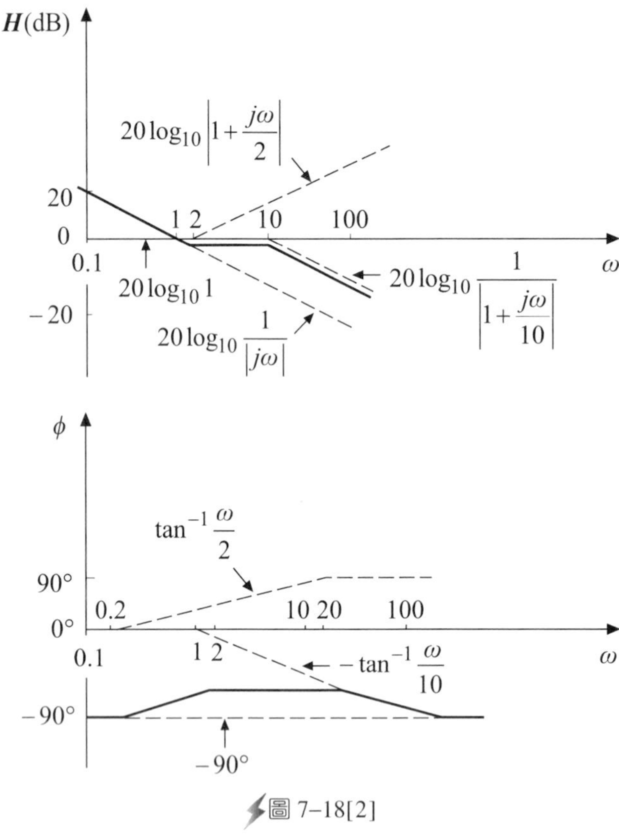

圖 7–18[2]

範例 8　試求 $H(s)=\dfrac{10}{s(s^2+80s+400)}$ 之波德圖。

解　$H(\omega)=\dfrac{10}{j\omega[1+\dfrac{j\omega}{5}+(\dfrac{j\omega}{20})^2]}=\dfrac{\dfrac{1}{40}}{|j\omega|\left|1+\dfrac{j\omega}{5}+(\dfrac{j\omega}{20})^2\right|}\angle(-90^\circ-\tan^{-1}\dfrac{\dfrac{\omega}{5}}{1-\dfrac{\omega^2}{400}})$

$$H_{dB}=-20\log_{10}40-20\log_{10}|j\omega|-20\log_{10}\left|1+\frac{j\omega}{5}-\frac{\omega^2}{400}\right|$$

$$=-32-20\log_{10}|j\omega|-20\log_{10}\left|1+\frac{j\omega}{5}-\frac{\omega^2}{400}\right|$$

$$\phi=-90^\circ-\tan^{-1}(\frac{\dfrac{\omega}{5}}{1-\dfrac{\omega^2}{400}})$$

本題之波德圖如圖 7–19 所示。

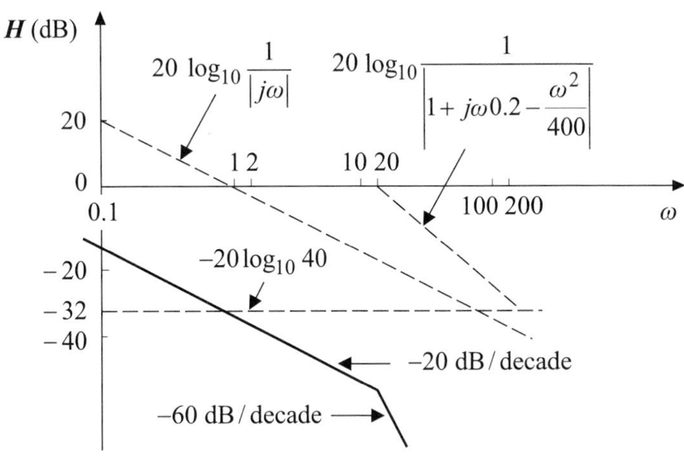

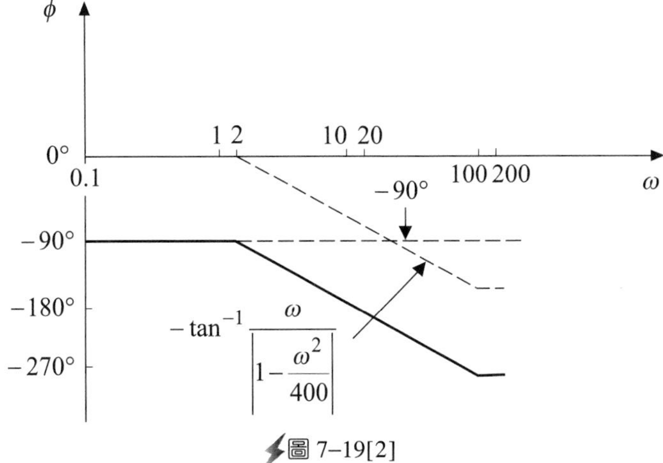

圖 7–19[2]

7.5 耐奎斯 (Nyquist) 準則

耐奎斯準則 (Nyquist criterion) 又稱耐奎斯穩定準則 (Nyquist stability criterion)，是起源於複變理論中的偏角理論 (principle of the argument)。該準則不僅可測試系統或網路的穩定性，也可用於改良網路或系統的設計，另一方面穩定度的測試可簡單地由弦式穩態下的實驗來獲得數據。

就一個線性非時變可解析的網路而言，若其極點具有負實部或位在複數平面的左半平面時，則該網路可稱為「指數型穩定」(exponentially stable)。對於一個有理的網路函數：

$$\boldsymbol{H}(s)=\frac{\boldsymbol{N}(s)}{\boldsymbol{D}(s)}=\frac{a_m s^m+a_{m-1}s^{m-1}+\cdots+a_1 s+a_0}{b_n s^n+b_{n-1}s^{n-1}+\cdots+b_1 s+b_0} \tag{7-31}$$

若 (7–31) 式之網路函數為指數型穩定時，則其必須具有的條件為

(1)在無限大頻率時 $\boldsymbol{H}(s)$ 為有限值：此表示 $m<n$，即分子 $\boldsymbol{N}(s)$ 之階數少於分母 $\boldsymbol{D}(s)$ 的階數，且假設 $\boldsymbol{D}(s)$ 與 $\boldsymbol{N}(s)$ 為沒有相互抵銷的互質數 (coprime)。

(2) $\boldsymbol{H}(s)$ 之所有極點均在複數平面的左半平面：此表示 $\boldsymbol{D}(s)$ 之零點為具有負實部，此零點即為網路函數的自然頻率。

如圖 7–20 所示為網路函數在 ω 由 0 變化至 ∞ 的軌跡，若該網路函數之最高階數為 3，試完成耐奎斯圖後，決定該網路函數的穩定度。

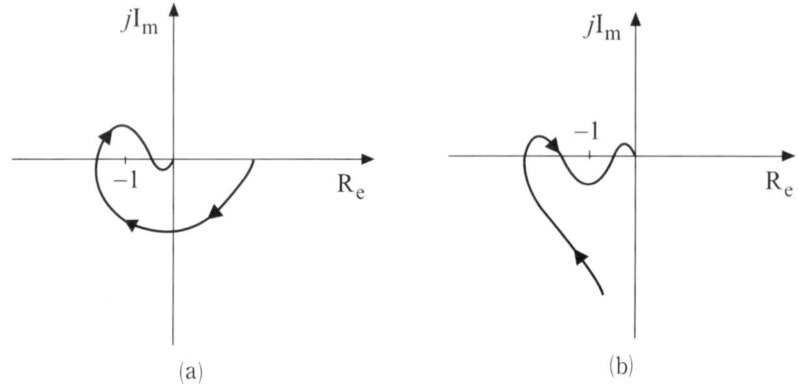

圖 7–20　網路函數在 ω 由 0 變化至 ∞ 的軌跡

解 完成耐奎斯圖基於三點特性：(1)正頻率與負頻率的耐奎斯圖相互對稱於實軸，(2)在 $\omega=0$ 的相位決定系統型式，(3)型式為 n 的系統其耐奎斯圖具有 N 個半徑無限大的半圓。在 s 右半平面的極點數為零。如圖 7–21 (a)、(b)所示分別為圖 7–20 (a)、(b)完成的耐奎斯圖。

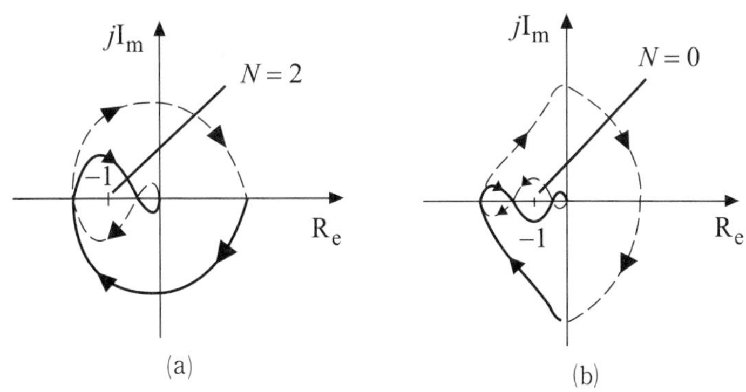

圖 7–21 圖 7–20 (a)、(b)所完成的耐奎斯圖

(a)在圖 7–21 (a)之 s 右半平面的特性根數目為 $Z=N+P=2+0=2$，故系統為不穩定。

(b)在圖 7–21 (b)之 s 右半平面的特性根數目為 $Z=N+P=0+0=0$，故系統為穩定。

範例 10 已知一網路函數之方程式可表示為 $\dfrac{K}{(s+1)(s+1.5)(s+2)}$，試擴展耐奎斯準則求出最大的 K 值，使其極點實部均小於 -1。

解 $\boldsymbol{H}(\omega)=\dfrac{K}{(j\omega+1)(j\omega+1.5)(j\omega+2)}$

欲符合本題所求，則必須滿足 $\boldsymbol{H}(-1+j\omega)$ 的耐奎斯圖不包含 $(-1, j0)$ 之點

$$\boldsymbol{H}(-1+j\omega)=\frac{K}{(j\omega)(j\omega+0.5)(j\omega+1)}$$

$$=\frac{K}{\omega\sqrt{(\omega^2+0.25)(\omega^2+1)}}\angle[-90^\circ-\tan^{-1}(\frac{\omega}{0.5})-\tan^{-1}(\omega)]$$

$$\because\ \tan^{-1}(\frac{\omega}{0.5})+\tan^{-1}(\omega)=\tan^{-1}(\frac{3\omega}{1-2\omega^2})$$

當 $\omega=\dfrac{1}{\sqrt{2}}$ 時，$\angle\boldsymbol{H}(-1+j\omega)=-180^\circ$，其大小為 $\left.\dfrac{K}{\omega\sqrt{(\omega^2+0.25)(\omega^2+1)}}\right|_{\omega=\frac{1}{\sqrt{2}}}=\dfrac{K}{0.75}$

因在負實軸上的 $|\boldsymbol{H}(-1+j\omega)|$ 不得大於 1，否則包含臨界點，故 K 之最大值為 0.75。

習題

7.1 網路函數

1. 如圖 P7–1 所示之電路，試求網路函數 $\boldsymbol{H}_1(s)=\dfrac{\boldsymbol{V}_1(s)}{\boldsymbol{I}_s(s)}$ 及 $\boldsymbol{H}_2(s)=\dfrac{\boldsymbol{V}_2(s)}{\boldsymbol{I}_s(s)}$。

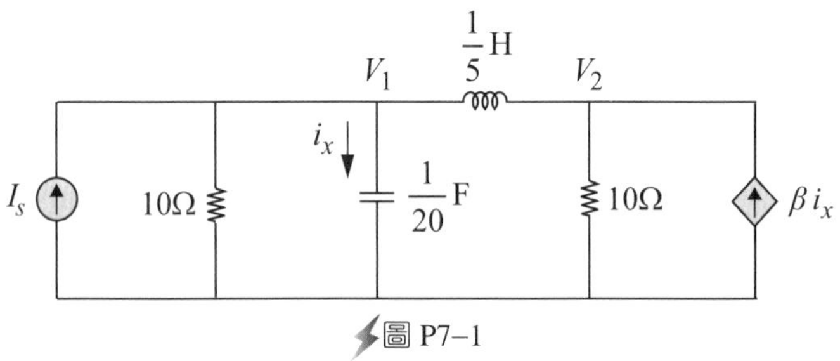

圖 P7–1

2. 求圖 P7–2 所示電路之網路函數 $\boldsymbol{G}_v=\dfrac{\boldsymbol{V}_2}{\boldsymbol{V}_1}$。

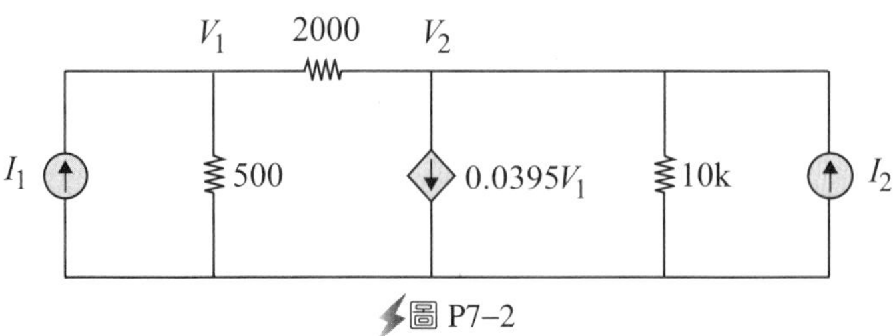

圖 P7–2

3. 如圖 P7–3 所示之電路，已知 $R_1=1\ \text{k}\Omega$, $L=2\ \text{mH}$, $R_L=4\ \text{k}\Omega$，試求網路函數 $\dfrac{\boldsymbol{V}_L(s)}{\boldsymbol{I}_s(s)}$。

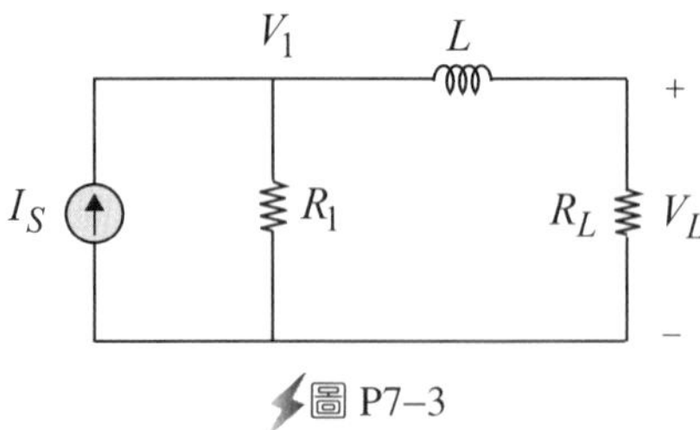

圖 P7–3

4. 如圖 P7–4 所示之運算放大器電路，試求網路函數 $\dfrac{\boldsymbol{V_0}(s)}{\boldsymbol{V_S}(s)}$。

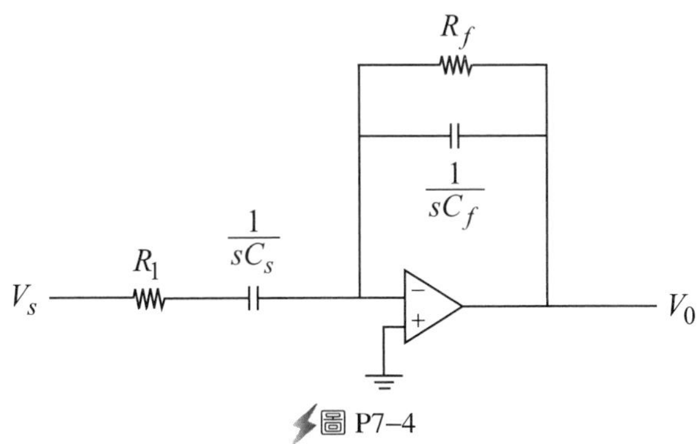

圖 P7–4

5. 如圖 P7–5 所示之電路，若 $V_g = 120\cos(5000t + 30°)$ (V)，試求穩態值 V_0；

試求轉移函數 $\boldsymbol{H}(s) = \dfrac{\boldsymbol{V_0}(s)}{\boldsymbol{V_g}(s)}$。

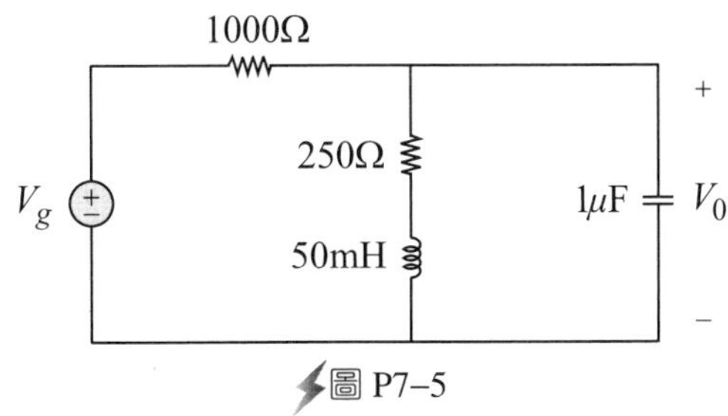

圖 P7–5

7.2 波幅與相角的曲線

6. 試畫出轉移函數 $\boldsymbol{H}(s) = \dfrac{50}{s+50}$ 的直線近似幅度圖及相角圖。

7. 試畫出轉移函數 $\boldsymbol{H}(s) = \dfrac{s}{s+50}$ 的直線近似幅度圖及相角圖。

8. 試畫出轉移函數 $\boldsymbol{H}(s) = \dfrac{s}{s+3000}$ 的直線近似幅度圖及相角圖。

9. 試畫出轉移函數 $\boldsymbol{H}(s) = \dfrac{3000}{s+3000}$ 的直線近似幅度圖及相角圖。

10. 試畫出轉移函數 $\boldsymbol{H}(s) = \dfrac{100}{s+125}$ 的直線近似幅度圖及相角圖。

7.3 複數軌跡

11. 考慮一個特性方程式：$1 + k\dfrac{1}{s(s+5)(s+40)} = 0$，試檢查 $s = -5 + j5$ 是否落在其根軌跡上？

12. 設某系統的開路轉移函數為 $KGH = \dfrac{K}{s(s+2)^2}$，則其根軌跡與虛軸之交點及 K 值為何？

13. 如圖 P7–6 所示之方塊圖，若其閉迴路轉移函數為 $G_f(s) = \dfrac{3}{s^2+2s+3}$，試求 G_c 之值。

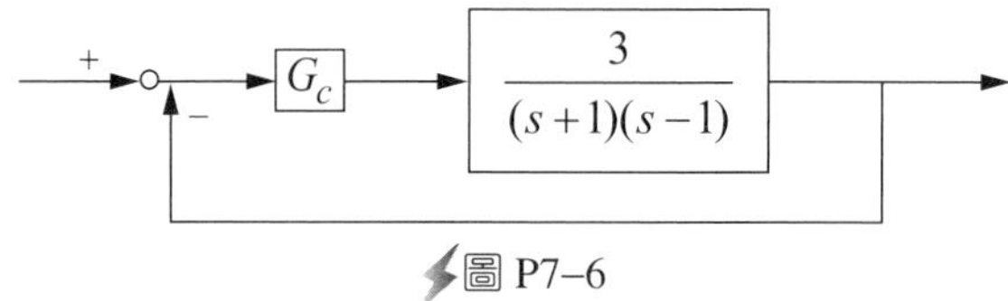

圖 P7–6

14. 若某系統的特性方程式為 $s(s+2)(s+3)+K(s+2)=0$，試求其方程式的極點位置。

15. 考慮方程式 $s^2+2s+2+K(s+2)=0$，則其根軌跡的分離點或重合點為何？

7.4 波德 (Bode) 圖

16. 對於一個單位負回授系統，若其開迴路轉移函數為 $G(s) = \dfrac{K}{s^2+10s}$，(a)當 $K=1$ 時，試用波德圖近似法求其增益邊界 (gain margin) G.M.；(b)在 $K=10$ 時，其相角邊界 (phase margin) Φ_M 為何？

17. 假設圖 P7–7 所示為極小相位系統，試求其轉移函數。

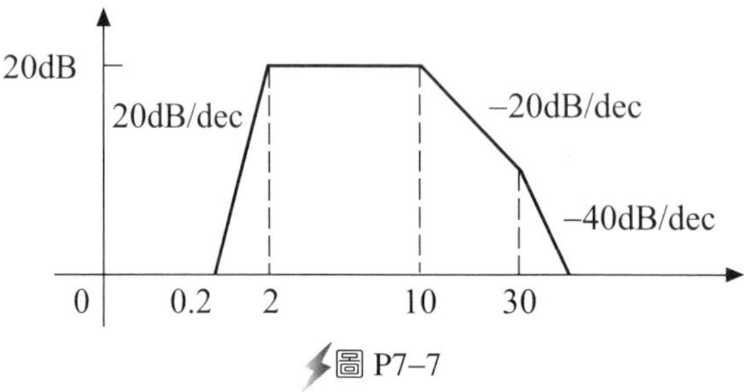

圖 P7–7

18. 如圖 P7–8 所示為一個濾波器之波德曲線的近似圖，根據此曲線試求濾波器之轉換函數。

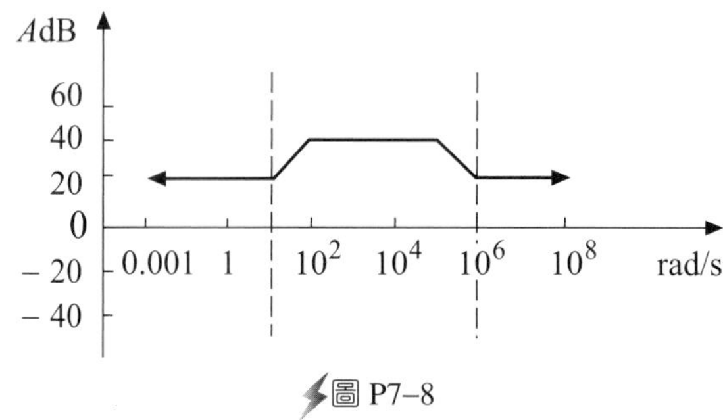

圖 P7–8

19.若某一系統 $G(j\omega)$ 之實際波德圖如圖 P7–9 所示，圖中的虛線表示其漸近線，則該系統之轉移函數為何？

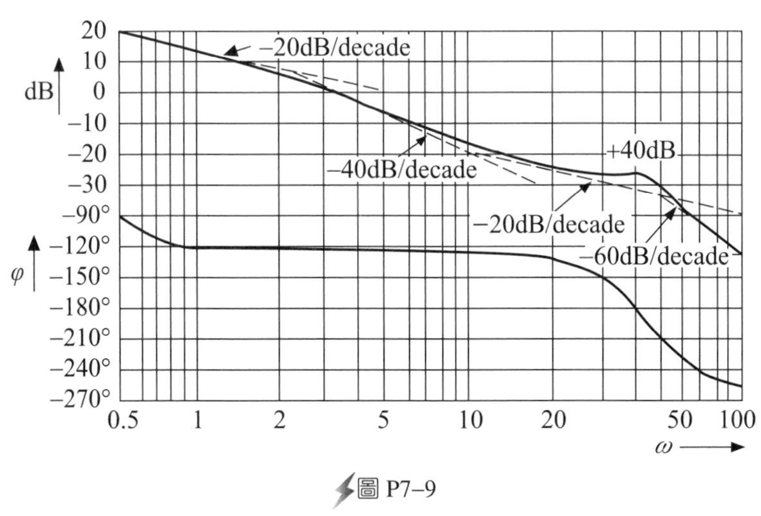

圖 P7–9

20.如圖 P7–10 所示之波德圖，試求函數 $GH(s)$ 之表示式。

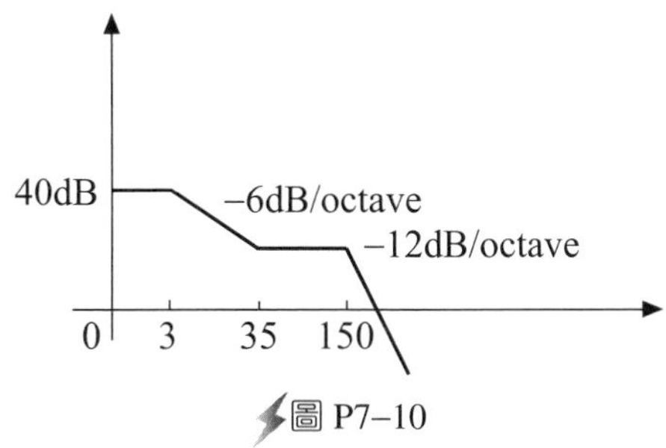

圖 P7–10

7.5 耐奎斯 (Nyquist) 準則

21.一個開環 $G(s)H(s)$ 有一個零點在 s 平面之右邊，其耐奎斯圖如圖 P7–11 所示，(a)若 $-1 + j0$ 點在 A 處並假設在 s 平面上為逆時針包圍右半面，則該閉環系統為何？(b)若 -1 點位於圖 P7–11 之 B 點處，則該閉環系統為何？(c)若 -1 點位於圖 P7–11 之 A 點處，則該閉環系統為何？

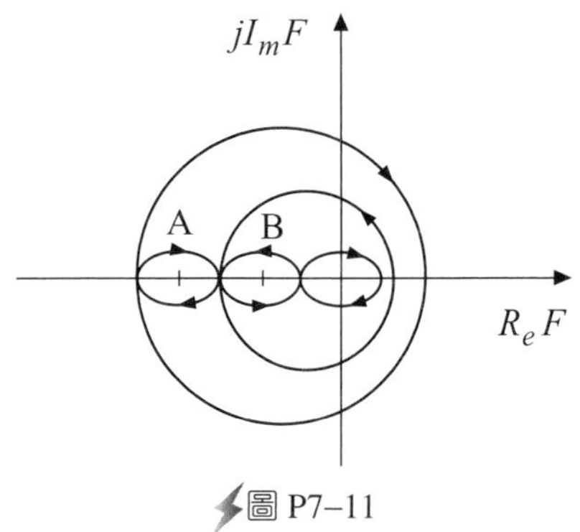

圖 P7–11

22.已知某一系統之開路轉移函數為 $G(s)=\dfrac{KP(s)}{Q(s)}$，其中 $P(s)$、$Q(s)$ 都是 s 的多項式，且 $Q(s)$ 無右半平面的因式。當 $K=50$ 時，$G(s)$ 之耐氏圖如圖 P7–12 所示，則使系統穩定之 K 值為何？

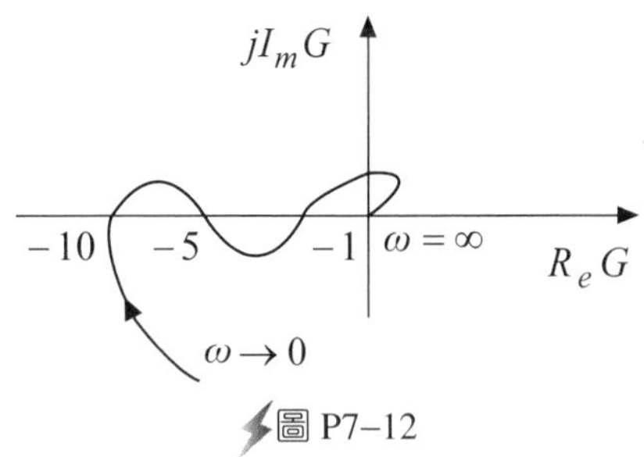

圖 P7–12

23.某一控制系統之開環增益為 $GH(j\omega)=\dfrac{10^3}{(1+j\frac{\omega}{\omega_1})(1+j\frac{\omega}{\omega_2})^2}$，其中 $\omega_1=2\pi f_1$，$f_1=10$ Hz, $\omega_2=2\pi f_2$, $f_2=10^6$ Hz，則其相位交越頻率及增益邊限 G.M. 分別為若干？

24.已知某一回授控制系統之開環增益為 $GH(s)=\dfrac{1}{s(1+0.5s)(1+s)}$，則其相位交越頻率 ω_c 及增益邊限 G.M. 分別為若干？

25.已知某一回授控制系統之開環增益為 $GH(s)=\dfrac{20}{s(s+3)}$，則其相位交越頻率 ω_g 及相位邊限 P.M. 分別為若干？

26.考慮單一回授控制系統之開迴路轉移函數為 $G(s)=\dfrac{K}{s(s+1)(s+20)}$，當增益邊限為 40 dB 時，其 K 值為多少？

第8章 非弦波穩態響應

8.0 本章摘要

8.1 基波與諧波

8.2 傅立葉級數

8.3 對稱及非對稱波

8.4 頻譜分析

8.5 非弦波之有效值、功率及功率因數

習　題

第八章　非弦波穩態響應

8.0 本章摘要

本章為介紹網路以非弦波穩態波形輸入或產生非弦波穩態響應時的重要特性，各節內容摘要如下：

8.1 基波與諧波：本節定義一個非弦式波形之基本波及諧波，以說明二者間的差異。

8.2 傅立葉級數：本節說明法國數學家傅立葉所提出的傅立葉級數，該級數由直流項及多個具有基本波頻率整數倍的餘弦項、正弦項所組成，這些不同頻率的項可合成為一個週期性的波形。

8.3 對稱及非對稱波：本節說明當一個週期性波形具有特殊的偶對稱、奇對稱、半波對稱等特性時，如何由對稱性簡單地求出傅立葉級數的參數。

8.4 頻譜分析：本節預估時變電壓或電流波形在頻域下的表示方法，該方法是將週期性函數或其以傅氏級數表示後將其波幅及相角對頻率的關係以圖形描繪出來。

8.5 非弦波之有效值、功率及功率因數：本節對非弦波之如何計算有效值、平均功率、功率因數等重要電氣量之計算加以說明。

8.1 基波與諧波

一個週期為 T 秒的週期性函數 $F(t)$，在每經過 T 秒後會重複出現原波形時，可用下式表示：

$$F(t) = F(t \pm kT) \tag{8–1}$$

式中時間變數 t 之範圍為 $-\infty \le t \le \infty$，k 為正整數 ($k = 1, 2, 3, \cdots$)。週期 T 的倒數即為以赫茲 (Hertz, Hz) 或每秒之週波數 (cycles per second, cps) 為單位之頻率 f：

$$f = \frac{1}{T} \tag{8–2}$$

角頻率 (angular frequency) ω 則以每秒的弳度 (rad/s) 為單位，恰為 f 之 2π 倍：

$$\omega = 2\pi f = 2\pi\frac{1}{T} \tag{8–3}$$

法國數學家傅立葉 (Jean B. J. Fourier) 研究熱流時發現：一個週期性的函數可用不同頻率的純正弦函數與純餘弦函數的代數來達成，若定義 (8–3) 式之角頻率為基本波 (fundamental wave) 頻率 ω_f：

$$\omega_f = 2\pi f = 2\pi\frac{1}{T} \tag{8–4}$$

則一個週期性函數 $F(t)$ 表示為傅立葉級數或傅氏級數 (Fourier series) 時，可用下式代表：

$$\begin{aligned} F(t) = a_0 + a_1\cos\omega_f t + a_2\cos 2\omega_f t + \cdots + a_k\cos k\omega_f t + \cdots \\ + b_1\sin\omega_f t + b_2\sin 2\omega_f t + \cdots + b_k\sin k\omega_f t + \cdots \end{aligned} \tag{8–5}$$

式中等號右側第一項為常數 a_0 與基本波頻率無關，可視為直流成分 (DC component)；等號右側第二項之後為餘弦及正弦的族群，各項都是按照基本波頻率 ω_f 的整數倍 k 增加上去，除了 $k=1$ 之項為基本波外，其餘各項均稱為諧波 (harmonic)。例如：$k=3$ 的 $a_3\cos(3\omega_f t)$ 及 $b_3\ \sin(3\omega_f t)$ 都可稱為三次諧波；當 k 為奇數 ($k = 3, 5, 7, 9, 11, \cdots$) 時，均可稱為奇次諧波 (odd harmonic)；當 k 為偶數 ($k = 2, 4, 6, 8, \cdots$) 時，均可稱為偶次諧波 (even harmonic)。

有些書上則將 (8–5) 式等號右側第一項寫成 $\frac{a_0}{2}$。雖然 (8–5) 式中的 k 值由 $k=1$ 開始增加似乎無上限的範圍，一般可取到理想的 $k=\infty$，但實際電路或工程計算上可視所能接受的誤差程度做取捨，將較高次的諧波予以忽略或截斷，只保留重要的直流項、基本波及較低次的諧波成分，即可近似原來的週期性波形。

範例 1 一個週期性波形可表示為 $f(t) = 10 + 5\cos(t) + 3\cos(3t) + \cos(5t)$ (V)，試求該波形之：(a)基本波頻率及振幅；(b)直流成分；(c)五次諧波頻率及振幅。

解 (a)基本波頻率為 1 (rad/s)，振幅為 5 (V)。

(b)直流成分為 10 (V)。

(c)五次諧波頻率為 5 (rad/s)，振幅為 1 (V)。

範例 2 若一週期性波形的週期為 0.1 s，試求其以 rad/s 為單位的角頻率 ω 以及以 Hz 為單位的頻率 f。

解 $f = \dfrac{1}{T} = \dfrac{1}{0.1\text{ s}} = 10\ (\text{Hz})$

$\omega = 2\pi f = 2\pi \times 10 = 20\pi = 62.8318\ (\text{rad/s})$

8.2 傅立葉級數

前一節 (8–5) 式的傅立葉級數或傅氏級數可改用下式簡單表示：

$$F(t) = a_0 + \sum_{k=1}^{\infty} a_k \cos k\omega_f t + \sum_{k=1}^{\infty} b_k \sin k\omega_f t \tag{8–6}$$

式中 a_0、a_k 及 b_k 均為待求的常數。在此先說明正弦及餘弦積分式的重要應用，以利求出 a_0、a_k 及 b_k。

$$\int_0^T \sin(k_1\omega_f t)dt = 0 \tag{8–7}$$

$$\int_0^T \cos(k_2\omega_f t)dt = 0 \tag{8–8}$$

$$\int_0^T \sin(k_1\omega_f t)\cdot\cos(k_2\omega_f t)dt = 0,\ k_1 \neq k_2 \tag{8–9}$$

$$\int_0^T \sin(k_1\omega_f t)\cdot\sin(k_2\omega_f t)dt = \begin{cases} 0 & k_1 \neq k_2 \\ \dfrac{T}{2} & k_1 = k_2 \end{cases} \tag{8–10}$$

$$\int_0^T \cos(k_1\omega_f t)\cdot\cos(k_2\omega_f t)dt = \begin{cases} 0 & k_1 \neq k_2 \\ \dfrac{T}{2} & k_1 = k_2 \end{cases} \tag{8–11}$$

式中 k_1 及 k_2 均為正整數，積分的範圍由下限的 0 到上限的 T 也可改成下限的 t_x 到上限的 (t_x+T)，或下限的 $(\frac{-T}{2})$ 到上限的 $(\frac{T}{2})$，換言之，整個積分區間必須等於週期 T。

(8–7) 式及 (8–8) 式分別表示純正弦波及純餘弦波在整數倍的基波頻率下積分一個完整週期的值恆為零，換言之，這類波形在一個週期內由時間軸之上以及時間軸之下所圍成的面積大小相同、但極性相反，故其平均值為零。(8–9) 式～(8–11) 式三式可由三角函數積化和差的關係求得結果。

$$\sin X\cos Y=\frac{1}{2}[\sin(X+Y)+\sin(X-Y)] \tag{8–12}$$

$$\cos X\cos Y=\frac{1}{2}[\cos(X+Y)+\cos(X-Y)] \tag{8–13}$$

$$\sin X\sin Y=\frac{1}{2}[\cos(X+Y)-\cos(X-Y)] \tag{8–14}$$

(8–9) 式～(8–11) 式三式中的 $k_1\neq k_2$ 之條件存在而使其積分值結果為零的情況，稱為積分式中的二個函數互為正交函數 (orthogonal function)。以下茲利用 (8–7) 式～(8–11) 式五式說明求出傅氏級數的方法：

⑴直流項常數 a_0 的求法

將 (8–6) 式對時間 t 積分一個週期 T，則第二項的餘弦及第三項的正弦受 (8–7) 式及 (8–8) 式的影響，將變為零值，故可求出 a_0 之值。

$$\int_0^T F(t)dt=\int_0^T a_0 dt+\int_0^T\sum_{k=1}^{\infty}a_k\cos(k\omega_f t)dt+\int_0^T\sum_{k=1}^{\infty}b_k\sin(k\omega_f t)dt=a_0T+0+0=a_0T \tag{8–15}$$

故 a_0 值之求解方式為

$$a_0=\frac{1}{T}\int_0^T F(t)dt \tag{8–16}$$

⑵餘弦項常數 a_k 的求法

將 (8–6) 式乘以 $\cos(k\omega_f t)$ 後，做一個週期 T 的積分，可得

$$\begin{aligned}\int_0^T F(t)\cos(k\omega_f t)dt &= \int_0^T a_0\cos(k\omega_f t)dt + \int_0^T \sum_{k=1}^{\infty} a_k\cos(k\omega_f t)\cos(k\omega_f t)dt \\ &\quad + \int_0^T \sum_{k=1}^{\infty} b_k\sin(k\omega_f t)\cos(k\omega_f t)dt \\ &= a_0\int_0^T \cos(k\omega_f t)dt + \sum_{k=1}^{\infty} a_k\int_0^T \cos(k\omega_f t)\cos(k\omega_f t)dt \\ &\quad + \sum_{k=1}^{\infty} b_k\int_0^T \sin(k\omega_f t)\cos(k\omega_f t)dt \\ &= 0 + \sum_{\substack{n=1\\ n\neq k}}^{\infty} a_n\cdot 0 + a_k\frac{T}{2} + \sum_{k=1}^{\infty} b_k\cdot 0 = a_k\frac{T}{2}\end{aligned} \tag{8–17}$$

式中利用了 (8–8) 式、(8–9) 式、(8–11) 式之方法，故 a_k 值之求解方式為

$$a_k = \frac{2}{T}\int_0^T F(t)\cos(k\omega_f t)dt \tag{8–18}$$

⑶正弦項常數 b_k 的求法

將 (8–6) 式乘以 $\sin(k\omega_f t)$ 後，做一個週期 T 的積分，可得

$$\begin{aligned}\int_0^T F(t)\sin(k\omega_f t)dt &= \int_0^T a_0\sin(k\omega_f t)dt + \int_0^T \sum_{k=1}^{\infty} a_k\cos(k\omega_f t)\sin(k\omega_f t)dt \\ &\quad + \int_0^T \sum_{k=1}^{\infty} b_k\sin(k\omega_f t)\sin(k\omega_f t)dt \\ &= a_0\int_0^T \sin(k\omega_f t)dt + \sum_{k=1}^{\infty} a_k\int_0^T \cos(k\omega_f t)\sin(k\omega_f t)dt \\ &\quad + \sum_{k=1}^{\infty} b_k\int_0^T \sin(k\omega_f t)\sin(k\omega_f t)dt \\ &= 0 + \sum_{k=1}^{\infty} a_k\cdot 0 + \sum_{\substack{n=1\\ n\neq k}}^{\infty} b_n\cdot 0 + b_k\frac{T}{2} = b_k\frac{T}{2}\end{aligned} \tag{8–19}$$

式中利用了 (8–7) 式、(8–9) 式、(8–10) 式之方法，故 b_k 值之求解方式為

$$b_k = \frac{2}{T}\int_0^T F(t)\sin(k\omega_f t)dt \tag{8–20}$$

 如圖 8–1 所示之週期性波形，試求其傅氏級數。

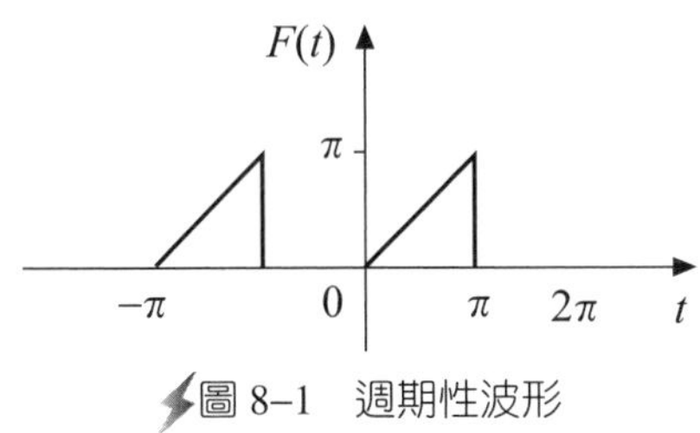

圖 8–1　週期性波形

解 $F(t)=\begin{cases} t & 0\le t\le \pi \\ 0 & -\pi\le t\le 0 \end{cases}\qquad T=2\pi\ \text{s}$

$$a_0=\frac{1}{T}\int_0^T F(t)dt=\frac{1}{2\pi}[\int_{-\pi}^0 0dt+\int_0^\pi tdt]=\frac{1}{2\pi}\cdot\frac{t^2}{2}\bigg|_0^\pi=\frac{1}{4\pi}(\pi^2-0)=\frac{\pi}{4}$$

$$a_k=\frac{2}{T}\int_0^T F(t)\cos(k\omega_f t)dt=\frac{2}{2\pi}[\int_{-\pi}^0 0dt+\int_0^\pi t\cos(k\omega_f t)dt]$$

$$=\frac{1}{\pi}\cdot\frac{1}{k\omega_f}\int_0^\pi td(\sin k\omega_f t)=\frac{1}{k\pi\omega_f}(t\sin k\omega_f t-\int\sin k\omega_f tdt)\bigg|_0^\pi$$

$$=\frac{1}{k\pi\omega_f}(t\sin k\omega_f t+\frac{1}{k\omega_f}\cos k\omega_f t)\bigg|_0^\pi=\frac{1}{k\pi\omega_f}[0+\frac{1}{k\omega_f}\cos k\omega_f t-0-\frac{1}{k\omega_f}]$$

$$=\frac{1}{\pi(k\omega_f)^2}[(-1)^n-1]$$

$$\therefore a_k=\begin{cases} 0 & n=\text{even} \\ \dfrac{-2}{\pi(k\omega_f)^2} & n=\text{odd} \end{cases}$$

$$b_k=\frac{2}{T}\int_0^T F(t)\sin(k\omega_f t)dt=\frac{2}{2\pi}[\int_{-\pi}^0 0dt+\int_0^\pi t\sin(k\omega_f t)dt]$$

$$=\frac{1}{\pi}\cdot\frac{-1}{k\omega_f}\int_0^\pi td(\cos k\omega_f t)=\frac{-1}{k\pi\omega_f}(t\cos k\omega_f t-\int\cos k\omega_f tdt)\bigg|_0^\pi$$

$$=\frac{-1}{k\pi\omega_f}(t\cos k\omega_f t-\frac{1}{k\omega_f}\sin k\omega_f t)\bigg|_0^\pi=\frac{-1}{k\pi\omega_f}[\pi\cos k\omega_f\pi-0-0+0]=\frac{1}{k\omega_f}(-1)^{n+1}$$

$$\therefore b_k = \begin{cases} \dfrac{1}{k\omega_f} & n = \text{odd} \\[2ex] \dfrac{-1}{k\omega_f} & n = \text{even} \end{cases}$$

$$\therefore F(t) = \frac{\pi}{4} + (\frac{-2}{\pi\omega_f^2})[\cos\omega_f t + \frac{1}{9}\cos 3\omega_f t + \frac{1}{25}\cos 5\omega_f t + \cdots]$$

$$+(\frac{1}{\omega_f})[\sin\omega_f t - \frac{1}{2}\sin 2\omega_f t + \frac{1}{3}\sin 3\omega_f t - \cdots]$$

已知一週期性函數之表示式為 $F(t) = \dfrac{t^2}{4}, -\pi < t < \pi$，週期為 2π，試求其傅氏級數。

解 此為一偶函數，故 $b_k = 0$

$$a_0 = \frac{1}{T}\int_0^T F(t)dt = \frac{2}{2\pi}\int_0^{\pi}\frac{t^2}{4}dt = \frac{1}{4\pi}\cdot\frac{t^3}{3}\bigg|_0^{\pi} = \frac{\pi^2}{12}$$

$$a_k = \frac{2}{T}\int_0^T F(t)\cos(k\omega_f t)dt = \frac{4}{2\pi}\int_0^{\pi}\frac{t^2}{4}\cos(kt)dt = \frac{1}{2\pi}\int_0^{\pi}t^2\cos(kt)dt$$

$$= \frac{1}{2\pi}[\frac{t^2\sin kt}{k} + \frac{2t}{k^2}\cos kt - \frac{2}{k^3}\sin kt]\bigg|_0^{\pi} = \frac{1}{2\pi}[0 + \frac{2\pi\cos kt}{k^2} + 0] = \frac{\cos k\pi}{k^2}$$

$$\therefore F(t) = \frac{\pi^2}{12} - \cos t + \frac{1}{4}\cos 2t - \frac{1}{9}\cos 3t + \cdots$$

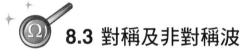

8.3 對稱及非對稱波

當一個週期性函數具有對稱特性時，則可以將傅氏級數之係數計算做簡化，茲分為數個不同對稱波形做說明。

⑴偶對稱函數 (even symmetry function)

此類函數具有以下特性：

$$F(t) = F(-t) \tag{8–21}$$

該類函數在時間的零點 $(t = 0)$ 形成一個對稱面，由正時間軸及負時間軸開始出發的量完全相同。如圖 8–2 所示，一個未產生相移的純餘弦波，就是屬於此類偶對稱函數。既然以餘弦做為偶對稱的波形基礎，可以得知該類偶對稱函數不用計算 b_k 之係數，因為其值必為零。

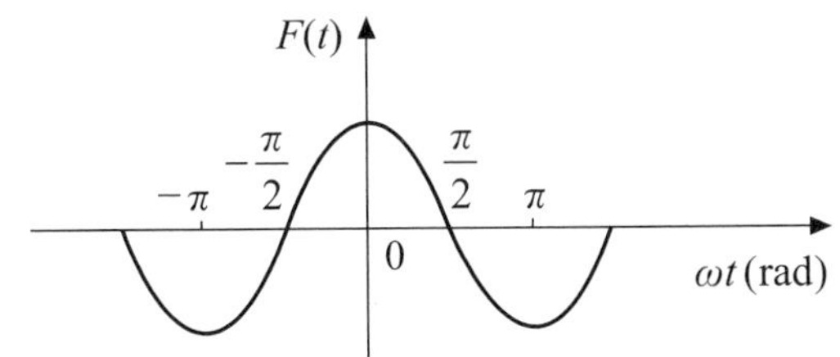

圖 8–2　一個未產生相移的純餘弦波做為偶對稱函數

由於偶對稱的關係，a_0 及 a_k 的係數計算將比原 8.2 節中的計算式 (8–16) 式及 (8–18) 式稍做調整積分上限，並將其值乘以二倍：

$$a_0 = \frac{2}{T}\int_0^{\frac{T}{2}} F(t)dt \tag{8–22}$$

$$a_k = \frac{4}{T}\int_0^{\frac{T}{2}} F(t)\cos(k\omega_f t)dt \tag{8–23}$$

⑵奇對稱函數 (odd symmetry function)

此類函數具有以下特性：

$$F(t) = -F(-t) \tag{8–24}$$

該類函數在時間的零點 $(t=0)$（即 y 軸）先形成一個對稱面，再由函數的零點（即 x 軸）形成另一個對稱面，經由二次對稱面的轉換後才形成與原函數相同的波形。如圖 8–3 所示，一個未產生相移的純正弦波，就是屬於此類奇對稱函數。既然以正弦做為奇對稱的波形基礎，可以得知該類奇對稱函數不用計算 a_0 及 a_k 之係數，因為其值必為零。

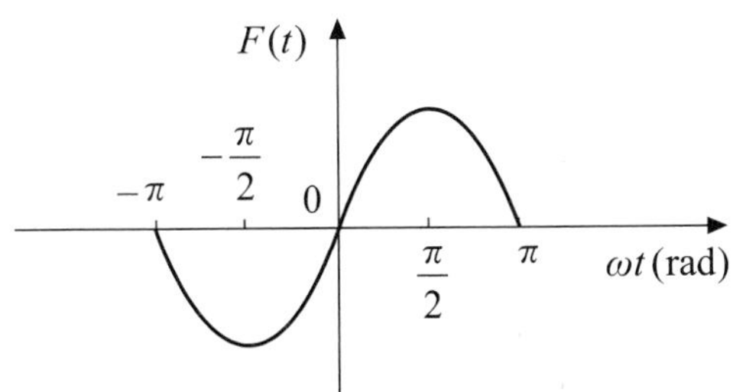

圖 8–3　一個未產生相移的純正弦波做為奇對稱函數

由於奇對稱的關係，b_k 的係數計算將比原 8.2 節中的計算式 (8–20) 式稍做調整積分上限，並將其值乘以二倍：

$$b_k = \frac{4}{T}\int_0^{\frac{T}{2}} F(t)\sin(k\omega_f t)dt \tag{8–25}$$

⑶偶半波對稱函數 (even half-wave symmetry function)

此類函數為偶函數之一特例。如圖 8–4 所示的方波，就是屬於此類偶半波對稱函數。該類偶對稱函數不用計算 a_0 及 b_k 之係數，因其平均值及正弦項係數之值必為零。

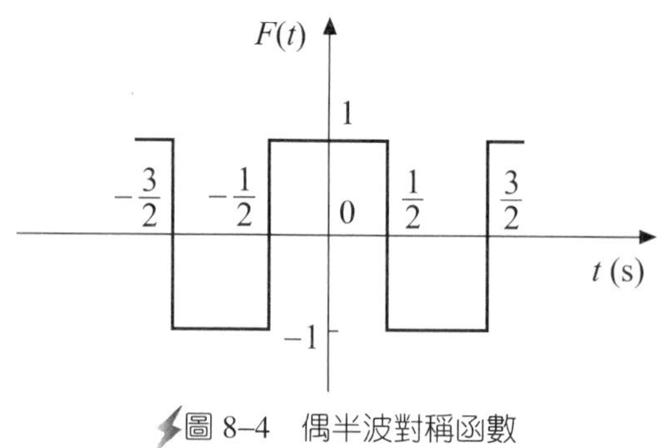

圖 8–4　偶半波對稱函數

偶半波對稱函數之 a_k 係數計算為

$$a_k = \begin{cases} \frac{4}{T}\int_0^{\frac{T}{2}} F(t)\cos(k\omega_f t)dt & k = \text{odd} \\ 0 & k = \text{even} \end{cases} \tag{8–26}$$

⑷奇半波對稱函數 (odd half-wave symmetry function)

此類函數為奇函數之一特例。如圖 8–5 所示的方波，就是屬於此類奇半波對稱函數。該類偶對稱函數不用計算 a_0 及 a_k 之係數，因其平均值及餘弦項係數之值必為零。

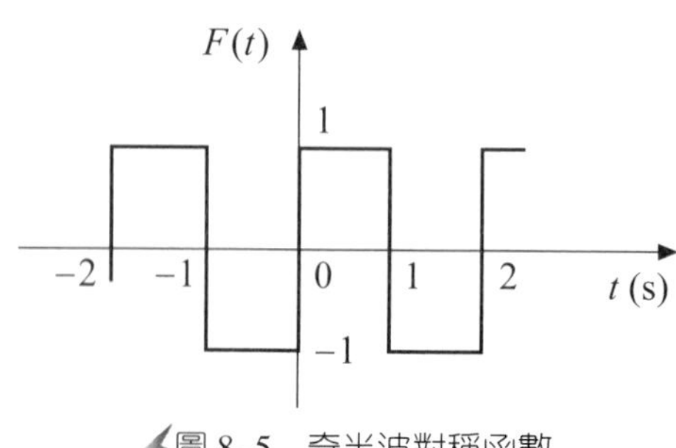

圖 8–5　奇半波對稱函數

奇半波對稱函數之 b_k 係數計算為

$$b_k=\begin{cases}\dfrac{4}{T}\displaystyle\int_0^{\frac{T}{2}}F(t)\sin(k\omega_f t)dt & k=\text{odd}\\ 0 & k=\text{even}\end{cases} \tag{8–27}$$

範例 5　若一週期性函數為 $F(t)=\begin{cases}0 & 0\le t\le\pi\\ K & \pi\le t\le 2\pi\end{cases}$，週期為 4π，試求其傅氏級數。

解　該波形為一奇對稱波形，故 $a_0=a_k=0$。

$$b_k=\frac{4}{T}\int_0^{\frac{T}{2}}F(t)\sin k\omega_f t dt=\frac{4}{4\pi}[\int_0^{\pi}0dt+\int_{\pi}^{2\pi}K\sin k\omega_f t dt]$$

$$=\frac{K}{\pi}(\frac{-1}{k\omega_f})\cos k\omega_f t\Big|_{\pi}^{2\pi}$$

$$=\frac{-K}{\pi k\omega_f}[1-(-1)^n]$$

$$=\begin{cases}0 & n=\text{even}\\ \dfrac{2K}{\pi k\omega_f} & n=\text{odd}\end{cases}$$

$$\therefore F(t)=\frac{2K}{\pi\omega_f}(\sin\omega_f t+\frac{1}{3}\sin 3\omega_f t+\frac{1}{5}\sin 5\omega_f t+\cdots)$$

範例 6　如圖 8–6 所示之週期性函數，試求其傅氏級數。

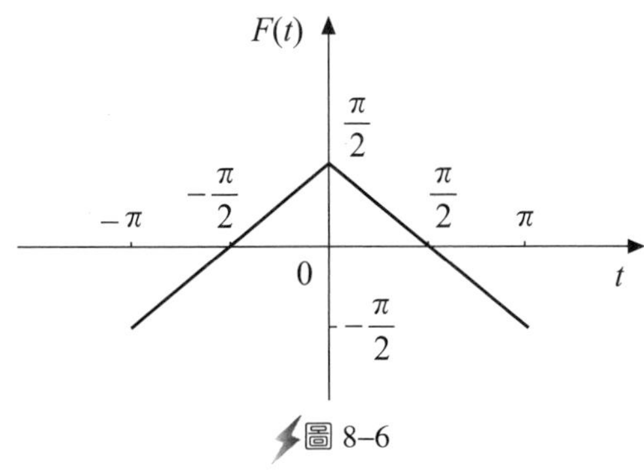

圖 8–6

解 $F(t)$ 為一偶對稱函數，故 $b_k=0, T=2\pi$。在 $0\le t\le\pi$ 之範圍中，其斜率為

$$m=\frac{-\frac{\pi}{2}-\frac{\pi}{2}}{\pi-0}=-1=\frac{F(t)-0}{t-\frac{\pi}{2}}，\therefore F(t)=(-1)(t-\frac{\pi}{2})=\frac{\pi}{2}-t$$

$$a_0=\frac{2}{T}\int_0^{\frac{T}{2}}F(t)dt=\frac{2}{2\pi}\int_0^{\pi}(\frac{\pi}{2}-t)dt=\frac{1}{\pi}(\frac{\pi}{2}t-\frac{t^2}{2})\Big|_0^{\pi}=\frac{1}{\pi}(\frac{\pi^2}{2}-\frac{\pi^2}{2}-0-0)=0$$

$$a_k=\frac{4}{T}\int_0^{\frac{T}{2}}F(t)\cos(k\omega_f t)dt=\frac{4}{2\pi}\int_0^{\pi}(\frac{\pi}{2}-t)\cos(k\omega_f t)dt$$

$$=\frac{2}{\pi}[\frac{\pi}{2}\int_0^{\pi}\cos(k\omega_f t)dt-\int_0^{\pi}t\cos(k\omega_f t)dt]$$

$$=\frac{2}{\pi}\{[\frac{\pi}{2}\frac{1}{k\omega_f}\sin(k\omega_f t)\Big|_0^{\pi}-\frac{1}{k\omega_f}[t\sin k\omega_f t-\int\sin k\omega_f tdt]\}$$

$$=\frac{2}{\pi}(\frac{1}{k\omega_f})[t\sin(k\omega_f t)+\frac{1}{k\omega_f}\cos(k\omega_f t)]\Big|_0^{\pi}=\frac{-2}{\pi(k\omega_f)^2}[(-1)^k-1]=\begin{cases}\dfrac{4}{\pi(k\omega_f)^2} & k=\text{odd}\\ 0 & k=\text{even}\end{cases}$$

$$\therefore F(t)=\frac{4}{\pi\omega_f^2}(\cos\omega_f t+\frac{1}{9}\cos 3\omega_f t+\frac{1}{25}\cos 5\omega_f t+\cdots)$$

8.4 頻譜分析

頻譜分析 (spectral analysis) 是一種預估時變電壓或電流波形在頻域下的方法，該方法是將週期性函數或其以傅氏級數表示後將其波幅及相角對頻率的關係以圖形描繪出來，此法可將週期性函數在頻域及時域間的一些關鍵特性量找出來。

任何弦式量完整特性均可利用頻率、波幅、相角等三個重要的量來做分析，當一個波形完全由弦式量所組成時，我們可以經由繪出波幅對頻率以及相角對頻率來獲得該波形的資訊，此種以頻域表示一個波形的方式稱為該波形的頻譜 (spectrum)。

將 8.2 節之原 (8–6) 式重寫如下：

$$F(t)=a_0+\sum_{k=1}^{\infty}a_k\cos k\omega_f t+\sum_{k=1}^{\infty}b_k\sin k\omega_f t \tag{8–28}$$

該式可改用下式表示：

$$F(t) = a_0 + \sum_{k=1}^{\infty} A_k \cos(k\omega_f t + \theta_k) \tag{8–29}$$

式中

$$A_k = \sqrt{a_k^2 + b_k^2} \tag{8–30}$$

$$\theta_k = -\tan^{-1}(\frac{b_k}{a_k}) \tag{8–31}$$

如圖 8–7 所示之頻域圖形為單側的線型頻譜 (one-sided line spectrum)：

$$\begin{aligned} F(t) &= 5 + 10\cos(10t + 10°) + 7\cos(20t - 20°) + 4\sin(30t) \\ &= 5\cos(0t + 0°) + 10\cos(10t + 10°) + 7\cos(20t - 20°) + 4\cos(30t - 90°) \end{aligned} \tag{8–32}$$

式中的波形包含波幅為 5 之零頻率直流成分，波幅為 10、相角為 10°、$\omega = 10$ 之餘弦成分，波幅為 7、相角為 $-20°$、$\omega = 20$ 之餘弦成分，波幅為 4、相角為 0°、$\omega = 30$ 之正弦成分（或波幅為 4、相角為 $-90°$、$\omega = 30$ 之餘弦成分）等四項。此種單側線型頻譜可用實驗室的頻譜分析儀 (spectrum analyzer) 產生出來。

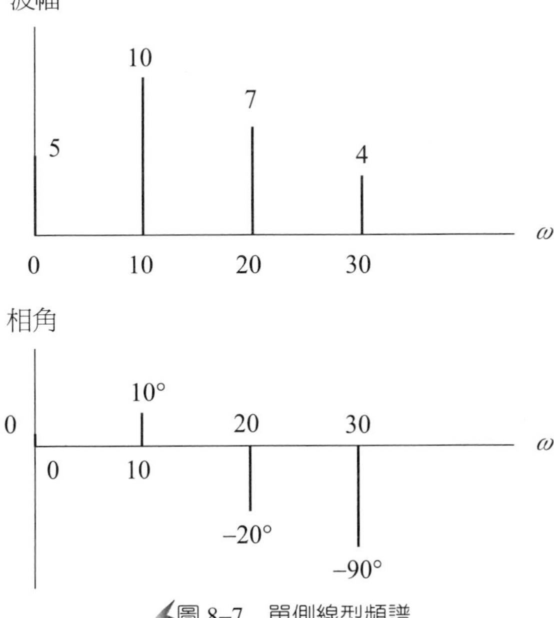

圖 8–7　單側線型頻譜

另一種顯示頻域旋轉相量 (rotating phasor) 而非弦式量的圖形可將弦式量改用複數表示。例如一個餘弦波 $F(t)=A\cos(\omega t+\theta)$ 可寫成指數型式為

$$F(t)=A\cos(\omega t+\theta)=\frac{A}{2}[e^{j(\omega t+\theta)}+e^{-j(\omega t+\theta)}]=\frac{A}{2}\angle\theta\cdot e^{j\omega t}+\frac{A}{2}\angle(-\theta)\cdot e^{j(-\omega)t} \tag{8–33}$$

故原 (8–32) 式可寫成

$$\begin{aligned}F(t)&=5\angle 0^\circ e^{j0t}+[5\angle 10^\circ e^{j10t}+5\angle(-10^\circ)e^{j(-10)t}]\\&\quad+[3.5\angle(-20^\circ)e^{j20t}+3.5\angle(20^\circ)e^{j(-20)t}]\\&\quad+[2\angle(-90^\circ)e^{j30t}+2\angle(90^\circ)e^{j(-30)t}]\end{aligned} \tag{8–34}$$

其頻域圖形結果如圖 8–8 所示，該圖為旋轉相量組成原函數 $F(t)$，形成雙側線型頻譜 (two-sided line spectrum)，對於任何頻率為 $\omega>0$ 之值均會對應至含有旋轉頻率 ω 及 $-\omega$ 二頻率之相加和。

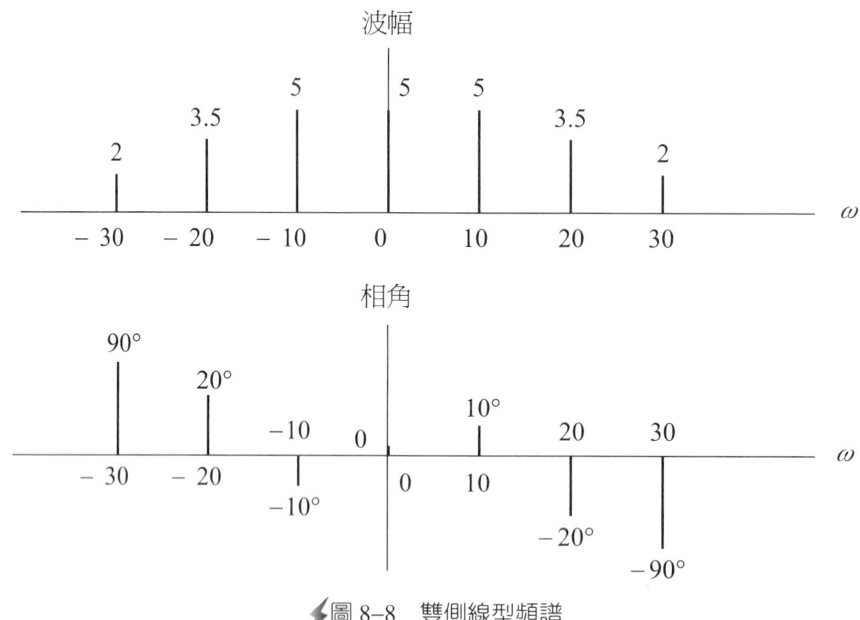

圖 8–8　雙側線型頻譜

由圖 8–8 來看，具有負值角頻率是較複雜的，再由其波幅圖形來看卻是具有偶對稱 (even symmetry) 的特性，但相角反而具有奇對稱 (odd symmetry) 的特性，故其負頻率的圖形部分直接與正頻率的圖形部分相對應。這是因為正負頻率的成分對於將弦式量改以旋轉相量表示式為必要的特性。

此外，雙側頻譜分析的模式可以將任何週期性波形在基本波頻率 ω_f 下利用指數型的傅氏級數表示：

$$F(t)=\sum_{n=-\infty}^{\infty}c_n e^{jn(\omega_f)t} \tag{8–35}$$

式中

$$\begin{aligned}c_n=\frac{a_n-jb_n}{2}&=\frac{1}{2}[\frac{2}{T}\int_0^T F(t)\cos(n\omega_f t)dt-j\frac{2}{T}\int_0^T F(t)\sin(n\omega_f t)dt]\\&=\frac{1}{T}\{\int_0^T F(t)[\cos(n\omega_f t)-j\sin(n\omega_f t)]dt\}\\&=\frac{1}{T}\int_0^T F(t)e^{-jn\omega_f t}dt\end{aligned} \tag{8–36}$$

當 $F(t)$ 為奇對稱波形時

$$c_n=\frac{-j}{2}[\frac{4}{T}\int_0^{\frac{T}{2}}F(t)\sin(n\omega_f t)dt]=\frac{-j2}{T}\int_0^{\frac{T}{2}}F(t)\sin(n\omega_f t)dt \tag{8–37}$$

當 $F(t)$ 為偶對稱波形時

$$c_n=\frac{1}{2}[\frac{4}{T}\int_0^{\frac{T}{2}}F(t)\cos(n\omega_f t)dt]=\frac{2}{T}\int_0^{\frac{T}{2}}F(t)\cos(n\omega_f t)dt \tag{8–38}$$

當 $F(t)$ 為半波對稱波形時

$$\begin{aligned}c_n&=\frac{1}{2}[\frac{4}{T}\int_0^{\frac{T}{2}}F(t)\cos(n\omega_f t)dt-j\frac{4}{T}\int_0^{\frac{T}{2}}F(t)\sin(n\omega_f t)dt]\\&=\frac{2}{T}\int_0^{\frac{T}{2}}F(t)[\cos(n\omega_f t)-j\sin(n\omega_f t)]dt\\&=\begin{cases}\frac{2}{T}\int_0^{\frac{T}{2}}F(t)e^{-jn\omega_f t}dt & n=\text{odd}\\0 & n=\text{even}\end{cases}\end{aligned} \tag{8–39}$$

當 $F(t)$ 為奇對稱且為半波對稱波形時

$$c_n = \frac{-j}{2}[\frac{8}{T}\int_0^{\frac{T}{4}} F(t)\sin(n\omega_f t)dt] = \begin{cases} \frac{-j4}{T}\int_0^{\frac{T}{4}} F(t)\sin(n\omega_f t)dt & n = \text{odd} \\ 0 & n = \text{even} \end{cases} \tag{8–40}$$

當 $F(t)$ 為偶對稱且為半波對稱波形時

$$c_n = \frac{1}{2}[\frac{8}{T}\int_0^{\frac{T}{4}} F(t)\cos(n\omega_f t)dt] = \begin{cases} \frac{4}{T}\int_0^{\frac{T}{4}} F(t)\cos(n\omega_f t)dt & n = \text{odd} \\ 0 & n = \text{even} \end{cases} \tag{8–41}$$

其中 $c_n = |c_n|\angle c_n$，$|c_n|$ 為其長度，$\angle c_n$ 為相角，$\omega = n\omega_f$, $n = 0, \pm 1, \pm 2, \pm 3 \cdots$ 至無限大值。故指數型的傅氏級數在利用雙側線型頻譜表示時，$|c_n|$ 為其波幅線的高度，$\angle\, c_n$ 為相角線的高度，所有線均落在 ω_f 的正負整數倍之處。

若定義

$$c(n\omega_f) \underline{\underline{\Delta}} c_n \tag{8–42}$$

則 $|c(n\omega_f)|$ 為波幅之頻譜 (amplitude spectrum)，$\angle c(n\omega_f)$ 為相角頻譜 (phase spectrum)，但由於複數特性：$c_{-n} = c_n^*$，波幅的頻譜會產生偶對稱特性如同圖 8–8 中的波幅特性所示，相角的頻譜則會產生奇對稱的特性如同圖 8–8 中的相角特性所示，此類對稱特性可分別寫成以下二式：

$$|c(-n\omega_f)| = |c(n\omega_f)| \tag{8–43}$$

$$\angle c(-n\omega_f) = -\angle c(n\omega_f),\ n \neq 0 \tag{8–44}$$

相角唯一沒有對稱條件為 $c_0 < 0$ 時，故其相角為

$$\angle c(0) = \pm 180° \tag{8–45}$$

如圖 8–9 之週期性波形 $F(t)$，試求其傅氏級數以及其振幅與相角的頻譜。

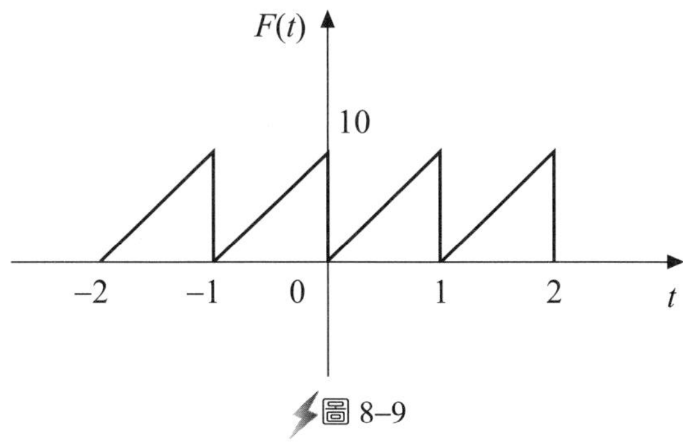

圖 8–9

解 $F(t)=10t,\ 0<t<1,\ T=1\text{ s},\ \omega_f=\dfrac{2\pi}{T}=2\pi$

$$a_0=\frac{1}{T}\int_0^T F(t)dt=\frac{1}{1}\int_0^1 10tdt=10\frac{t^2}{2}\Bigg|_0^1=5$$

$$a_k=\frac{2}{T}\int_0^T F(t)\cos(k\omega_f t)dt=\frac{2}{1}\int_0^1 10t\cos(2\pi kt)dt$$

$$=\frac{20}{1}[\frac{1}{(2\pi k)^2}\cos(2\pi kt)+\frac{t}{2\pi k}\sin(2\pi kt)]\Bigg|_0^1=0$$

$$b_k=\frac{2}{T}\int_0^T F(t)\sin(k\omega_f t)dt=\frac{2}{1}\int_0^1 10t\sin(2\pi kt)dt$$

$$=\frac{20}{1}[\frac{1}{(2\pi k)^2}\sin(2\pi kt)-\frac{t}{2\pi k}\cos(2\pi kt)]\Bigg|_0^1=-\frac{10}{\pi}\cdot\frac{1}{k}$$

$$\therefore F(t)=5-\frac{10}{\pi}\sum_{k=1}^{\infty}\frac{1}{k}\sin(2\pi kt)$$

$$A_k=|b_k|=\frac{10}{\pi k}$$

振幅與相角的頻譜如圖 8–10 所示。

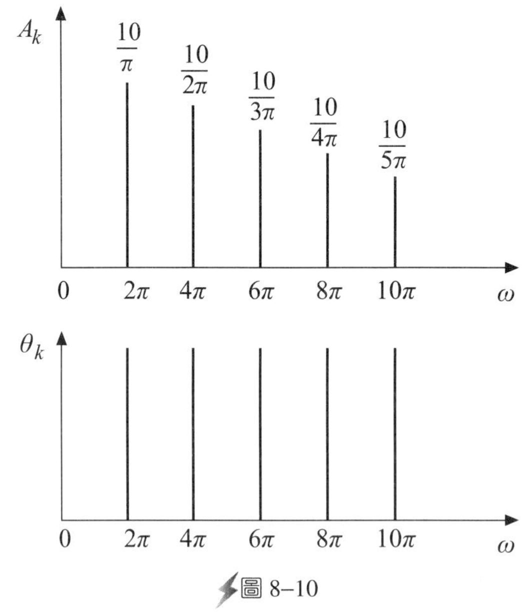

圖 8–10

範例 8

若一週期性函數 $F(t)=e^{2t}$，其週期為 $T=2\pi$，試求其複數型式之傅氏級數以及其振幅與相角的頻譜。

解 $\because T=2\pi$ s，$\therefore \omega_f=\frac{2\pi}{T}=1$

$$c_k=\frac{1}{T}\int_0^T F(t)e^{-jk\omega_f t}dt$$

$$=\frac{1}{2\pi}\int_0^{2\pi} e^{2t}e^{-jkt}dt=\frac{1}{2\pi}\int_0^{2\pi} e^{(2-jk)t}dt$$

$$=\frac{1}{2\pi}\cdot\frac{1}{2-jk}e^{(2-jk)t}\Big|_0^{2\pi}=\frac{1}{2\pi(2-jk)}[e^{4\pi}e^{-j2\pi k}-1]$$

$\because e^{-j2\pi k}=\cos(2\pi k)-j\sin(2\pi k)=1-j0=1$

$$\therefore c_k=\frac{1}{2\pi(2-jk)}[e^{4\pi}e^{-j2\pi k}-1]$$

$$=\frac{1}{2\pi(2-jk)}[e^{4\pi}-1]=\frac{1}{2-jk}\cdot\frac{e^{4\pi}-1}{2\pi}$$

複數型式之傅氏級數為 $F(t)=\frac{e^{4\pi}-1}{2\pi}\sum_{k=-\infty}^{\infty}\frac{1}{2-jk}e^{ikt}$

$$|c_k|=\frac{e^{4\pi}-1}{2\pi}\left|\frac{1}{2-jk}\right|=\frac{e^{4\pi}-1}{2\pi\sqrt{4+k^2}},\ \angle c_k=\tan^{-1}(\frac{k}{2})$$

振幅與相角的頻譜如圖 8–11 所示。

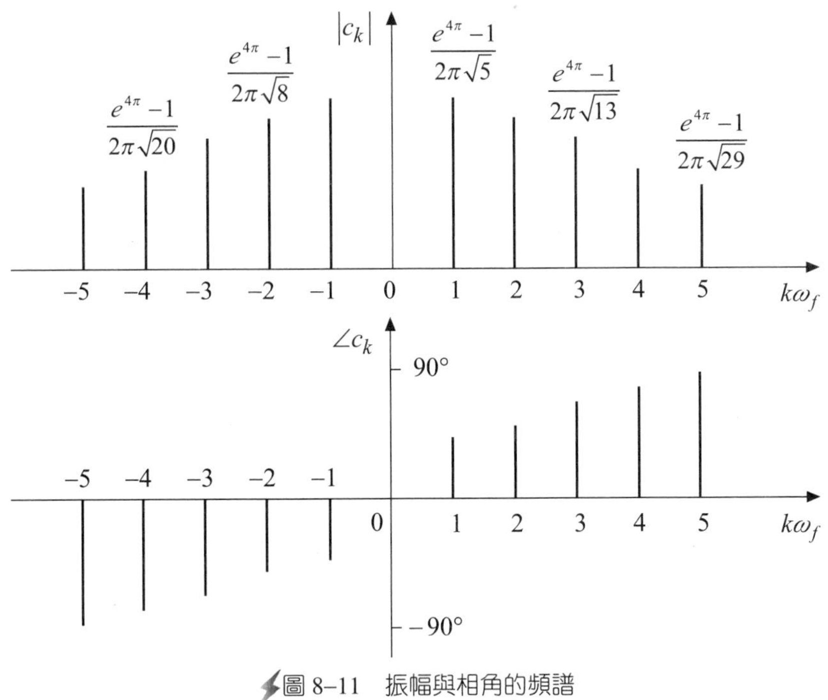

圖 8–11　振幅與相角的頻譜

8.5 非弦波之有效值、功率及功率因數

一個非弦式波之週期性函數 $F(t)$ 以傅立葉級數或傅氏級數表示時，可用下式代表：

$$F(t) = a_0 + a_1 \cos \omega_f t + a_2 \cos 2\omega_f t + \cdots + a_k \cos k\omega_f t + \cdots \\ + b_1 \sin \omega_f t + b_2 \sin 2\omega_f t + \cdots + b_k \sin k\omega_f t + \cdots \tag{8–46}$$

式中 ω_f 為基本波角頻率。由於 (8–46) 式中具有相同角頻率之正弦項及餘弦項可以加以合併為同一角頻率之餘弦項，故 (8–46) 式可改寫為

$$\begin{aligned} F(t) &= a_0 + A_1 \cos(\omega_f t - \theta_1) + A_2 \cos(2\omega_f t - \theta_2) + \cdots \\ &= a_0 + \sum_{k=1}^{\infty} A_k \cos(k\omega_f t - \theta_k) \end{aligned} \tag{8–47}$$

式中的 $F(t)$ 可以是電壓波形或電流波形。為求出這類非弦式波形的有效值，可由有效值計算的基本定義

$$F_{eff} = \sqrt{\frac{1}{T}\int_0^T [F(t)]^2 dt} \tag{8–48}$$

將 (8–47) 式代入 (8–48) 式可得

$$F_{eff}^2 = \frac{1}{T}\int_0^T [F(t)]^2 dt = \frac{1}{T}\int_0^T [a_0 + \sum_{k=1}^{\infty} A_k \cos(k\omega_f t - \theta_k)]^2 dt \tag{8–49}$$

利用 8.2 節中之正交函數相乘積之積分一個週期為零的特性，(8–49) 式可簡化為

$$F_{eff}^2 = a_0^2 + A_{1,eff}^2 + A_{2,eff}^2 + \cdots = a_0^2 + \sum_{k=1}^{\infty} A_{k,eff}^2 = a_0^2 + \sum_{k=1}^{\infty} (\frac{A_k}{\sqrt{2}})^2 \tag{8–50}$$

式中

$$A_{k,eff} = \frac{A_k}{\sqrt{2}} \tag{8–51}$$

為第 k 次諧波之有效值，其值為第 k 次諧波弦式表示式峰值的 0.707 倍或 $\frac{1}{\sqrt{2}}$ 倍。故非弦式波 $F(t)$ 之有效值為

$$F_{eff} = \sqrt{a_0^2 + A_{1,eff}^2 + A_{2,eff}^2 + \cdots} = \sqrt{a_0^2 + \sum_{k=1}^{\infty} A_{k,eff}^2} = \sqrt{a_0^2 + \sum_{k=1}^{\infty} (\frac{A_k}{\sqrt{2}})^2} \tag{8–52}$$

將 (8–47) 式之 $F(t)$ 分別令為非弦式波形的電壓及電流，可分別表示為

$$\begin{aligned} v(t) &= V_0 + V_1\cos(\omega_f t - \theta_1) + V_2\cos(2\omega_f t - \theta_2) + \cdots \\ &= V_0 + \sum_{k=1}^{\infty} V_k \cos(k\omega_f t - \theta_k) \quad \text{(V)} \end{aligned} \tag{8–53}$$

$$\begin{aligned} i(t) &= I_0 + I_1\cos(\omega_f t - \phi_1) + I_2\cos(2\omega_f t - \phi_2) + \cdots \\ &= I_0 + \sum_{k=1}^{\infty} I_k \cos(k\omega_f t - \phi_k) \quad \text{(A)} \end{aligned} \tag{8–54}$$

將以上二式相乘可得瞬時功率為

$$p(t) = v(t)\cdot i(t) = [V_0 + \sum_{k=1}^{\infty} V_k\cos(k\omega_f t - \theta_k)]\cdot[I_0 + \sum_{k=1}^{\infty} I_k\cos(k\omega_f t - \phi_k)] \quad \text{(W)} \tag{8–55}$$

利用平均值計算法可推算非弦式波形之平均功率為

$$P_{avg}=\frac{1}{T}\int_0^T p(t)dt=\frac{1}{T}\int_0^T v(t)\cdot i(t)dt \tag{8–56}$$

將 (8–55) 式代入上式，利用 8.2 節中之正交函數相乘積之積分一個週期特性為零的特性，則平均功率為直流項電壓與電流的乘積 P_0 加上各次電壓電流諧波乘積之值 P_k，分別寫出如下所示：

$$P_0=\frac{1}{T}\int_0^T V_0\cdot I_0 dt=V_0 I_0 \quad \text{(W)} \tag{8–57}$$

$$P_k=V_{k,eff}I_{k,eff}\cos(\theta_k-\phi_k) \quad \text{(W)} \tag{8–58}$$

各次諧波視在功率 S_k 及功率因數可表示為

$$S_k=V_{k,eff}I_{k,eff} \quad \text{(VA)} \tag{8–59}$$

$$PF_k=\cos(\theta_k-\phi_k) \tag{8–60}$$

由 (8–57) 式及 (8–58) 式可以推算非弦式波形所消耗或吸收的總平均功率為

$$\begin{aligned}P_{avg}&=P_0+\sum_{k=1}^{\infty}P_k=V_0I_0+\sum_{k=1}^{\infty}V_{k,eff}I_{k,eff}\cos(\theta_k-\phi_k)\\&=P_0+P_1+P_2+\cdots \quad \text{(W)}\end{aligned} \tag{8–61}$$

範例 9 一個黑盒子的端點電壓 $v(t)$ 及電流 $i(t)$ 可分別表示為

$v(t)=70+10\cos(100t+40°)+40\cos(200t+50°)$ (V) 以及

$i(t)=10+100\cos(100t+10°)+400\cos(200t-10°)$ (A)，

試求該黑盒子的吸收平均功率為何？

解

$$\begin{aligned}P_{avg}&=V_0I_0+\sum_{k=1}^{\infty}V_{k,eff}I_{k,eff}\cos(\theta_k-\phi_k)\\&=70\times10+\frac{1}{2}10\times100\cos(40°-10°)+\frac{1}{2}40\times400\cos(50°+10°)\\&=700+500\times\frac{\sqrt{3}}{2}+8000\times\frac{1}{2}=5133\ \text{(W)}\end{aligned}$$

範例10 一個並聯 RC 電路連接至一個電壓源，已知 $R=1\ \Omega$、$C=1\ \text{F}$，電壓源可表示為 $v(t)=5+10\cos(t+10^\circ)+2\cos(10t+30^\circ)$ (V)，試求該 RC 電路所吸收的平均功率。

解 $\boldsymbol{Y}=G+j\omega C=1+j\omega$

$$\boldsymbol{I}=\boldsymbol{V}\boldsymbol{Y}=\boldsymbol{V}(1+j\omega)$$

$$=\boldsymbol{V}\sqrt{1+\omega^2}\angle\tan^{-1}(\omega)$$

(a)當 $\boldsymbol{V}=5\ \text{V},\ \omega=0$ 時

$$\boldsymbol{I}=5\ (\text{A})$$

(b)當 $\boldsymbol{V}=10\angle10^\circ\ (\text{V}),\ \omega=1$ 時

$$\boldsymbol{I}=10\angle10^\circ\ (1+j1)$$

$$=10\sqrt{2}\angle(10^\circ+45^\circ)=10\sqrt{2}\angle55^\circ\quad(\text{A})$$

(c)當 $\boldsymbol{V}=2\angle30^\circ\ (\text{V}),\ \omega=10$ 時

$$\boldsymbol{I}=2\angle30^\circ\ (1+j10)=2\sqrt{101}\angle(30^\circ+84.2894^\circ)$$

$$=2\sqrt{101}\angle114.2894^\circ\quad(\text{A})$$

$$\therefore i(t)=5+10\sqrt{2}\cos(t+55^\circ)+2\sqrt{101}\cos(10t+114.2894^\circ)\quad(\text{A})$$

$$P_{avg}=V_0I_0+\sum_{k=1}^{\infty}V_{k,eff}I_{k,eff}\cos(\theta_k-\phi_k)$$

$$=5\times5+\frac{1}{2}10\times10\sqrt{2}\cos(10^\circ-55^\circ)+\frac{1}{2}2\times2\sqrt{101}\cos(30^\circ-114.2894^\circ)$$

$$=25+50+2$$

$$=77\ (\text{W})$$

或

$$P_{avg}=\frac{V_{DC}^2}{R}+\frac{1}{2}\sum_{k=1}^{3}\frac{|V_k|^2}{R}=\frac{5^2}{1}+\frac{1}{2}\times\frac{10^2}{1}+\frac{1}{2}\times\frac{2^2}{1}$$

$$=25+50+2$$

$$=77\ (\text{W})$$

習題

8.1 基波與諧波

1. 如圖 P8–1 (a)所示之週期電流當做圖 8–1 (b)的能源，試列出電流 i_0 的第五次諧波電壓的時域表示式。

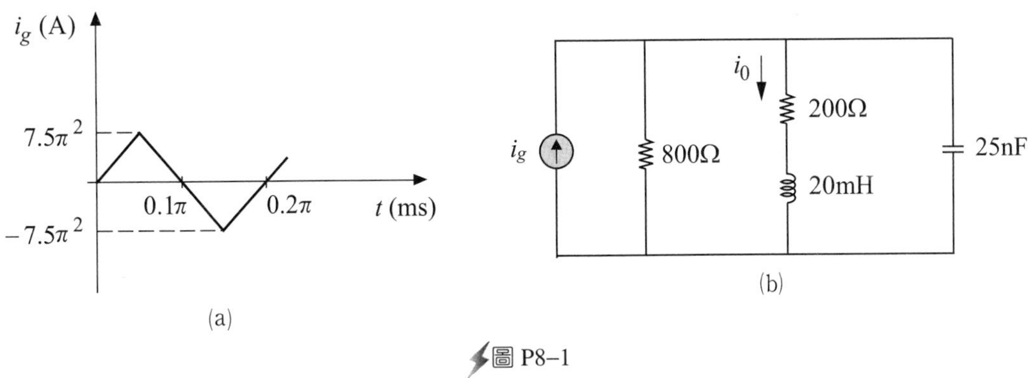

圖 P8–1

2. 如圖 P8–2 (a)所示的週期三角波電壓波形，將其接到圖 P8–2 (b)電路中，假設圖 P8–2 (a)中的 $V_m = 450\pi^2$ (mV)，而且輸入電壓的週期為 2π (ms)，試導出代表穩態電壓 V_0 的傅氏級數的前三項不為零值的各項。

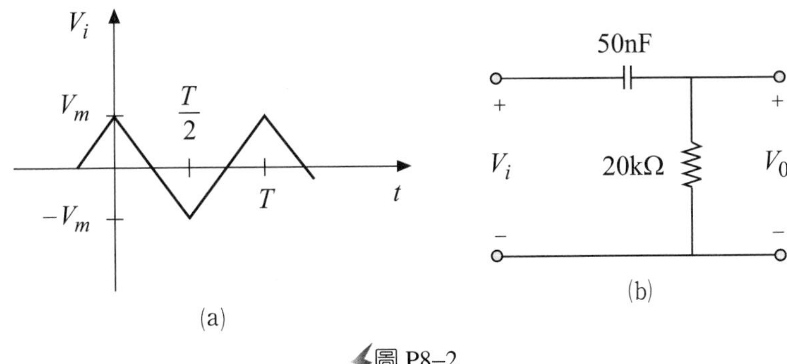

圖 P8–2

3. 如圖 P8–3 (a)所示的週期三角波電壓，連接到圖 P8–3 (b)的電路中，假設 $V_m = 60\pi$ (V)，而且輸入電壓的週期為 π (ms)，試導出代表穩態電壓 V_0 的傅氏級數的前三項不為零值的各項。

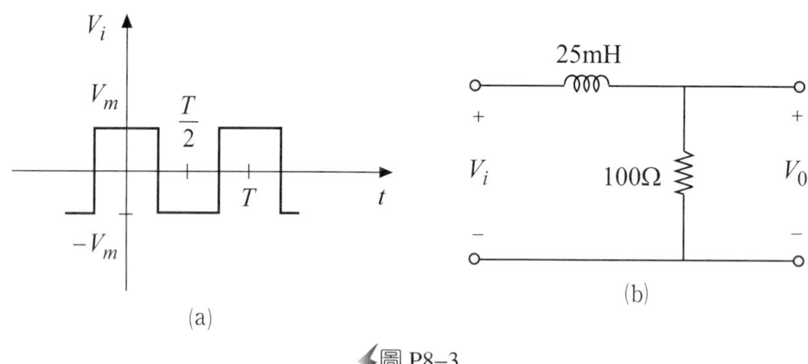

圖 P8–3

4. 有一週期為 10 μs 的週期性電壓可用下列的傅氏級數表示：

$$V_g(t) = 150 \sum_{n=1,3,5,\cdots}^{\infty} \frac{1}{n} \sin\frac{n\pi}{2} \cos(n\omega_0 t)$$

若將這個週期電壓 $V_g(t)$ 接到圖 P8–4 所示的電路中，試求：(a) V_0 中頻率為 3 Mrad/s 成分的幅度及相角；(b) V_0 中頻率為 5 Mrad/s 成分的幅度及相角。

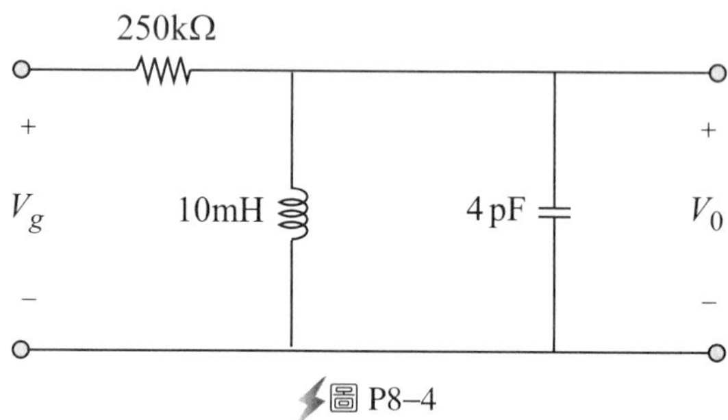

圖 P8–4

5. 如圖 P8–5 (a)所示的週期三角波電壓波形，將該波形連接到圖 P8–5 (b)電路中。假設 $V_m = 210\pi$ (V)，而且輸入電壓的週期為 0.2π (ms)，試導出代表穩態電壓 V_0 的傅氏級數前四項不為零值的各項。

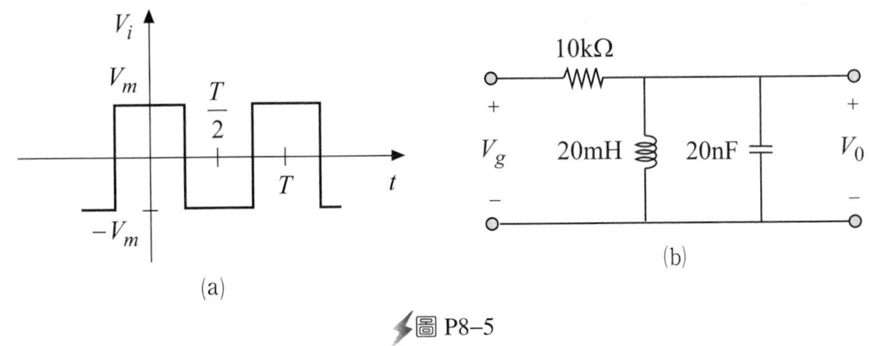

圖 P8–5

8.2 傅立葉級數

6. 試求圖 P8–6 所示週期函數 $f(t)$ 之傅立葉級數。

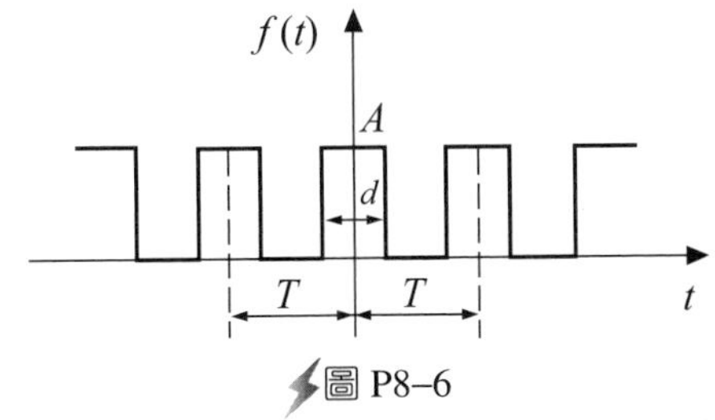

圖 P8–6

7. 如圖 P8–7 (a)所示之 $v_s(t)$ 為週期性方波，試求圖 P8–7 (b)所示電路之電容器二端電壓 $v_0(t)$ 之穩態響應，並將 $v_0(t)$ 以傅立葉級數表示其第五次諧波。

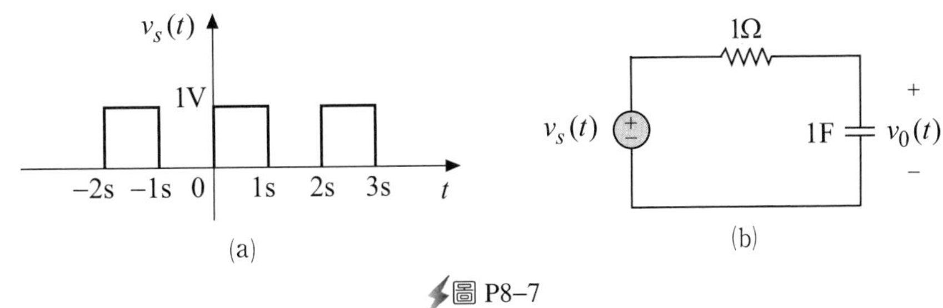

圖 P8–7

8. 試導出圖 P8–8 所示週期電流波形的傅立葉級數。

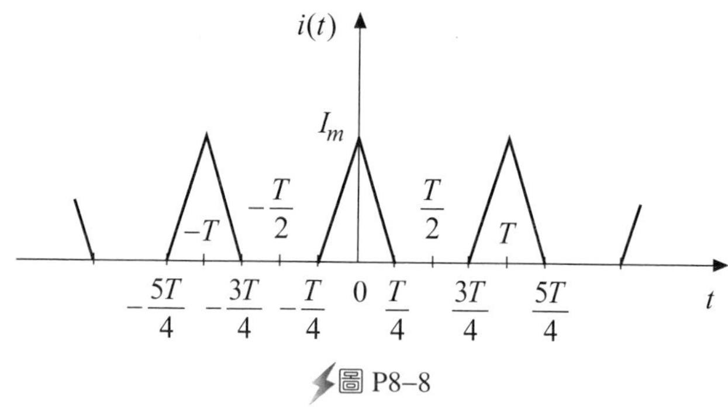

圖 P8–8

9. 試求圖 P8–9 所示二種週期波形的傅立葉級數。

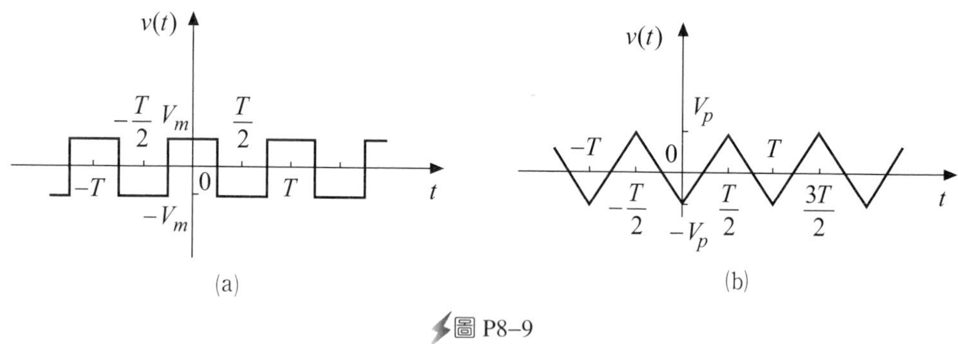

圖 P8–9

10. 試導出圖 P8–10 所示週期電壓波形的傅立葉級數。

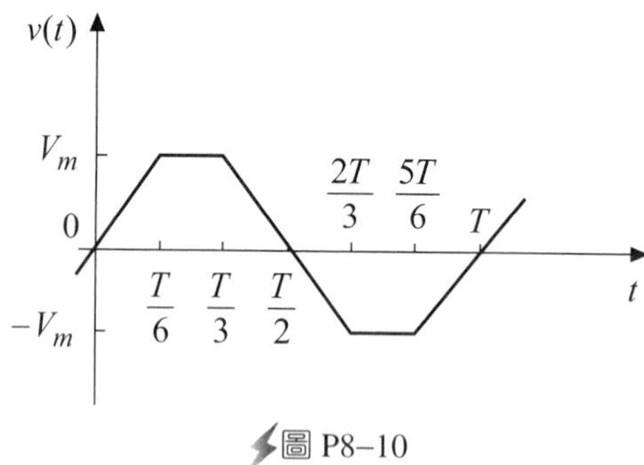

圖 P8–10

11.(a)試導出圖 P8–11 所示週期波形的傅立葉係數 C_n 表示式。(b)試將原圖 P8–11 週期電流函數沿著時間軸向右平移 8 ms，寫出這個波形的指數型傅立葉級數。

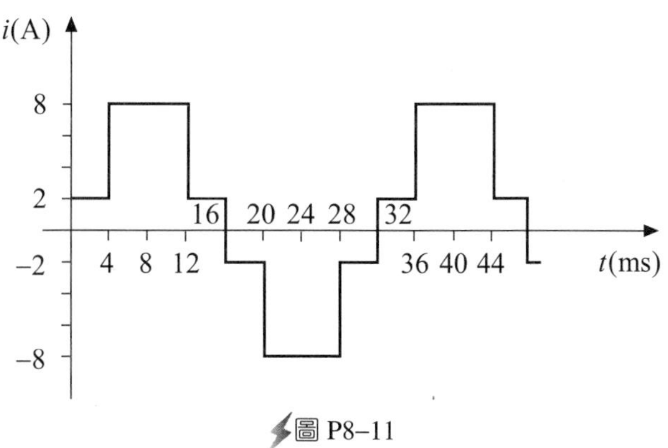

圖 P8–11

12.如圖 P8–12 (a)所示之唯一方波電源 $V(t)$，將該波形送入即圖(b)中之 $R-L$ 串聯等效電路，試求：(a)該電路之 $V(t)$ 波形為奇函數或偶函數？(b) $V(t)$ 之傅立葉級數；(c)穩態電流 $i(t)$。

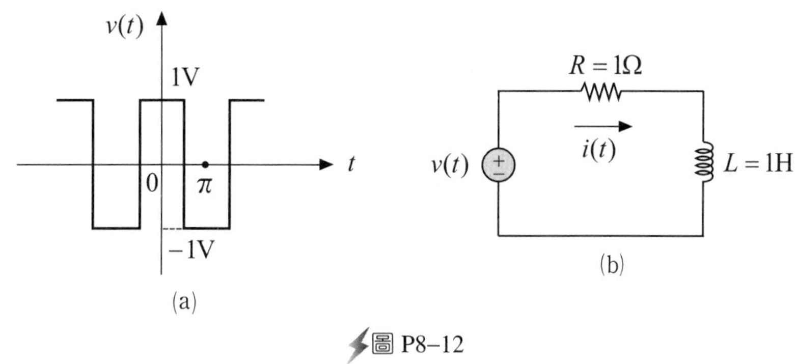

圖 P8–12

8.3 對稱及非對稱波

13.試求出圖 P8–13 所示波形之 ω_0，並判別此波形為何種對稱波？

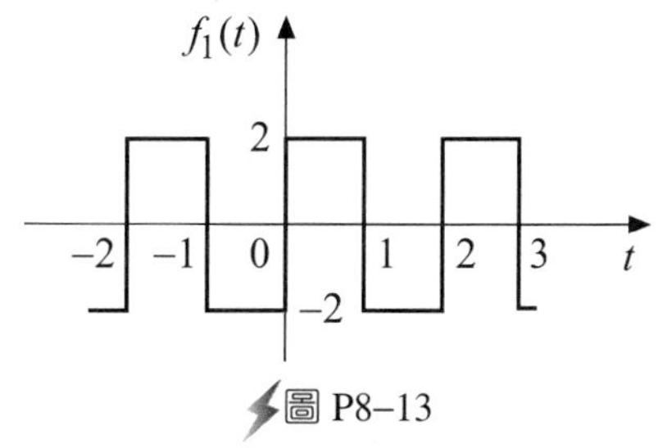

圖 P8–13

14.試求出圖 P8–14 所示波形之 ω_0，並判別此波形為何種對稱波？

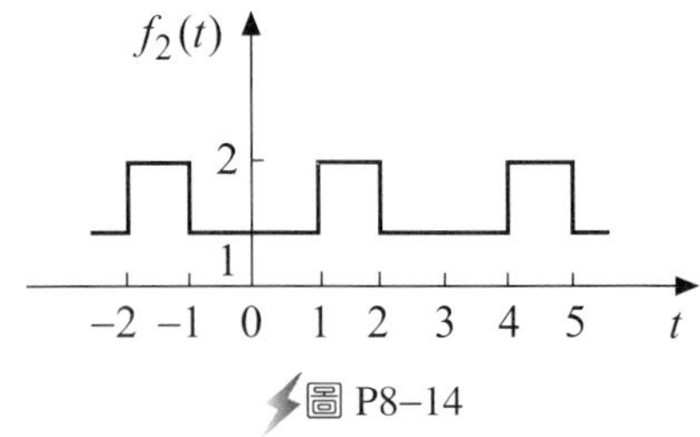

圖 P8–14

15.試求出圖 P8–15 所示波形之 ω_0，並判別此波形為何種對稱波？

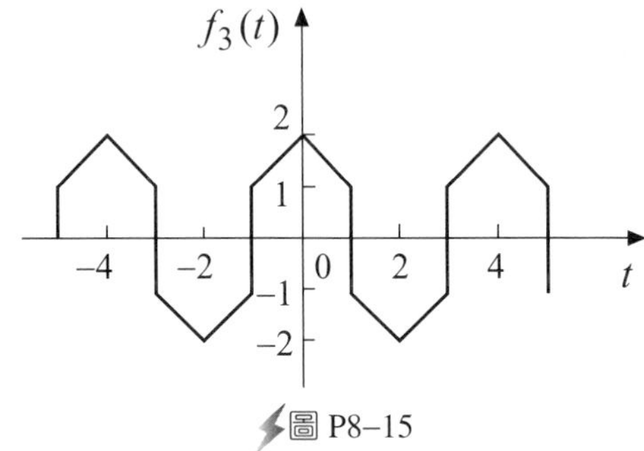

圖 P8–15

8.4 頻譜分析

16.有一週期函數 $v(t)$ 是以截尾的傅氏級數項來代表，其中幅度頻譜及相角頻譜分別如圖 P8–16 所示，(a)試將週期函數以 $f(t)=a_v+\sum_{n=1}^{\infty}A_n\cos(n\omega_0 t-\theta_n)$ 表示；(b)電壓波形 $v(t)$ 是偶函數或奇函數？(c)電壓 $v(t)$ 有半波對稱性嗎？(d)電壓 $v(t)$ 有四分之一波對稱性嗎？

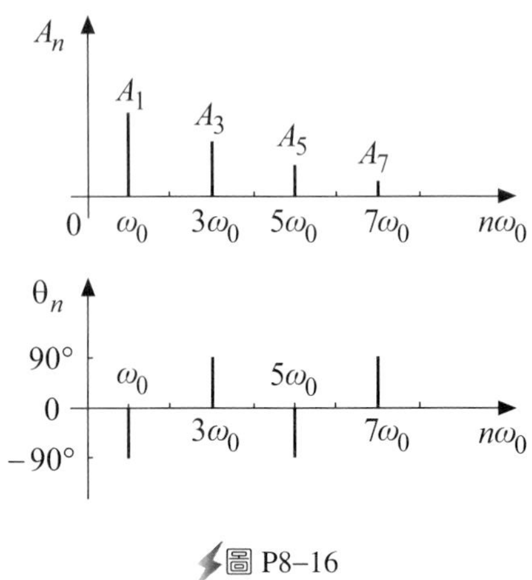

圖 P8–16

17.有一週期函數是以有限個傅氏級數項來代表，其中幅度頻譜及相角頻譜分別如圖 P8–17 所示，(a)試將週期電流以 $f(t)=a_v+\sum_{n=1}^{\infty}A_n\cos(n\omega_0 t-\theta_n)$ 表示；(b)電流是偶函數還是奇函數？電流有半波對稱性嗎？(c)試求電流 $i(t)$ 的均方根值並以 mA 表示，亦請列出傅氏級數的指數型；(d)試根據指數型級數繪出幅度頻譜及相角頻譜。

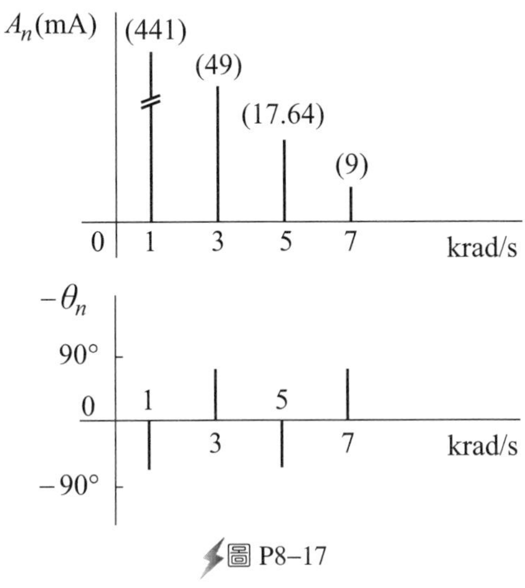

圖 P8–17

18.一個三階低通巴特威士濾波器的輸入信號為半波整流弦波電壓，濾波器的轉角頻率為 100 rad/s，弦波電壓的幅度為 54π (V)，而週期為 5π (ms)，試列出代表濾波器輸出電壓的傅氏級數的前三項。

19.若某一電路之端電壓及端電流分別為 $v=80+200\cos(500t+45°)+60\sin 1500t$ (V)；$i=10+6\sin(500t+75°)+3\cos(1500t-30°)$ (A)，試求其電流的有效值及電壓有效值為多少？

8.5 非弦波之有效值、功率及功率因數

20.如圖 P8–18 所示之 SCR 觸發電路，若 SCR 之導通角為 60°，$I_{av}=10$ A，試求此時之 $I_{\text{rms}}=?$

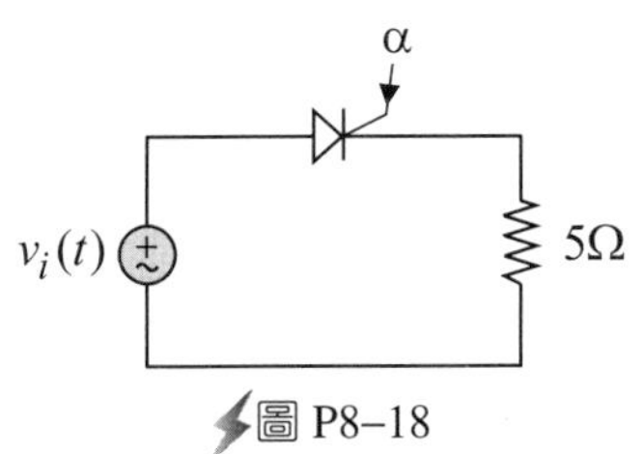

圖 P8–18

21. 假設輸入某電路元件之電壓 $V(t)$ 及電流 $i(t)$ 波形如圖 P8–19 所示，試求該元件所吸收之平均功率。

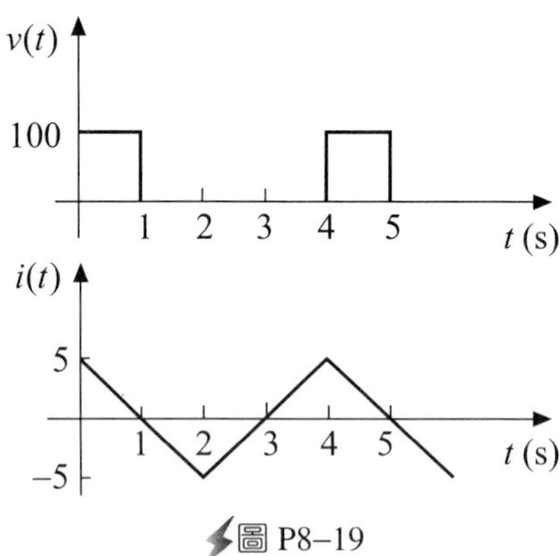

圖 P8–19

22. 試求如圖 P8–20 所示電壓波形之 $V_{\text{rms}} = ?$

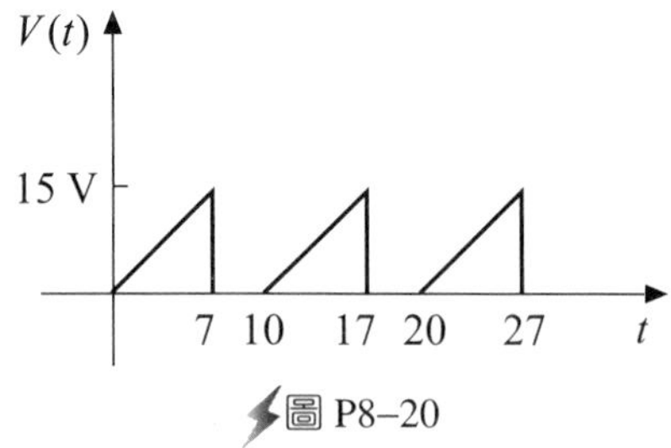

圖 P8–20

23. 若一電壓波形函數為 $V(t) = 2t + 5$，如圖 P8–21 所示為其電壓波形，試求其 $V_{\text{rms}} = ?$

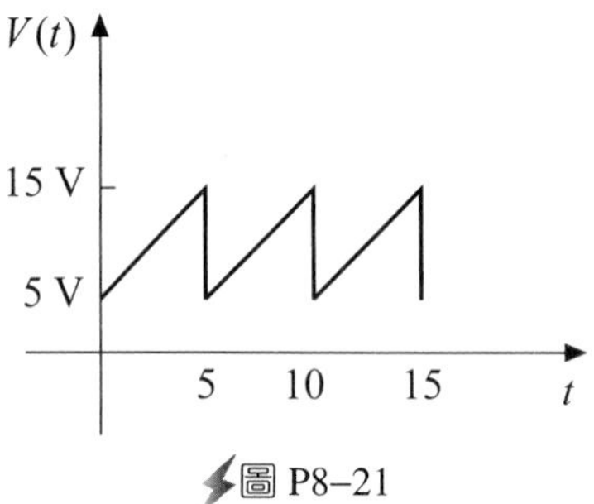

圖 P8–21

24. 試求如圖 P8–22 所示電壓波形之 $V_{rms} = ?$

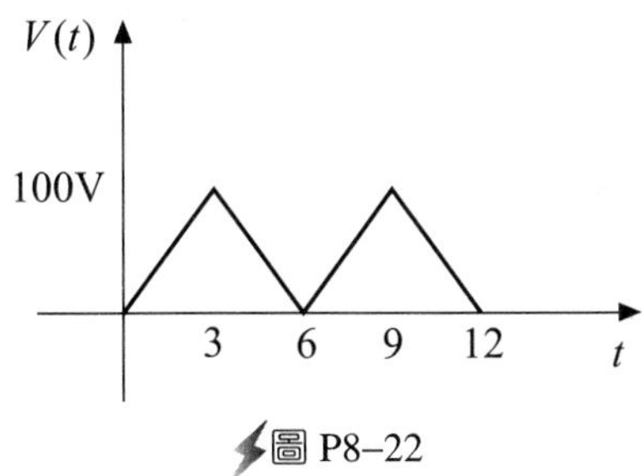

圖 P8–22

筆記欄

第9章　濾波器

第九章　濾波器

9.0 本章摘要

本章為介紹如何以簡單的電阻器、電容器、電感器來達成篩選特性範圍訊號或拒絕特定範圍訊號的功能，各節內容摘要如下：

9.1 低通濾波器：本節說明如何讓特定低頻範圍訊號通過、而將高頻訊號濾除的一種電路。

9.2 高通濾波器：本節說明如何讓特定高頻範圍訊號通過、而將低頻訊號濾除的一種電路。

9.3 帶通濾波器：本節說明如何讓特定範圍訊號通過、而將其他訊號濾除的一種電路。

9.4 帶拒濾波器：本節說明如何拒絕特定範圍訊號、而讓其他訊號通過的一種電路。

9.5 全通濾波器：本節結合帶通及帶拒濾波器的特性，允許輸入訊號的頻率全部通過該類特殊濾波器。

9.1 低通濾波器

濾波器 (filter) 是一個用來通過所選取的訊號並拒絕不期望訊號的電路，該電路對頻率敏感且可用來限制特定的頻率範圍。例如電視或收音機都是具有多個濾波器，以多個或廣範圍的頻率輸入訊號加以篩選後，再由其他放大或轉換電路加以處理，最後可由銀幕及喇叭將所選的電臺訊號影像及聲音呈現出來。

濾波器可分為被動濾波器 (passive filter) 及主動濾波器 (active filter)，前者僅含被動的電阻器、電感器、電容器等電路元件，其放大率一般小於 1；前者除含有被動的電阻器、電感器、電容器等電路元件外，還包含主動的元件，如電晶體、運算放大器等，其放大率可以控制在不同期望的範圍。基本的濾波器包含本章各節將介紹的內容，如低通濾波器 (low-pass filter)、高通濾波器 (high-pass filter)、帶通濾波器 (band-pass filter)、帶拒濾波器 (band-rejection filter or band-stop filter)、全通濾波器 (all-pass filter)。

其他可能的濾波器還有：數位濾波器 (digital filter)、機電濾波器 (electromechanical filter)、微波濾波器 (microwave filter) 等。

低通濾波器是要讓特定低頻範圍訊號通過、而將高頻訊號濾除的一種電路，其網路函數大小對頻率的理想特性如圖 9–1 所示。當輸入頻率 ω 落在 $0 < \omega < \omega_c$ 的範圍內時，此濾波器之網路函數大小值均保持為理想的單位值，換言之，輸出對輸入之大小關係保持固定值；當輸入頻率為 $\omega > \omega_c$ 時，此濾波器之網路函數大小變為零值，沒有輸出。其中的 $\omega = \omega_c$ 之點稱為截止頻率 (cutoff frequency)，決定了該低通濾波器輸入頻率的選擇範圍。

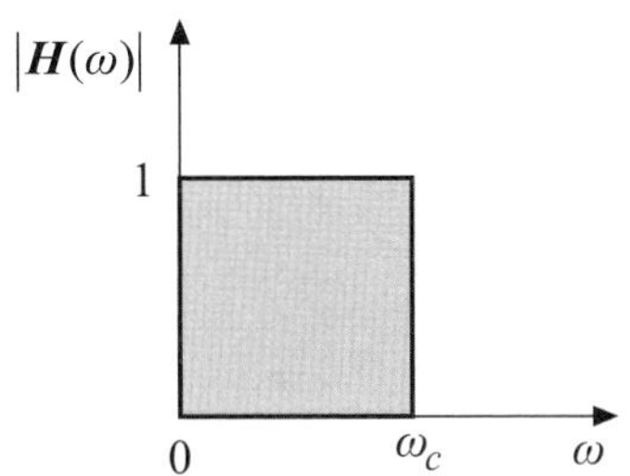

圖 9–1　低通濾波器的網路函數大小對頻率的特性 [2]

如圖 9–2 所示的電路為由電阻器一電容器串聯所形成的簡單低通濾波器電路，其輸出對輸入之網路函數關係式可表示為

$$\boldsymbol{H}(\omega) = \frac{\boldsymbol{V}_o}{\boldsymbol{V}_i} = \frac{\frac{1}{j\omega C}}{R + \frac{1}{j\omega C}} = \frac{1}{1 + j\omega RC} \tag{9–1}$$

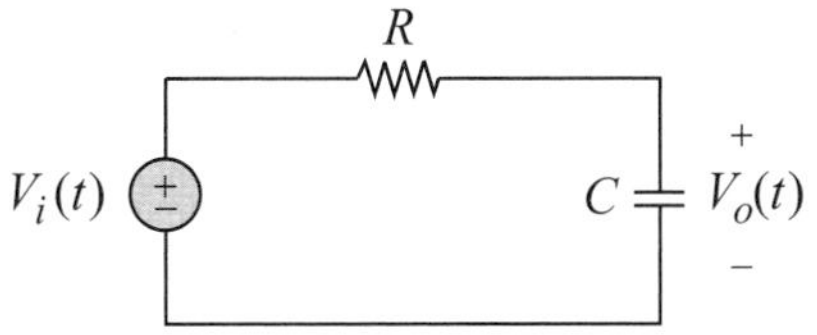

圖 9–2　由電阻器一電容器串聯的所形成的簡單低通濾波器電路

將 (9–1) 式取出大小值，其表示式為

$$|\boldsymbol{H}(\omega)| = \frac{1}{\sqrt{1 + (\omega RC)^2}} \tag{9–2}$$

將頻率 ω 由 0 變化至無限大，可求得網路函數大小值對頻率的特性曲線，如圖 9–3 所示。圖中由 $\omega = \omega_c$ 做為分界點的垂直線代表與圖 9–1 相同的理想特性線：當 $\omega_c > \omega > 0$ 時，$|H(\omega)| = 1$；當 $\omega_c < \omega < \infty$ 時，$|H(\omega)| = 0$。另一具有平滑弧度的曲線則為由 (9–2) 式所得的實際特性曲線。

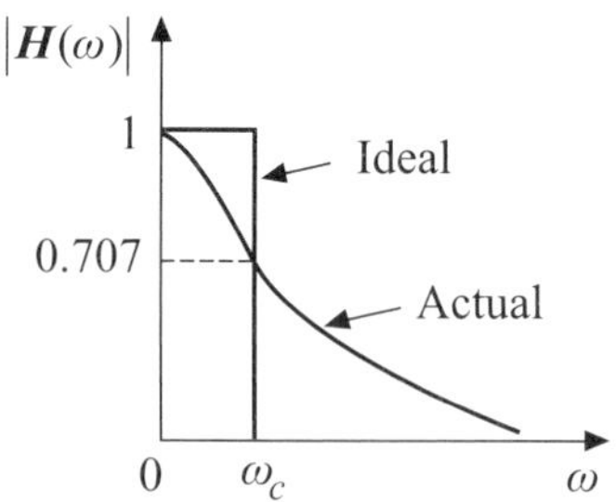

圖 9–3　低通濾波器的網路函數大小對頻率的特性曲線 [2]

當 (9–2) 式中滿足 $\omega RC = 1$ 或

$$\omega = \omega_c = \frac{1}{RC} \tag{9–3}$$

時，將其代入 (9–2) 式可得截止頻率時的網路函數大小值為

$$|\boldsymbol{H}(\omega_c)| = \frac{1}{\sqrt{1 + (\omega_c RC)^2}} = \frac{1}{\sqrt{2}} = 0.707 \tag{9–4}$$

此值代表在此截止頻率時的網路函數大小將會由最高點的 1 降至 0.707，或產生

$$G_{dB} = 20\log_{10}|\boldsymbol{H}(\omega_c)| = 20\log_{10}\frac{1}{\sqrt{2}} \approx -3\ (\text{dB}) \tag{9–5}$$

故截止頻率 ω_c 又稱為 3 dB 頻率、角頻率 (corner frequency) 等。此類低通濾波器的目標是要將直流到截止頻率 ω_c 範圍的訊號加以放大，而將大於截止頻率 ω_c 以上的訊號加以拒絕，適用於較低頻率的訊號放大。

若圖 9–2 之低通濾波器電路之 $R = 1\ \text{k}\Omega$、$C = 10\ \mu\text{F}$，試求出其振幅對頻率的關係式以及計算其截止頻率 ω_c。

解 $|\boldsymbol{H}(\omega_c)| = \dfrac{1}{\sqrt{1 + (\omega_c 1\ \text{k}\Omega \cdot 10\ \mu\text{F})^2}} = \dfrac{1}{\sqrt{1 + (0.01\omega_c)^2}}$

$\omega = \omega_c = \dfrac{1}{RC} = \dfrac{1}{0.01} = 100\ (\text{rad/s})$

如圖 9–4 所示之低通濾波器電路，試推導其轉移函數並計算其截止頻率 ω_c。

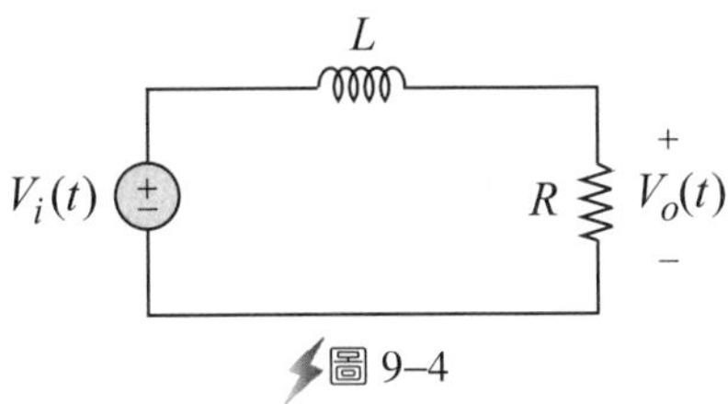

圖 9–4

解 $$\boldsymbol{H}(\omega)=\frac{\boldsymbol{V_o}}{\boldsymbol{V_i}}=\frac{R}{R+j\omega L}=\frac{1}{1+\frac{j\omega L}{R}}$$

$$\boldsymbol{H}(\omega_c)=\frac{1}{\sqrt{1+(\frac{\omega_c L}{R})^2}}=\frac{1}{\sqrt{2}}$$

$$\because \frac{\omega_c L}{R}=1，\therefore \omega_c=\frac{R}{L}$$

9.2 高通濾波器

高通濾波器是要讓特定高頻訊號通過、而將低頻訊號濾除的一種電路，其網路函數大小對頻率的理想特性如圖 9–5 所示。當輸入頻率 ω 落在 $\omega_c<\omega<\infty$ 的範圍內時，此濾波器之網路函數大小值均保持為理想的單位值，換言之，輸出對輸入之大小關係保持固定值；當輸入頻率為 $\omega<\omega_c$ 時，此濾波器之網路函數大小變為零值，沒有輸出。其中的 $\omega=\omega_c$ 之點亦稱為截止頻率，決定了該高通濾波器輸入頻率的通過範圍。

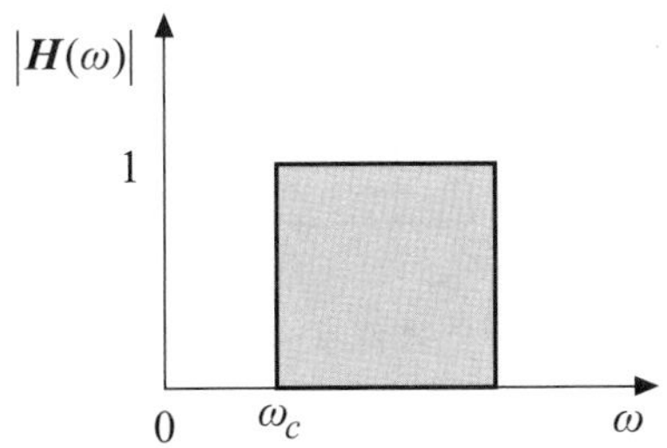

圖 9–5　高通濾波器的網路函數大小對頻率的特性 [2]

如圖 9–6 所示的電路為由電容器一電阻器串聯所形成的簡單高通濾波器電路，該圖與前一節低通濾波器電路之圖 9–2 相同，唯一的差別在於圖 9–6 的高通濾波器是由電阻器二端電壓取出輸出訊號，圖 9–2 是由電容器二端電壓取出輸出訊號。圖 9–6 之輸出對輸入之網路函數關係式可表示為

$$\boldsymbol{H}(\omega)=\frac{\boldsymbol{V}_o}{\boldsymbol{V}_i}=\frac{R}{R+\dfrac{1}{j\omega C}}=\frac{1}{1+\dfrac{1}{j\omega RC}} \tag{9–6}$$

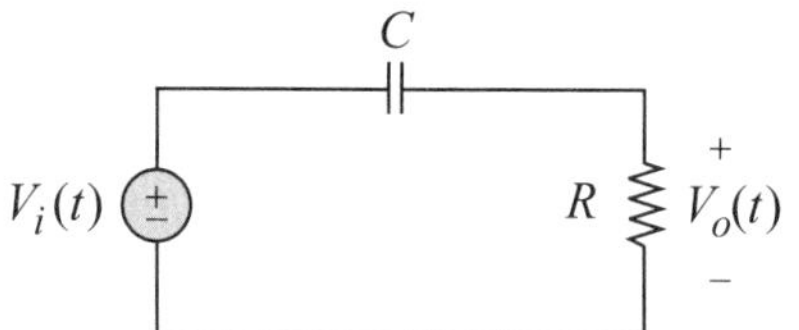

圖 9–6　由電容器－電阻器串聯所形成的簡單高通濾波器電路

將 (9–6) 式取出其大小值，其表示式為

$$|H(\omega)|=\frac{1}{\sqrt{1+(\dfrac{1}{\omega RC})^2}} \tag{9–7}$$

將頻率 ω 由 0 變化至無限大，可求得網路函數大小值對頻率的特性曲線，如圖 9–7 所示。圖中由 $\omega=\omega_c$ 做為分界點的垂直線代表與圖 9–5 相同的理想特性線：當 $\omega_c>\omega>0$ 時，$|H(\omega)|=0$；當 $\omega_c<\omega<\infty$ 時，$|H(\omega)|=1$。另一具有平滑弧度的曲線則為由 (9–7) 式所得的實際特性曲線。

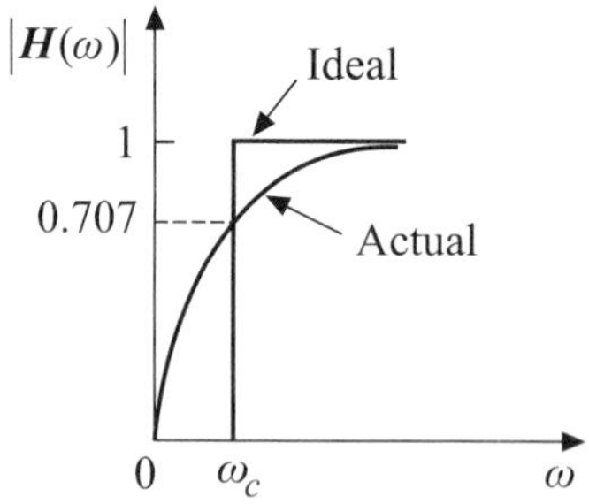

圖 9–7　高通濾波器的網路函數大小對頻率的特性曲線 [2]

當 (9–7) 式中滿足 $\omega RC=1$ 或

$$\omega=\omega_c=\frac{1}{RC} \tag{9–8}$$

時，將其代入 (9–7) 式可得截止頻率時的網路函數大小值為

$$|\boldsymbol{H}(\omega_c)| = \frac{1}{\sqrt{1+(\frac{1}{\omega_c RC})^2}} = \frac{1}{\sqrt{2}} = 0.707 \tag{9–9}$$

此值代表在此截止頻率時的網路函數大小將會由最高點的 1 降至 0.707，或產生

$$G_{dB} = 20\log_{10}|\boldsymbol{H}(\omega_c)| = 20\log_{10}\frac{1}{\sqrt{2}} \approx -3\ (\text{dB}) \tag{9–10}$$

故該截止頻率 ω_c 與 9.1 節中所述之值相同又稱為 3 dB 頻率、角頻率等。此類高通濾波器的目標是要將截止頻率 ω_c 以上的訊號加以放大，而將小於截止頻率 ω_c 以下的訊號加以拒絕，適用於較高頻率的訊號放大。

若圖 9–6 之高通濾波器電路之 $R = 0.1\ \text{k}\Omega$、$C = 0.1\ \mu\text{F}$，試求出其振幅對頻率的關係式以及計算其截止頻率 ω_c。

解　$|\boldsymbol{H}(\omega_c)| = \dfrac{1}{\sqrt{1+(\omega_c 0.1\ \text{k}\Omega \cdot 0.1\ \mu\text{F})^2}} = \dfrac{1}{\sqrt{1+(1\times10^{-5}\omega_c)^2}}$

$\omega = \omega_c = \dfrac{1}{RC} = \dfrac{1}{1\times10^{-5}} = 10^5 = 100\ (\text{krad/s})$

如圖 9–8 所示之高通濾波器電路，試推導其轉移函數並計算其截止頻率 ω_c。

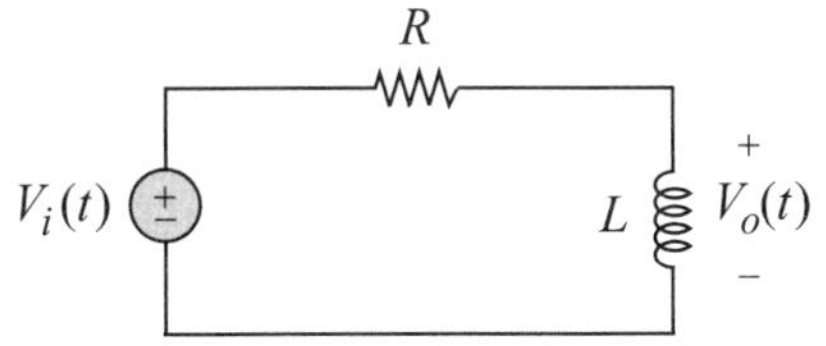

圖 9–8　高通濾波器電路

解　$\boldsymbol{H}(\omega) = \dfrac{\boldsymbol{V}_o}{\boldsymbol{V}_i} = \dfrac{j\omega L}{R+j\omega L} = \dfrac{1}{1+(\frac{R}{j\omega L})}$

$H(\omega_c) = \dfrac{1}{\sqrt{1+(\frac{R}{\omega_c L})^2}} = \dfrac{1}{\sqrt{2}}$，$\because \dfrac{R}{\omega_c L} = 1$，$\therefore \omega_c = \dfrac{R}{L}$

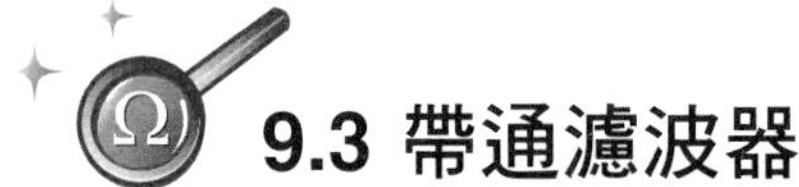

9.3 帶通濾波器

帶通濾波器是要讓特定頻率範圍的訊號通過、而將其他頻率的訊號濾除的一種電路，其網路函數大小對頻率的理想特性如圖 9–9 所示。當輸入頻率 ω 落在 $\omega_1 < \omega < \omega_2$ 的範圍內時，此濾波器之網路函數大小值均保持為理想的單位值，換言之，輸出對輸入之大小關係保持固定值；當輸入頻率為 $\omega < \omega_1$ 及 $\omega > \omega_2$ 時，此濾波器之網路函數大小變為零值，沒有輸出。其中的 $\omega = \omega_1$ 及 $\omega = \omega_2$ 之點分別稱為低截止頻率、高截止頻率，它們決定了該帶通濾波器輸入頻率的通過範圍。

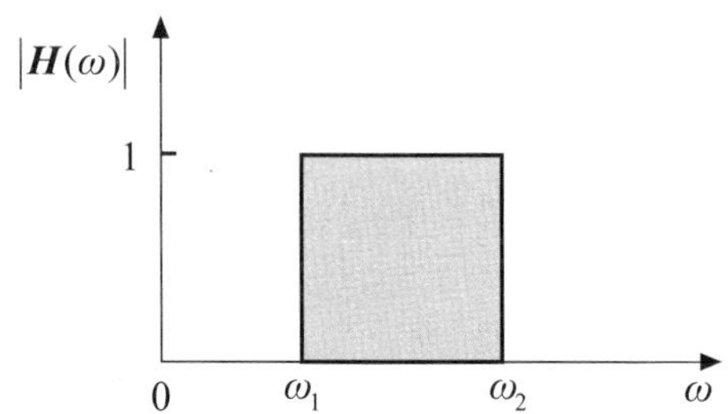

圖 9–9　帶通濾波器的網路函數大小對頻率的特性 [2]

如圖 9–10 所示的電路為由電感器—電容器—電阻器串聯所形成的簡單帶通濾波器電路，該圖之輸出對輸入之網路函數關係式可表示為

$$\boldsymbol{H}(\omega) = \frac{\boldsymbol{V}_o}{\boldsymbol{V}_i} = \frac{R}{R + j(\omega L - \dfrac{1}{\omega C})} \tag{9–11}$$

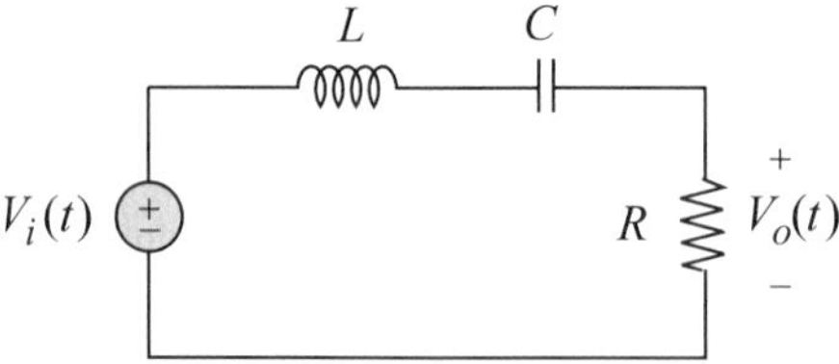

圖 9–10　由電感器—電容器—電阻器串聯的所形成的簡單帶通濾波器電路

將 (9–11) 式取出其大小值，其表示式為

$$|\boldsymbol{H}(\omega)| = \frac{R}{\sqrt{R^2 + (\omega L - \dfrac{1}{\omega C})^2}} \tag{9–12}$$

將頻率 ω 由 0 變化至無限大，可求得網路函數大小值對頻率的特性曲線，如圖 9–11 所示。圖中由 $\omega=\omega_1$ 及 $\omega=\omega_2$ 做為分界點的垂直線代表與圖 9–9 相同的理想特性線：當 $\omega_1>\omega>0$ 及 $\omega_2<\omega<\infty$ 時，$|H(\omega)|=0$；當 $\omega_1<\omega<\omega_2$ 時，$|H(\omega)|=1$。另一具有平滑弧度的曲線則為由 (9–12) 式所得的實際特性曲線。

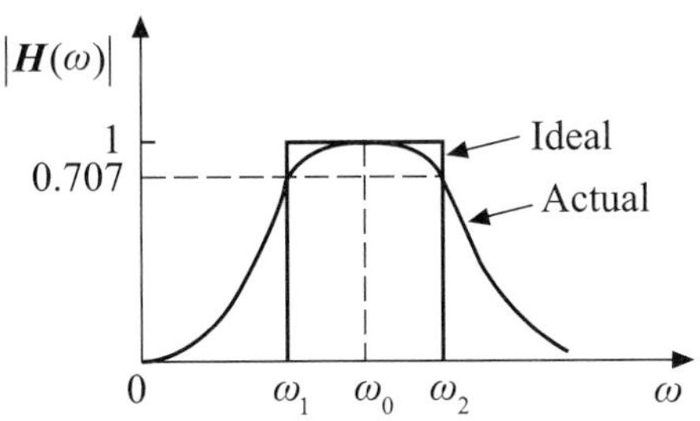

圖 9–11　帶通濾波器的網路函數大小對頻率的特性曲線 [2]

當 (9–12) 式中 $\omega=\omega_0$ 滿足

$$\omega_0 L=\frac{1}{\omega_0 C} \text{ 或 } \omega_0=\frac{1}{\sqrt{LC}} \tag{9–13}$$

時，將其代入 (9–12) 式可得在通帶 (pass band) 中間頻率 ω_0 時的網路函數大小值為

$$|\boldsymbol{H}(\omega_0)|=\frac{R}{\sqrt{R^2}}=1 \tag{9–14}$$

由圖 9–10 之二個通帶頻率 $\omega=\omega_1$ 及 $\omega=\omega_2$ 點之網路函數大小值恰為 0.707 得知

$$|\boldsymbol{H}(\omega_{1,2})|=\frac{R}{\sqrt{R^2+(\omega L-\frac{1}{\omega C})^2}}=\frac{1}{\sqrt{2}} \tag{9–15}$$

或

$$\begin{aligned}
&\sqrt{R^2+(\omega L-\frac{1}{\omega C})^2}=\sqrt{2}R\\
&\Rightarrow 2R^2=R^2+(\omega L-\frac{1}{\omega C})^2 \Rightarrow (\omega L-\frac{1}{\omega C})^2=R^2\\
&\Rightarrow \begin{cases}\omega L-\dfrac{1}{\omega C}=+R\\[2mm] \omega L-\dfrac{1}{\omega C}=-R\end{cases}
\end{aligned} \tag{9–16}$$

故二個通帶 $\omega=\omega_1$ 及 $\omega=\omega_2$ 點可求出如下：

$$\omega_{1,2}=\mp\frac{R}{2L}+\sqrt{\frac{1}{LC}+(\frac{R}{2L})^2}=\omega_0\sqrt{1+(\frac{1}{2Q})^2}\mp\frac{\omega_0}{2Q} \tag{9–17}$$

式中

$$Q=\frac{\omega_0 L}{R}=\frac{1}{\omega_0 CR}=\frac{\omega_0}{B} \tag{9–18}$$

$$B=\omega_2-\omega_1=\frac{R}{L} \tag{9–19}$$

Q 稱為品質因數 (quality factor)，B 稱為頻帶寬度或簡稱為頻寬 (bandwidth)。此類帶通濾波器也可以採用前二節的低通及高通電路的串接來達成，其中低通濾波器具有 $\omega_c=\omega_2$ 之截止頻率，高通濾波器則具有 $\omega_c=\omega_1$ 之截止頻率，其網路函數大小的理想特性如圖 9–12 所示。

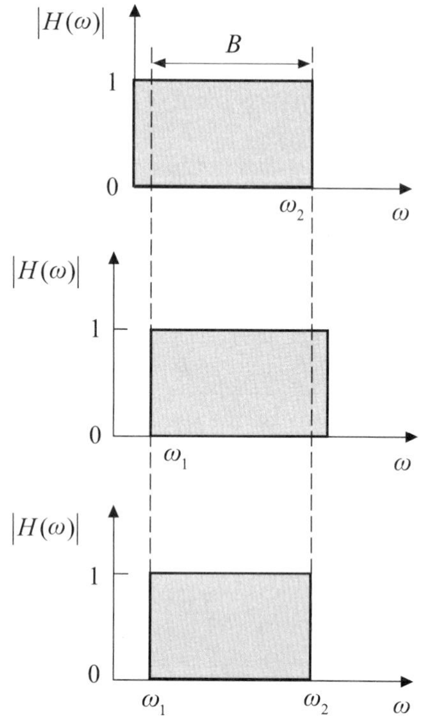

圖 9–12　低通及高通濾波器電路的串接形成帶通濾波器之網路函數大小理想特性曲線

試證明圖 9–10 所示之串聯 *RLC* 電路，其品質因數為 $Q=\dfrac{\omega_0 L}{R}=\dfrac{1}{\omega_0 CR}$，其中 $\omega_0=\dfrac{1}{\sqrt{LC}}$ rad/s。

解 品質因數 Q 定義為 2π 乘以一個電路的最大儲能 w_{peak} 對共振下一個週期 T_0 之平均消耗功率 P_{avg} 的比值。故由圖 9–10 知 $w_{peak}=\dfrac{1}{2}LI_m^2$，其中 I_m 為通過電感器之峰值電流。$P_{avg}=\dfrac{1}{2}RI_m^2$ 代表僅由電阻器消耗平均功率，$T_0=\dfrac{1}{f_0}$，其中 f_0 代表共振件間下以 Hz 為單位的頻率。

$$\therefore Q=2\pi\frac{w_{peak}}{P_{avg}\cdot T_0}=2\pi\frac{\frac{1}{2}LI_m^2}{\frac{1}{2}I_m^2R(\frac{1}{f_0})}=\frac{2\pi f_0 L}{R}=\frac{\omega_0 L}{R}=\frac{1}{\omega_0 CR}$$

若圖 9–10 所示之串聯 *RLC* 電路，$R=1\ \Omega$、$L=1$ mH、$C=4\ \mu$F，試求該電路之：(a)共振頻率及二半功率點頻率；(b)品質因數及頻寬。

解 (a) $\omega_0=\dfrac{1}{\sqrt{LC}}=\dfrac{1}{\sqrt{(1\times10^{-3})(4\times10^{-6})}}=15811.3883$ (rad/s)

$$\omega_{1,2}=\mp\frac{R}{2L}+\sqrt{\frac{1}{LC}+(\frac{R}{2L})^2}=\mp\frac{1}{1\times10^{-3}}+\sqrt{\frac{1}{1\times10^{-3}\times4\times10^{-6}}+(\frac{1}{2\times1\times10^{-3}})^2}$$

$$=14819.292,\ 16819.292\ \text{(rad/s)}$$

(b) $B=\dfrac{R}{L}=\dfrac{1}{1\times10^{-3}}=1$ (krad/s), $Q=\dfrac{\omega_0}{B}=\dfrac{15811.3883}{1000}=15.811$

9.4 帶拒濾波器

帶拒濾波器又稱帶止濾波器，其特性恰與前一節之帶通濾波器特性相反，是要讓特定頻率範圍的訊號拒絕通過、而讓其他頻率的訊號順利通過的一種電路，其網路函數大小對頻率的理想特性如圖 9–13 所示。當輸入頻率 ω 為 $\omega<\omega_1$ 及 $\omega>\omega_2$ 的範圍內時，此濾波器之網路函數大小值均保持為理想的單位值，換言之，輸出對輸入之大小關係保持固定值；當輸入頻率落在 $\omega_1<\omega<\omega_2$ 範圍內時，此濾波器之網路函數大小變為零值，沒有輸出。其中的 $\omega=\omega_1$ 及 $\omega=\omega_2$ 之點分別稱為低截止頻率、高截止頻率，它們決定了該帶拒濾波器輸入頻率停止通過的範圍。

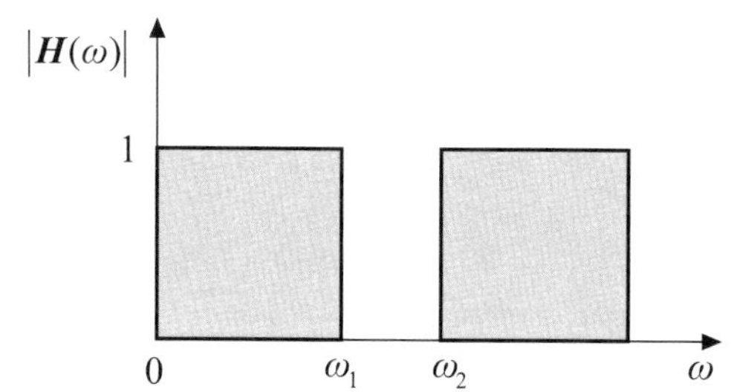

圖 9–13　帶拒濾波器的網路函數大小對頻率的特性 [2]

如圖 9–14 所示的電路為由電感器—電容器—電阻器串聯所形成的簡單帶拒濾波器電路與前一節帶通濾波器電路之圖 9–10 相同，唯一的差別在於圖 9–14 的帶拒濾波器是由串聯的電感器—電容器二端電壓取出輸出訊號，而帶通濾波器電路是由電阻器二端取出輸出訊號。圖 9–14 之輸出對輸入之網路函數關係式可表示為

$$\boldsymbol{H}(\omega)=\frac{\boldsymbol{V}_o}{\boldsymbol{V}_i}=\frac{j(\omega L-\frac{1}{\omega C})}{R+j(\omega L-\frac{1}{\omega C})} \tag{9–20}$$

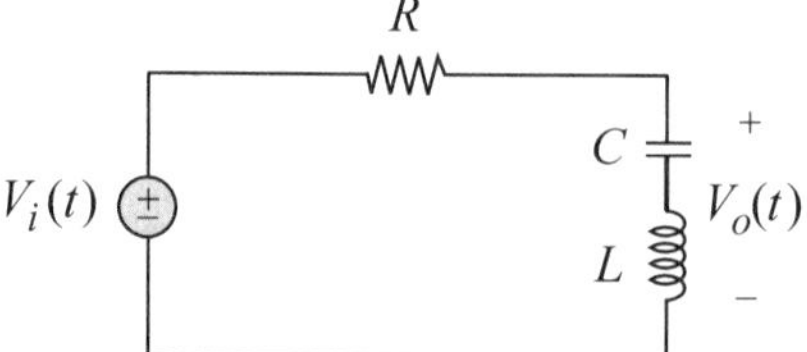

圖 9–14　由電感器—電容器—電阻器串聯的所形成的簡單帶拒濾波器電路

將 (9–20) 式取出其大小值，其表示式為

$$|\boldsymbol{H}(\omega)|=\frac{\left|\omega L-\frac{1}{\omega C}\right|}{\sqrt{R^2+(\omega L-\frac{1}{\omega C})^2}} \tag{9–21}$$

將頻率 ω 由 0 變化至無限大，可求得網路函數大小值對頻率的特性曲線，如圖 9–15 所示。圖中由 $\omega=\omega_1$ 及 $\omega=\omega_2$ 做為分界點的垂直線代表與圖 9–13 相同的理想特性線：當 $\omega_1>\omega>0$ 及 $\omega_2<\omega<\infty$ 時，$|H(\omega)|=1$；當 $\omega_1<\omega<\omega_2$ 時，$|H(\omega)|=0$。另一具有平滑弧度的曲線則為由 (9–21) 式所得的實際特性曲線。

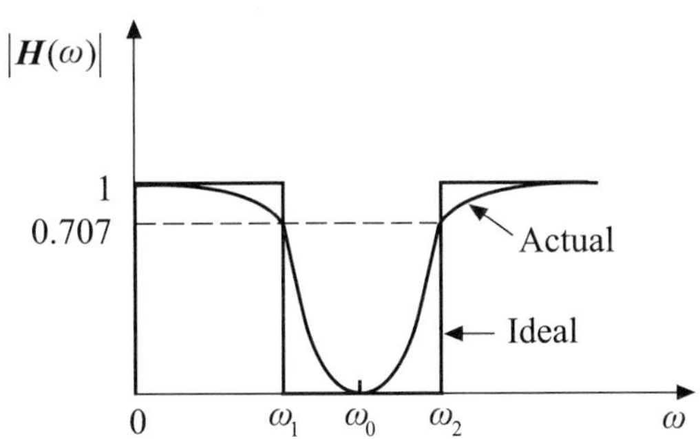

圖 9–15 帶拒濾波器的網路函數大小對頻率的特性曲線 [2]

當 (9–21) 式中 $\omega=\omega_0$ 滿足

$$\omega_0 L=\frac{1}{\omega_0 C}\ \text{或}\ \omega_0=\frac{1}{\sqrt{LC}} \tag{9–22}$$

時，將其代入 (9–21) 式可得在通帶中間頻率 ω_0 時的網路函數大小值為

$$|\boldsymbol{H}(\omega_0)|=\frac{0}{\sqrt{R^2}}=0 \tag{9–23}$$

由圖 9–14 之二個通帶頻率 $\omega=\omega_1$ 及 $\omega=\omega_2$ 點之網路函數大小值恰為 0.707 得知

$$|\boldsymbol{H}(\omega_{1,2})|=\frac{\left|\omega L-\frac{1}{\omega C}\right|}{\sqrt{R^2+(\omega L-\frac{1}{\omega C})^2}}=\frac{1}{\sqrt{2}} \tag{9–24}$$

或

$$\begin{aligned}
&\sqrt{R^2+(\omega L-\frac{1}{\omega C})^2}=\sqrt{2}\left|\omega L-\frac{1}{\omega C}\right| \\
&\Rightarrow 2(\omega L-\frac{1}{\omega C})^2=R^2+(\omega L-\frac{1}{\omega C})^2 \Rightarrow (\omega L-\frac{1}{\omega C})^2=R^2 \\
&\Rightarrow \begin{cases}\omega L-\frac{1}{\omega C}=+R \\ \omega L-\frac{1}{\omega C}=-R\end{cases}
\end{aligned} \tag{9–25}$$

故二個通帶 $\omega=\omega_1$ 及 $\omega=\omega_2$ 點可求出如下：

$$\omega_{1,2}=\mp\frac{R}{2L}+\sqrt{\frac{1}{LC}+(\frac{R}{2L})^2}=\omega_0\sqrt{1+(\frac{1}{2Q})^2}\mp\frac{\omega_0}{2Q} \quad (9\text{–}26)$$

式中

$$Q=\frac{\omega_0 L}{R}=\frac{1}{\omega_0 CR}=\frac{\omega_0}{B} \quad (9\text{–}27)$$

$$B=\omega_2-\omega_1=\frac{R}{L} \quad (9\text{–}28)$$

Q 稱為品質因數，B 稱為頻帶寬度或頻寬。此類帶拒濾波器也可以採用低通及高通濾波器電路的並接來達成，其中低通濾波器具有 $\omega_c=\omega_1$ 之截止頻率，高通濾波器則具有 $\omega_c=\omega_2$ 之截止頻率，其網路函數大小的理想特性如圖 9–16 所示。

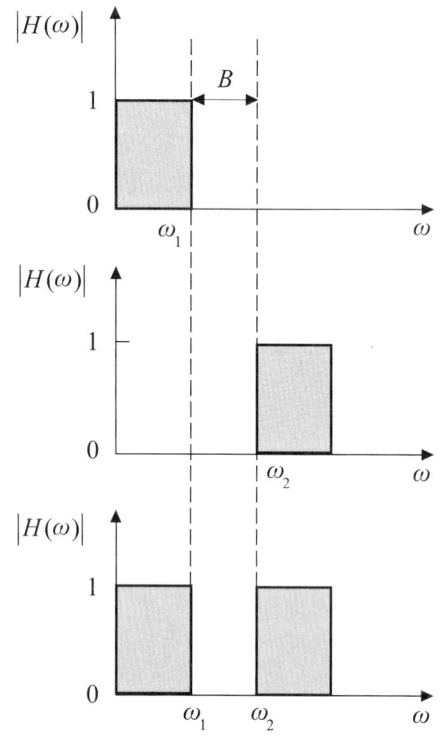

圖 9–16　低通及高通濾波器電路的並接形成帶拒濾波器之網路函數大小理想特性曲線

有一個如圖 9–14 之帶止濾波器特別設計為拒絕 500 Hz 的弦波訊號、而使其他訊號通過，若指定其 R 值為 100 Ω、頻寬為 1 kHz，試求 L 及 C 之值。

解 $B=2\pi(1000\ \text{Hz})=2000\pi\ (\text{rad/s})$，$\because B=\dfrac{R}{L}$，$\therefore L=\dfrac{R}{B}=\dfrac{100}{2000\pi}=15.9155\ (\text{mH})$

因要拒絕 500 Hz 的弦波訊號，故 $f_0=500$ Hz

$\because \omega_0=2\pi f_0=\dfrac{1}{\sqrt{LC}}$，$\therefore C=\dfrac{1}{(2\pi f_0)^2 L}=\dfrac{1}{(2\pi\times 500)^2 15.9155\times 10^{-3}}=6.3662\ (\mu\text{F})$

試證明如圖 9–14 所示電路之轉移函數為 $\dfrac{s^2+\omega_0^2}{s^2+sB+\omega_0^2}$，式中 $\omega_0=\dfrac{1}{\sqrt{LC}}$ rad/s 為共振頻率，$B=\dfrac{R}{L}$ 為頻寬。

解 $\boldsymbol{H}(\omega)=\dfrac{\boldsymbol{V}_o}{\boldsymbol{V}_i}=\dfrac{sL+\dfrac{1}{sC}}{R+sL+\dfrac{1}{sC}}=\dfrac{1+s^2LC}{1+s^2LC+sRC}=\dfrac{s^2+\dfrac{1}{LC}}{s^2+s\dfrac{R}{L}+\dfrac{1}{LC}}=\dfrac{s^2+\omega_0^2}{s^2+sB+\omega_0^2}$

9.5 全通濾波器

參考前二節的帶通及帶拒濾波器電路，可以得知二電路為互補電路，若二電路所選擇的 ω_1 及 ω_2 電路均為相同時，將二個電路的輸入端連接在一起、再將二電路的輸出訊號相加在一起，則一個全通濾波器 (all-pass filter) 電路可以形成。

一個全通濾波器網路函數可以由帶通及帶拒濾波器的網路函數相加合成，寫成如下的表示式：

$$\boldsymbol{H}(\omega)=\frac{\boldsymbol{V}_o}{\boldsymbol{V}_i}=\frac{R}{R+j(\omega L-\dfrac{1}{\omega C})}+\frac{j(\omega L-\dfrac{1}{\omega C})}{R+j(\omega L-\dfrac{1}{\omega C})}=1 \qquad (9\text{–}29)$$

式中表示不論輸入頻率如何變化，其輸出對輸入的網路函數大小值恆為單位值，代表輸出訊號恆等於輸入訊號。圖 9–17 所示即為將具有相同 ω_1 及 ω_2 的帶通及帶拒濾波器相加合成後之網路函數對頻率的特性曲線。

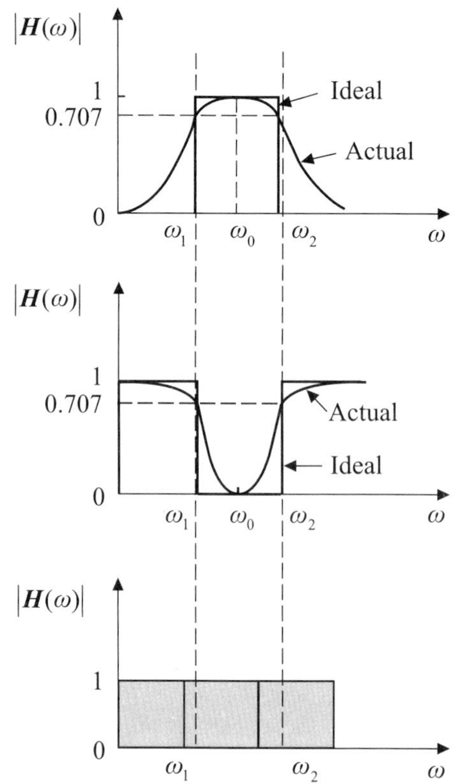

圖 9–17　全通濾波器由帶通及帶拒濾波器相加合成後之網路函數對頻率的特性曲線

範例 9　如圖 9–18 所示之電路，試求其轉移函數並判斷該電路為何種濾波器？

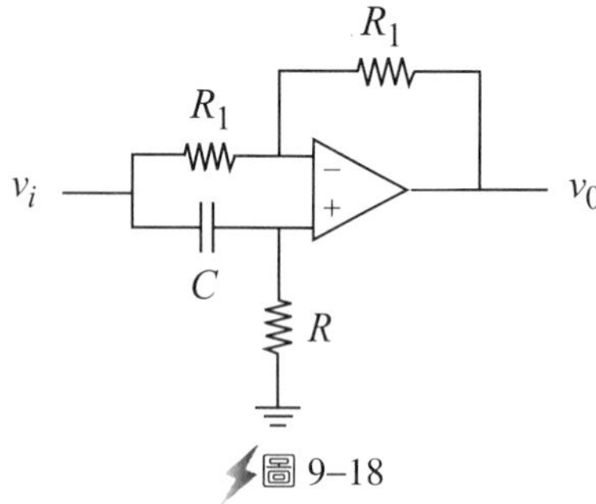

圖 9–18

解　$v_0 = -\dfrac{R_1}{R_1}v_i + \dfrac{R_1 + R_1}{R_1}\dfrac{R}{\dfrac{1}{sC} + R}v_i$　故 $\dfrac{v_0}{v_i} = \dfrac{RCs - 1}{RsC + 1}$

該電路為相位超前之一階全通濾波器。

9.1 低通濾波器

1. 試問圖 P9–1 所示之電路為何種濾波器？該電路之轉移函數為何？

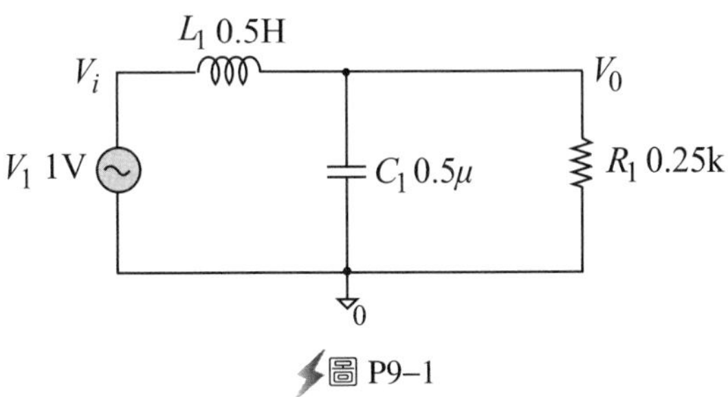

圖 P9–1

2. 一個低通濾波器其轉移函數為 $\boldsymbol{H}(\omega)=\dfrac{6}{5+j\omega 10}$，試求此轉移函數在 $\omega=2$ rad/s 時之大小與相位。

3. 一階濾波器如圖 P9–2 所示，試求其轉移函數為何？

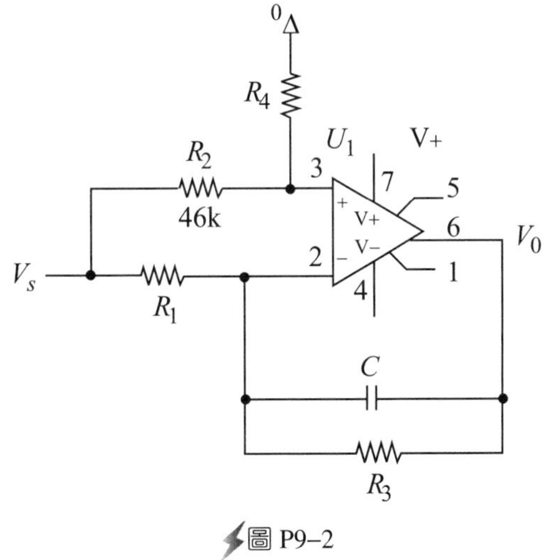

圖 P9–2

4. 如圖 P9–3 所示之電路，為一已知 $f_C = 1000$ Hz 之 RC 低通濾波器，試求其 C 之值。

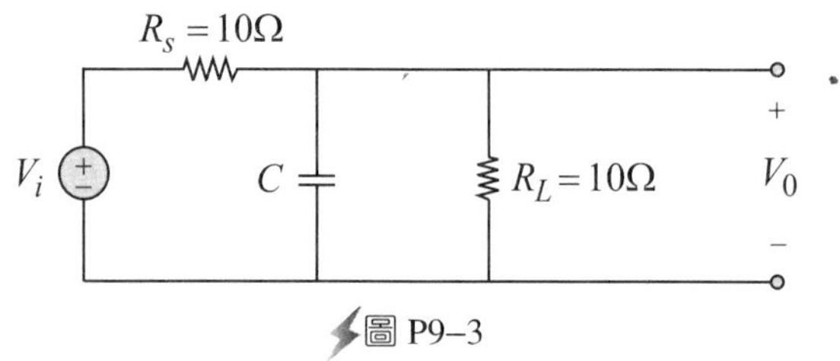

圖 P9–3

5. 試求如圖 P9–4 所示電路之轉移函數。

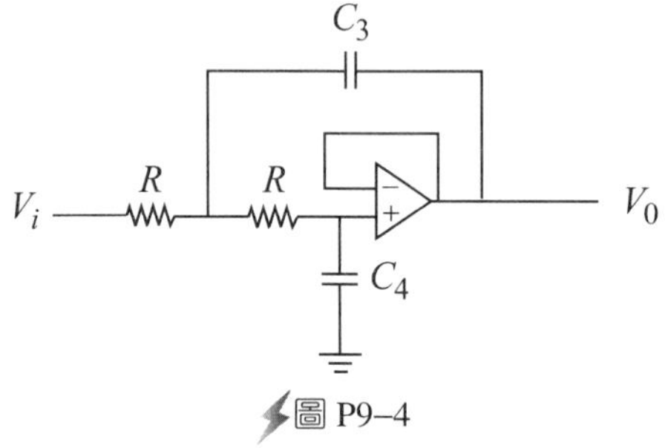

圖 P9–4

9.2 高通濾波器

6. 如圖 P9–5 所示之高通濾波網路，其中 $R_1 = 2$ kΩ, $R_2 = 10$ kΩ 及 $C = 1.59$ nF，試求其截止頻率 f_c。

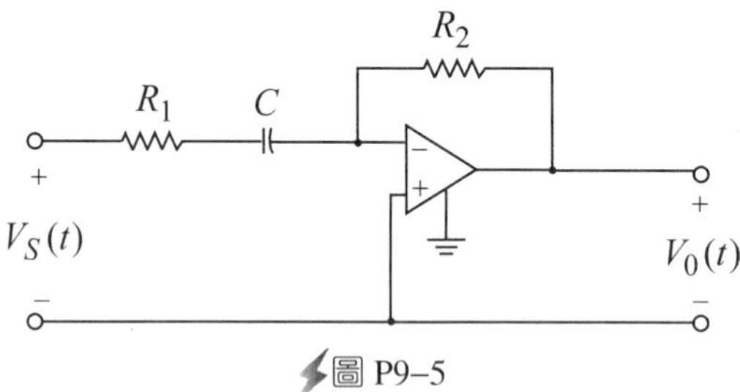

圖 P9–5

7. 如圖 P9–6 所示之高通濾波器電路，試推導 $\boldsymbol{H}(s)=\dfrac{\boldsymbol{V}_o}{\boldsymbol{V}_i}$ 之表示式。

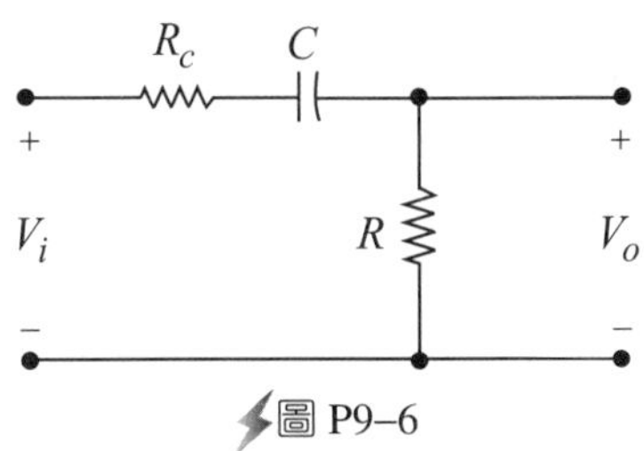

圖 P9–6

8. 利用一個 25 mH 電感器設計一個截止頻率為 160 krad/s 的高通 RL 無源濾波器，(a)試求 R 值；(b)假設濾波器接了一個純電阻性負載，而截止頻率不可以降到 150 krad/s 以下，試求濾波器輸出端能跨接的最小負載電阻值。

9. 利用一個 20 nF 電容器設計一個截止頻率為 800 Hz 的高通無源濾波器，(a)試求 R 值（以 kΩ 表示）；(b)有個 68 kΩ 電阻器跨接在濾波器的輸出端，試求加負載後濾波器的截止頻率為多少（以 Hz 表示）？

10. (a)試問如圖 P9–7 所示之電路為何種濾波器？(b)若欲設計 $f_C=1$ kHz 之 RC 高通濾波器 $R_s=R_L=10$ kΩ，試求 C 之值。(c)當 $V_i(t)=5+10\sin 2000\pi t$ 時，$V_o(t)=$？

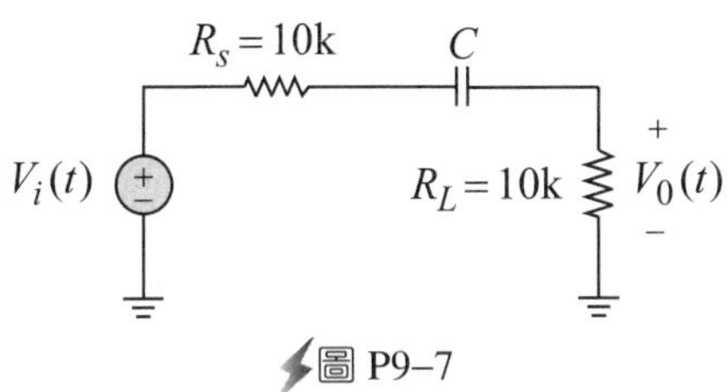

圖 P9–7

9.3 帶通濾波器

11. 有一個帶通濾波器，其中心頻率為 40 krad/s，品質因數為 4，試求其頻帶寬、高頻截止頻率、低頻截止頻率（皆以 kHz 表示）。

12. 假設某一個帶通濾波器的高頻截止頻率為 100 krad/s，低頻截止頻率為 80 krad/s，試求其中心頻率、頻帶寬、品質因數。

13.試利用如圖 P9–8 所示之電路，求 R 及 L 之值，以便獲得一個中心頻率為 12 kHz、品質因數為 6 的帶通濾波器。設計時電容值採用 0.1 μF。

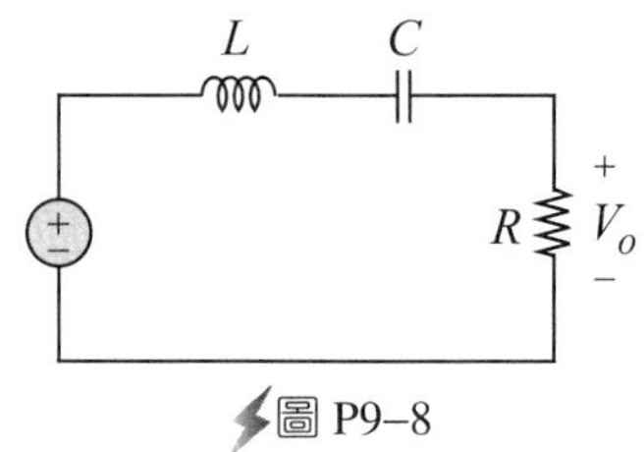

圖 P9–8

14.試利用如圖 P9–9 所示之電路，求 L 及 C 值，以便獲得一個中心頻率為 2 kHz、頻帶寬為 500 Hz 的帶通濾波器。設計時電阻值採用 250 Ω。

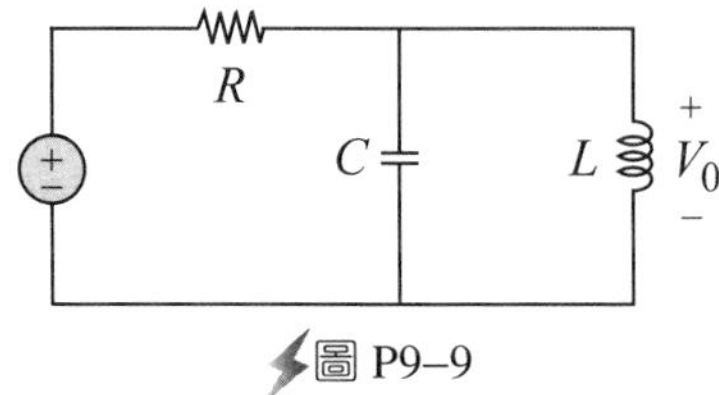

圖 P9–9

15.試問如圖 P9–10 所示之電路為何種濾波器？該電路之轉移函數為何？

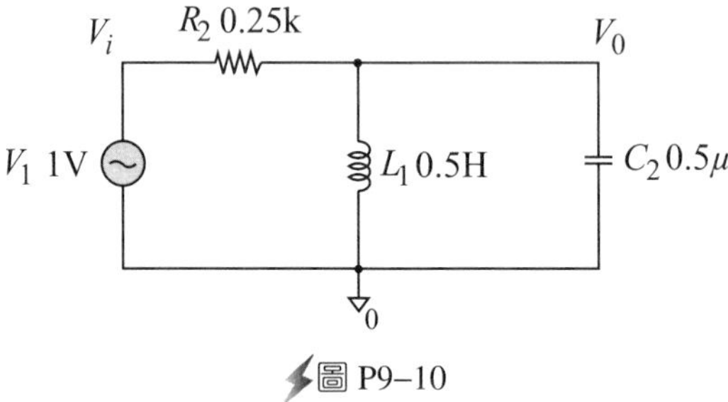

圖 P9–10

9.4 帶拒濾波器

16.設計如圖 P9–11 所示之 RLC 串聯帶拒濾波器的零件值，使其中心頻率為 4 kHz，品質因數為 5。設計時電容值採用 500 nF。

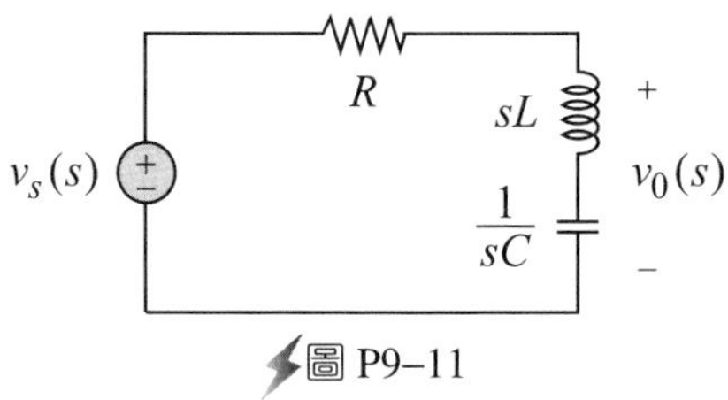

圖 P9–11

17.利用並聯方式設計一個中心頻率為 1000 rad/s、頻帶寬為 4000 rad/s、通帶增益為 6 的帶拒濾波器。採用 0.2 μF 電容器，並訂出所有電阻值。

18.試設計一個串聯 RLC 的帶拒濾波器，其電路參數如下：$R = 5$ kΩ, $L = 0.2$ H, $C = 80$ pF。試求其角頻率及品質因數。

19.如圖 P9–12 所示之電路，(a)經由定性分析證明該電路是帶拒濾波器；(b)求濾波器的電壓轉移函數，以支持(a)小題的定性分析論點；(c)推導濾波器中心頻率的方程式；(d)推導 ω_{c1} 及 ω_{c2} 二截止頻率的方程式；(e)試求出濾波器的頻帶寬方程式；(f)試求出電路的品質因數方程式。

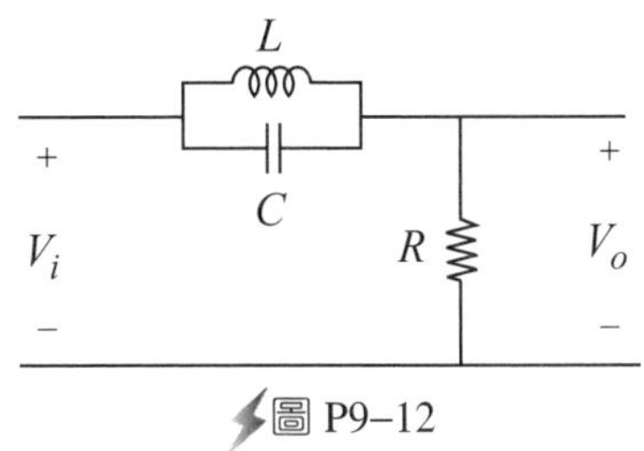

圖 P9–12

20.利用一個 0.5 μF 電容器設計一個如圖 P9–13 所示之帶拒濾波器，該濾波器的中心頻率為 50 kHz，品質因數為 8，試求：(a) R 及 L 之值；(b)高頻轉折頻率及低頻轉折頻率（以 kHz 表示）；(c)濾波器的頻帶寬（以 Hz 表示）。

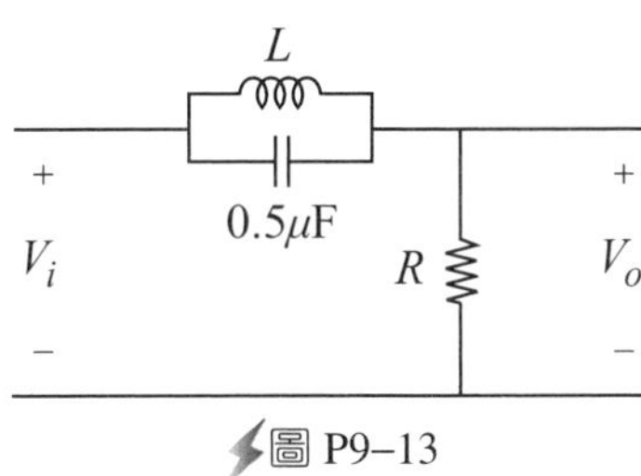

圖 P9–13

9.5 全通濾波器

21.如圖 P9–14 所示之電路，試將其表示為一階全通濾波器之轉移函數。

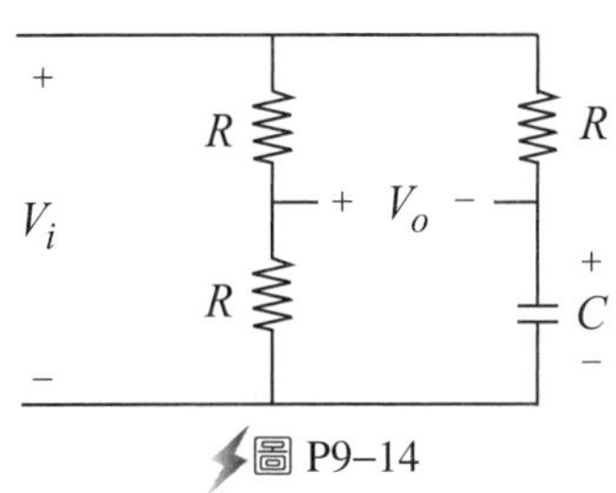

圖 P9–14

22.如圖 P9–15 所示之電路，試將其表示為二階全通濾波器之轉移函數。

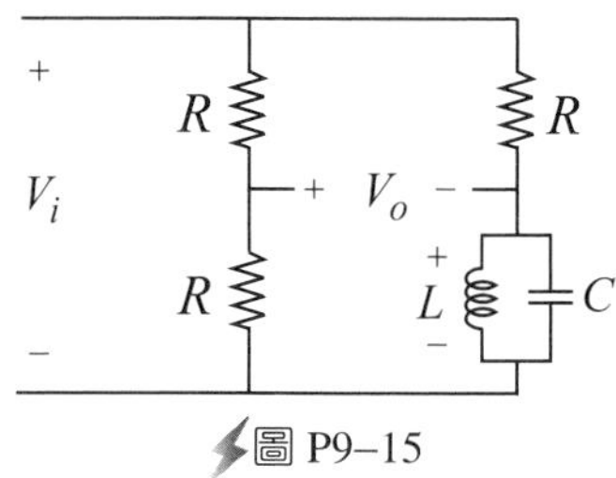

圖 P9–15

23.如圖 P9–16 所示之電路，試求其轉移函數。

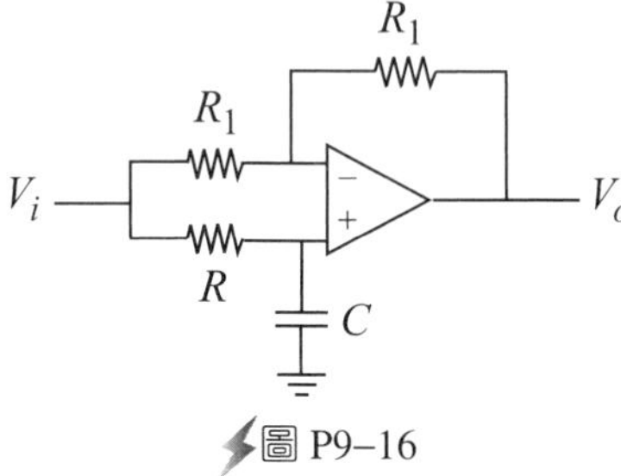

圖 P9–16

24.如圖 P9–17 所示之電路，試分析其為何種濾波器？

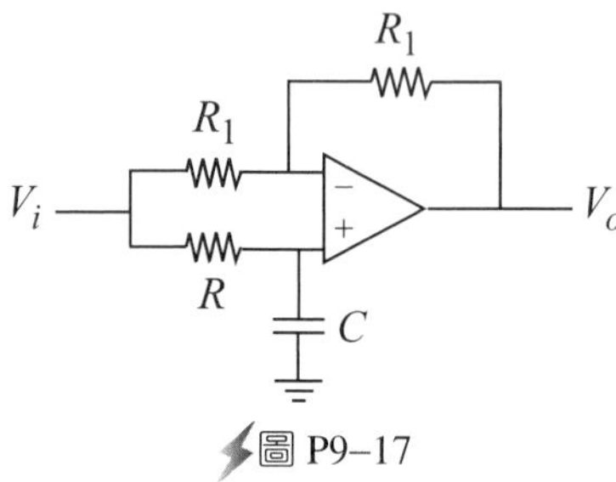

圖 P9–17

參考文獻

[1] L. O. Chua , C.A. Desoer, and E. S. Kuh, Linear and Nonlinear Circuits, New York : McGraw-Hill Book Company, 1987.

[2] C. K Alexander and M. N.O. Sadiku, *Fundamentals of Electric Circuits*, 4th Edition, New York : McGraw-Hill Book Company, 2009.

[3] A. Deoser and E. S. Kuh, *Basic Circuit Theory*, 7th printing, McGraw-Hill Book Company, Inc., 1979.

[4] D. A. Bell, *Electric Circuits*, Prentice-Hall International, Inc., 1995.

[5] D. E Johnson and J. R. Johnson, *Introductory Electric Circuit Analysis*, Prentice-Hall International, Inc., 1981.

[6] D. E Johnson, J. L. Hilburn, J. R. Johnson, and P. D. Scott, *Basic Electric Circuit Analysis*, 5th Edition, Prentice-Hall International, Inc., 1995.

[7] D. E. Johnson, J. R. Johnson, J. L. Hilburm, and P. D. Scott, *Electric Circuit Analysis*, 3rd Edition, New York: Prentice-Hall International, Inc., 1997.

[8] D. R. Cunningham and J. A. Stuller, *Circuit Analysis*, 2nd Edition, Houghton Mifflin Company, 1995.

[9] G. C. Temes and J. W. LaPatra, *Introduction to Circuit Synthesis and Design*, McGraw-Hill Book Company, Inc., 1977.

[10] J. Choma, Jr., *Electrical Network* (*Theory and Analysis*), John Wiley & Sons, Inc., 1985.

[11] J. G. Gottling, *Hands-On PSpice*, Houghton Mifflin Company, 1995.

[12] J. W. Nilsson, *Electric Circuits*, 4th Edition, Addison-Wesley Publishing Company, Inc., 1993.

[13] J. W. Nilsson and S. A. Riedel, Electric Circuits, 7th Edition, Pearson Education, Prentice-Hall, 2005.

[14] K. F. Sander, *Electric Circuit Analysis* (*Principles and Applications*), Addison-Wesley Puublishing Company, Inc., 1992

[15] L. P. Huelsman, *Basic Circuit Theory*, 3rd Edition, Prentice-Hall International, Inc., 1991.

[16] N. Balabanian, *Electric Circuits*, McGraw-Hill Book Company, Inc., 1994.

[17] P. R. Adby, *Applied Circuit Theory* (*Matrix and Computer Methods*), Kai Fa Book Company, 1st Published in 1980.

[18] R. A. Bartkowiak, *Electric Circuit Analysis*, John Wiley & Sons, Inc., 1985.

[19] R. C. Dorf, *Introduction to Electric Circuits*, John Wiley & Sons, Inc., 1989.

[20] R. L. Boylestad, *DC/AC: The Basics*, Merrill Publishing Company, 1989.

[21] R. L. Boylestad, *Introductory Circuit Analysis*, 5th Edition, Merrill Publishing Company, 1987.

[22] R. W. Goody, *PSpice for Windows—A Circuit Simulation Primer*, Prentice-Hall, Inc., 1995.

[23] S. A. Boctor, *Electric Circuit Analysis*, 2nd edition, Prentice-Hall International, Inc., 1992.

[24] S. Franco, *Electric Circuits Fundamentals*, Saunders College Publishing, 1995.

[25] S. Karni, *Applied Circuit Analysis*, John Wiley & Sons, Inc., 1988.

[26] S. -P. Chan, *Introductory Topological Analysis of Electrical Networks*, Kai Fa Book Company, 1974.

[27] T. L. Floyd, *Principles of Electric Circuits*, Merrill Publishing Company, 1989.

[28] T. L. Floyd, *Electric Circuits Fundamentals*, Merrill Publishing Company, 1987.

[29] W. A. Blackwell and L. L. Grigsby, *Introductory Network Theory*, PWS Publishers, 1985.

[30] W. Banzhaf, *Computer-Aided Circuit Analysis Using PSpice*, 2nd Edition, Regents/Prentice Hall, Englewood Cliffs, N. J., 1990.

[31] W. H. Hayt, Jr. and J. E. Kemmerly, *Engineering Circuit Analysis*, 5th Edition, McGraw-Hill Book Company, Inc., 1993.

[32] 夏少非著，電路學（上冊：時域分析，下冊：頻域分析），國立編譯館出版，正中書局印行，中華民國 75 年 12 月修訂版。

[33] 陳淳杰編著，從實例中學習 Design Center 3，儒林圖書公司，1993 年 7 月版。

[34] 王醴 著，電路學（上）（下），台北市：三民書局，中華民國 85 年 7 月。

[35] 王醴 編著，工業電子學，台北：高立圖書，中華民國 92 年 9 月第二版。

[36] 陳振添編著，電路學解析，超級科技圖書社，中華民國 71 年 5 月。

[37] 王醴 編著，電力電子學，台北：高立圖書，中華民國 95 年 8 月初版。

習題解答

第一章

1.1 電荷與能量

1. 6480 (J)

2. 4000 (μC)

3. 187.24×10^{12} (e/s)

4.(a) 5.39 (W)；(b) 9 (J)

5.(a) 2 (ms)；(b) 649.6 (mW)；(c) 2400 (μJ)

6.(a) 0.5 (W)；(b) 2 (mJ)

1.2 電磁場與電路

7. 17.389 (m)

8. 2.5×10^{-4} (N)

9. 5 (N)

1.3 電容參數

10. $C_{eq}=C$

11. 略

12.(a) 4.5 (J)；(b) 1.5 (J)

13. $V_{ab}=\dfrac{C_3}{C_1+C_2+C_3}\times V$

14. $V_{ab}=\dfrac{\sqrt{2C_1W}}{C_1+C_2}$

1.4 電感參數

15. $$i(t)=\begin{cases}\dfrac{t^2}{2}+3\ \text{(A)} & 0<t\le 2\text{ s}\\ 2t+1\ \text{(A)} & 2<t\le 4\text{ s}\\ \dfrac{-t^2}{2}+6t-7\ \text{(A)} & 4<t\le 5\text{ s}\\ t+\dfrac{11}{2}\ \text{(A)} & 5<t\le 6\text{ s}\\ \dfrac{-t^2}{2}+7t-12.5\ \text{(A)} & 6<t\le 7\text{ s}\end{cases}$$

16. $\dfrac{6}{5}$ (A)

17.(a) $w(3)=2.5$ (J)；(b) 6.25 (J)

18. 等效電感 1 (mH)；初始電流 −4 (A)

1.5 電阻參數

19.(a)略；(b) $i_t=V_t(\frac{7}{30})-10$ (A)

20. −0.357%

21.(a) 66.65 (V)；(b) 333.25 (W)；(c) 55.56 (W)

22.(a) 90 (Ω)；(b) $\dfrac{10}{196}$ (Ω)；(c) $\dfrac{10}{25}$ (Ω)

1.7 主動元件之描述

23. 供給 15 (W) 功率

24. 電壓 V_{AB} 為 −6 (V)

25.(a) $W=26.88$ (kWh)；(b) 53.76 元

第二章

2.1 電流與電壓的參考方向

1. $V_1=-5$ (V)；$I_2=2$ (A)；$V_4=3$ (V)
   $P_3=3$ (W)；$P_5=-9$ (W)

2. $R_{eq}=11.070$ (Ω)；$I=1.8066$ (A)

3. 1 (mA)

4. 略

2.2 網路拓撲學

5. $R_{in}\approx4.372$ (Ω)

6. $R_{ab}=50$ (Ω)；$R_{cd}=\dfrac{80}{3}$ (Ω)；$R_{ad}=\dfrac{110}{3}$ (Ω)
   $R_{bd}=\dfrac{80}{3}$ (Ω)

7. $R_{in}=2$ (Ω)

8. $R_{ab}=\dfrac{2}{3}r$ (Ω)

9. $\begin{bmatrix} 1 & 0 & 1 & 0 & 0 \\ -1 & 1 & 0 & 1 & 0 \\ -1 & 1 & 0 & 0 & 1 \end{bmatrix} \begin{bmatrix} v_1 \\ v_2 \\ v_3 \\ v_4 \\ v_5 \end{bmatrix} = \begin{bmatrix} 0 \\ 0 \\ 0 \end{bmatrix}$

10. $I_1 = 2.4$ (A)；$I_2 = -2.8$ (A)

11. $I_a = 5$ (A)；$I_b = 2$ (A)；$I_c = -3$ (A)

12. 1.25 (A)

2.4 網目方程式的數目

13.(a)總分支數 11；(b)電流未知的分支數 9
(c)節點數 6；(d)網目數 6

14. 72 (W)

15. 16 (V)

16. 15 (V)

17. 8 (V)

18. $V_1 = 100$ (V)；$V_2 = 20$ (V)

19. 24 (V)

20.(a) 20 (V)；(b) −180 (W)

2.5 電源的變換

21.(a) 48 (V)；(b) 9.6 (A)

22. 3.2 (V)

23. −4 (V)

24. 5.147 (A)

25. 0 (A)

26. −3.83 (V)

27. $\frac{3}{8}$ (A)

第三章

3.1 時間常數與通解

1. $y = e^{-3t} + 5e^{t}$

2. $y = Ae^{3t} + Bte^{3t}$，A、B 為常數

3. $y = e^{\frac{5}{2}t}[A\cos(\frac{\sqrt{23}}{2}t) + B\sin(\frac{\sqrt{23}}{2}t)]$
A、B 為常數

4. $V(t) = V(0)e^{-\frac{R}{L}t}$；$\tau = \frac{L}{R}$ (s)

5. $V(t) = V_s + Be^{-\frac{t}{RC}}$；$\tau = RC$

6.(a) 4.5 (s)；(b) 0 (V)

3.2 初始條件與特解

7. $y_p(x) = \frac{1}{11}e^{-x}$

8. $i_L(t) = -\frac{51}{20}e^{-\frac{8}{3}t} + \frac{3}{4} + \frac{9}{5}e^{-t}$

9. $v_c(t) = -\frac{22}{5}e^{-t} + 6e^{-2t} - \frac{3}{5}\cos 2t + \frac{9}{5}\sin 2t$

10. $v_c(t) = \frac{31}{28}e^{-\frac{t}{3}} - \frac{3}{28}e^{-5t}$ (V)

11. $i_L(t) = -e^{-2t} + 2e^{-t}$ (A)

12. $v(t) = -50e^{-\frac{5}{2}t} + 100e^{-10t}$ (V), $t \geq 0$

3.3 電阻—電感電路的暫態

13.(a) $i(t) = 12 - 20e^{-10t}, t \geq 0$
(b) 40 (V)；(c) 51.08 (ms)

14.(a) −20 (mA)；(b) 40 (mA)；(c) 0.16 (ms)
(d) $i_L(t) = 40 - 60e^{-6250t}$ (mA), $t \geq 0$

15. $v_0(t) = 6 - \frac{10}{3}e^{-2t}$ (V)

16. $v(t) = 24 - \frac{20}{3}e^{-\frac{t}{2}}$ (V)

17. $v_L(t) = -\frac{5}{3} \times 397e^{-\frac{20}{3}t}$ (A)

18. $i(t) = 1.5e^{-100t}$；$v(t) = 75e^{-100t}$ (V)

3.4 電阻—電容電路的暫態現象

19.(a) $V_0(t) = -60 + 90e^{-100t}$ (V), $t \geq 0$
(b) $i_0(t) = -2.25e^{-100t}$ (mA), $t \geq 0^+$

20.(a) 50 (V)；(b) −24 (V)；(c) 0.1 (μs)
(d) −18.5 (A)
(e) $v_c(t) = -24 + 74e^{-10^7 t}$ (V), $t \geq 0$
(f) $i(t) = -18.5e^{-10^7 t}$ (A), $t \geq 0^+$

21.(a) 90 (V)；(b) −60 (V)；(c) 1 (ms)
(d) 916.3 (μs)

22. $i_0(t)=-312.5e^{-500t}$ (μA), $t\geq 0$

3.5 電阻—電感—電容電路的暫態現象

23. $v_s(t)=0.99-0.99\cos 10t$

24. $i_L(t)=4+[-3\cos\frac{3}{10}t-1\sin\frac{3}{10}t]e^{-\frac{1}{10}t}$ (A)

25. $v_c(t)=-20+[40\cos 8t+20\sin 8t]e^{-4t}$ (V)

26. $i_L(t)=\frac{1}{2}+\frac{1}{2}e^{-1t}$ (A)

27. $i(t)=50e^{-0.6t}\sin 0.8t$ (A)

28. $i(t)=\frac{25}{3}e^{-0.5t}-\frac{40}{3}e^{-2t}$ (A)

3.6 響應與根在 s 平面中位置的關係

29.(a) $Y(s)=\dfrac{25\times10^{-9}(s^2+4\times10^5 s+2.5\times10^9)}{s}$

(b)極點：$s=0$

零點：$s=-39.365\times10^4,-0.635\times10^4$

30.(a) $C=62.5$ (nF)

(b) $C=0.5$ (μF)

$s_{1,2}=-5000\pm j13228.75$ (rad/s)

3.7 以阻尼比、自然頻率表示通解

31. $v(t)=-\dfrac{1}{RC}$

32. $s=\dfrac{-3\pm\sqrt{17}}{2}$

33.(a) $s=-1,-3$；(b) $i_{L1}(0)+i_{L2}(0)=0$

(c) $i_{L1}(0)=i_{L2}(0)=1$ (A)

第四章

4.1 線性非時變系統

1.時變系統

2.非線性非時變系統

3. $V_d>2$V 為非線性；$V_d\leq 2$V 為線性非時變系統。

4.非線性時變系統

5.(a)否；否；(b)線性時變系統

4.2 步級函數及其拉氏轉換

6.(a) $L\{f(t)\}=\dfrac{-10e^{-2s}}{s+5}$

(b) $L\{f(t)\}=\dfrac{8e^{-s}}{s^2}(1-2e^{-s}+2e^{-3s}+e^{-4s})$

7. $f(t)=(30t+120)[u(t+4)-u(t)]$
$+(-30t+120)[u(t)-u(t-8)]$
$+(30t-360)[u(t-8)-u(t-12)]$

8.(a) $L\{f(t)\}=\dfrac{4}{s^2}(1-2e^{-4s}+2e^{-12s}-e^{-16s})$

(b) $L\{f'(t)\}=\dfrac{4}{s}(1-2e^{-4s}+2e^{-12s}-e^{-16s})$

9. $L\{v(t)\}=k\frac{1}{s}[e^{-4s}-e^{-8s}]$

10. $L\{v(t)\}=\dfrac{1}{s^2}(e^{-s}-e^{-2s})$

4.3 脈衝函數及斜坡函數

11. $v(t)=[u(t)+r(t-1)-r(t-2)-2u(t-2)]$ (V)

12.(a) 4；(b) −1

13.略

14. $v(t)=5[r(t)-r(t-2)-r(t-4)$
$+r(t-5)-r(t-6)+r(t-7)]$

15.略

16. $f(t)=tu(t)-u(t-1)-(t-1)u(t-2)$

17.(a) $-4u(t)$

(b) $v(t)=(0.5t)u(t)-(0.5t-1)u(t-2)$
$-(t-3)u(t-3)+r(t-4)$

18. $v(t)=2u(t)+\frac{1}{3}r(t-3)-(\frac{1}{3}t+1)u(t-6)$

19. $v(t)=-2r(t-1)-2u(t-1)$
$+2r(t-2)+4u(t-2)$

4.5 步級與脈衝響應

20. $v_c(t)=\dfrac{1}{RC}e^{-\frac{t}{RC}}\times u(t)$

21.(a) $G(s)=\dfrac{1}{(S+1)(S+2)}$

(b) $y(t)=0.5-e^{-t}+0.5e^{-2t}$

22. $y(t)=\frac{1}{2}-\frac{1}{2}e^{-t}\sin t-\frac{1}{2}e^{-t}\cos t$

23. $v_c(t)=48-48e^{-1400t}\cos 4800t$
$-14e^{-1400t}\sin 4800t,\ t\geq 0$

4.6 褶合積分 (convolution)

24. $v_o(t) = \frac{1}{2}[1 - e^{-4t}]u(t)$

25. $-1 + t + e^{-t}$

26. $0 \le t \le 1,\ v_0 = 1 - e^{t}$

    $1 \le t \le \infty,\ v_0 = (e-1)e^{-t}$

27. $v(t) = \begin{cases} 0 & t < -2 \\ 0.5t^2 + 6t + 14 & -2 \le t < 3 \\ -5t + 42.5 & 3 \le t < 6 \\ 0.5t^2 - 11t + 60.5 & 6 \le t < 11 \\ 0 & t \ge 11 \end{cases}$

28. 略

29. 略

30. 略

第五章

5.1 弦波穩態

1. $\overline{z_L} = (7 - j2)\ (\Omega)$；$P_{L(\max)} = 22.321\ (\text{W})$

2. 5.263

3. $P_{10\,\Omega} = 6.25\ (\text{W})$

4. (a) $i(t) = 34\cos(377t + 68°)\ (\text{mA})$

   (b) $i(t) = 23\sin(377t + 154°)\ (\text{mA})$

5.2 相量與相角

5. $R = 102.8\ (\Omega),\ L = 0.3789\ \text{H}$

6. $Z_T = 14.118\angle(-4.763°)\ (\Omega)$

   $V_{ab} = 52.94\angle 270.1°\ (\text{V})$

7. $I = 11.182\angle 46.507°\ (\text{A})$

8. $I_0 = 5.296\angle 117.68°\ (\text{A})$

5.3 能量及功率

9. 700 (W)

10. 50 (μF)

11. 1396 (μF)

5.4 平均功率與複數功率

12. 1200 (W)

13. 電容及電感器不消耗功率

    $P_{4\,\Omega} = 3.124\ (\text{W})$；$P_{2\,\Omega} = 3.125\ (\text{W})$

14. $P_{4\,\Omega} = 24.995\ (\text{W})$

15. $P_{40\,\Omega} = 84.616\ (\text{W})$

16. $S = 12755.1\ (\text{VA})$；$I = 57.98\angle 23.07°\ (\text{A})$

17. $P_{10\,\Omega} = 3.5\ (\text{W})$

18. (a) $S = 4 + j2.373\ (\text{kVA})$

    (b) $S = 1.6 - j1.2\ (\text{kVA})$

19. (a) $V_{\text{rms}} = 46.9\ (\text{V}),\ i_{\text{rms}} = 1.06\ (\text{A})$

    (b) $P = 49.74\ (\text{W})$

20. 0.996（落後）；$S = 31.127 + j2.933\ (\text{VA})$

5.5 最大功率傳輸

21. 當負載阻抗為 $Z = \dfrac{w^2rLC - jwl(1 - wLC)}{[(1 - wLC)^2 + (wrC)^2]}$ 時，可得最大功率

22. (a) $R_{\text{Th}} = -\dfrac{3800}{149}\ (\Omega),\ E_{\text{Th}} = -7626.85\ (\text{V})$

    (b) $P_L \cong 1518.9300\ (\text{kW})$

23. 當 load 為 $Z_{\text{Th}} = 0.114 + j2.04\ (\Omega)$ 時，可得最大功率轉移

24. 當 $R_L = R_{\text{Th}} = 16\ (\Omega)$ 時，可得最大功率

25. 當 $Z = Z_{\text{in}}^*$ 時，可得最大功率

5.6 平衡三相系統

26. 線電流 $I_{aA} = 9.38\angle(-49.14°)\ (\text{A}_{\text{rms}})$

    $I_{bB} = 9.38\angle(-169.14°)\ (\text{A}_{\text{rms}})$

    $I_{cC} = 9.38\angle 70.86°\ (\text{A}_{\text{rms}})$

    負載處之線電壓振幅為 $V_L = 205.51\ (\text{V}_{\text{rms}})$

27. $I_{AB} = 16.60\angle 22.98°\ (\text{A})$

    $I_{aA} = 28.78\angle(-7.01°)\ (\text{A}_{\text{rms}})$

    $I_{BC} = 16.60\angle(-97.01°)\ (\text{A}_{\text{rms}})$

    $I_{bB} = 28.78\angle(-127.01°)\ (\text{A}_{\text{rms}})$

    $I_{CA} = 16.60\angle 142.98°\ (\text{A}_{\text{rms}})$

    $I_{cC} = 28.78\angle 112.98°\ (\text{A}_{\text{rms}})$

28. $I_{aA} = 7.5\angle 0°\ (\text{A}_{\text{rms}})$

    $I_{AN} = 3\angle 0°\ (\text{A}_{\text{rms}})$

$I_{BN}=3\angle(-120°)$ (A_{rms})

$I_{CN}=3\angle 120°$ (A_{rms})

$I_{AB}=2.60\angle 30°$ (A_{rms})

$I_{BC}=2.60\angle(-90°)$ (A_{rms})

$I_{CA}=2.60\angle 150°$ (A_{rms})

29. 振幅 $I_\Delta=2.13$ (A_{rms})

滯後負載阻抗 $Z_\Delta=88.2+j32.11$ (Ω)

30. $I_L=144.8$ (A_{rms})

組合功因 $PF_{總負載}=0.869$ 滯後

第六章

6.1 雙埠參數間的關係

1. $[h]=\begin{bmatrix} h_{11} & h_{12} \\ h_{21} & h_{22} \end{bmatrix}=\begin{bmatrix} \frac{z_{11}z_{22}-z_{12}z_{21}}{z_{22}} & \frac{z_{12}}{z_{22}} \\ \frac{-z_{21}}{z_{22}} & \frac{1}{z_{22}} \end{bmatrix}$

2. $[T]=\begin{bmatrix} A & B \\ C & D \end{bmatrix}=\begin{bmatrix} \frac{z_{11}}{z_{21}} & \frac{z_{11}z_{22}-z_{21}z_{12}}{z_{21}} \\ \frac{1}{z_{21}} & \frac{z_{22}}{z_{21}} \end{bmatrix}$

3. $[h]=\begin{bmatrix} \frac{1}{s(C_1+C_2)} & \frac{C_2}{C_1+C_2} \\ \frac{-gm+sC_2}{s(C_1+C_2)} & \frac{sC_1C_2+sC_1C_3+sC_2C_3+gmC_2}{C_1+C_2} \end{bmatrix}$

4. $V_{Th}=\frac{80}{3}$ (V)；$R_{Th}=\frac{20}{3}$ (Ω)

6.2 斷路阻抗參數

5. $z=\begin{bmatrix} 8 & 6 \\ 2 & 4 \end{bmatrix}$ (Ω)

6. $z_{11}=\frac{4}{15}$ (Ω)；$z_{12}=\frac{1}{3}$ (Ω)

$z_{21}=-1.6$ (Ω)；$z_{22}=0.5$ (Ω)

7. $z_{12}=z_{21}=17$ (Ω)

8. $z_{11}=25$ (Ω)；$z_{12}=20$ (Ω)

$z_{21}=20$ (Ω)；$z_{22}=80$ (Ω)

9. $z_{11}=5.71$ (Ω)；$z_{12}=-4.28$ (Ω)

$z_{21}=-2.85$ (Ω)；$z_{22}=2.14$ (Ω)

6.3 短路導納參數

10. $[y]=\begin{bmatrix} 0.21 & 0.02 \\ 0.02 & 0.24 \end{bmatrix}$ (S)

11. $[y]=\begin{bmatrix} \frac{3}{4} & -\frac{1}{2} \\ -\frac{1}{2} & \frac{2}{3} \end{bmatrix}$ (S)

12. $[y]=\begin{bmatrix} \frac{3}{8} & -\frac{1}{8} \\ -\frac{1}{8} & \frac{3}{8} \end{bmatrix}$ (S)

13. $[y]=\begin{bmatrix} \frac{5}{8} & 0.1 \\ -2 & \frac{3}{4} \end{bmatrix}$ (S)

14. $[y]=\begin{bmatrix} \frac{s(s+1)}{2s+1}+\frac{1}{2} & \frac{-s^2}{2s+1}-\frac{1}{2} \\ \frac{-s^2}{2s+1}-\frac{1}{2} & \frac{s(s+1)}{2s+1}+\frac{1}{2} \end{bmatrix}$ (S)

15. $[y]=\begin{bmatrix} 0.15 & 9.9 \\ -0.14 & 0.12+j0.04 \end{bmatrix}$ (S)

6.4 混合參數

16. $\begin{cases} V_1=\frac{19}{12}I_1+\frac{5}{24}V_2=h_{11}I_1+h_{12}V_2 \\ I_2=-\frac{13}{12}I_1+\frac{1}{24}V_2=h_{21}I_1+h_{22}V_2 \end{cases}$

17. $\begin{cases} V_1=\frac{3}{10}I_1+\frac{2}{5}V_2=h_{11}I_1+h_{12}V_2 \\ I_2=-\frac{4}{5}I_1+\frac{8}{5}V_2=h_{21}I_1+h_{22}V_2 \end{cases}$

18. $\begin{cases} V_1=\frac{27}{5}I_1+\frac{3}{5}V_2=h_{11}I_1+h_{12}V_2 \\ I_2=\frac{18}{50}I_1+\frac{27}{50}V_2=h_{21}I_1+h_{22}V_2 \end{cases}$

19. $\begin{cases} V_1 = \frac{8}{5}I_1 + \frac{1}{5}V_2 = h_{11}I_1 + h_{12}V_2 \\ I_2 = -\frac{1}{5}I_1 + \frac{7}{20}V_2 = h_{21}I_1 + h_{22}V_2 \end{cases}$

20. $\begin{cases} V_1 = \frac{24}{13}I_1 + \frac{10}{13}V_2 = h_{11}I_1 + h_{12}V_2 \\ I_2 = -\frac{10}{13}I_1 + \frac{15}{104}V_2 = h_{21}I_1 + h_{22}V_2 \end{cases}$

6.5 傳輸參數

21. $[T] = \begin{bmatrix} 2.875 & 5.5 \\ 1.125 & 2.5 \end{bmatrix}$

22. $[T] = \begin{bmatrix} 1+YZ & Z \\ Y & 1 \end{bmatrix}$

23. $[T] = \begin{bmatrix} j6 & -3 \\ 1 & j\frac{2}{3} \end{bmatrix}$

24. $[T] = \begin{bmatrix} 4 & 9 \\ 1 & 3 \end{bmatrix}$

25. $[T] = \begin{bmatrix} 3.4 & 8.6 \\ 4.2 & 11 \end{bmatrix}$

6.6 各組參數間的關係

26. $h_{11} = z_{11} - \frac{z_{12}z_{21}}{z_{22}}$；$h_{12} = \frac{z_{12}}{z_{22}}$

$h_{21} = \frac{-z_{21}}{z_{22}}$；$h_{22} = \frac{1}{z_{22}}$

27. $\begin{cases} V_1 = \frac{z_{11}}{z_{21}}V_2 + \frac{z_{11}z_{22} - z_{21}z_{12}}{z_{21}}(-I_2) \\ I_1 = \frac{1}{z_{21}}V_2 + \frac{z_{22}}{z_{21}}(-I_2) \end{cases}$

28. $h = \begin{bmatrix} \frac{B}{D} & \frac{AD-BC}{D} \\ \frac{-1}{D} & \frac{C}{D} \end{bmatrix}$

29. $y = \begin{bmatrix} \frac{b_{11}}{b_{12}} & \frac{1}{b_{12}} \\ \frac{b_{21}b_{12} - b_{11}b_{22}}{b_{12}} & \frac{b_{22}}{b_{12}} \end{bmatrix}$

30. $g = \begin{bmatrix} \frac{1}{z_{11}} & -\frac{z_{12}}{z_{11}} \\ \frac{z_{21}}{z_{11}} & \frac{z_{11}z_{22} - z_{12}z_{21}}{z_{11}} \end{bmatrix}$

6.7 雙埠網路間的連接

31. $\begin{bmatrix} V_1 \\ I_1 \end{bmatrix} = \begin{bmatrix} 1 & Z \\ 0 & 1 \end{bmatrix}\begin{bmatrix} V_2 \\ -I_2 \end{bmatrix}$

32. $\begin{bmatrix} V_1 \\ I_1 \end{bmatrix} = \begin{bmatrix} 1 & Z_1 \\ 0 & 1 \end{bmatrix}\begin{bmatrix} 1 & 0 \\ Y_2 & 1 \end{bmatrix}\begin{bmatrix} 1 & Z_3 \\ 0 & 1 \end{bmatrix}$

$\begin{bmatrix} 1 & 0 \\ Y_4 & 1 \end{bmatrix}\begin{bmatrix} 1 & Z_5 \\ 0 & 1 \end{bmatrix}\begin{bmatrix} V_2 \\ -I_2 \end{bmatrix}$

33. $[Y] = \begin{bmatrix} \frac{s(s+1)}{2s+1} + \frac{1}{2} & -\frac{s^2}{2s+1} - \frac{1}{2} \\ -\frac{s^2}{2s+1} - \frac{1}{2} & \frac{s(s+1)}{2s+1} + \frac{1}{2} \end{bmatrix}$

34. $\begin{bmatrix} I_1 \\ I_2 \end{bmatrix} = \begin{bmatrix} y'_{11} + y''_{11} & y'_{12} + y''_{12} \\ y'_{21} + y''_{21} & y'_{22} + y''_{22} \end{bmatrix}\begin{bmatrix} V_1 \\ V_2 \end{bmatrix}$

35. $\begin{bmatrix} V_1 \\ I_2 \end{bmatrix} = \begin{bmatrix} h'_{11} + h''_{11} & h'_{12} + h''_{12} \\ h'_{21} + h''_{21} & h'_{22} + h''_{22} \end{bmatrix}\begin{bmatrix} I_1 \\ V_2 \end{bmatrix}$

第七章

7.1 網路函數

1. $H_1(s) = \frac{10^3 + 20s}{s^2 + (52 - 50\beta)s + 200}$

$H_2(s) = \frac{10(100 + s^2\beta)}{s^2 + (52 - 50\beta)s + 200}$

2. $G_v = -65$

3. $\dfrac{V_L(s)}{I_S(s)} = \dfrac{2\times 10^9}{s+2.5\times 10^6}$

4. $\dfrac{V_0(s)}{V_s(s)} = -\dfrac{sR_fC_s}{(sC_fR_f+1)(sC_sR_s+1)}$

5. $H(s) = \dfrac{ks+5k^2}{s^2+6ks+25\times 10^6}$

$V_0(t) = 28.3\cos(5000t-15°)$ (V)

7.2 波幅與相角的曲線

6. 略

7. 略

8. 略

9. 略

10. 略

7.3 複數軌跡

11. 不在根軌跡上

12. $s = \pm j2$；$K = 16$

13. $G_c(s) = \dfrac{(s+1)(s-1)}{s(s+2)}$

14. 極點位置在 $s = 0, -2, -3$

15. 根軌域的分離點為 $s = -3.414$

7.4 波德 (Bode) 圖

16. (a) G.M. $= \infty$；(b) $\Phi_M = 90°$

17. $G(s) = \dfrac{(1+\frac{s}{0.2})}{(1+\frac{s}{2})(1+\frac{s}{10})(1+\frac{s}{30})}$

18. $H(s) = \dfrac{10(s+10)(s+10^6)}{(s+10^2)(s+10^5)}$

19. $G(s) = \dfrac{2500(s+10)}{s(s+2)(s^2+30s+2500)}$

20. $GH(s) = \dfrac{100(\frac{s}{35}+1)}{(\frac{s}{3}+1)(\frac{s}{150}+1)^2}$

7.5 耐奎斯 (Nyquist) 準則

21. (a)閉環系統右半平面的極點數為 1；(b)系統為不穩定，且位於閉環系統右半面的極點為 3；(c)一穩定系統

22. $10 < K < 50$ 或 $0 < K < 5$

23. 10^6 (Hz)；G.M. = 46 (dB)

24. $\omega_c = \sqrt{2}$ (rad/sec)；G.M. = 9.542 (dB)

25. $\omega_g = 4$；P.M. = 36.9°

26. $K = 4.2$

第八章

8.1 基波與諧波

1. $v_{05}(t) = 1.6\cos(50000t-180°)$ (V)

2. $V_0 = 2.546\cos(1000t+45°)$
$+0.379\cos(3000t+18.43°)$
$+0.141\cos(5000t-11.31°)+\cdots$ (V)

3. $V_0(t) = 214.66\cos(2000t-26.57°)$
$+44.38\cos(6000t+123.69°)$
$+17.83\cos(10000t-68.20°)+\cdots$

4. (a) $V_{015} = 1.843\angle(-100.62°)$
$V_{015}(t) = 1.843\cos(3\times 10^6 t-100.62°)$ (V)
(b) $V_{025} = 6\angle 0°$, $V_{025}(t) = 6\cos(5\times 10^6 t)$ (V)

5. $V_0(t) = 17.50\cos(10000t+88.81°)$
$+26.14\cos(30000t-95.36°)$
$+168\cos(50000t)$
$+17.32\cos(70000t+98.36°)+\cdots$ (V)

8.2 傅立葉級數

6. $f(t) = \dfrac{Ad}{T}\sin c(\dfrac{n\omega_0 d}{2})$

7. $v_0(t) = 0.004\sin(5\pi t-86.36°)$ (V)

8. $i(t) = \dfrac{I_m}{4} + \dfrac{4I_m}{\pi^2}\sum_{n=1}^{\infty}\dfrac{1}{n^2}(1-\cos\dfrac{n\pi}{2})\cos n\omega_0 t$ (A)

9. (a) $v(t) = \dfrac{4V_m}{\pi}\sum_{n=0}^{\infty}\dfrac{(-1)^n}{2n+1}\cos(2n+1)\omega_0 t$ (V)
(b) $v(t) = -\dfrac{8V_p}{\pi^2}\sum_{n=0}^{\infty}\dfrac{1}{(2n+1)^2}\cos(2n+1)\omega_0 t$ (V)

10. $v_g(t) = \dfrac{12V_m}{\pi^2}\sum_{n=1,3,5\cdots}^{\infty}\dfrac{\sin(\frac{n\pi}{3})}{n^2}\sin(n\omega_0 t)$ (V)

11. (a) $C_n = -j\dfrac{4}{n\pi}(1+3\cos\dfrac{n\pi}{4})$，$n = 1, 3, 5\cdots$
(b) $i(t+8ms)$

$= \frac{4}{\pi}$

$$\sum_{\substack{n=-\infty \\ n\text{ 為奇數}}}^{\infty} \frac{1}{n}(1+3\cos\frac{n\pi}{4})e^{(\frac{j\pi}{2})(n-1)}e^{jn\omega_0 t}\ \text{(A)}$$

8.3 對稱及非對稱波

12.(a)偶函數

(b) $V(t)=\frac{4V}{\pi}[\cos t-\frac{1}{3}\cos 3t+\frac{1}{5}\cos 5t\cdots]$

(c) $i(t)=\frac{4v}{\pi}[\frac{1}{\sqrt{2}}\cos(t-\tan^{-1}1)$

$-\frac{1}{3\sqrt{10}}\cos(3t-\tan^{-1}3)$

$+\frac{1}{5\sqrt{26}}\cos(5t-\tan^{-1}5)+\cdots]$

13. $\omega_0=\pi$，半波對稱

14. $\omega_0=\frac{2\pi}{3}$，偶函數

15. $\omega_0=\frac{2\pi}{5}$，半波對稱

8.4 頻譜分析

16.(a) $v=-A_1\sin\omega_0 t+A_3\sin 3\omega_0 t-A_5\sin 5\omega_0 t$

$+A_7\sin 7\omega_0 t$ (V)

(b)奇函數

(c)半波對稱函數

(d)有四分之一對稱性

17.(a) $i(t)=441\sin 1000t-49\sin 3000t$

$+17.64\sin 5000t-9\sin 7000t$ (mA)

(b) $i(t)$ 為奇函數，半波對稱

(c) $I_{\text{rms}}=314.07$ (mA)

$i(t)=-j4.5e^{-j7000t}+j8.82e^{-j5000t}$

$-j24.5e^{-j3000t}+j220.50e^{-j1000t}$

$-j220.50e^{j1000t}+j24.5e^{j3000t}$

$-j8.82e^{j5000t}+j4.5e^{j7000t}$ (mA)

(d)略

18. $v_0(t)=54+1.323\sin(400t-241.03°)$

$-0.07\cos(800t-255.64°)-\cdots$ (V)

19. $I_{\text{rms}}=11.07$ (A)；$V_{\text{rms}}=167.93$ (V)

8.5 非弦波之有效值、功率及功率因數

20. $I_{\text{rms}}=20\pi\sqrt{\frac{1}{\pi}(\frac{\pi}{3}-\frac{\sqrt{3}}{4})}$ (A)

21. $P_{\text{av}}=62.5$ (W)

22. $V_{\text{rms}}=7.246$ (V)

23. $V_{\text{rms}}=10.41$ (V)

24. $V_{\text{rms}}=57.74$ (V)

第九章

9.1 低通濾波器

1.(a)低通濾波器；(b) $\frac{10^6}{0.25s^2+2\times10^3 s+10^6}$

2. 大小 -10.722 (dB)；角度 $-75.96°$

3. $$\frac{R_4}{R_3+R_4}\left[\frac{S+(\frac{1}{R_1C})(\frac{R_1}{R_2}-\frac{R_3}{R_4})}{S+\frac{1}{R_2C}}\right]$$

4. 31.84 (μF)

5. $$\frac{\frac{1}{R^2C^2}}{s^2+\frac{\sqrt{2}}{RC}s+\frac{1}{R^2C^2}}$$

9.2 高通濾波器

6. 50 (kHz)

7. $$H(s)=\frac{R}{R+R_C}\times\frac{s}{\left[s+\frac{1}{\frac{(R+R_C)}{C}}\right]}$$

8.(a) 4000 (Ω)；(b) 6×10^4 (Ω)

9.(a) 9.95 (kΩ)；(b) 916.76 (Hz)

10.(a)高通濾波器；(b) 7.9577 (nF)

(c) $V(t)=2.5\sqrt{2}\sin(2000\pi t+45°)$ (V)

9.3 帶通濾波器

11.頻帶寬 1.59 (kHz)

高頻截止頻率 5.62 (kHz)

低頻截止頻率 7.21 (kHz)

12.中心頻率 14.24 (kHz)；頻帶寬 20 (krad/s)

品質因數 4.47

13. $L = 1.76$ (mH)；$R = 22.10$ (Ω)

14. $C = 1.27$ (μF)；$L = 4.97$ (mH)

15.帶通濾波器；$\dfrac{8000s}{s^2 + 8000s + 4 \times 10^6}$

9.4 帶拒濾波器

16.略

17.略

18.略

19.略

20.(a) $R = 50.96$ (Ω)；$L = 20.28$ (μH)

(b) $f_{c1} = 46.972$ (kHz)；$f_{c2} = 53.222$ (kHz)

(c) $\beta = 6250$ (Hz)

9.5 全通濾波器

21. $H(s) = 2(\dfrac{1}{2} - \dfrac{\omega_0}{s + \omega_0})$

22. $H(s) = 2\left[\dfrac{1}{2} - \dfrac{(\dfrac{\omega_0}{Q})s}{s^2 + (\dfrac{\omega_0}{Q})s + \omega_0^2}\right]$

23. $\dfrac{-RCs + 1}{RCs + 1}$

24.一階全通濾波器

筆記欄

附錄 A：三角函數之基本轉換公式

以下三角函數運算方程式中的 θ 及 ϕ 為相角，可以用度 (degree) 或弳 (radian) 表達，但二角度一起運算時，必須使用同一單位。

$$\sin(\theta \pm \phi) = \sin\theta\cos\phi \pm \cos\theta\sin\phi \tag{A.1}$$

$$\cos(\theta \pm \phi) = \cos\theta\cos\phi \mp \sin\theta\sin\phi \tag{A.2}$$

$$\sin(\theta \pm 90^\circ) = \pm\cos(\theta) \tag{A.3}$$

$$\cos(\theta \pm 90^\circ) = \mp\sin(\theta) \tag{A.4}$$

$$\sin\theta\sin\phi = \frac{1}{2}\cos(\theta - \phi) - \frac{1}{2}\cos(\theta + \phi) \tag{A.5}$$

$$\cos\theta\cos\phi = \frac{1}{2}\cos(\theta + \phi) + \frac{1}{2}\cos(\theta - \phi) \tag{A.6}$$

$$\sin\theta\cos\phi = \frac{1}{2}\sin(\theta + \phi) + \frac{1}{2}\sin(\theta - \phi) \tag{A.7}$$

$$\sin(2\phi) = 2\sin(\phi)\cos(\phi) \tag{A.8}$$

$$\cos(2\phi) = 2[\cos(\phi)]^2 - 1 = 1 - 2[\sin(\phi)]^2 = [\cos(\phi)]^2 - [\sin(\phi)]^2 \tag{A.9}$$

$$[\sin(\phi)]^2 = \frac{1}{2}[1 - \cos(2\phi)] \tag{A.10}$$

$$[\cos(\phi)]^2 = \frac{1}{2}[1 + \cos(2\phi)] \tag{A.11}$$

$$\sin\phi = \frac{e^{j\phi} - e^{-j\phi}}{j2} \tag{A.12}$$

$$\cos\phi = \frac{e^{j\phi} + e^{-j\phi}}{2} \tag{A.13}$$

$$e^{\pm j\phi} = \cos\phi \pm j\sin\phi \tag{A.14}$$

$$A\cos\phi + B\sin\phi = \sqrt{A^2 + B^2}\cos(\phi + \tan^{-1}\frac{-B}{A}) \tag{A.15}$$

$$\frac{d}{dt}\sin(\omega t) = \omega\cos(\omega t) \tag{A.16}$$

$$\frac{d}{dt}\cos(\omega t) = -\omega\sin(\omega t) \tag{A.17}$$

$$\int_0^T \sin(k_1\omega t)dt = 0 \tag{A.18}$$

$$\int_0^T \cos(k_2\omega t)dt = 0 \tag{A.19}$$

$$\int_0^T \sin(k_1\omega t)\cdot\cos(k_2\omega t)dt = 0,\ k_1 \neq k_2 \tag{A.20}$$

$$\int_0^T \sin(k_1\omega t)\cdot\sin(k_2\omega t)dt = \begin{cases} 0,\ k_1 \neq k_2 \\ \dfrac{T}{2},\ k_1 = k_2 \end{cases} \tag{A.21}$$

$$\int_0^T \cos(k_1\omega t)\cdot\cos(k_2\omega t)dt = \begin{cases} 0,\ k_1 \neq k_2 \\ \dfrac{T}{2},\ k_1 = k_2 \end{cases} \tag{A.22}$$

(A.18) 式～(A.22) 式中 k_1 及 k_2 均為正整數，積分的範圍由下限的 0 到上限的 T 也可改成下限的 t_x 到上限的 $(t_x + T)$，或下限的 $(-\frac{T}{2})$ 到上限的 $(\frac{T}{2})$，換言之整個積分區間必須等於週期 T。

附錄 B：希臘字母表

大寫	小寫	發音	大寫	小寫	發音
Α	α	alpha	Ν	ν	nu
Β	β	beta	Ξ	ξ	xi
Γ	γ	gamma	Ο	o	omicron
Δ	δ	delta	Π	π	pi
Ε	ε	epsilon	Ρ	ρ	rho
Ζ	ζ	zeta	Σ	σ	sigma
Η	η	eta	Τ	τ	tau
Θ	θ	theta	Υ	υ	upsilon
Ι	ι	iota	Φ	φ	phi
Κ	κ	kappa	Χ	χ	chi
Λ	λ	lambda	Ψ	ψ	psi
Μ	μ	mu	Ω	ω	omega